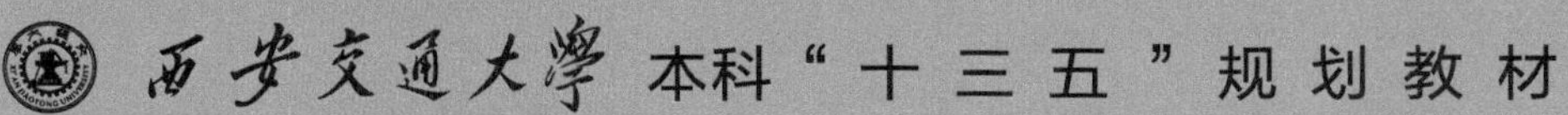

普通高等教育能源动力类专业“十三五”规划教材

往复式压缩机结构设计

屈宗长 主编

内容简介

本教材共分8章，系统介绍了压缩机结构方案设计；气缸、活塞组件、传动部件、支撑部件、密封件等各零部件结构及设计方法；压缩机润滑系统、冷却系统和气体管路的设计方法。书中附有常用的图表。

图书在版编目(CIP)数据

往复式压缩机结构设计/屈宗长主编. —西安：西安交通大学出版社，2019.7(2023.7重印)

ISBN 978-7-5693-1126-6

Ⅰ. ①往… Ⅱ. ①屈… Ⅲ. ①往复式压缩机-结构设计-高等学校-教材 Ⅳ. ①TH457

中国版本图书馆CIP数据核字(2019)第044249号

书　　名 往复式压缩机结构设计
主　　编 屈宗长
责任编辑 曹　昳

出版发行 西安交通大学出版社
（西安市兴庆南路1号　邮政编码710048）
网　　址 http://www.xjtupress.com
电　　话 (029)82668357　82667874(市场营销中心)
(029)82668315(总编办)
传　　真 (029)82668280
印　　刷 西安日报社印务中心

开　　本 787mm×1092mm　1/16　**印张** 20.5　**字数** 500千字
版次印次 2019年7月第1版　2023年7月第5次印刷
书　　号 ISBN 978-7-5693-1126-6
定　　价 39.80元

如发现印装质量问题，请与本社市场营销中心联系。
订购热线：(029)82665248　(029)82667874
投稿热线：(029)82664954
读者信箱：28790738@qq.com

Foreword 前言

压缩机一直是各行各业不可缺少的重要设备之一，随着科学技术的迅速发展和人们生活水平的提高，同时伴随着世界范围内对能源和环保问题的高度关注，无论是在可靠性还是经济性等方面，均对压缩机性能提出了更多和更高的要求。一个优秀的结构设计是主机部分和辅助系统完善的结合，它对产品的创新有着重要的指导意义。本书旨在系统研究压缩机主机和辅助系统，应用一切先进和可行的设计方法和技术手段，直接或间接地保证压缩机的各项技术性能指标，使可靠性和经济性达到最佳状态。

本书是根据西安交通大学本科“十三五规划教材”所审定的新教学计划和教学大纲，并结合作者长期从事本科生和研究生教学与科研工作的基础编写而成，是高等学校压缩机及制冷学科“往复式压缩机”课程的通用教材，也可供压缩、制冷、化工等专业的师生及从事压缩机研究、设计和制造的专业技术人员参考。

本书共分 8 章，系统介绍了往复式压缩机结构方案、各零部件结构及各种辅助系统的设计理论；论述各种结构设计原则及强度计算的方法。

本书由西安交通大学压缩机工程系屈宗长主编，其中第 1、6、7 章由屈宗长编写，第 2、3、4、5 章由杨绍侃和屈宗长共同编写，第 8 章由冯健美编写。全书由杨绍侃教授审稿，他对本书提出了许多宝贵意见，特此表示衷心的感谢。

本书在编写过程中，得到了压缩机工程系有关老师的大力支持，也得到了压缩机行业有关单位的大力协助，在此表示衷心的感谢。

由于编者水平有限，难免会出现一些错误，欢迎读者批评指正。

编　者

2019 年 2 月

Contents 目录

绪　论

往复式压缩机的质量与水平，主要根据其技术性能参数、运转的可靠性和经济性来综合评价，而这些指标均是通过压缩机的结构设计、制造质量和辅助系统设计实现的，所以，压缩机的结构、各零部件及辅助系统设计是提高压缩机总体质量至关重要的技术环节。

压缩机的结构是指压缩机的各个组成部分之间的有序搭配和排列。结构的各个组成部分称为部件。合理的结构可以承受一定应力的形态，抵抗能引起形状和大小变化的力。从产品设计的角度看，结构是产品中各种材料的相互连接和作用方式。材料是产品的肌肉，结构是产品的骨骼，材料是结构的物质承担者，结构是产品物质功能的载体。产品的结构就是产品的“骨骼系统”，即产品外部及连接结构、产品内部结构型式及安装等。产品结构对于产品主要起到支撑、安装、连接等作用。

结构设计是以一种或几种功能的实现为目标，满足设计规范，满足使用者的基本需要。结构设计具有明确的目的性、方案的多元性和创新性，重点突出方案构思的重要性与设计的创新性。结构设计应考虑的因素很多，如结构的稳定性、结构的强度和刚度、产品成本、使用寿命、美观性、安全因素、产品功能和经济因素等。影响结构强度和刚度的主要因素与材料有关，不同的材料由于材料本身的特性，其强度差别很大，所以在结构设计时，只要能满足在负载的作用下，结构能保持不变形或者变形能维持在允许的范围内，就可能选择常规的材料，以降低压缩机的制造成本；影响结构强度和刚度的另一个因素为结构的形状和结构的型式。结构的形状包括结构的外部形状和结构的各横截面形状。根据零部件结构形态在受力时承受和传递力的方式差别，选择合适的结构形状和断面尺寸，既能做到结构可靠，同时又能节省材料。

无论压缩机结构如何复杂，品种如何繁多，在结构方面均由气缸部件、运动机构与机体部件组成，即气缸、活塞、活塞杆、气阀和填料及曲柄连杆机构。压缩机结构设计就是来研究这些主要零件结构的设计计算、各主要零部件的形状、材料的选择、连接方式及设计标准。

压缩机结构设计是压缩机正常运转的前提，而辅助系统是维持压缩机机组正常运转的经济性和可靠性的保证，因此压缩机的辅助系统设计与结构设计同等重要。一个优秀的结构设计是主机部分的结构和辅助系统完美的结合，是技术和艺术的完美结合，它对产品的创新有重要的指导意义。压缩机的辅助系统包括润滑系统、冷却系统和管路系统等。

润滑系统包括储油罐、油泵、油冷却器及过滤器等，由它们所组成的润滑系统为运动件良好的润滑状态提供了保证，它使压缩机运行时各运动件能得到充分的润滑，降低了各运动零件接触的负荷、减少了摩擦磨损、提高了密封性、清除了摩擦面中的污垢和预防锈蚀。良好的润滑系统固然重要，但系统中的润滑油选择也是一个不容忽视的方面。润滑油选择时，不仅要考虑压缩机的类型、润滑方式及润滑油在使用中的工况，还要考虑所压缩的介质的性质，使得所选择的润滑油能适合压缩机的工作要求和不受压缩介质的影响。冷却系统包括气缸组件冷却、级间冷却、气体的后冷却器和润滑油冷却器。完备的冷却系统必须使压缩机工作过程中润滑性能不被恶化、气体管路不被堵塞、密封件工作不失效以及各级的进气温度在较为理想的范围内。压缩机必须依靠管道与其他各种设备连接，而管道内流体的通、断控制及流量调节必须依靠阀门。管道和阀门的设计，是压缩机系统设计中不可忽视的重要内容，设计不当的管道，可能因为阻力损失太大或者管材过于浪费而影响经济性，也可能因为强度不足或振动过大而影响可靠性。

综上所述，压缩机结构设计的中心任务，就是应用一切先进和可行的技术手段和措施，直接或间接地保证压缩机的技术性能指标、可靠性和经济性达到最佳的状态。结构设计主要包括各零部件的几何形状、尺寸配合、结构的承载能力和可靠性计算、材料的选用及各辅助系统的设计。

第 1 章　压缩机结构方案设计

压缩机的方案设计是压缩机结构设计的基础，也是压缩机设计主要的环节。压缩机装置是一个相当复杂的系统，包括实现主功能的主机系统和为保证主机系统功能正常实现所需要的辅助系统，即润滑系统、冷却系统、控制系统和管路系统。压缩机结构是指压缩机主机的各组成部分之间的有序搭配和排列，组成部分包括部件、组件和零件。压缩机结构方案，是指组成压缩机主机的各部件合理配置与排列以及压缩机主要结构参数的合理选择。

压缩机方案设计的依据是压缩机的用途、使用条件和环境、排气量和排气压力以及制造企业的条件等，离开了这些实际条件来抽象分析压缩机方案设计的合理性是错误和片面的。

1.1　压缩机结构型式的分类与特点

结构型式主要根据压缩机气缸中心线在空间的配置方位和运动机构带或不带十字头加以区分。按气缸中心线的配置，往复活塞式压缩机分为立式、卧式和角度式三大类；按运动机构的特点分为带十字头压缩机和不带十字头压缩机两大类。

1.1.1　立式压缩机

1. 立式压缩机结构

立式压缩机的气缸中心线垂直于地面，按命名标准结构代号为 Z，结构如图 1-1 所示。各列气缸中心线与地面垂直布置，列数可为单列也可以为多列，国内所见到的立式压缩机列数有六列之多。图 1-1 为空分装置使用的 Z-180/150 三列立式氧气压缩机。小型化肥厂常常使用两列立式循环压缩机，小型空气动力常常使用单列立式压缩机，在无油润滑压缩机中，为了减少气缸与活塞间的摩擦磨损，也常常使用这一机型。

2. 立式压缩机的特点

立式压缩机的优点：气缸的工作表面不承受活塞的重力，填料不存在活塞杆的自重弯曲的影响，气缸润滑油滴由于不受重力的影响而沉积在某处，润滑油会沿着气缸的圆周方向均匀分布，因此气缸的工作表面与活塞之间、填料与活塞杆之间的摩擦磨损小且均匀，活塞环的工作条件有所改善，既延长了使用寿命同时也取得了较好的密封效果；往复运动部件的惯性力垂直作用在基础上，充分利用了基础抗垂直振动能量强的特点，基础的尺寸小，占地面积小；机身承受的主要是简单拉伸和压缩应力，所以机身的形状简单，质量轻。

立式压缩机的缺点：由于考虑到曲轴的刚性问题，列间距一般做的较小，造成了气阀和管道的布置困难，机器太过紧凑，操作维修不便；立式压缩机高度较高，妨碍了操作人员的视线，往往要设置如图 1-2 所示的操作平台，给操作和维修均带来了不便；有些压缩机几列气缸做成一体，加工要求高，安装调整较困难，同时也不易进行变形和改造；如果将气缸设计为级差式，会造成高度增加，拆装活塞或者更换活塞环困难。

鉴于立式压缩机上述的优缺点，所以立式多用于中、小型排气量的压缩机、无油润滑压缩机以及迷宫式压缩机。

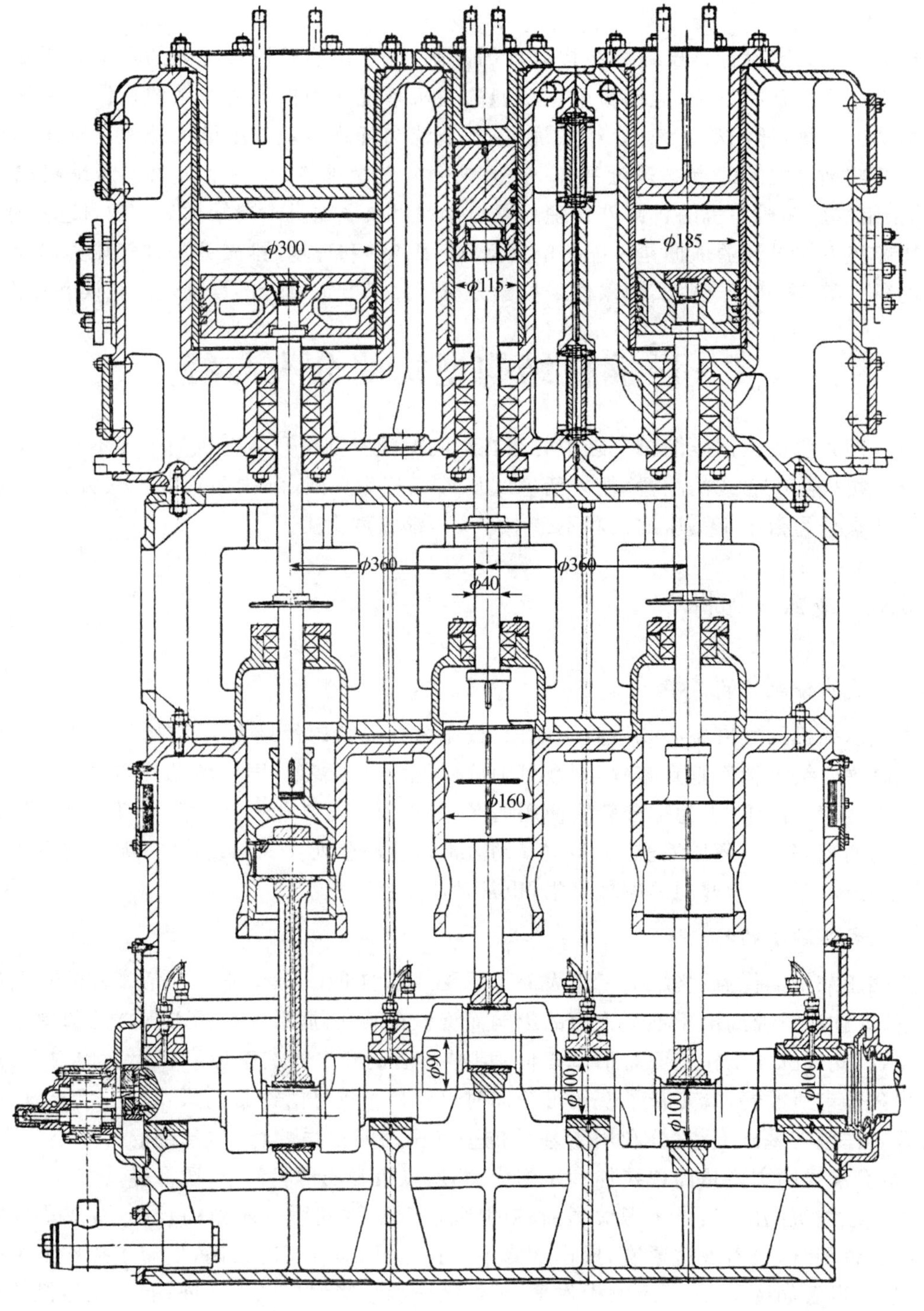

图 1－1　Z－180/150 三级立式氧气压缩机

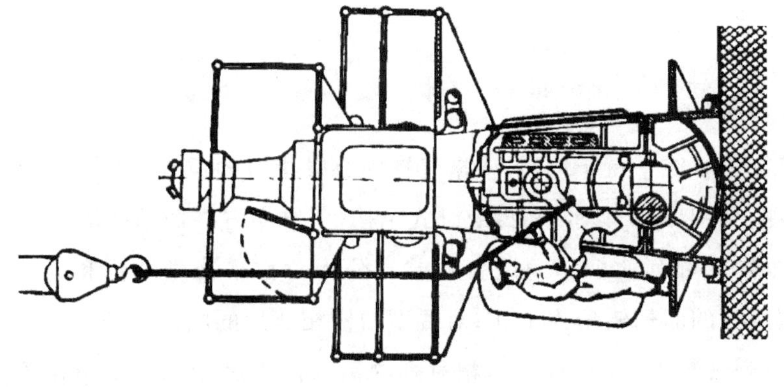

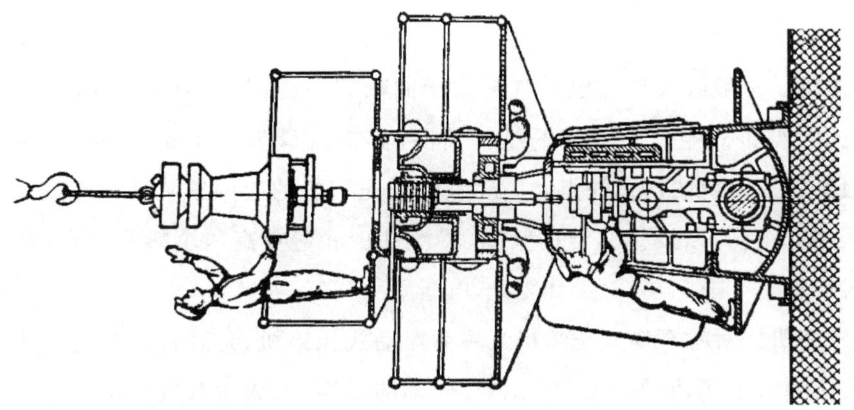

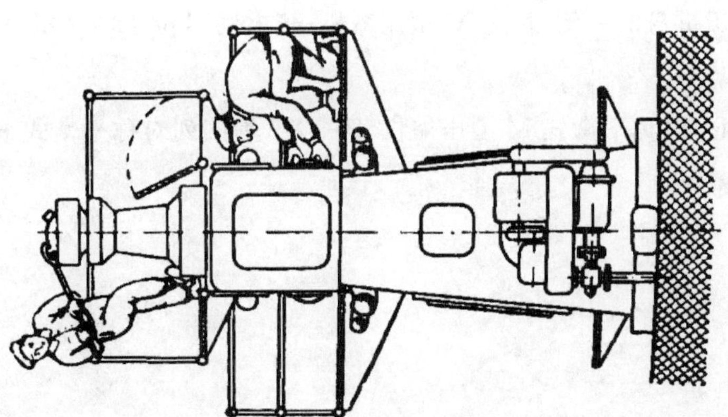

图 1-2 具有操作台的大型立式压缩机的拆装示意图

1.1.2 卧式压缩机

1.卧式压缩机的结构

卧式压缩机的气缸中心线平行于地面，根据气缸中心线相对的位置，分为现代卧式结构（气缸布置在曲轴两侧，如图1－3所示）和传统卧式结构（气缸布置在曲轴一侧，如图1－4所示）。现代卧式结构根据相邻列曲柄错角配置的差异分为对称平衡型结构和对置型结构。对称平衡型结构相邻两列的曲柄错角为180°；对置型结构相邻列的曲柄错角不等于180°，每列各有支承，或者相对列气缸中心线为同轴，相对列的活塞由主副十字头牵引作同步运动，这种方案能改善运动机构的受力状况。

按命名标准，一般卧式压缩机的结构代号为P，对动式压缩机的结构代号为D，对置式压缩机的结构代号为DZ。

（1）一般卧式压缩机。一般卧式压缩机的气缸位于曲轴的一侧，其动力平衡性能较差。图1－4为苏联制造的大型卧式空气压缩机的结构简图，其排气量为113 m^3/min，转速为125 r/min。由于一般卧式压缩机的严重缺点，它在大、中型压缩机的应用领域已被淘汰。但小型高压压缩机常采用此结构，以发挥其结构紧凑、零部件少和避免高压填料等优点，循环压缩机常采用此卧式结构。

（2）对称平衡式压缩机。对称平衡式压缩机又称为对动式压缩机，是卧式压缩机中常见的结构。与一般卧式压缩机不同，它的气缸是分布在曲轴的两侧，列数为双数且相对两列气缸的曲柄错角为180°，现代大型活塞式压缩机绝大部分采用此结构。如图1－5所示为对动式压缩机。对动式压缩机若超过四列，根据电动机所处位置的不同，又分为M型和H型压缩机。若电动机位于机身的一侧，称为M型压缩机；若电动机位于两个机身之间，则通常称为H型压缩机。

图1－6表示四列对称平衡式M型压缩机，图1－7为四列对称平衡式H型压缩机。

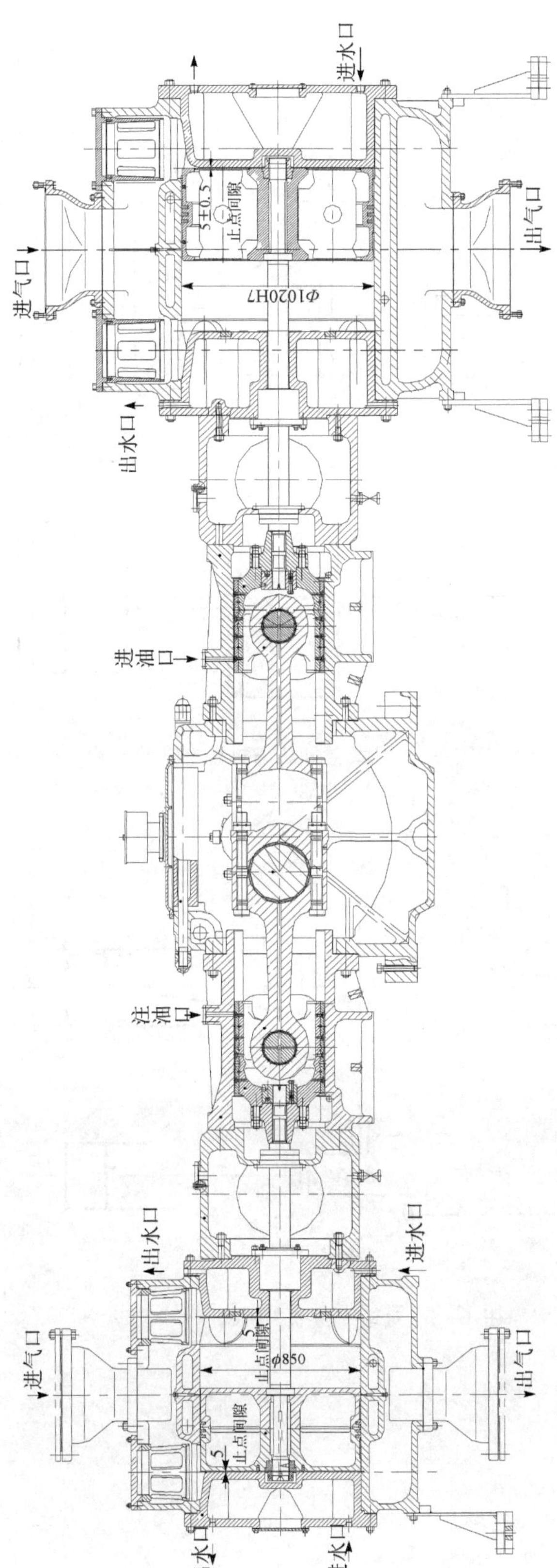

图 1-3 沈阳申元8M80-500/260 型氮氢气压缩机

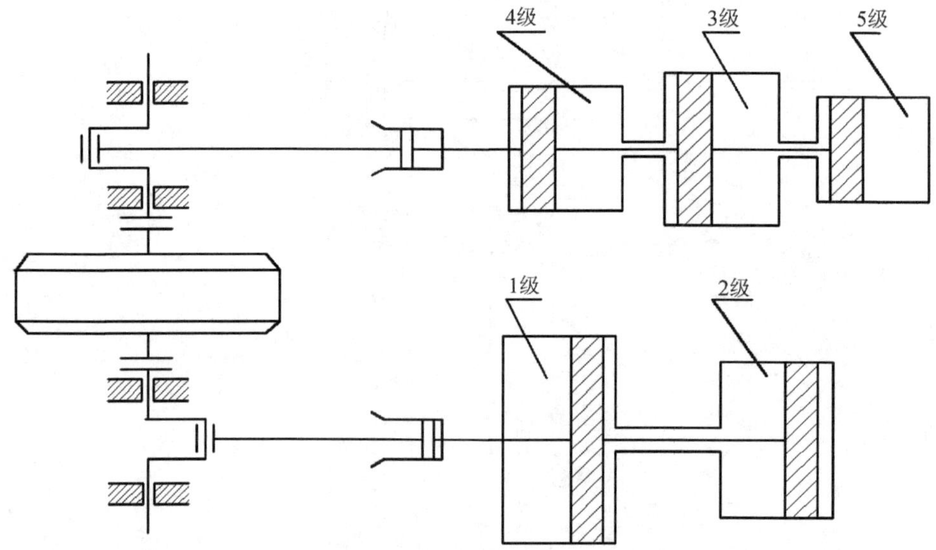

图 1-4　卧式空气压缩机

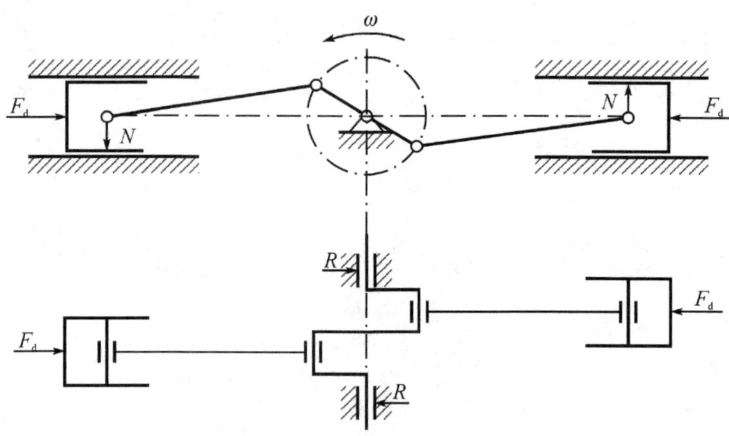

图 1-5　对动式压缩机机构

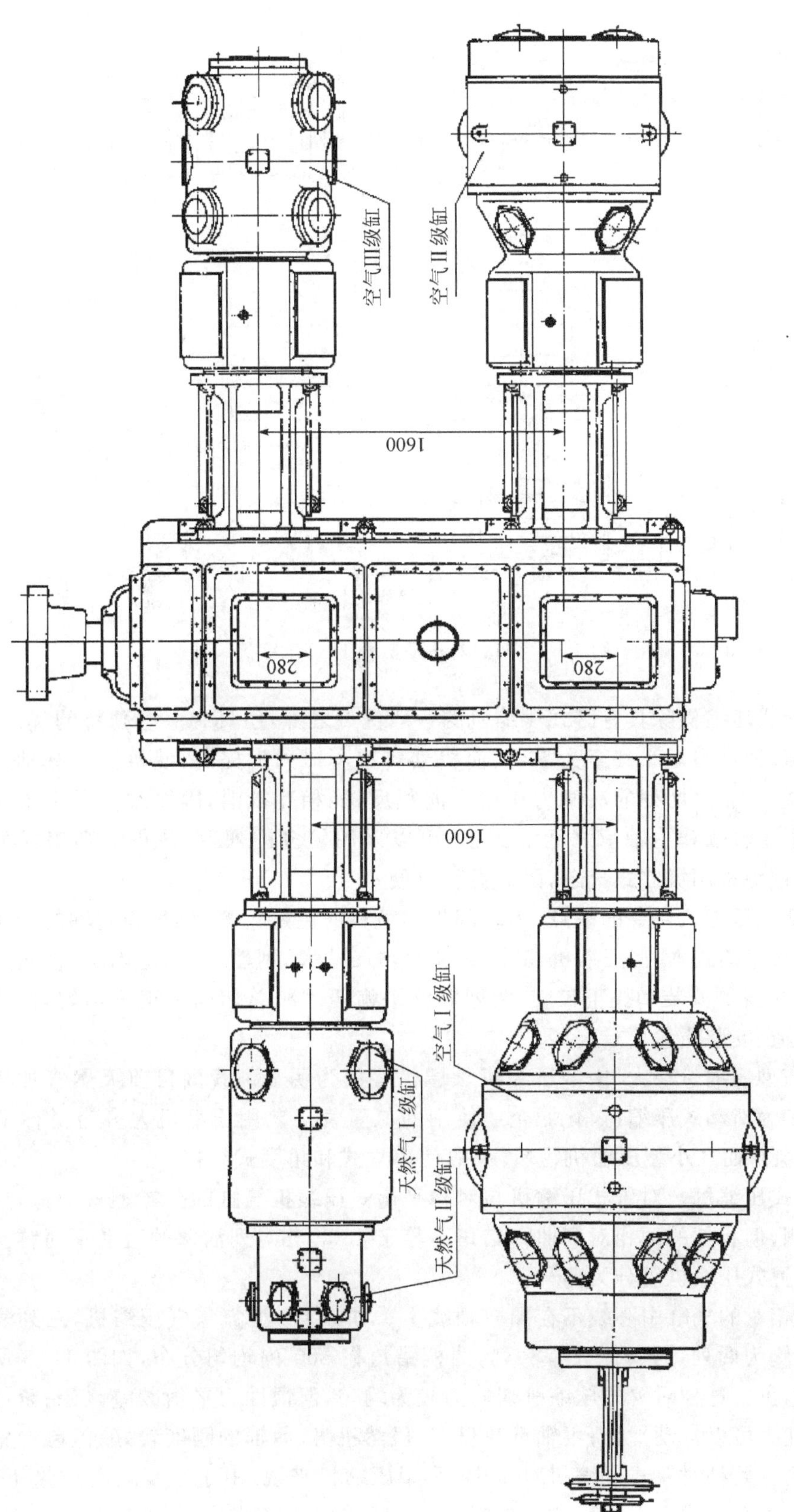

图 1-6 四列对称平衡式M型联合压缩机

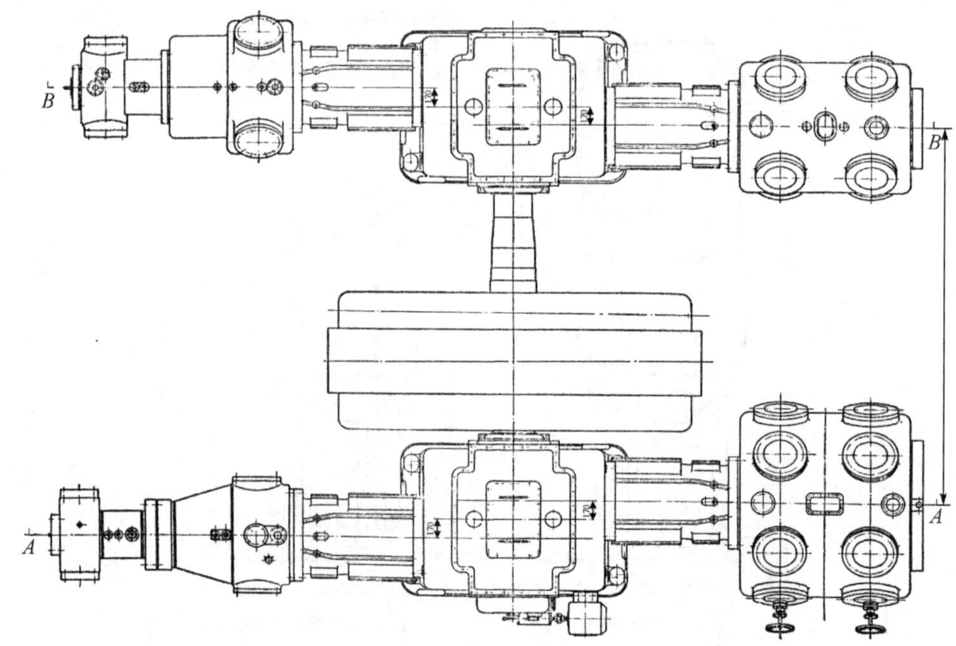

图 1-7　四列对称平衡式 H 型压缩机

对称平衡式压缩机除具有卧式压缩机的一般优点之外，还具有一些独特的优点：惯性力可以完全平衡，惯性力矩小甚至为零，因而机器转速可以大大提高，使机器和基础的重量和尺寸均能够减小；相对两列的活塞力作用方向相反，能相互抵消，因而改善了主轴颈的受力情况并降低了主轴颈和主轴承之间的磨损；可以采用较多的列数，使得每列串联的气缸数少，甚至可以避免采用级差式气缸，因而拆装方便。

对称平衡式压缩机主要的缺点：运动部件和填料的数量较多；机身和曲轴的结构比较复杂，特别是对称平衡式 M 型压缩机，其机身和曲轴尺寸大、刚性差，制造困难；而对称平衡式 H 型压缩机，机身的安装和找正较难；两列对称平衡压缩机总切向力很不均匀，所需要的飞轮矩较大；制造、安装质量要求高。

对称平衡型压缩机在大、中型压缩机领域优势极为明显。我国目前天然气加气站使用的压缩机大多为对动式压缩机，化肥企业使用的氮氢气工艺用压缩机大多为对称平衡式 M 型和 H 型机组。而在小型压缩机领域，一般使用立式和角度式结构。

(3)对置式压缩机。对置式压缩机与对称平衡式压缩机气缸的分布型式类似，气缸均位于曲轴的两侧，但相邻的两相对列曲柄错角不等于 180°，相对列活塞的运动不对称。根据其结构特点，对置式压缩机可分为两种。

第一种，相对的气缸中心线不在同一轴线上。如 3D22 型氮氢气压缩机，三列气缸位于机身两侧，一侧为两列，另一侧只有一列，曲柄错角在 360°内均匀分布，如图 1-8 所示为三列对置式压缩机。这种对置式压缩机切向力较为均匀，但惯性力平衡较差，仅一阶往复惯性力和旋转惯性力可以自动平衡；主轴承数目多，虽然机身、曲轴的刚度较好，但制造精度也相应的要求较高。此种对置式压缩机对于中、小型压缩机来说，由于往复运动质量不大，二阶惯性力的存在不会造成多大的影响。但对于大型压缩机二阶惯性力的存在就不容忽视，往

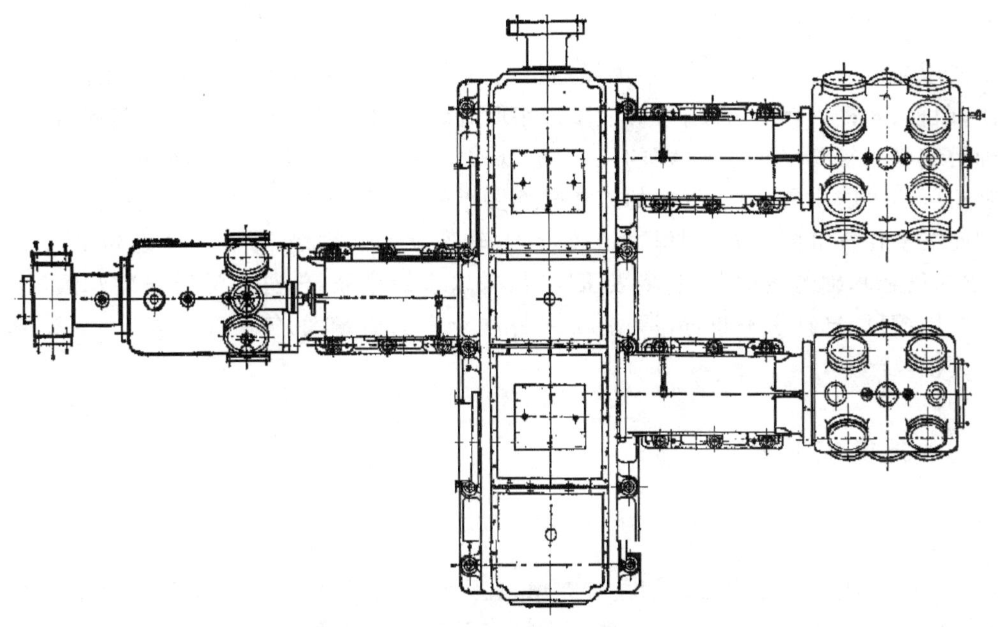

图 1-8　三列对置式压缩机

往采取曲柄错角在 360°内非均匀分布，其目有是最大限度降低二阶惯性力的影响。

第二种，曲轴两侧相对的气缸中心线在一条直线上，如图 1-9 所示为八列对置式超高压压缩机。这种对置式压缩机在超高压压缩机中使用较为广泛，相对列活塞上的气体力可以相互抵消一部分，改善了运动部件的受力情况，同时采用多列结构以后，切向力的均匀性得到了改善。

对置式结构与对称平衡式结构的主要差异：首先，对称平衡式压缩机只能取偶数列数，对置式压缩机可取奇数列数；其次，对置式压缩机的机身与曲轴的刚性比对称平衡式压缩机要好；再次，对置式压缩机的主轴承数目比对称平衡式压缩机多，这就要求机身和曲轴的制造与安装精度更高。在我国压缩机行业中，单一的对置式压缩机结构基本不采用，有时与对称平衡式结构联合使用。

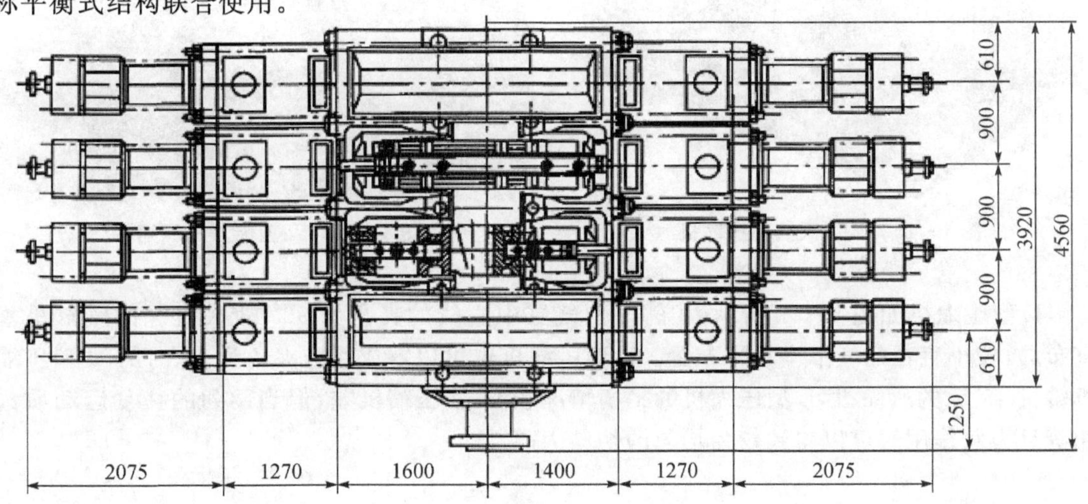

图 1-9　八列对置式超高压压缩机

2. 卧式压缩机的特点

卧式压缩机的优点：高度小，整个压缩机均处在操作人员的视线范围内，操作管理和维修方便；曲轴、连杆等拆装方便；可做成多级串联，减少列数，减少运动部件和填料数量，机身和曲轴的结构比较简单；对于大型的压缩机，卧式压缩机的厂房比立式压缩机低。

卧式压缩机的主要缺点：气缸的工作表面要承受活塞的重力；气缸润滑油滴由于受重力的影响而沉积在气缸的下方，润滑性能差，因此转速就受到限制，导致了压缩机的尺寸和质量大，驱动机和基础的质量大；在多级压缩时，采取多级串联，气缸与活塞安装麻烦，特别是大型卧式压缩机，气缸水平布置，活塞、活塞杆和十字头质量大，气缸和活塞、十字头滑道以及填料磨损较严重。

1.1.3 角度式压缩机

1. 角度式压缩机的结构

角度式压缩机的气缸中心线间具有夹角，且夹角不等于 0°和 180°，按照气缸中心线的位置不同，又分为 V 型、W 型、L 型、S 型(扇型)和 X 型(星型)等。

V 型压缩机如图 1－10 所示，压缩机的同一曲柄销上装有两列连杆，两列气缸中心线夹角可以为 60°、75°和 90°。当气缸夹角为 90°时，惯性力平衡性能最好。有时为了结构紧凑，可以做成夹角为 60°或 45°等。为了取得更好的平衡性能，也可以做成四列双重 V 型。

W 型压缩机如图 1－11 所示，同一曲柄销上装有三列连杆，相邻列气缸中心线的夹角为 45°、60°和 75°，其中夹角为 60°时惯性力平衡性能最好，有时为了改善动力平衡性能，也可以做成六列双重 W 型。

图 1－10　V 型天然气压缩机

图 1－11　W 型天然气压缩机

L 型压缩机如图 1－12 所示，相邻两列气缸中心线的夹角为 90°，较大直径的气缸呈垂直布局，较小直径的气缸呈水平布置。L 型压缩机也可以看成气缸夹角为 90°时的 V 型压缩机转过 45°后的压缩机，L 型压缩机的平衡情况较 V 型压缩机差，但当两列的往复运动质量相等且为双作用时可以得到较为均匀的切向力。

S 型压缩机如图 1－13 所示，相邻气缸中心线的夹角为 45°和 60°，四列连杆装在同一个曲柄销上。当气缸夹角为 45°时，惯性力平衡性能最好，有时为了改善其动力性能也可以做成八列双重 S 型。

图 1－12　L 型全无油特殊气体压缩机

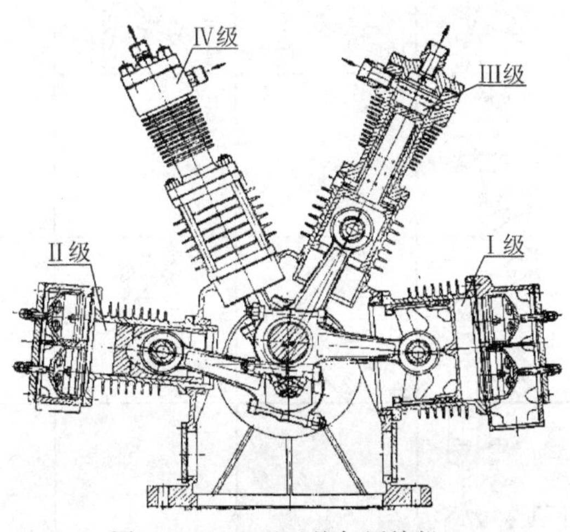

图 1－13　S 型天然气压缩机

X 型压缩机结构方案如表 1－1 所示，它可以看成是 V 型、W 型、S 型压缩机在对称方向再增设一倍的气缸，或者说 V 型、W 型、S 型压缩机是 X 型压缩机的一半。可以证明，X 型压缩机当各列的往复运动质量相等且各列气缸中心线间距等分时，一阶往复惯性力的合力是一个定值，且方向总沿着曲柄向外，并随曲轴一同旋转，可以使用加装平衡重的办法予以平衡。

表1-1 压缩机结构方案实例

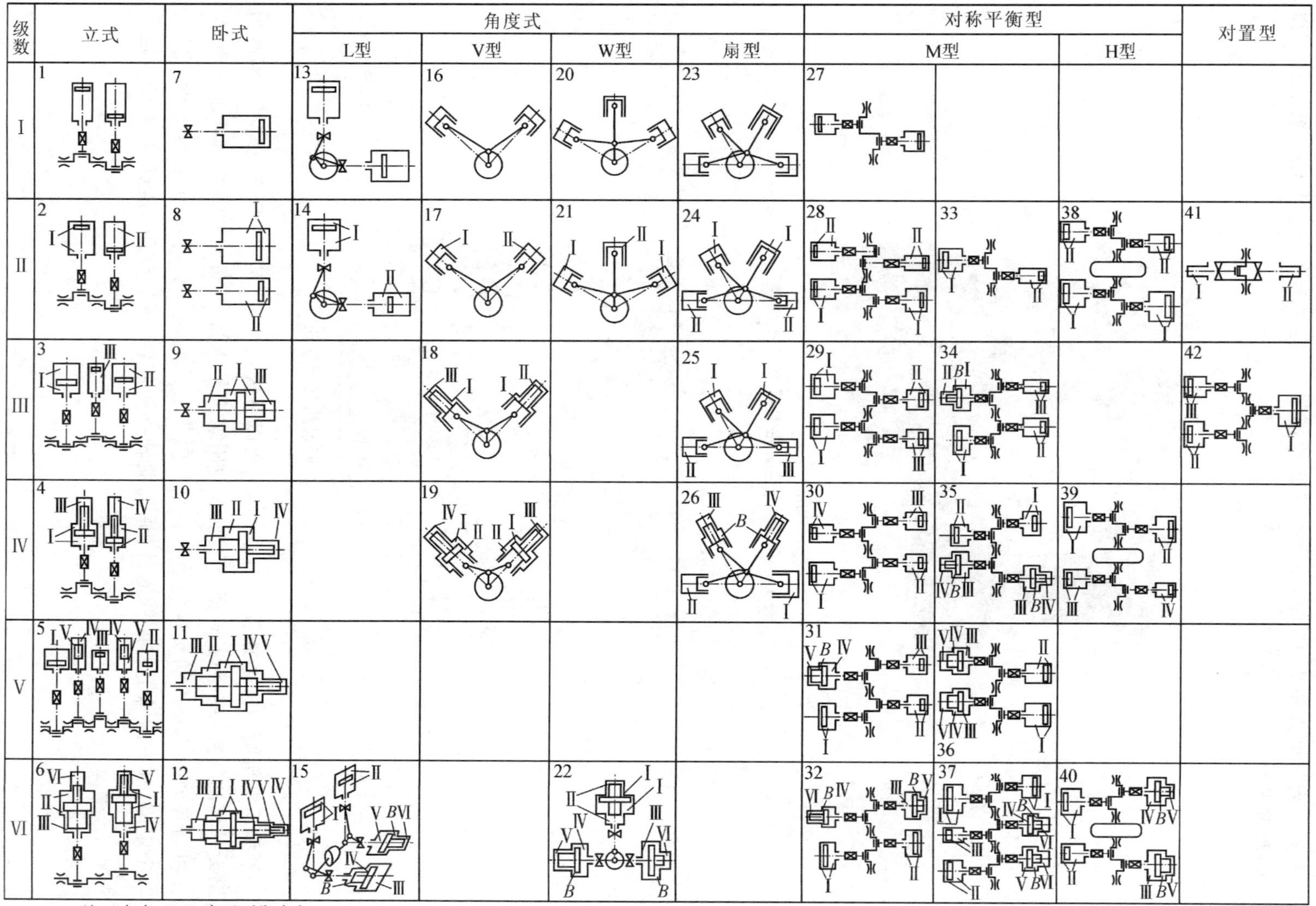

级数	立式	卧式	角度式				对称平衡型			对置型
			L型	V型	W型	扇型	M型		H型	
Ⅰ	1	7	13	16	20	23	27			
Ⅱ	2	8	14	17	21	24	28	33	38	41
Ⅲ	3	9		18		25	29	34		42
Ⅳ	4	10		19		26	30	35	39	
Ⅴ	5	11					31	36		
Ⅵ	6	12	15		22		32	37	40	

注：表中“*B*”表示平衡容积。

2. 角度式压缩机的特点

角度式压缩机虽然有许多种类，但它们共同的优点是各列一阶往复惯性力的合力可用装平衡重的方法达到大部分或完全平衡，双重角度式压缩机可使惯性力和惯性力矩更加趋于平衡，因此可以取较高的转速；气缸彼此错开一定角度布置，使气阀容易布置与安装，气阀流通面积可增大，而且可将中间冷却器、分离器等辅助装置布置在相邻气缸之间，使机器结构更为紧凑；若干列的连杆安装在同一曲柄销上，曲轴的曲拐数减少，机器轴向长度缩短，主轴颈可采用滚动轴承；此外 V 型、W 型、S 型的各列气缸近似在一个扇形平面内展开，可以用轴端安装风扇冷却，其迎风面积大而冷却效果较佳。因此，移动式风冷压缩机常用这种结构。

角度式压缩机的主要缺点：除 L 型压缩机外，其余结构的机身、曲轴箱均承受较大的弯曲应力，不利于机器安全运行；除 X、S 型结构外，其余结构采用多级压缩时，各列串联气缸较多，不便拆装和维修。

所以角度式压缩机适宜于在小型、移动条件下工作。

1.1.4 有十字头与无十字头压缩机

立式压缩机、卧式压缩机和角度式压缩机，均可以设置有十字头和无十字头压缩机。但是否具有十字头对压缩机的结构影响极大。

1. 无十字头压缩机的特点

无十字头压缩机的特点：结构简单而紧凑，机器高度低，相应的重量较轻，一般不需要专门的润滑结构。但这种结构只能由单作用气缸或单作用的级差式气缸组成，它与相同排气量的有十字头双作用式压缩机相比，其气缸直径是双作用气缸直径的 $\sqrt{2}$ 倍。所以气缸容积的利用率差，气体泄漏量较大，气缸工作表面承受的侧向力较大，因而气缸和活塞较易磨损。表 1－1 列出了无十字头级差式压缩机方案。

基于以上特点，无十字头结构宜于采用立式或角度式。当压缩机的功率大于 120～150 kW 时，无十字头压缩机的重量要大于有十字头压缩机，而且结构也更为复杂。另外无十字头压缩机的含油量无法控制，气体污染严重。因此，无十字头压缩机主要用于 40～60 kW 以下的小型移动式压缩机。在小型移动装置中用的空气压缩机，要求轻便、紧凑且便于移动，多选用无十字头结构。

2. 有十字头压缩机的特点

有十字头压缩机特点是气缸工作表面不承受侧向力，气缸与活塞间的摩擦磨损较小；气缸可以采用双作用或双作用的级差式，气缸容积能得以充分利用；气缸内的润滑油易于控制；可以设置填料函密封，所以气缸内压缩气体的泄漏量较小；对于易燃、易爆、有毒的气体，大多采用此种结构。有十字头压缩机的缺点是结构复杂；气缸中心线方向上尺寸的增加导致机器的重量和高度相应增加；而且有十字头压缩机必须设置有填料函密封，增加了易损零件的数量，影响了压缩机运转的可靠性。

固定式压缩机所需要的功率一般较大且长期连续运转，所以多采用带有十字头结构。我国固定式动力用空气压缩机系列，容积流量在 10～100 m^3/min，功率在 60～630 kW 的压缩机均采用了有十字头压缩机结构，化工、石油等领域工艺流程中使用的压缩机也都是带有十字头结构的压缩机。

1.1.5 无油润滑压缩机

随着工业的发展，常要求气体在压缩时不被润滑油污染（或根本不允许与润滑油接触）或不允许外界空气逸入气缸。例如，合成氨中合成塔的触媒会因氮氢气含油而使合成效率降低；空气分离装置中的氧气，因含油会引起燃烧、爆炸，需要使用无油润滑压缩机；石油气中有些烃类易溶于润滑油中，使润滑油稀释而黏度下降，从而破坏润滑，需要无油润滑石油气压缩机；贵重的稀有气体（如氖、氦等）生产厂也需要无油润滑压缩机，以保证气体的纯度；深冷工程中的气体温度很低，如乙烯为－104℃，甲烷为－150℃，液化天然气中使用的 BOG 压缩机，其进气温度为－160℃，此时润滑油早已冻结，更需要无油润滑压缩机；食品工业、医疗和制药工业的产品不允许被润滑油污染，也需要无油润滑压缩机。因此，无油润滑压缩机的研究、制造与使用，从一开始就具有强大的生命力。无油润滑压缩机的质量和产量是压缩机行业生产水平的一个重要标志，也是文明生产、提高各种工艺流程产品质量和产量的一个根本保证。

目前，无油润滑压缩机有三种类型。

1. 活塞环和填料都使用固体自润滑材料，并采用带十字头的结构

如图 1－1 所示为三级三列立式无油润滑氧气压缩机，活塞环和填料的摩擦磨损较小。但由于立式压缩机结构的固有缺点，它只能使用在中、小型场合。大型无油润滑压缩机通常采用对称平衡式结构。

2. 迷宫式压缩机

迷宫式压缩机气缸与活塞、活塞杆与填料之间不直接接触，通过密封齿处气体的节流以及密封腔中气体的膨胀和动能耗散过程来进行气体的密封，防止气体向外泄漏。如图 1－14 所示为立式两级迷宫式压缩机。此种结构只能采用立式带有十字头结构，方能保持密封处的间隙均匀和最大限度避免密封面间发生直接接触。

迷宫式压缩机的主要优点是可靠性高。由于运动件之间的密封属于非接触式密封，被压缩气体不仅无油，而且压缩机气缸内不产生任何粉尘磨屑，同时对压缩介质中混入的杂质颗粒不敏感，在易燃易爆烃类气体及氧气装置中，或在超高温、超低温工况及压缩绝对干燥气体（如氮气）时，气体洁净、无油，其使用具有极高的安全可靠性；迷宫式压缩机由于没有连续摩擦而引起的活塞环和填料密封环磨损现象，摩擦磨损小，迷宫活塞既可逾越非金属材料活塞环允许的最高工作温度，亦可高于气缸有油润滑压缩机的压缩机润滑油闪点温度，还可低于普通金属材料为防冷脆而限定的最低工作温度，所以其运行经济性好和经济效益高，安全性有保证；迷宫活塞压缩机通过气流的所有部件用金属制成，无机械摩擦产生，在压缩易

燃易爆有毒气体时还可采用闭式结构，提高了压缩机的安全性。

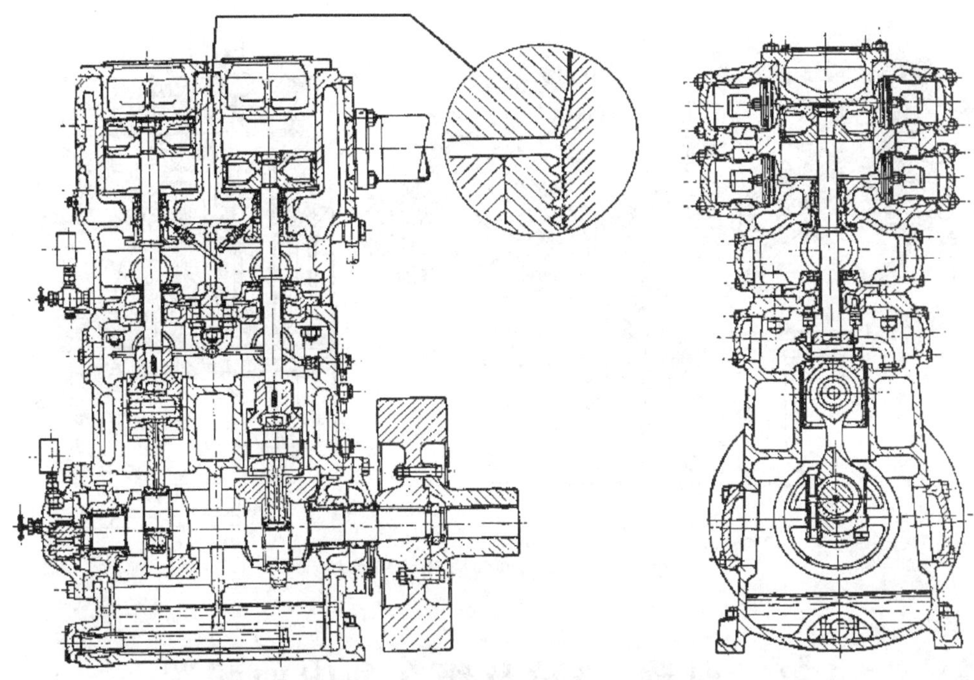

图 1-14　立式两级迷宫式压缩机

当然，迷宫压缩机也有不可避免的缺点：密封零件的加工精度要求很高，零件间空间紧凑，拆装比较困难；活塞与气缸间的间隙较小，对于活塞杆的定位导向要求较高，一旦机器运转不良，发生摩擦磨损，就会降低密封性能，并且修复成本较高；对于填料环的密封性能要求较高，当设计或组装不得当时，泄漏会比较严重。

3. 隔膜式压缩机

隔膜式压缩机依靠夹紧在气缸盖和支承板间的弹性薄膜，在压力液体的推动下，薄膜在唇形容积作往复运动，从而实现对气体的压缩。隔膜式压缩机是气体压缩领域中级别最高的压缩方式，这种压缩方式没有二次污染，对被压缩气体有非常好的保护，具有压缩比大、密封性好、压缩气体不受润滑油和其他固体杂质所污染的特点，因此特别适用于压缩高纯度、稀有、贵重、易燃易爆、有毒有害、具有腐蚀性以及高压的气体。

隔膜式压缩机的优点是膜腔的表面积与容积之比较大，被压缩气体散热好，所以级的压缩容积内可达较高的压力比，对于所要求的最终排气压力可以采用较少的级数，如三级压缩可达 100 MPa。缺点是由于膜腔的容积变化是依靠膜片在膜腔中的挠曲变形获得的，膜片的挠度受到材料强度的限制，所以膜腔的容积不能太大，隔膜式压缩机的容积流量一般小于 100 m^3/h；膜片是由液体压力推动来进行工作的，液体不可压缩，它的惯性使液体活塞的往复运动次数不能太高，否则将产生液柱的断开从而出现液力冲击，所以隔膜式压缩机的转速一般控制在 500 r/min 以下。如图 1-15 所示为 V 型两级隔膜式压缩机，其进气压力为 0.12 MPa，排气压力为 20 MPa，容积流量为 5 m^3/h，两列的气缸夹角为 90°。

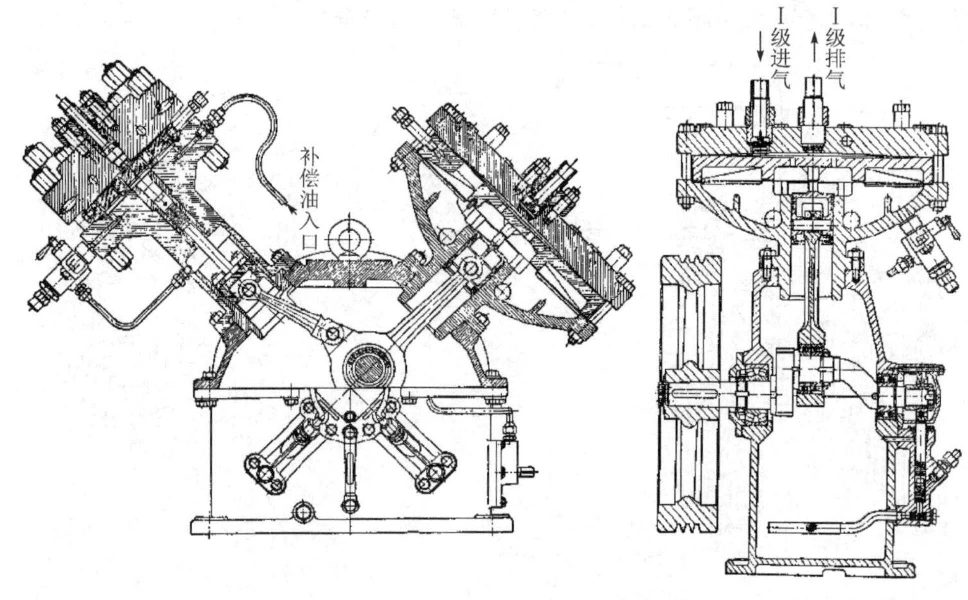

图 1－15　V 型两级隔膜式压缩机

1.2　列数、级数及级在列中的配置

1.2.1　列数及级数

1. 级数

压缩机的级是指连续压缩的单元，级数是连续压缩的单元数。按照压缩机终了的压力所需要的级数可以分为单级压缩和多级压缩。

2. 列数

列是构成压缩机结构方案的基本单位，列数是指气缸的中心线数或者连杆数，它是衡量压缩机结构方案的单元数。压缩机的级数和列数没有确定的关系，单级可以是单列，也可以是多列。单列可以是单级，也可以是多级。一般情况下，列数越多，动力平衡性能越好，切向力也越均匀。但列数越多将使压缩机的结构越复杂，制造成本越高。列数的选取主要根据压缩机系列化的情况、排气压力的高低及容积流量的大小确定。按照国内压缩机通常的设计习惯，最大活塞力为 $(2\sim20)\times10^4$ N 时取 2～4 列，最大活塞力大于 20×10^4 N 时取 3～8 列。图 1－9 中最大活塞力为 22×10^4 N，采取 8 列对称平衡式布置。宝鸡市博磊压缩机有限责任公司生产的煤化工十列大型高、低压一体往复压缩机，最大活塞力为 50×10^4 N，采用 10 列布局，该机在一台压缩机上实施甲醇和合成氨的两种高、低压生产工艺。在制冷领域中有多达 16 列的制冷用压缩机。

1.2.2 级在列中的配置

各种型式的压缩机，级在列中配置基本的原则类似，主要应注意到以下几个方面。

1. 各列活塞力要均匀

有十字头压缩机希望往返行程中的活塞力也能均匀，这样曲轴、连杆的强度利用比较充分。活塞力的均衡性可以使用运动机构的利用系数 μ 表示

$$\mu=\frac{|p'|+|p''|}{2p_{\max}} \tag{1-1}$$

式中 p'——活塞向轴行程终了时的活塞力，N；

p''——活塞向盖行程终了时的活塞力，N；

$p_{\max}$——p' 和 p'' 中绝对值较大的数值，N。

表 1-2 表示了几种常用活塞结构的运动机构利用系数。

表 1-2 列中运动机构的利用系数

序号	排列示意图	活塞力均衡性	运动机构利用系数 μ	备 注
1	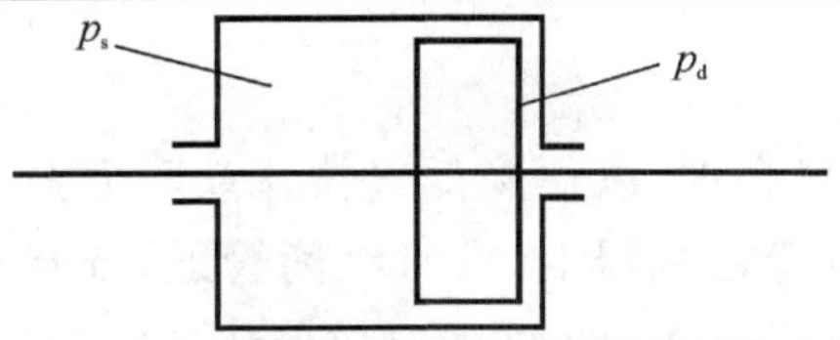 p_s, p_d	最好	$\mu=1$	往返行程均好
2	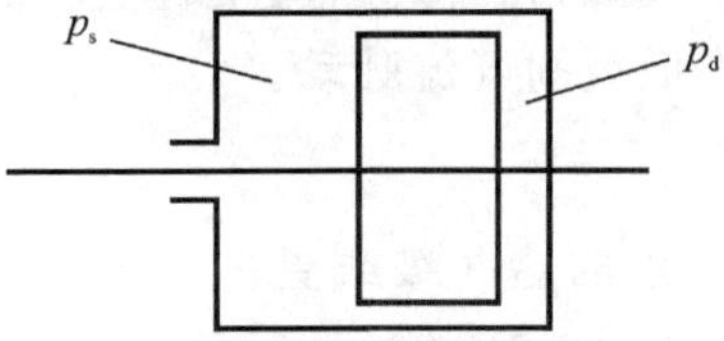 p_s, p_d	好	$\mu\approx1$	
3	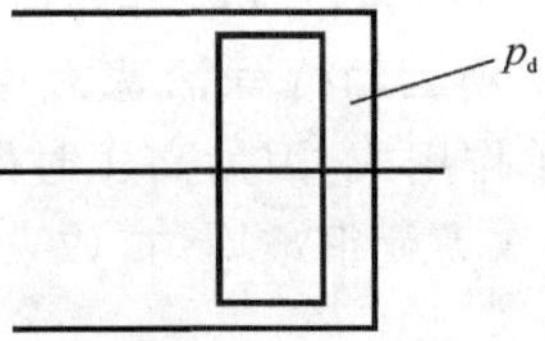 p_d	差	$\mu=0.4\sim0.5$	
4	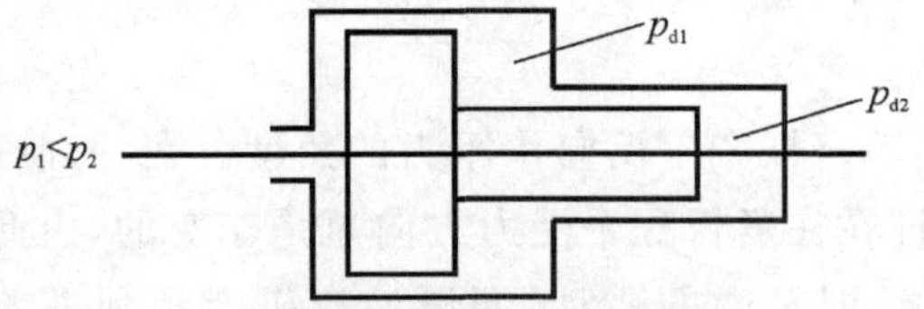 $p_1<p_2$, p_{d1}, p_{d2}	较好	μ 值介于序号 2 与 3 之间	向盖行程较大
5	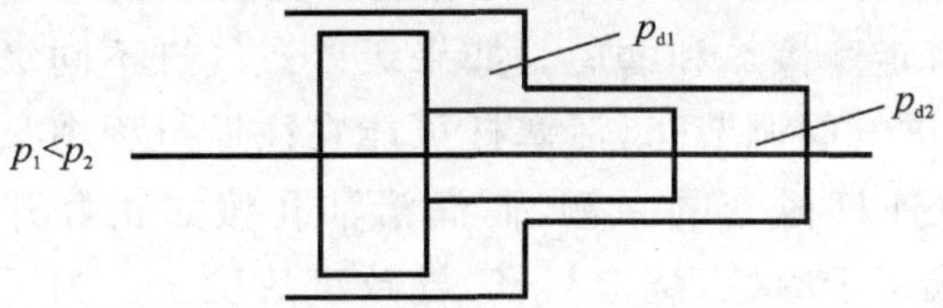 $p_1<p_2$, p_{d1}, p_{d2}	最差		向盖行程最大，向轴行程最小

注：表中 p_s 为进气压力；p_d 为排气压力。

在超高压压缩机中，要取得运动机构的最佳利用系数，往往采用贯穿活塞杆或采用平衡容积的结构型式。在级差式气缸中，为了补偿高低压级活塞面积的差值而采用平衡容积，平衡容积与级间容积或进气管相通，能改善列的活塞力均匀性。

2.力求减少气体的泄漏量

在级差式气缸中，高压级应设在机器的外侧，如表 1-1(31～37)所列出的布置方式。高压级活塞没有活塞杆，气缸直径较布置在内侧时小，活塞密封周长较短，泄漏较小，同时活塞环所消耗的摩擦功也可降低；在曲轴一侧配置较低的压力级，填料尽量设置在压力较低的气缸上，可以减少泄漏和改善填料的工作状态，如表 1-1(37)所示的Ⅵ级 6 列对称平衡式结构，虽然其级数与列数相等，每列可以布置一个级，但为使Ⅵ级避免采用高压填料，将Ⅵ级分别设在Ⅳ级和Ⅴ级气缸上形成级差结构；在级差式气缸中，应使相邻两气缸容积的级次最相近，如表 1-1(31、36)所示。

3.尽量避免采用平衡容积结构

平衡容积的存在使相邻级的气缸直径增大，活塞环的密封周长增加，气体泄漏量增大，同时增加了平衡容积中气体流动的损失。在中、小型压缩机设计中，宁肯放弃活塞力的均衡性，也不采用平衡容积，即使在大型压缩机，亦有取消平衡容积的趋势，如表 1-1(4、12)所示。

4.管道布局合理

在多级压缩机中应使级间设备和管道布置合理，以便降低气体流动阻力损失和减小气流脉动。如图 1-12 所示，中间冷却器直接设置在机器上，没有级间管道，既有利于节省材料，又可降低流动阻力损失。另外，同级若有几个气缸，在排列时应使各气缸的进、排气阶段按时间错开，相邻级的进气与排气应同相，以便降低级间气流脉动。

5.制造和安装方便

在多列压缩机中通常每列仅配置 1～2 级，个别的达 3 级或更多。每列配置一个级，对于无十字头压缩机就只能做成单作用式，如表 1-1(16、17、23～25)所示。对于有十字头的压缩机，在低、中压时大都做成双作用式，这样往复运动行程活塞力均衡且泄漏较少，如表 1-1(1～3)所示。高压或超高压时一般也做成单作用式，因为高压时做成双作用，由于活塞杆的影响使得在往返行程中活塞力差异很大，活塞力就很难均匀，如果设置贯穿活塞杆以平衡活塞力，又增加了一组填料。

6.保证反向角大于 15°

反向角指活塞力在部分转角范围内使活塞杆产生反向作用力的角度。在一列配置一个双作用气缸或者一个倒级差气缸时，活塞杆在往复行程中受力方向总是交变的，由此十字头销与连杆小头衬套的接触状态有一次变化，即轻微的跳动，润滑油有机会顺利进入该承压面，取得良好的润滑效果，同时由润滑油带走摩擦热和磨屑。如果级差式气缸不同级配置在同一侧，或者双作用气缸一侧要进行压开进气阀调节时，活塞杆可能在往返行程中只受单一方向的作用力，这时十字头销便始终压在连杆衬套的一侧，而润滑油孔假如正好开在承压侧，那么润滑油就不可能进入承压面，造成了干摩擦，烧损衬套，导致事故发生。为了保证良好的润滑效果，在 API618 中希望使活塞杆产生反向作用力的角度大于 15°。

7. 考虑压缩机的系列化要求

级在列中的配置要考虑企业系列化的需要，这样可以减少制造成本和缩短制造周期。8M80系列氮氢气压缩机(图1-3)，是在如图1-16所示的7M50氮氢气压缩机的基础上完成的。8M80系列氮氢气压缩机单列活塞力80吨，考虑到系列化的要求，采用了三个一级缸，这样不仅避免了大缸径，有效地降低了气体的泄漏，解决了活塞易碎裂等问题，同时有效地利用了7M50的一级气缸，减少了制造费用，也为售后服务提供了方便。

图1-16　沈阳申元7M50氮氢气压缩机

当然，在选择级在列中的配置问题时，最大的气体力也是一个重要的因素。虽然气体力能在压缩机运行时自动平衡而不会传递到机器外部，但它作用于气缸、中间接筒、机身以及连接它们的螺栓等静止零部件上，设计中要充分考虑到材料的强度和刚度，保证运行的安全性；最大的活塞力作用于活塞、活塞杆、十字头、十字头销、连杆、曲轴等运动零部件上，它不仅影响到机器零部件的强度，更重要的是影响到连杆小头衬套、连杆大头瓦主轴承和十字头滑板的磨损情况，所以配置时应予以重视。

制定产品系列主要依据产品的发展趋势，将产品的主要参数、型式、尺寸、基本结构等作出合理的规划，以展示企业已经生产和准备生产的产品，为自身的发展在技术和装备上作出准备，也为用户选择合适的压缩机提供必要的信息。当用途单一和性能参数比较稳定时，可用性能参数作为系列依据。表1-3是蚌埠鸿申特种气体压缩机厂的液化石油气压缩机热力参数，以容积流量作为系列的依据。

表 1-3 液化石油气压缩机系列热力参数

产品型号 热力参数		ZG-0.75/10-15 CZG-0.75/10-15	ZG-0.75/16-24 CZG-0.75/16-24	2DG-1.5/16-24 C2DG-1.5/16-24
公称容积流量/($m^3 \cdot min^{-1}$)		0.75	0.75	1.5
额定排气压力/MPa		1.5	1.5	2.4
额定进气压力/MPa		1	1.6	1.6
吸气温度/℃		≤50	≤50	≤50
排气温度/℃		≤100	≤100	≤100
气缸直径/mm		140	140	140
活塞行程/mm		80	80	80
转速/($r \cdot min^{-1}$)		730	730	730
润滑方式	曲轴、连杆、十字头	压力润滑	压力润滑	压力润滑
	气缸、填料	无油润滑	无油润滑	无油润滑
润滑油温度/℃		≤60	≤60	≤60
油泵压力/MPa		0.15～0.3	0.15～0.3	0.15～0.3
电动机型号		YB180L-8 d Ⅱ BT4	YB180L-8 d Ⅱ BT4	YB180L-8 d Ⅱ BT4
电动机功率/kW		11	22	30
主机外型尺寸($L \times W \times H$)		1500 mm×650 mm×1300 mm	1500 mm×650 mm×1300 mm	1686 mm×1920 mm×880 mm
重量/kg		1000	1000	1350

对于用途众多，性能各异的压缩机，多以活塞力作为组成系列的依据。有时为了使系列的适应性更广，除活塞力外也包括活塞的行程，如美国 HHE 工艺气体压缩机系列。

1.3 压缩机的主要结构参数

压缩机的主要结构参数用来反映压缩机的外廓形状、工作性能以及零件工作能力相关尺寸的数值。外廓形状是指压缩机沿气缸中心线方向、曲轴长度方向以及垂直于气缸中心线方向、气缸直径方向尺寸的比例关系；工作性能指压缩机级的排气系数、排气温度、容积流量、工作压力以及等温效率和绝热效率等；零部件的工作能力指零部件的强度、刚度、耐磨性以及稳定性等，它是衡量压缩机在预定的使用期限内，零件不发生失效的安全工作限度。

压缩机的主要结构参数包括活塞的行程 S、活塞的平均速度 v_m、压缩机的转速 n 以及活塞的行程与第一级缸径比 ψ。

1.3.1 主要结构参数取值及之间的关系

1. 活塞行程 S

在容积流量和转速一定的情况下，活塞的行程缩短，气缸直径必然增加，活塞环的密封周长和曲柄连杆机构受力以及气缸内的相对余隙容积增加。当行程缩短到一定限度后，双作用气缸的气阀沿气缸径向布置和进、排气管道的设置将会遇到位置不够的困难。活塞行程与转速之间的关系为

$$v_m = \frac{Sn}{30} \tag{1-2}$$

式中 v_m——活塞的平均速度，m/s；

S——活塞行程，m；

n——压缩机的转速，r/min。

在活塞平均速度一定的情况下，活塞行程的选择与下列因素有关：

(1)容积流量的大小。容积流量大时，活塞的行程应取的大些，否则应取较小的值；

(2)压缩机的结构型式。考虑到压缩机使用和维修的方便性，对于立式和角度式压缩机，活塞的行程应取较小的值；

(3)气缸的结构型式。双作用气缸的第一级缸径和行程保持一定的比例，防止气阀和进、排气管道在气缸上布置时发生困难。

根据统计分析，活塞的行程与活塞力之间存在以下关系

$$S = A\sqrt{F_p} \tag{1-3}$$

式中 F_p——活塞力，10 kN；

A——系数，其值为 0.6～0.95，短行程压缩机 $A = 0.6$，长行程压缩机 $A = 0.95$。

一般在压缩机热力计算时，首先根据排气量和确定的方案或者参考同类型机器的活塞平均速度 v_m 和 ψ 值选取转速 n。也可以根据经验选取转速 n，再根据式(1-2)求取活塞行程。当活塞力大于 2×10^4 N 时，行程应按照表 1-4 进行修正，然后根据调整后的行程、转速重新计算活塞平均速度 v_m。

2. 压缩机转速 n

容积流量一定时，压缩机的转速越高，则压缩机的重量和尺寸越小；此时，若活塞行程不变，则活塞平均速度增大，运动机构的惯性力、摩擦副的摩擦磨损、单位时间气阀阀片对阀座即升程限制器的撞击次数、气流流经气阀的流动阻力损失增加。为了保证压缩机经济、安全、可靠的运行，在提高转速的同时，应适当限制转速的范围。

微、小型压缩机：1000～3000 r/min；

中型压缩机：500～1000 r/min；

大型压缩机：250～500 r/min 。

3. 活塞平均速度 v_m

由式(1-2)知活塞平均速度与压缩机转速和活塞行程有关，它反映了压缩机的外廓形状、工作性能和零部件的工作能力。压缩机设计时，根据压缩机的热力参数(容积流量、进排

气压力及功率)、使用条件(固定式或移动式、连续运转或是间断运行、有油润滑或是无油润滑)以及结构型式,首先选择合适的活塞平均速度,然后确定其他的结构参数。

工艺流程中使用的大中型压缩机,活塞平均速度可取 4 ～ 5 m/s;

固定式动力用空气压缩机,为取得较高的效率,活塞平均速度可取 3 ～ 4 m/s;

移动式压缩机,为尽量减小机器的重量和外型尺寸,活塞平均速度可取 4 ～ 5 m/s;

微型和小型压缩机,为使结构紧凑,需要取高转速和短行程结构,活塞平均速度仅取 1 ～ 2.5 m/s;

迷宫式压缩机,为降低气体泄漏量,活塞平均速度应大于 4 ～ 5 m/s;

气缸无油润滑非金属密封的压缩机,为延长密封环的使用寿命,活塞平均速度应小于 3.5 ～ 4 m/s;

采用直流阀的压缩机,活塞平均速度可取 5 ～ 6 m/s;

超高压压缩机,因为载荷大,为保证摩擦副的耐久性,活塞平均速度宜小于 2.5 m/s;乙炔气等具有爆炸危险的压缩机,为安全起见,活塞平均速度宜取 1 m/s 左右;

为适应燃气发动机的工作要求,有时天然气压缩机的活塞平均速度可取 7 m/s。

4. 行程与缸径比 ψ

行程与缸径比 ψ 是活塞的行程 S 与第一级气缸直径 D_1 的比值,即

$$\psi = \frac{S}{D_1} \tag{1-4}$$

ψ 值可参考以下条件进行选择。

低转速压缩机:100～500 r/min,ψ 取 0.5 ～ 0.95;

中速压缩机:500～1000 r/min,ψ 取 0.45 ～ 0.75;

高速压缩机:> 1000 r/min,ψ 取 0.3 ～ 0.55。

ψ 值的选取与行程的选取原则相同,当活塞平均速度一定时,还必须考虑压缩机的流量、机器的结构型式以及第一级气缸的结构和个数。

根据压缩机容积流量的计算公式,如果忽略活塞杆的影响,容积流量与结构参数之间的关系可表示为

$$q_v = \frac{\pi}{4} D_1^2 Sni\lambda_{d1} z_1 = 21200 \frac{v_m^3}{(n\psi)^2} i\lambda_{d1} z_1 \tag{1-5}$$

式中 D_1 ——压缩机第一级气缸直径,m;

S ——活塞行程,m;

n ——压缩机转速,r/min;

ψ ——活塞行程与第一级缸径比;

i ——第一级气缸的工作方式,单作用时 $i = 1$,双作用时 $i = 2$;

z_1 ——第一级气缸数;

λ_{d1}——第一级的排气系数。

在式(1-5)中,取 $\lambda_{d1} = 0.75$,$i = 2$ 和 $z_1 = 1$ 时,可以作出压缩机的容积流量 q_v 与活塞平均速度 v_m 及转速 n 之间的关系,如图 1-17 所示。

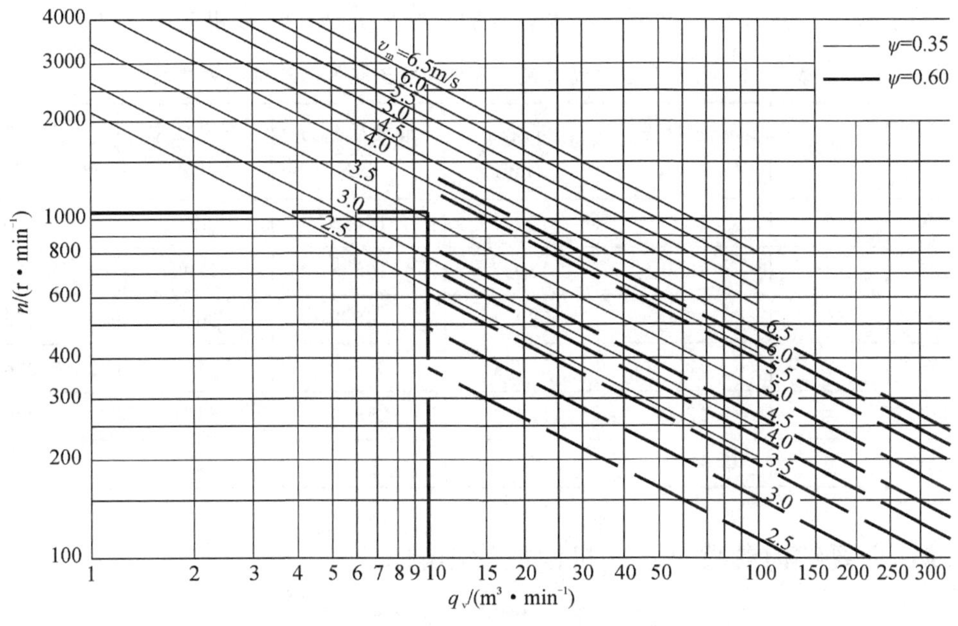

图 1-17 $\lambda_d=0.75$ 时，q_v、v_m、n 关系图

图中实线为 $\psi=0.35$，虚线为 $\psi=0.60$。如当容积流量 $q_v=10\ m^3/min$，$z=1$，$i=2$，$v_m=3.5\ m/s$，查实线有压缩机的转速 $n\approx1000\ r/min$。

现有国产压缩机主要结构参数由表 1-4 给出。

表 1-4 国产压缩机主要结构参数值

活塞力 F_P /×10 kN	行程 S/mm	推荐转数 $n/(r\cdot min^{-1})$	推荐转数下的活塞平均速度① $C_m/(m\cdot s^{-1})$
1	80	980	2.61
	100	980	3.27
2	100	980	3.27
	140	730	3.40
3.5	140	730	3.40
	180	600	3.60
5.5	180	600	3.60
	220	500	3.67
8	240	500	4.00
12	280	428	4.00
16	320	375	4.00
22	360	375	4.50
32	400	333	4.44
45	450	300	4.50

①平均速度 $C_m=\frac{nS}{30}\times10^{-3}$。

表 1－5 给出了美国英格索兰公司撬装对称平衡式天然气压缩机系列参数。

表 1－5　英格索兰公司撬装对称平衡式天然气压缩机系列参数

型号	列数	额定转速 /(r·min⁻¹)	行程 /mm	最大活塞力 /kN	额定功率 /kW	活塞平均速度/(m·s⁻¹)
2RDS	2	1000	139.7	166.8	895	4.656
4RDS	4	1000	139.7	166.8	1790	4.656
6RDS	6	1000	139.7	166.8	2685	4.656
2HOS	2	1200	152.4	266.9	1417	6.096
4HOS	4	1200	152.4	266.9	2461	6.096
6HOS	6	1200	152.4	266.9	3430	6.096

1.3.2　主要结构参数对压缩机性能的影响

1. 活塞平均速度 v_m 对性能的影响

活塞平均速度 v_m 可以反映活塞环、填料函、十字头的磨损情况。当这些零件的摩擦表面所受作用力大小相同时，若 v_m 值高，则这些零件在单位时间内受摩擦的距离长，故磨损严重且消耗较多的摩擦功；若 v_m 值低，则磨损小，耗功小。

(1)对流速的影响。v_m 还反映气流流动损失的情况，根据连续方程，流经管道的气流平均速度 v_1 为

$$v_1 = \frac{v_m A_P}{A_1}$$

流经气阀的气流平均速度 v_v 为

$$v_v = \frac{v_m A_p}{\alpha A}$$

在活塞面积 A_p 和管道通流面积 A_1 一定时，v_1 与 v_m 成正比；在一定的气阀有效通流面积 αA 下，v_v 也和 v_m 成正比。压力损失与速度平方成正比，故 v_m 越高，则流经管道及气阀产生的压力损失越大。若排气量不变，由式(1－5)看出，v_m 增加后气缸直径减小，亦即 A_p 减小，故使得气阀安装空间减少，气阀通流面积相应要减小，这样会使 v_v 增加幅度更大，则气阀中压力损失增加。当然，若气阀通流面积没有改变，压力损失是不会增加的。

(2)对往复惯性力的影响。由《往复式压缩机原理》[7]第 6 章讨论可知，往复惯性力的最大值为

$$F_{\mathrm{Imax}} = m_s r\omega^2(1+\lambda) = \beta m_s v_m n \tag{1-6}$$

式中　β——常数。

由式(1－6)可知，当活塞平均速度增加时，往复惯性力会线性增加，机器惯性力没有完全平衡时，会导致机器振动加剧。

(3)对磨损的影响。由摩擦磨损理论可知，活塞环、填料函、十字头的磨损值 Δ 正比于接触面间的比压 p_i 和活塞的平均速度 v_m，即

$$\Delta = kp_i v_m \tag{1-7}$$

式中　k——常数。

由式(1-7)可以看出，当活塞平均速度 v_m 一定时，磨损量 Δ 正比于比压 p_i，所以同一台压缩机，高压级的活塞环比低压级的寿命短的多。而当比压 p_i 一定时，活塞平均速度 v_m 越大，则磨损量 Δ 越大，所以在高压或者超高压压缩机中，为了延长活塞环和填料的寿命必须取较低的活塞平均速度，或者在同一机器中将高压级的行程(曲拐半径)减少。

(4)对机械效率的影响。以活塞环与气缸壁之间的摩擦代表往复摩擦功率，由式(1-2)和式(1-5)得气缸直径 D 为

$$D = \sqrt{\frac{4}{30\pi}}\sqrt{\frac{q_v}{\lambda_d iz}}\frac{1}{\sqrt{v_m}} \tag{1-8}$$

令$A = \sqrt{\frac{4}{30\pi}}\sqrt{\frac{q_v}{\lambda_d iz}}$，则气缸直径与活塞平均速度可以表示为

$$D = A/\sqrt{v_m} \tag{1-9}$$

往复摩擦功率 N_f' 为

$$N_f' = \mu' p' v_m = \mu' v_m h\pi D\sum(p_i) \tag{1-10}$$

式中　D——气缸直径，m；

μ'——往复摩擦系数；

p'——活塞环对缸壁作用力，N；

p_i——各环对缸壁的比压，Pa；

h——活塞环的高度，m。

将式(1-9)代入式(1-10)有

$$\begin{aligned} N_f' &= \mu' v_m h\pi D\sum(p_i) \\ &= \mu' \frac{A}{\sqrt{v_m}}\pi h v_m\sum(p_i) \\ &= B\sqrt{v_m} \end{aligned} \tag{1-11}$$

式中$B = \mu' A\pi h\sum(p_i)$，对于已有的机器 B 为定值。

由式(1-11)看出，往复摩擦功率随着活塞的平均速度增加而增加，机械效率会下降；对于新设计的压缩机，只要保证活塞的平均速度不变而提高转速，其往复摩擦功率并不增加，即机械效率不变。

综上所述，活塞平均速度关系到压缩机的经济性及可靠性，故对 v_m 应选用适当的数值。

2. 转速 n 对性能的影响

转速不仅影响压缩机的几何尺寸、重量、制造成本，而且还影响摩擦功、磨损、工作过程及动力特性，以及影响驱动机的经济性及成本。

(1)对往复惯性力的影响。由式(1-6)可知，往复惯性力与转速的平方成正比，随着转速的增加，惯性力成平方增加。当压缩机本身惯性力没有完全平衡时，会导致机器振动加剧，若惯性力增加并超过最大气体力时，可能会导致压缩机零部件的强度不足。

(2)对机器尺寸和重量的影响。由式(1-5)可知，当 q_v、λ_d、i 及 z 一定时，气缸的直径

与活塞的行程关系为

$$D=\beta\frac{1}{(\psi n)^{\frac{1}{3}}} \tag{1-12}$$

$$S=\beta'\frac{\psi^{\frac{2}{3}}}{n^{\frac{1}{3}}} \tag{1-13}$$

式中　β、β'——常数。

由式(1-12)和式(1-13)看出，气缸直径和活塞行程不仅与转速有关，而且与 ψ 值有关。在转速 n 增加同时 ψ 值减小时，气缸直径变化不大，但行程的下降幅度会变大，所以压缩机的结构尺寸降低，重量减少。

根据对一些同类型机器的统计与分析，在同一排气量的机器，其机器的重量、转速和活塞平均速度大致符合下面的关系

$$G=G_0\sqrt{\frac{n_0}{n}}\sqrt{\frac{v_{m0}}{v_m}} \tag{1-14}$$

式中　G_0、n_0、v_{m0}——原有机器的比重量、转速和活塞平均速度；

G、n、c_m——转速提高后相应的数值。

由式(1-14)可见，当活塞的平均速度不变，而转速提高一倍，其比重量约减少 30%；对已有的机器，当转速提高，活塞平均速度也相应地提高，其机器的比重量会进一步减少。

(3)对机械效率的影响。以轴承部分之间的摩擦代表旋转摩擦功率，旋转摩擦功率为

$$N''_f=\mu''p''v \tag{1-15}$$

式中　μ''——旋转摩擦系数；

p''——总的作用力，N；

v——轴颈与轴承的相对滑动速度，m/s，其值由 $v=\frac{\pi}{60}dn$ 得到，其中 d 为轴颈的直径，m；n 为转速，r/min。总的作用力 p'' 包括气体力、往复惯性力和旋转惯性力，为简化计算仅考虑气体力

$$p''=\frac{\pi}{4}D^2p \tag{1-16}$$

式中　p——气体压力，Pa。

将式(1-9)和式(1-16)代入式(1-15)有

$$N''_f=c'\frac{p}{v_m}dn \tag{1-17}$$

或者

$$N''_f=c\frac{p}{S}d \tag{1-18}$$

对于一定的压缩机，式中的 c'、c 为常数。由此可见，当活塞平均速度和轴颈为定值时，轴承部分的旋转摩擦功率随着转速的增加而增加。对已有的压缩机，当转速提高后，活塞的平均速度也相应地提高，所以旋转摩擦功率基本不变，机械效率也基本不变；但是对于新设计的压缩机而言，当转速提高后，为了保持排气量不变而需要减少活塞的行程，所以无论活塞的平均速度是否改变，摩擦功率总是增加，机械效率总是要下降。

(4)对气阀的影响。转速高低对气阀的工作也带来影响，转速提高后阀片撞击次数增加，使气阀寿命降低。对已有的机器，提高转速会破坏气阀正常的运动规律，减少使用寿命；

对新设计的机器，转速提高后，整机尺寸缩小，则气阀安装空间也缩小，导致气阀中流动损失的增加，也影响了压缩机的性能。

综上所述，合适的转速选择，对于整机的重量、机械效率、气阀的工作寿命及运行的安全性均有重要的影响。

3. 行程缸径比 ψ 对性能的影响

行程与第一级气缸直径比 ψ 是压缩机的一个结构参数，它不仅对压缩机的外形及尺寸有影响，而且还影响着压缩机的重量、机械应力和应变、摩擦磨损、工作过程的热交换及气阀的工作情况，选择时应注意：

(1)太小的 ψ 值会导致进排气管道和气阀在径向布置困难，也会引起旋转摩擦功率的增加；

(2)太小的 ψ 值会导致相对余隙容积增加，降低了气缸的利用率；

(3)太小的 ψ 值会导致压缩机工作过程热交换的减少，泄漏增加，功耗增加；

(4)太小的 ψ 值会导致气体力增加，相应的运动机构尺寸变大，增加了机器的重量；

综上所述，一般取值以 ψ 较大为宜，但太大的 ψ 会导致机器轴向方向变长，而且当行程容积和活塞平均速度一定时，较大的 ψ 值使转速相应地降低，引起机器比重量增加。

1.3.3 各级气缸直径的确定

气缸直径的确定，主要根据压缩机的容积流量、转速，按照《往复式压缩机原理》[7]第 4 章的讨论计算出各级气缸的行程容积，再根据气缸的结构型式并考虑到表 1－6 中推荐的活塞杆直径来确定气缸的直径。气缸直径的计算须根据国家标准表 1－7 进行圆整。

表 1－6 活塞杆直径推荐值

活塞力 F_P /×10 kN	活塞行程 s /mm	轴功率 P_{sh} /kW	每列运动往复质量 m_s /kg	活塞杆直径 d/mm	
1	80	17	19	25	—
	100	21	15		
2	100	42	31	30	35
	140	43	40		
3.5	140	76	70	40	45
	180	80	81		
5.5	180	126	127	50	55
	220	128	149		
8	240	203	198	60	65
12	280	305	350	70	80
16	320	406	528	80	90

续表 1-6

活塞力 F_P /×10 kN	活塞行程 s /mm	轴功率 P_{sh} /kW	每列运动往复质量 m_s /kg	活塞杆直径 d/mm	
22	360	630	645	90	100
32	400	900	1070	110	120
45	450	1290	1670	130	—

说明：表中的 m_s 为在名义活塞力及推荐的转速下每列往复部件的最大质量；另外在同一级别活塞力中，大一档活塞杆直径用于较长的活塞杆。

表 1-7　气缸的公称直径　　单位：mm

气缸公称直径	气缸公称直径	气缸公称直径	气缸公称直径	气缸公称直径	气缸公称直径	气缸公称直径
20	55	100	170	270	450	710
21	58	102	175	280	460	730
22	60	105	180	290	470	750
24	62	108	185	300	480	780
25	65	110	190	310	490	800
26	68	112	195	320	500	820
28	70	115	200	330	510	850
30	72	118	205	340	520	880
32	75	120	210	350	530	900
34	78	125	215	360	550	920
35	80	130	220	370	560	950
38	82	135	225	380	580	980
40	85	140	230	390	600	1000
42	88	145	235	400	620	1030
45	90	150	240	410	630	1060
48	92	155	245	420	650	1100
50	95	160	250	430	670	
52	98	165	260	440	690	

1. 单作用式气缸

由《往复式压缩机原理》[7]第 4 章讨论知，单作用某级的气缸行程容积为

$$V_{hi} = \frac{\pi}{4} D_i^2 z_i S \tag{1-19}$$

式中符号意义与式(1-5)相同，由此气缸直径为

$$D_i = 1.13\sqrt{\frac{V_{hi}}{z_i S}} \tag{1-20}$$

2. 双作用式气缸

双作用气缸因为考虑到活塞杆直径 d 的影响，则行程容积为

$$V_{hi}=\frac{\pi}{4}z_iS(2D_i^2-d^2) \tag{1-21}$$

式中　d——活塞杆直径，m，其值按表 1-6 选取。

由此，气缸的直径为

$$D_i=\sqrt{\frac{2V_{hi}}{\pi z_iS}+\frac{d^2}{2}} \tag{1-22}$$

3. 级差式气缸

当气缸为正级差式结构时，如图 1-18 所示，先按式(1-20)计算出高压级气缸直径 D_h，然后根据高压级缸径 D_h 及行程容积 V_{hl} 计算出低压级缸径 D_l：

$$V_{hl}=\frac{\pi}{4}z_lS(2D_l^2-d^2-D_h^2) \tag{1-23}$$

由此，低压级缸径 D_l 为

$$D_l=\sqrt{\frac{2V_{hl}}{\pi z_lS}+\frac{D_h^2+d^2}{2}} \tag{1-24}$$

当气缸为倒级差式结构时，如图 1-19 所示，先按式(1-20)计算出低压级气缸直径 D_l，由此高压级的气缸行程容积为

$$V_{hh}=\frac{\pi}{4}z_hS(D_l^2-D_h^2) \tag{1-25}$$

由此，高压级的气缸直径为

$$D_h=\sqrt{D_l^2-\frac{4V_{hh}}{\pi z_hS}} \tag{1-26}$$

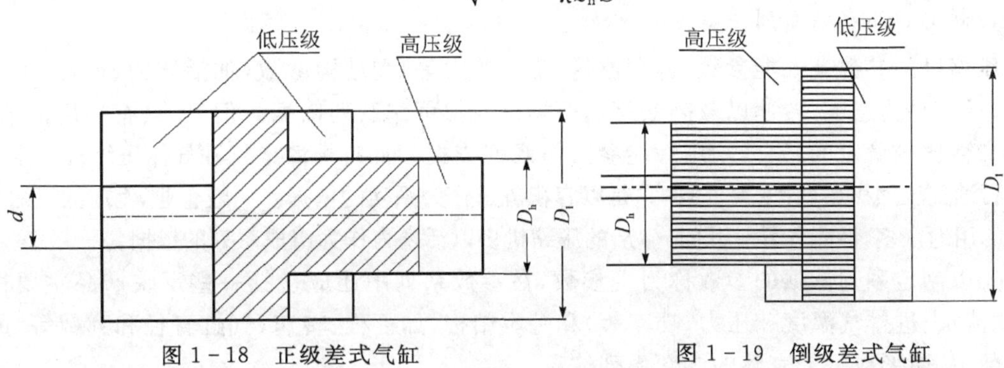

图 1-18　正级差式气缸　　　　图 1-19　倒级差式气缸

1.4　压缩机结构方案的标准化、系列化和模块化

压缩机的用途十分广泛，为了达到以最少的品种规格满足最大的需求，并保证质量，以提高市场的竞争力，应采取的有效措施是对压缩机产品实行标准化、系列化和模块化。

1.4.1　压缩机的标准化

按国防标准化组织定义，标准化是对实际与潜在问题作出统一规定，供共同和重复使

用，以在预定的领域内获取最佳秩序的活动。而标准则是“由一个公认的机构批准的文件。它对活动或活动的结果规定了规则、导则或特性值，供共同和反复使用，以实现在预定领域内最佳秩序的效益”。

我国的压缩机标准有：国家标准（GB）、行业标准（JB）和企业标准（QB）三个等级；其中GB和JB多达70多个。压缩机的标准体系有三个层次：第一层为基础和方法标准，是综合性的，适用于各类容积式压缩机。其中，基础标准包括压缩机的优先压力、术语、分类、产品型号编制方法、色装涂漆要求、压缩空气质量等方面规定的标准；方法标准包括压缩机容积流量测量、性能验收试验、噪声振动测定及主要零部件无损检测等方法的标准。第二层是安全和产品标准，这些标准具体规定了各类压缩机的性能参数和制造检验要求以及必须满足的安全要求。这层标准是压缩机的根本标准，是用于指导生产、判别产品质量的依据。第三层是零部件和材料标准，这是对第二层的补充和深入。我国压缩机的国家标准和行业标准目录参见各往复式压缩机标准。

1.4.2 压缩机的系列化

系列化是对同类产品中各种型式的产品参数按规定的数系进行标准化的一种方法。它通过对同类产品发展规律的分析研究，对国内外产品发展趋势的预测，结合我国生产技术条件，经过全面的技术经济比较，将产品的主要参数、型式、尺寸、基本结构等作出合理规划，确定先进、适用的产品系列，以协调同类产品和配套产品之间的关系。

产品系列化的内容包括：制定产品参数的系列、编制产品系列型谱和开展产品系列设计三部分。

1. 制定产品参数系列

压缩机的参数有性能参数（容积流量、工作压力等）和结构参数（如活塞力、行程、主轴颈直径、活塞平均速度、转速以及列数等），两类参数都可作系列依据。但是，只有在用途单一，性能参数比较稳定的场合，才用性能参数作系列依据。如蚌埠滩申特种气体压缩机厂生产的液化石油气压缩机系列，见表1-8，它是以容积流量作为系列的依据。一般企业，生产的压缩机所面对的用途众多，性能各异。此时，生产的压缩机多以活塞力作为组成系列的依据。

用以制定系列依据的参数称为主参数，在参数系列中还应包括一些反映产品主要性能（容积流量、进排气温度和压力、功率等）和基本结构（如行程、转速、气缸直径和列数等）的基本参数，从而形成一个完整的参数系列体系。

参数系列体系形成之后，根据对用户近期和长期的需求情况、该类产品的生产情况、质量水平调查分析的结果，确定主参数和基本参数的上下限，即参数系列的最大值和最小值。

然后，确定在参数的上限和下限之间如何分档分级，即整个系列安排几档，档与档之间选用怎样的数值。只需技术上和经济上能够满足要求，产品的参数系列应尽量符合优先系列。

2. 编制产品系列型谱

产品系列型谱是根据对国内外同类产品生产状况的分析，对基本参数系列所限定的产品进行型式规划，把基型产品与变型产品的关系及品种发展的总趋势，用简明的图反映出来，形成一个简明的产品品种系统表。

表 1-8　液化石油气压缩机系列

热力参数 \ 产品型号		ZG-0.75/10-15 CZG-0.75/10-15	ZG-0.75/16-24 CZG-0.75/16-24	2DG-1.5/16-24 C2DG-1.5/16-24
公称容积流量/($m^3\cdot min^{-1}$)		0.75	0.75	1.5
额定排气压力/($\times10^5$ N·m^{-2})		15	24	24
额定吸气压力/($\times10^5$ N·m^{-2})		10	16	16
吸气温度/℃		≤50	≤50	≤50
排气温度/℃		≤100	≤100	≤100
气缸直径/mm		140	140	140
活塞行程/mm		80	80	80
转速/($r\cdot min^{-1}$)		730	730	730
润滑方式	曲轴、连杆、十字头	压力润滑	压力润滑	压力润滑
	气缸、填料	无油润滑	无油润滑	无油润滑
润滑油温度/℃		≤60	≤60	≤60
油泵压力/($\times10^5$ N·m^{-2})		1.5～3.0	1.5～3.0	1.5～3.0
电动机型号		YB180L-8d ⅡBT4	YB225M-8d ⅡBT4	YB250M-8d ⅡBT4
电动机功率/kW		11	22	33
主机外型尺寸($L\times W\times H$)		1500 mm×650 mm× 1300 mm	1500 mm×650 mm× 1300 mm	1686 mm×1920 mm× 880 mm
重量/kg		1000	1000	1350

3. *产品的系列设计*

产品系列设计是以基型产品为基础，对整个系列产品所进行的技术设计。系列设计的方法主要有：

(1)系列内选择基型。基型是系列内最有代表性，规格适中，用量较大，生产较普通，结构较先进，经过长期生产和使用考验，结构和性能都比较可靠，又很有发展前途的型号。

(2)系列内技术设计与施工设计。在充分考虑系列内产品之间以及变型产品之间通用化的基础上，对基型产品进行技术设计和施工设计。

(3)向横的方向扩展。设计全系列的各种规格时，要充分利用结构典型化和零部件的通用化等方法，扩大通用化程度，或者对系列内的产品主要部件确定几种结构型式(称基础零部件)，在具体设计时，从这些基础零部件中选择。

(4)向纵的方向扩展。设计变型系列或变型产品时，变型机与基础机要做到最大限度地通用，尽量做到只增加少数专用件即可发展一个变型产品或变型系列。

1.4.3 压缩机的模块化

模块化是按照标准化的原则，设计并制造出一系列通用性较强的单元，根据需要拼合成不同用途的产品的一种标准化方法。

1.模块化的理论基础

模块化是建立在系统的分解和综合的基础上。把一个具有某种功能的产品看成为一个系统，这个系统可以分解成若干个功能单元(即模块)。由于某些功能单元不仅具有特定功能，而且与其他系统的某些功能单元可以通用、互换，这类单元可分离出来，以标准单元或通用单元的形式存在，这就是分解。为了满足一定的要求，把若干个事先准备的标准单元、通用单元和个别的专用单元按新系统的要求有机地结合起来，组成一个具有新功能的新系统，这就是综合。模块化过程，就是分解和综合的统一。

模块化又是建立在标准化成果多次重复应用的基础上。模块化的优越性和它的经济效益，均取决于综合模块的标准化(包括同类模块的系列化)和模块的多次重复应用。因此，模块化就是多次重复使用标准化单元的一种标准化形式。通过改变这些单元的连接方法和空间组合，就可以构成功能不同或功能相同但性能不同、规格不同的产品。

2.模块化的主要内容

模块化的内容包括：

(1)模块创建。根据新的设计要求，进行功能分解，合理地创建出一组模块，这是一些标准单元和通用单元。这些单元又称为组合单元。

(2)模块综合。根据确定的应用范围，将组合单元编排成组合型谱(由一定数量的组合单元组成产品的各种可能形式)，检验组合单元是否能完成各种预定的组合，最后设计组合单元并制定相应的标准。除确定必要的结构型式和尺寸规格系列化外，拼接配合面的统一化和组合单元的互换性是模块化的关键。此外，预先制造并储存一定数量的标准模块，根据用户的要求，对这些模块进行选择和组合，就可以构成不同功能，或功能相同但性能不同、规格不同的产品。

(3)模块化设计系统。模块化设计系统是在设计新产品或零件时，不是将其全部组成部分和零件都重新设计，而是根据功能要求，尽量从存贮的标准件、通用件和其他可继承的结构和功能单元中选择。即使重新设计的零件，也要尽量选用标准的结构要素，实现原有技术和新技术的反复组合，扩大标准化成果的重复应用范围。

3.模块化的作用

(1)减小制造费用。采用模块化设计后，企业可以缩短产品的设计和制造周期，减小压缩机的制造费用，有利于争取用户。

(2)增强企业的应变能力。新的应用领域需要新的产品，模块化后有利于产品的更新换代和新产品开发，增强企业对市场的快速应变能力。

(3)有利于提高产品的质量和可靠性。

(4)有利于提高产品的可维修性。

1.5 压缩机各种结构实例

往复活塞式压缩机的用途非常广泛，具体的结构各式各样，现将几种比较典型的结构型式作一简要介绍。

1. 角度式压缩机

角度式压缩机包括 V 型、W 型、L 型、S 型(扇型)和 X 型(星型)等，列数设置根据需要有 2 列、3 列、4 列、6 列和 8 列，各列之间的夹角有 45°、60°、90°和 120°。角度式压缩机多用于中、小排气量和移动式压缩机。常见的结构型式如表 1-9 所示。

表 1-9 常见的角度式压缩机结构型式

序号	列数	结构代号	结构型式
1	2	V	1 2 / γ Y 2 1 α X γ=60°
2	2	V	1 2 / Y γ 1 2 α X γ=90°
3	2	V	1 2 / γ Y 1 2 α X γ=120°
4	3	W	1 2 3 / 2 Y γ γ 3 1 α X γ=60°
5	3	S	1 2 3 / 2 Y γ γ α 3 X 1 γ=90°
6	4	V	a 1 2 3 4 d / γ Y 2 1 3 4 γ=60° α X δ=180°

续表 1-9

序号	列数	结构代号	结构型式
7	4	V	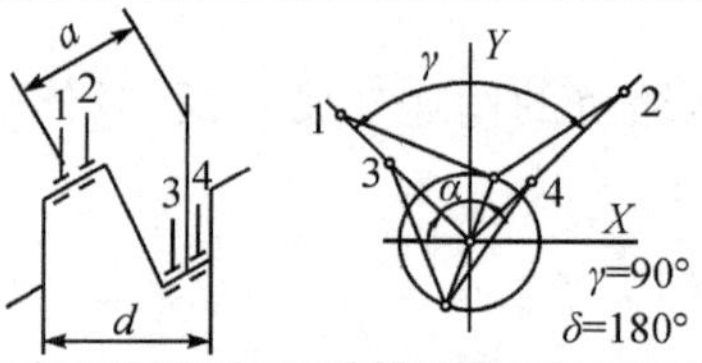 a 1 2 3 4 d γ Y 1 2 3 α 4 X γ=90° δ=180°
8	4	V	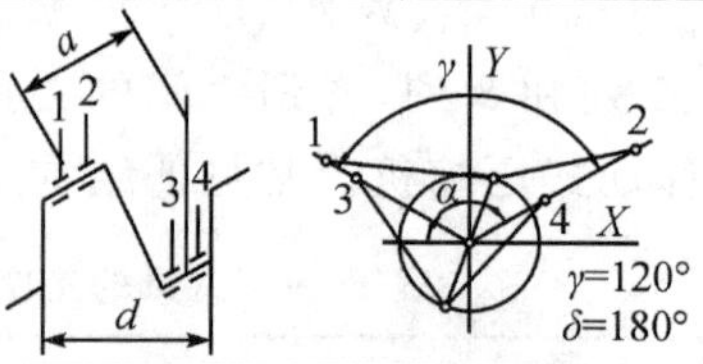 a 1 2 3 4 d γ Y 1 2 3 α 4 X γ=120° δ=180°
9	4	S	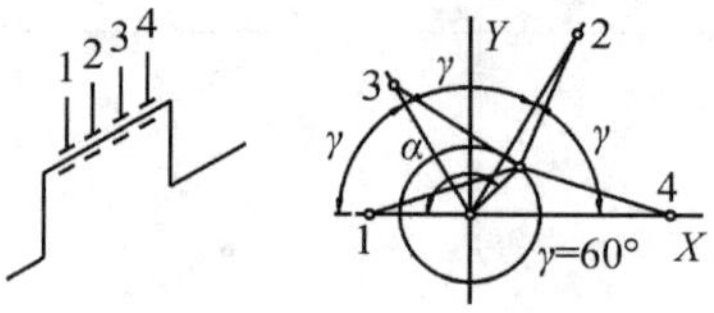 1 2 3 4 Y 2 3 γ γ α γ 4 1 γ=60° X
10	4	S	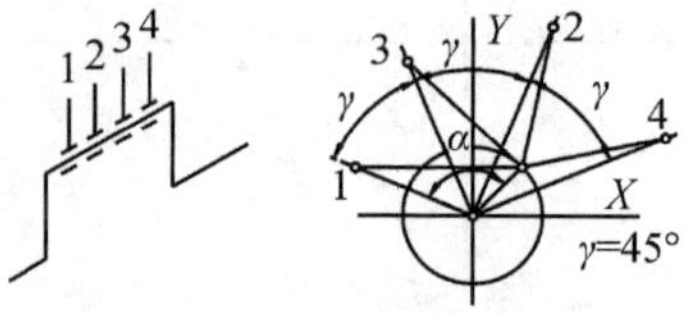 1 2 3 4 3 γ Y 2 γ γ α 4 1 X γ=45°
11	6	V	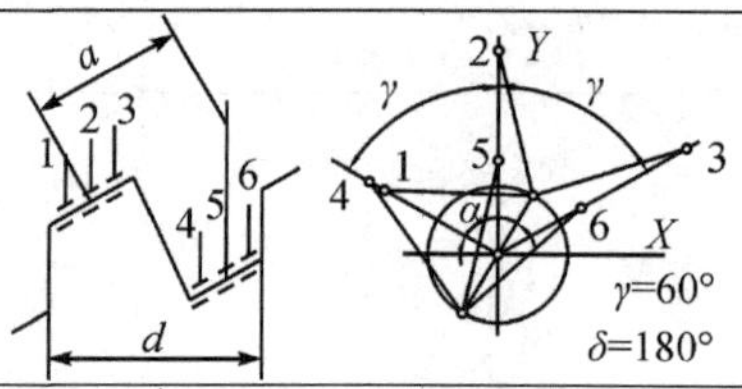 a 1 2 3 4 5 6 d 2 Y γ γ 1 5 3 4 α 6 X γ=60° δ=180°
12	6	V	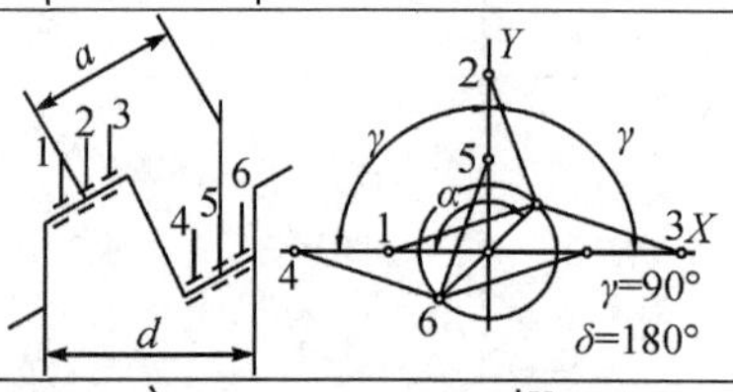 a 1 2 3 4 5 6 d Y 2 γ γ 5 1 α 3 X 4 6 γ=90° δ=180°
13	8	S	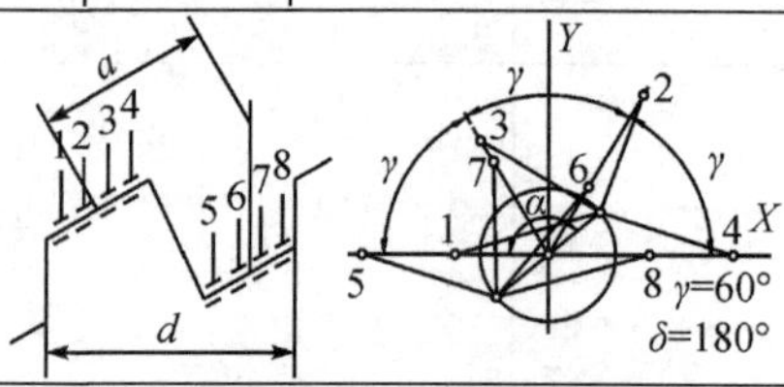 a 1 2 3 4 5 6 7 8 d Y γ 2 3 γ γ 7 6 α 1 4 X 5 8 γ=60° δ=180°
14	8	S	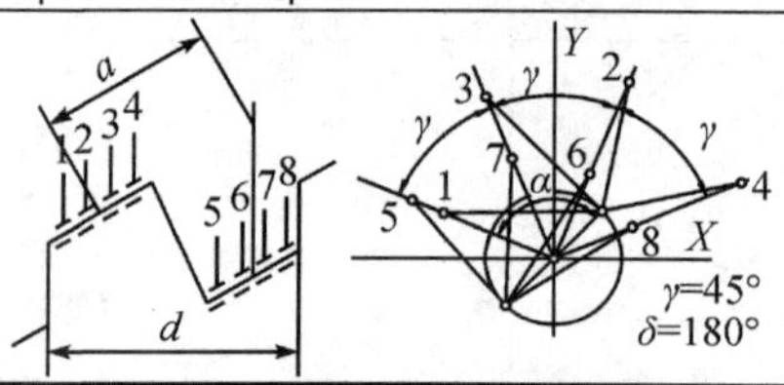 a 1 2 3 4 5 6 7 8 d Y 3 γ 2 γ γ 7 6 5 1 α 4 8 X γ=45° δ=180°

2. 立式压缩机

立式压缩机多用于中、小型排气量的压缩机、无油润滑压缩机以及迷宫式压缩机，常见的主要结构型式如表 1 - 10 所示。

表 1 - 10　常见的立式压缩机结构型式

序号	列数	结构代号	结构型式
1	2	Z	 $\delta'=180°$
2	2	Z	 $\delta'=90°$
3	3	Z	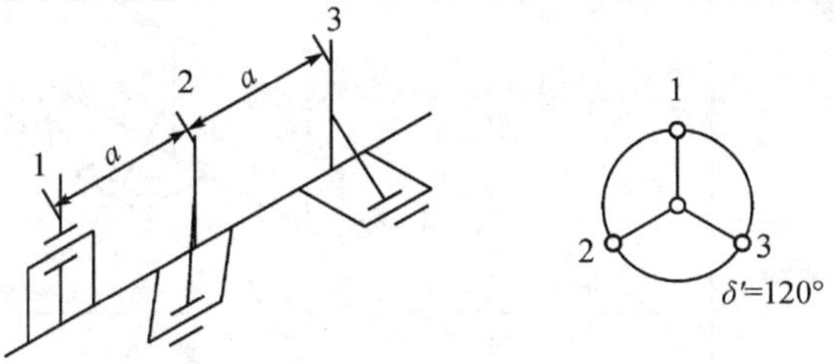 $\delta'=120°$
4	4	Z	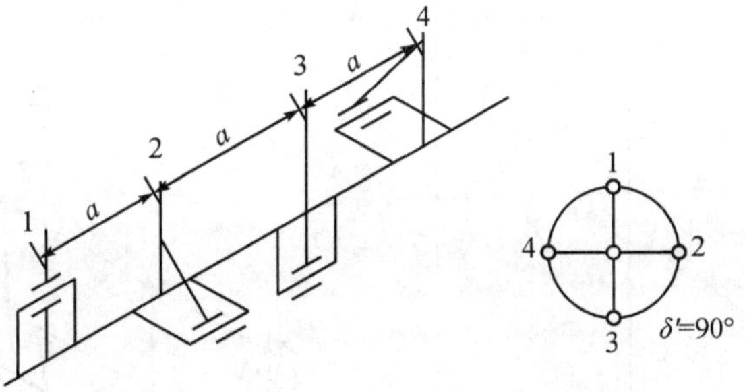 $\delta'=90°$
5	4	Z	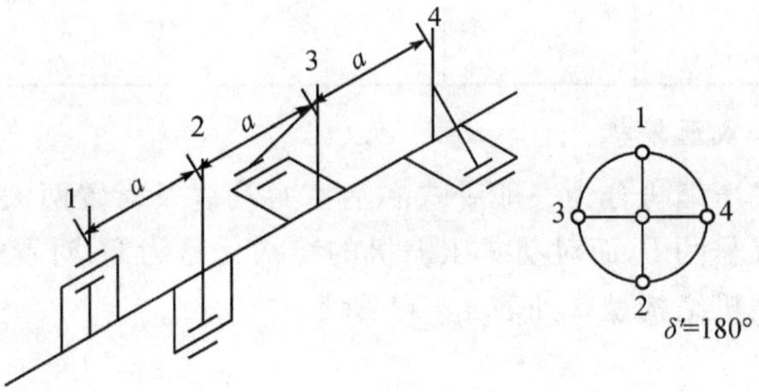 $\delta'=180°$

续表 1-10

序号	列数	结构代号	结构型式
6	4	Z	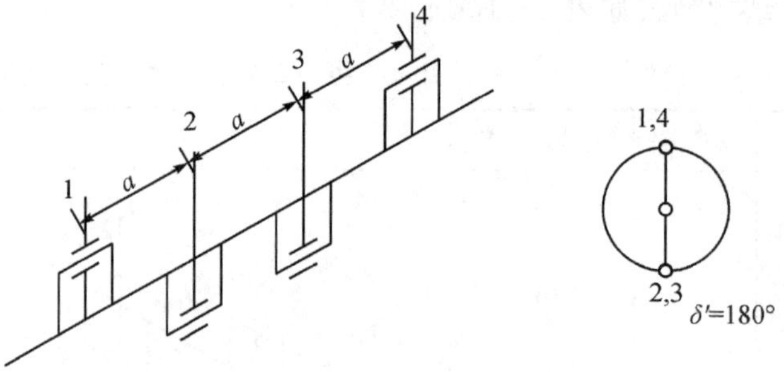
7	6	Z	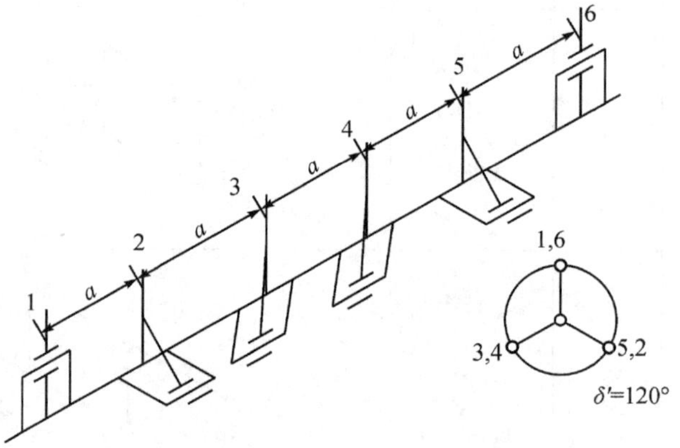
8	6	Z	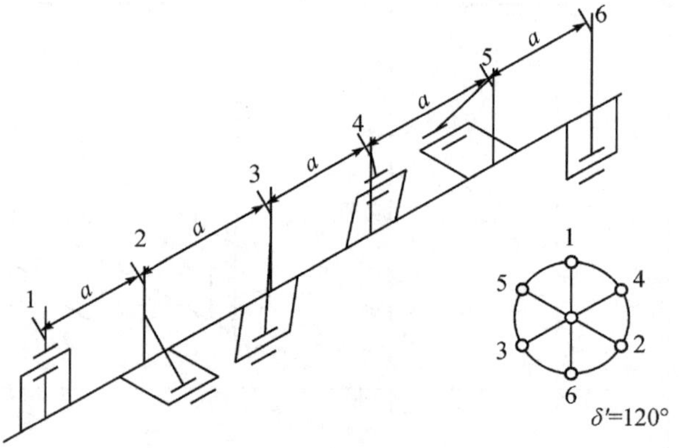

3. 卧式压缩机

卧式压缩机分为一般卧式和活塞对动以及对置两大类型，按命名标准：一般卧式压缩机的结构代号为 P，而对动式压缩机的结构代号为 D，对置式压缩机的结构代号为 DZ。常见的卧式压缩机结构型式如表 1-11 所示。

表 1-11　常见的卧式压缩机结构型式

序号	列数	结构代号	结构型式
1	2	D	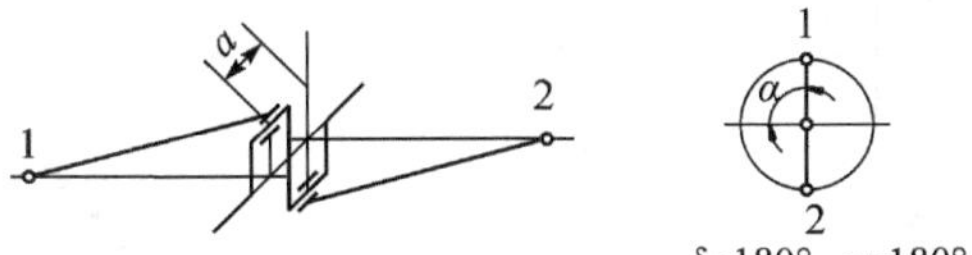 δ=180°，γ=180°
2	4	D	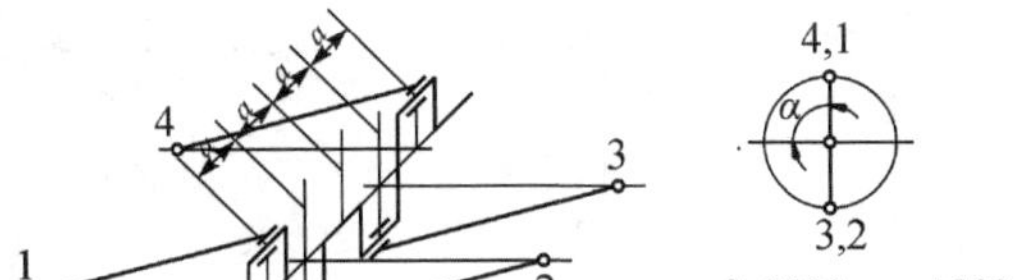 δ=180°，γ=180°
3	4	D	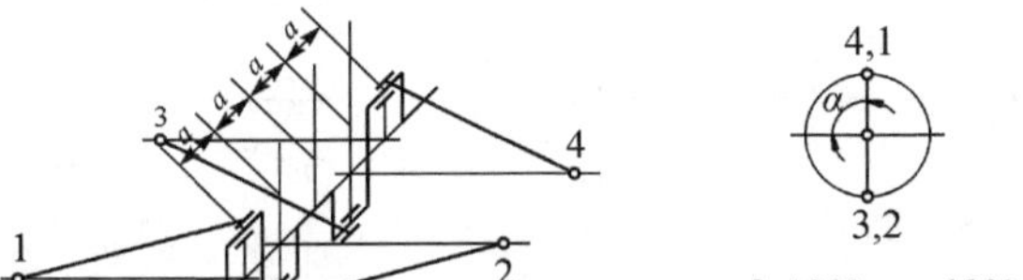 δ=180°，γ=180°
4	4	D	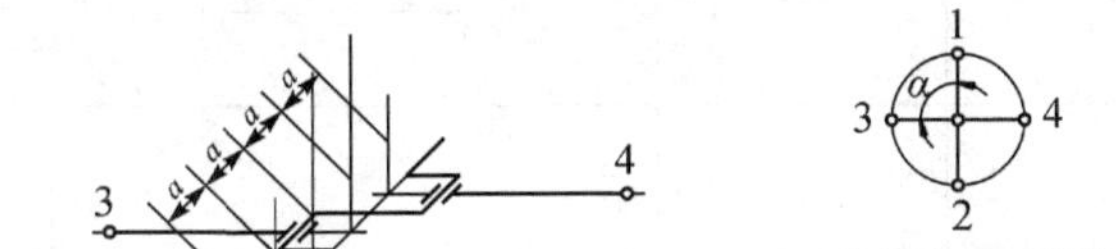 δ=90°，γ=180°
5	6	D	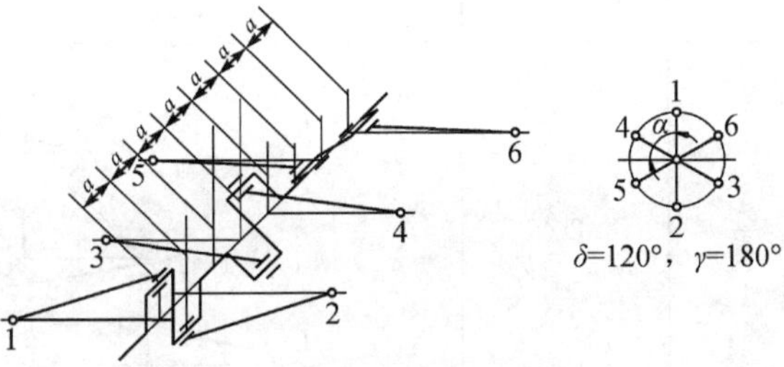 δ=120°，γ=180°
6	8	D	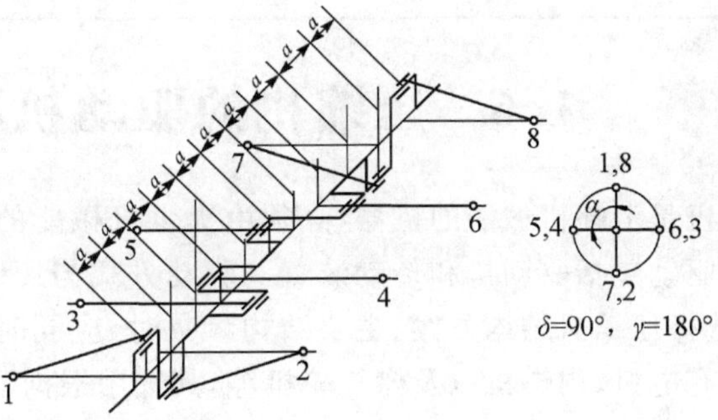 δ=90°，γ=180°

续表 1-11

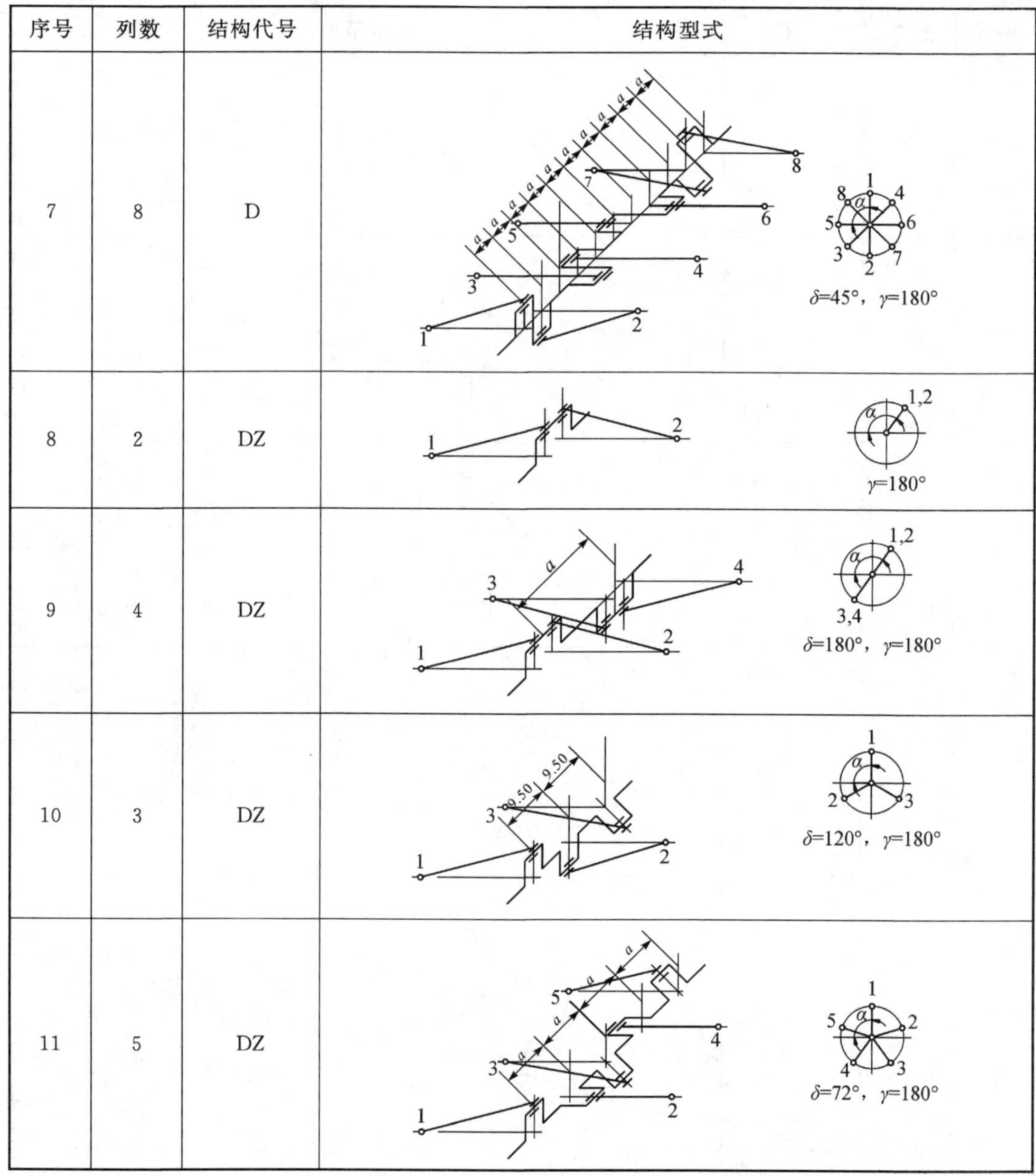

序号	列数	结构代号	结构型式
7	8	D	δ=45°，γ=180°
8	2	DZ	γ=180°
9	4	DZ	δ=180°，γ=180°
10	3	DZ	δ=120°，γ=180°
11	5	DZ	δ=72°，γ=180°

1.6 压缩机的驱动机和传动装置

压缩机是消耗机械能的机器，必须由提供机械能的机器驱动，才能实现压缩机的功能。压缩机的驱动包括驱动机和传动装置。驱动方式与压缩机的结构方案、主要结构参数密切相关，在选择压缩机结构方案、主要结构参数时，应同时考虑驱动方式的选择。压缩机常用的驱动机有电机、内燃机以及燃气轮机等，其选用根据下列原则：

1. 驱动机选择原则

(1)根据能源供应情况。根据当地能源的形态、数量和质量,以获取最小的初始投资和最低的运转费用为准,在有电源的场合多用电机,在不易获得电源的场合用内燃机或其他型式发动机。

(2)根据压缩机的功率大小。根据压缩机的轴功率和转速,以获取最高的工作可靠性为准。当压缩机功率在200 kW以下时,多采用异步电机。异步电机结构简单、工作可靠、价格低廉。异步电机一般有两种,即鼠笼式和线绕式。鼠笼式电机结构简单、价格低廉,但鼠笼式电动机启动转矩小,仅为全载荷的25%～30%,启动电流大,约为额定电流的3.5～5倍,因此为了避免电网中电压波动过大,功率在30 kW以下的压缩机可以使用鼠笼式电机。线绕式异步电机结构复杂,价格和体积较鼠笼式电机大,但它的启动电流小,为额定电流的1.5～2倍,甚至可限制为额定电流的大小,在电网中电压波动要求严格的地区采用线绕式电机。

异步电机的优点是价格低、结构简单,而且具有自启动能力;缺点是功率因数$\cos\varphi<1$,线路中消耗了很大一部分无用功率。因此当压缩机的功率大于200 kW时,一般使用同步电机。同步电机具有很多的优点:①功率因数高,不仅本身具有良好的功率因数$\cos\varphi=1$,还可以通过调节转子励磁电流,向电网馈送感性或容性无功功率,从而有利于提高电网的功率因数和改善电网电压。②转速不随负载变化。同步电机在正常运行过程中,只要定子电源频率不变,其转速将不随负载的大小而改变。③运行稳定性高。如果同步电机的励磁电流不受电网电压的硬性影响,其转矩与电网电压成正比。当电网电压下降到额定值的80%～85%时,同步电机的励磁系统一般均能自行调节实行强励磁,以保证运行的稳定性。同步电机主要的缺点是启动困难,不能直接启动,结构复杂,价格高。

(3)根据压缩气体的性质。对于可燃易爆的气体压缩机,应选用封闭防爆型电机。大型电机防爆密封有困难时,应采用正压通风装置或设置防爆隔离柱,以保证安全生产。

(4)根据压缩机气量变化情况。对于气量要求变化较大的应用场合,如果采用压缩机的转速调节气量时,可以采用柴油机比较方便,压缩机则不需要设置专门的调节机构,其经济性好。

(5)根据经济性综合考虑。对于一些具有充足的天然气、煤气等可燃性气体的地方或用户,则可以使用摩托压缩机;在一些大型化工企业,由于能提供高压蒸汽,可以使用汽轮机或者蒸汽机等加以减速装置来驱动压缩机,以增加能源的综合利用,提高其综合经济性。

2. 压缩机的传动装置

无论是何种驱动机,均要与压缩机的曲轴进行连接,其连接方式常用的有下列几种:

(1)同轴传动。对于由内燃机驱动的大、中型压缩机,压缩机与内燃机的机身和曲轴共用(如摩托式压缩机),其传动简单。对于中、小型压缩机有时仅仅是机身共用而曲轴不共用,则可以采用离合器的连接方式。

(2)联轴器传动。常见的有刚性和弹性连接两种,即分别有刚性联轴器和弹性联轴器两种。前者结构简单、紧凑,使用寿命长,传递功率较大,电机的转子可兼作压缩机的飞轮,但安装要求轴线的同心度高,两轴线的偏差不大于0.1 mm,检修不便。弹性联轴器则对于轴线的同心度要求低一些,只要弹性元件选用合理,不但可传递较大的功率,同时还起到减振的作用,降低了由脉动切向力引起的旋转不均匀度的影响,且安装方便,已较多应用于中小型压缩机装置中。

(3)皮带传动。中、小型压缩机往往采用三角皮带传动，皮带传动有减振作用，过载比较安全，维护较简单，也可以使用高速、价格低廉的电机。但由于传动损失使得压缩机总效率降低，使用寿命较短，另外也必须设置专门的皮带轮。一般只用于 100 kW 以下的压缩机装置。

(4)齿轮传动。当驱动机和压缩机的转速悬殊时，常采用齿轮变速箱来变速，以便满足压缩机的转速要求。齿轮传动结构紧凑，效率高，但成本较高且有噪声，维护较麻烦。适用于压缩机转速低和切向力大的场合。

(5)磁流体密封传动。近几年出现了一种磁流体密封传动的方式，此种方式完全是一种无接触式的传动，传动效率高。它是利用磁流体在磁场作用下，磁性颗粒彼此之间相互作用，在磁极之间形成“链”状的桥，进而转化成宏观的柱状结构，使其在瞬间由液体变为黏塑性体，其流变性质发生急剧变化，表现出类似固体传动的力学性质，其转换在毫秒量级内完成，去除磁场后这种材料又迅速恢复其流动性，其温度稳定性和抗杂质污染能力均较强。但它对于传动盘之间的间隙和磁感应的强度要求高，间隙越大其传递的扭矩越小；磁流体传递的扭矩在磁性粒子未达到其饱和磁化强度时，传递扭矩大小随感应磁场强度增大而迅速增大，但随着磁感应强度的进一步加大，磁性粒子逐步达到其饱和磁化强度，磁流体传递扭矩大小的增长减缓，最后几乎不再增大。由于传递扭矩的限制，目前仅用于有毒、易燃易爆以及腐蚀性等小型压缩机中，其价格也较高。

第2章　气缸部件的结构与设计

压缩机气缸部件是压缩机结构设计中最重要和最复杂的零部件，压缩机气缸与活塞组件构成压缩容积的基本单元，气缸部件的结构不仅直接影响着压缩机的工作过程，气阀、活塞环及填料等易损件的工作条件，使用寿命，效率和可靠性，而且也直接影响着压缩机气阀组件的安装位置及容积流量的调节等。所以，气缸部件的结构设计往往是压缩机设计中最重要的内容。

本章主要讨论气缸部件的基本结构、材料选择、强度计算及设计方法。

2.1　概述

气缸部件包括气缸组件、填料组件和气阀组件，图2-1表示气缸部件的基本构成。活塞组件在气缸组件内作往复直线运动，实现对气体的循环工作过程，因此气缸组件应有一定的强度和刚度承受压缩容积中脉动的气体压力。一般的气缸组件主要由气缸体、气缸盖和气缸底座组成；填料组件主要由密封环及填料盒组成；气阀组件由阀座、升程限制器及启闭元件组成。

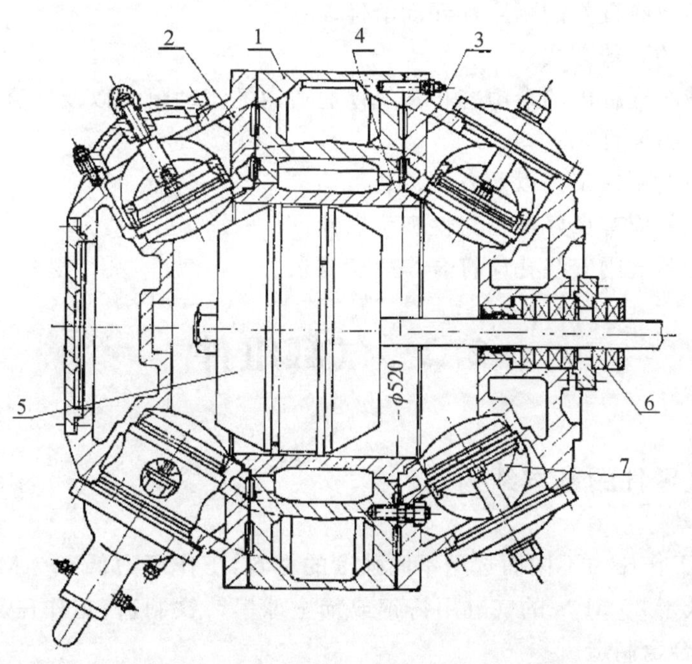

1—气缸体；2—气缸前盖；3—气缸后盖；4—气缸套；
5—活塞组件；6—填料组件；7—气阀组件

图2-1　气缸部件

气缸部件的结构型式取决于压缩机的容积流量、进排气压力、压缩气体的性质、气缸的冷却方式、压缩机的结构方案、选用的材料、制造厂的加工能力以及制造厂的习惯等因素。

依据不同的特征，压缩机气缸部件可分成各种类型，见表 2－1。

表 2－1　压缩机气缸部件的分类

<table>
<tr><th>分类依据</th><th>气缸部件
的名称</th><th>分类依据</th><th>气缸部件
的名称</th></tr>
<tr><td rowspan="4">依据容积流量</td><td>微型气缸</td><td rowspan="2">依据气缸冷却方式</td><td>水冷气缸</td></tr>
<tr><td>小型气缸</td><td>风冷气缸</td></tr>
<tr><td>中型气缸</td><td rowspan="3">依据气缸的作用方式</td><td>单作用气缸</td></tr>
<tr><td>大型气缸</td><td>双作用气缸</td></tr>
<tr><td rowspan="5">依据进排气压力</td><td>低压气缸</td><td>级差式气缸</td></tr>
<tr><td>中压气缸</td><td rowspan="4">依据气缸选用材料</td><td>铸铁气缸</td></tr>
<tr><td rowspan="2">高压气缸</td><td>铸铝气缸</td></tr>
<tr><td>铸钢气缸</td></tr>
<tr><td>超高压气缸</td><td>锻钢气缸</td></tr>
</table>

设计时对气缸部件的主要要求：

(1)要有足够的强度和刚度；

(2)工作表面要有良好的耐磨性和润滑性能；

(3)要有良好的冷却方式；

(4)尽可能减小气缸内的余隙容积和气体通道内的流动阻力以及气流脉动的幅值；

(5)连接与密封要可靠；

(6)要有良好的制造工艺以及方便拆装；

(7)气阀与填料应有良好的密封性和可靠性；

(8)气缸直径与气阀安装孔应符合“三化”要求。

2.2　气缸组件

2.2.1　气缸零件的基本结构

气缸体因为工作压力不同而选用不同强度的材料，工作压力低于 7 MPa 的气缸用铸铁制造；工作压力低于 20 MPa 的气缸用铸钢或稀土球墨铸铁制造；工作压力高于 20 MPa 的气缸则用碳钢或合金制造。

铸铁具有优良的铸造性能，对气缸结构形状的限制较小，所以铸铁气缸的形式较多。图 2－2 表示小型风冷空气压缩机中用的单层气缸。中型和大型压缩机的铸铁气缸，多为形状复杂的双层壁或三层壁的铸件。双层壁气缸(图 2－3)具有突起的阀室，其余部分由水套包围着气缸工作容积。三层壁气缸(图 2－4)除了构成工作容积的一层壁外，还有形成水套和阀室的第二层壁以及形成连通阀室的气体通道的第三层壁。

铸铁气缸可以作成带有缸盖和缸座的开式结构(图 2-4),或一端带盖一端封闭的闭式结构(图 2-3)。开式结构能改善铸造工艺,气缸镜面的加工精度容易得到保证,而且可以减小铸造应力和温度应力。而闭式结构的优点则在于气缸与机体的连接比较方便。

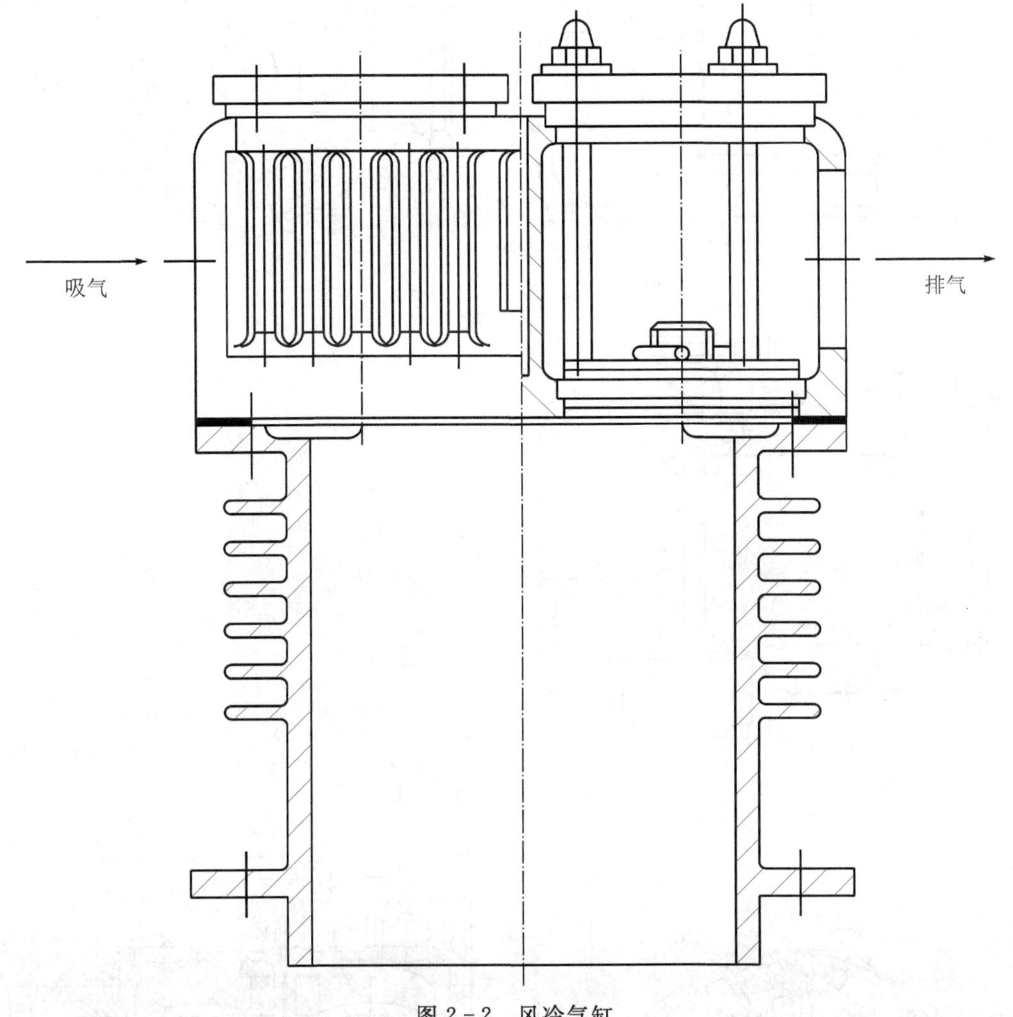

图 2-2 风冷气缸

双作用的铸铁气缸还采用组合式的结构(图 2-1),它由四部分组成:气缸体 1、气缸前盖 2、气缸后盖 3 以及湿式气缸套 4。

级差式的铸铁气缸,根据级在气缸中的布置方式和气缸的尺寸,可以制成整体的(图 2-5)和分段的(图 2-6)。

稀土球墨铸铁的铸造工艺与普通铸铁几乎没有差别,而其强度与铸钢很接近,小直径形状简单的稀土球墨铸铁气缸可以达到较高的工作压力。图 2-7 所示为直径 57 mm,工作压力22 MPa的稀土球墨铸铁气缸。稀土球墨铸铁气缸可以在相当大的压力范围内代替铸钢气缸。

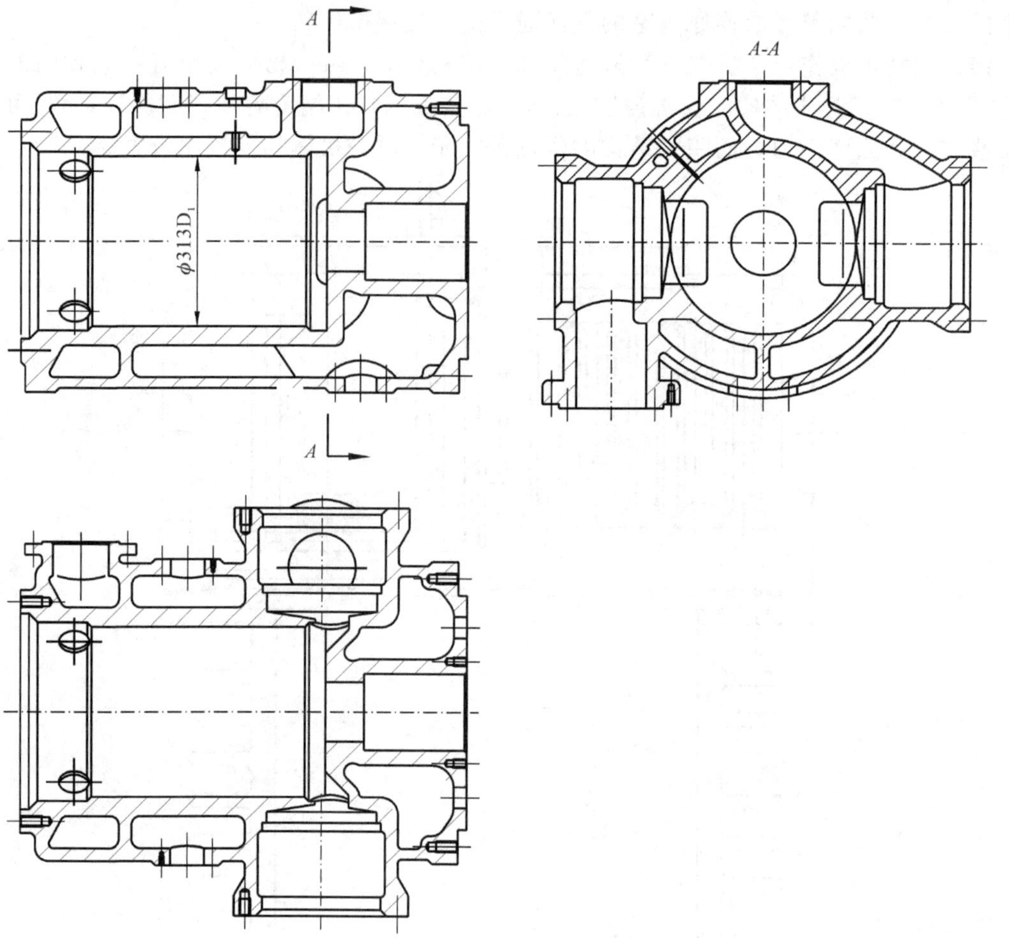

A
A-A
φ313D1
A

图 2-3　双层壁铸铁气缸

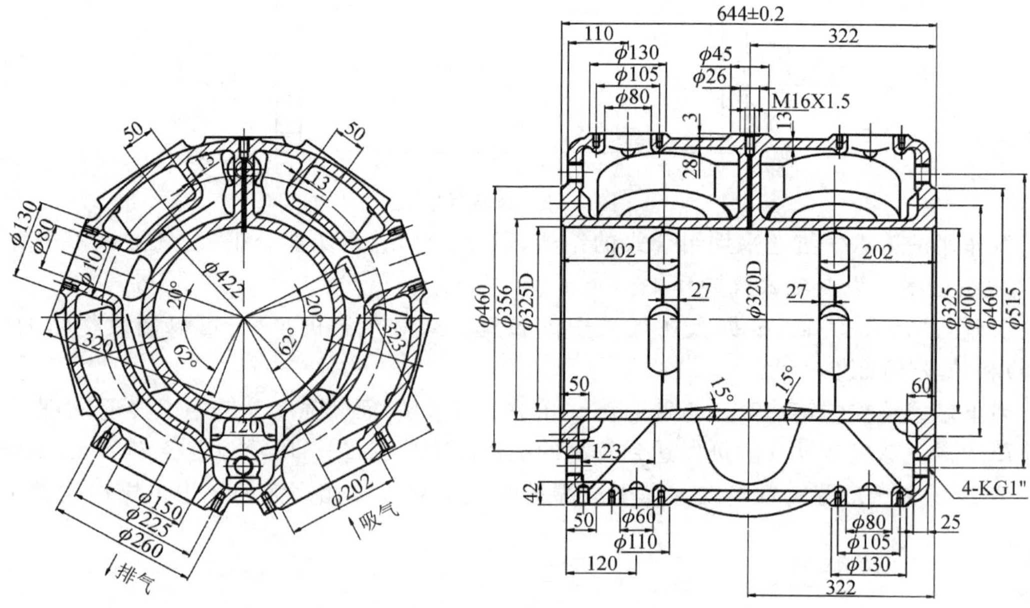

图 2-4　三层壁铸铁气缸

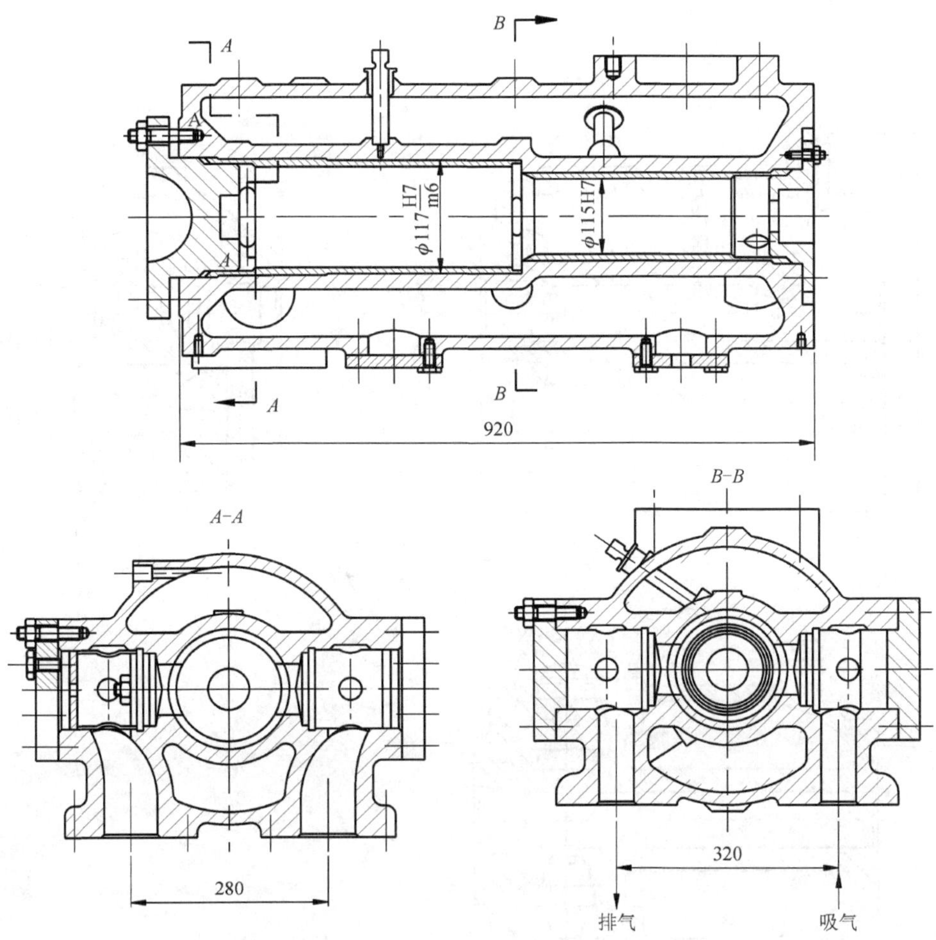

图 2-5　整体级差式铸铁气缸

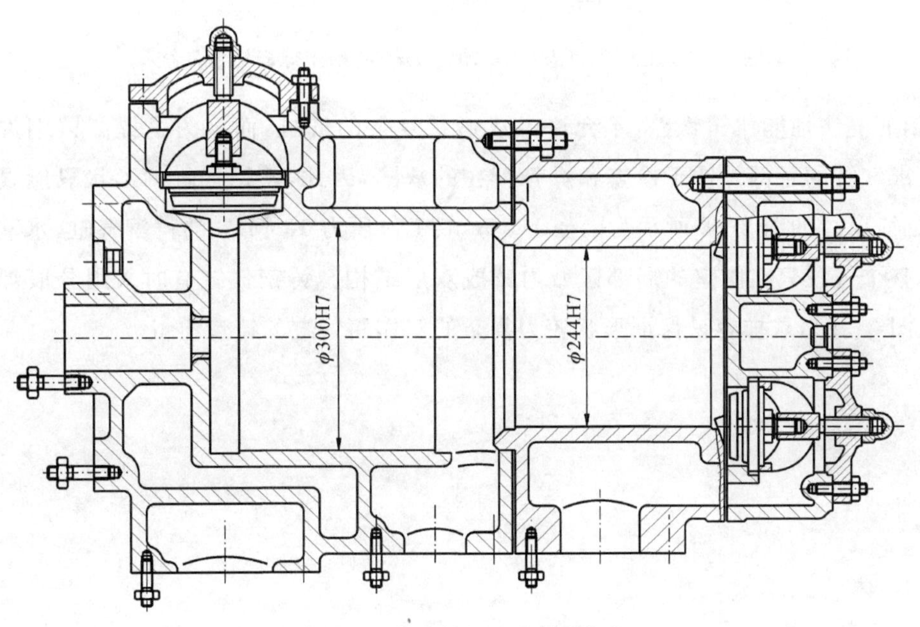

图 2-6　分段的级差式铸铁气缸

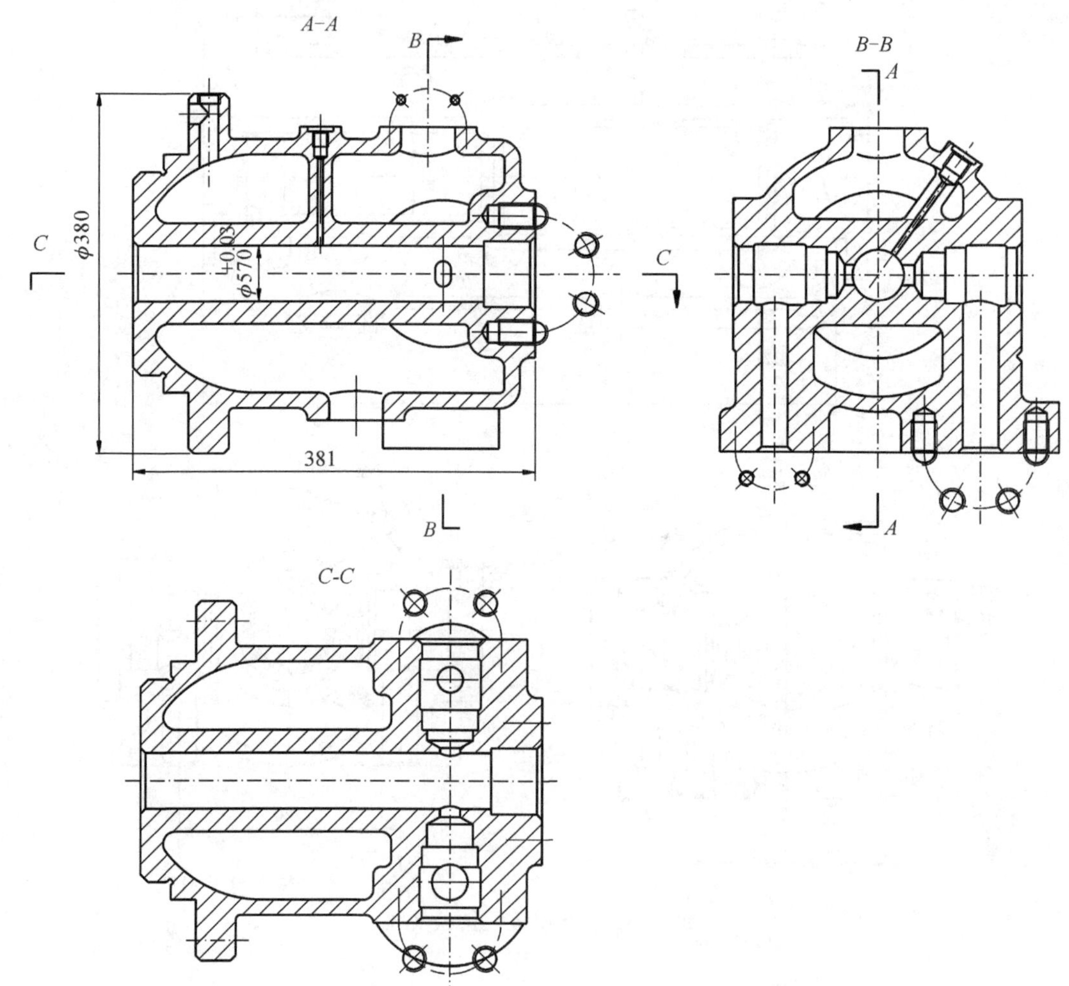

图 2-7　工作压力为 22×10^{6} N/m^{2} 的稀土球墨铸铁气缸

铸钢的浇注性能比铸铁差，不允许做成形状复杂的气缸，而且为了提高铸钢件的利用率，还要求气缸的各部件便于检查和焊补存在的缺陷，因此，铸钢气缸的形状只能设计得比铸铁气缸简单。如图 2-8 所示为内径 185 mm、工作压力 13 MPa 的铸钢气缸，水套另用钢板焊制，整个气缸只在阀室的局部区域内铸成双层结构。铸钢气缸有时采用分段焊接的方法制成（图 2-9），这样容易保证形状较为复杂的双作用气缸的铸造质量。

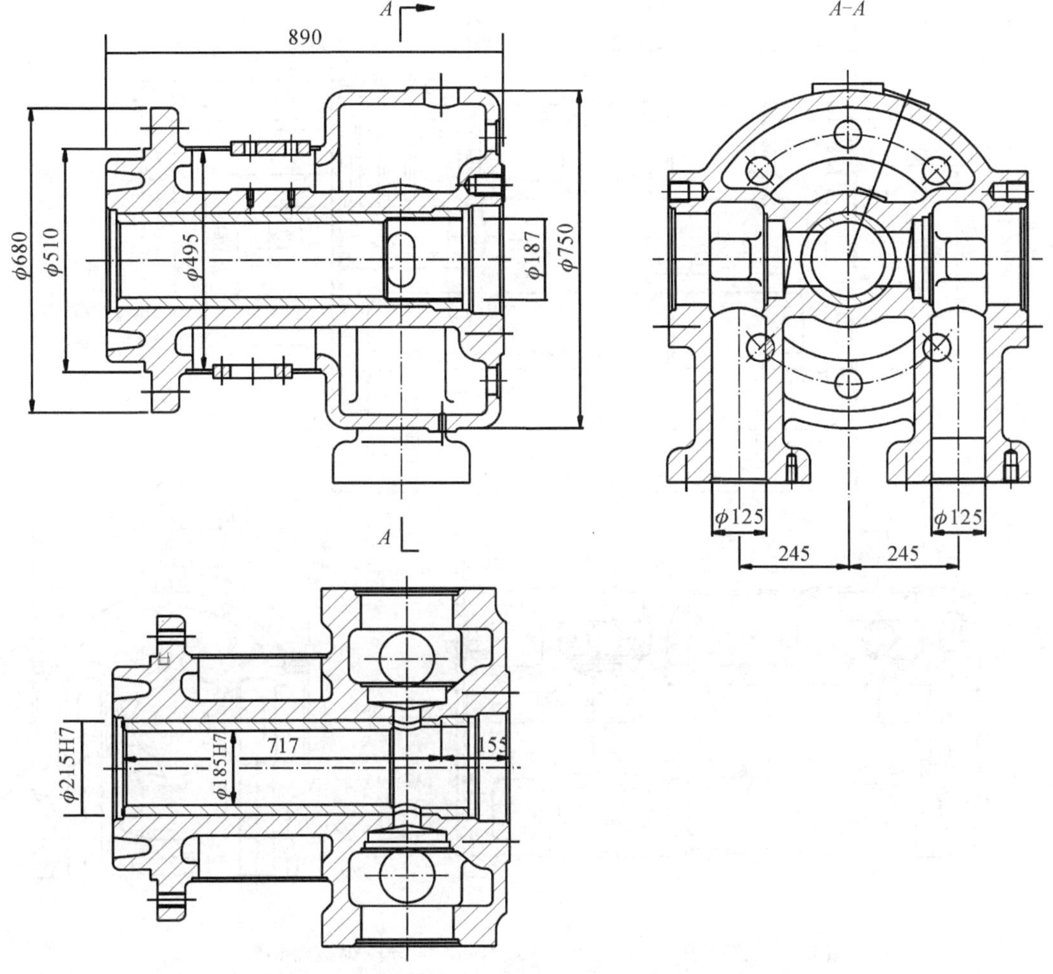

图 2-8　工作压力为 13×10^{6} N/m² 的铸钢气缸

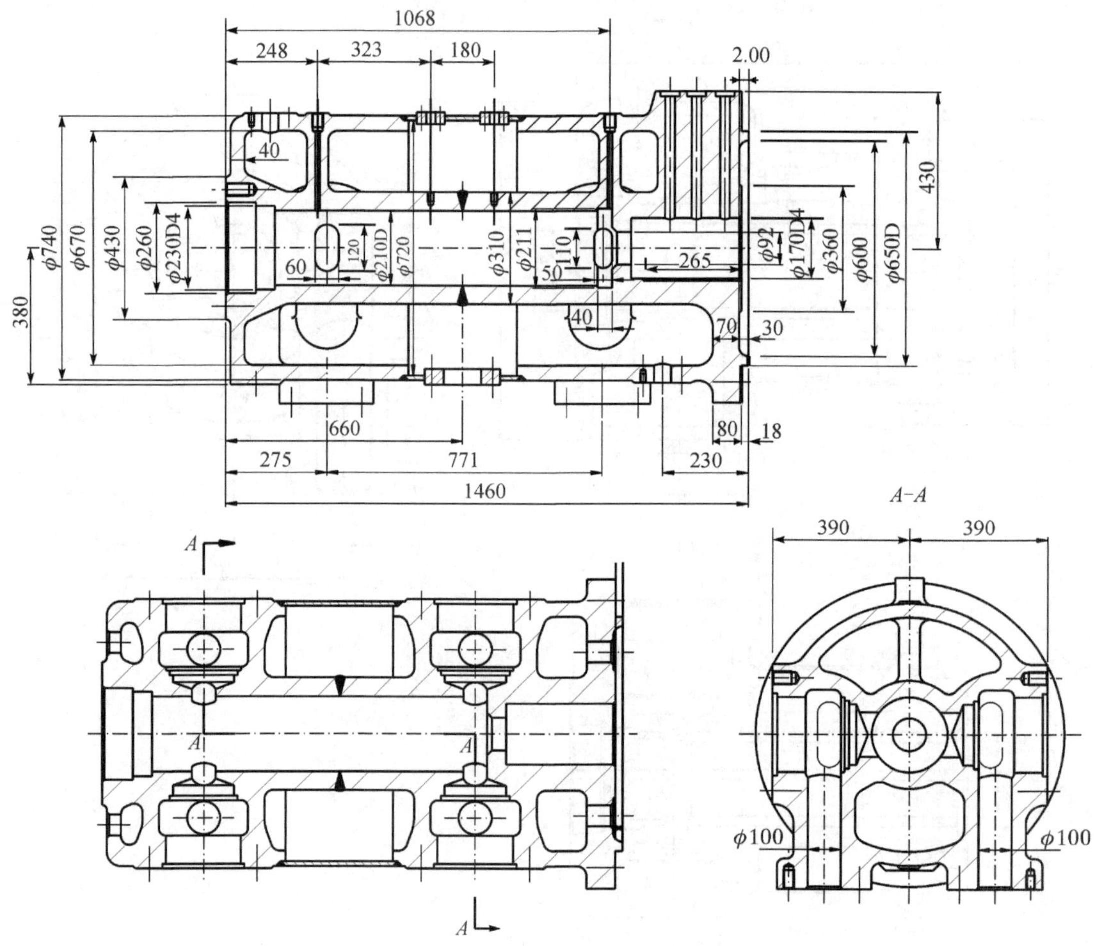

图 2-9　工作压力为 13.2×10^{6} N/m² 的分段焊接铸钢气缸

锻造的高压气缸，显然不可能锻制出所需要的一切通道，而只能靠机械加工来获得，所以气缸的形状必须非常简单。图 2-10 为内径 80 mm，工作压力 32 MPa 的整体锻制气缸。

在许多情况下，高压气缸可由安装气阀的缸盖锻件(铸件)与气缸体锻件组合而成(图 2-11)。气缸的分开部分是用螺栓或焊接结合而成一体，这样可减小锻件的尺寸，锻造比较简单，且能得到强度较高的锻件。压力超过 100 MPa 的超高压气缸，为了提高气缸的强度，常采用多层壁组合气缸，图 2-12 为压力达 220 MPa 的超高压气缸；图 2-13 为工作压力达 700 MPa 的小尺寸超高压气缸，它由四层壁组成。

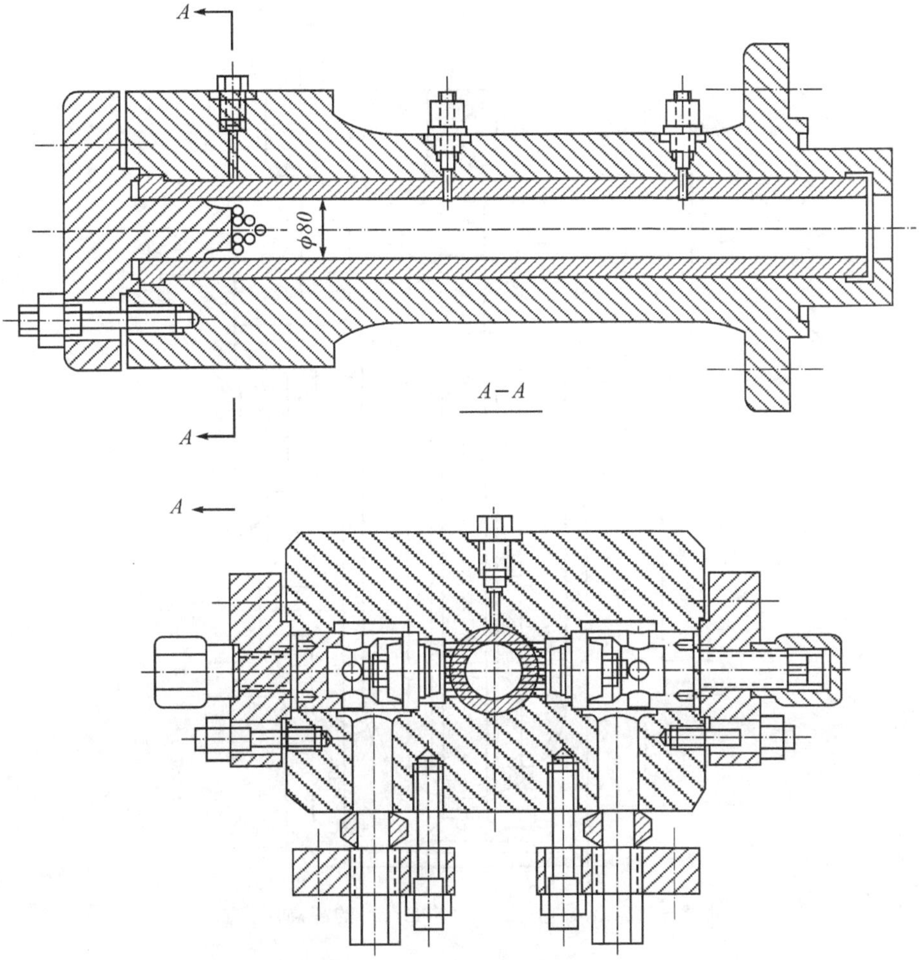

A

A

$\phi 80$

A–A

A

A

图 2－10　整体锻制的气缸

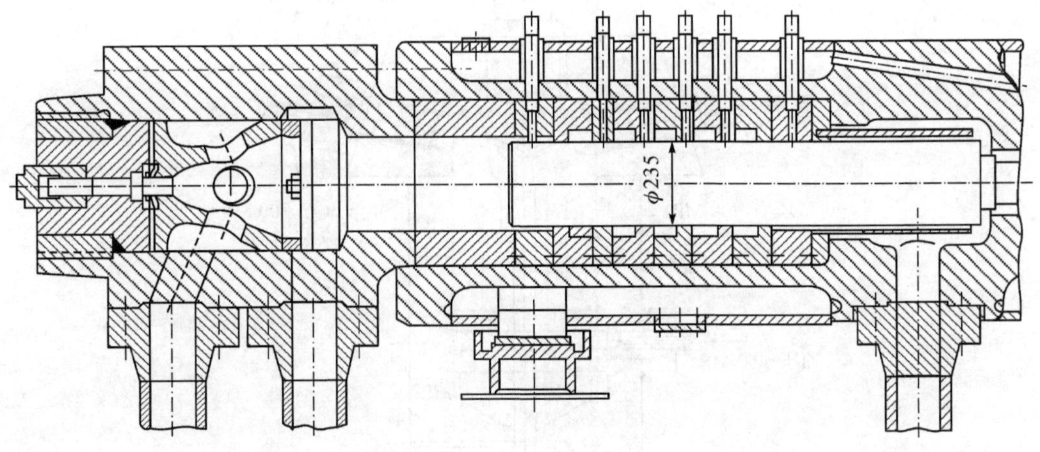

图 2－11　组合的锻制气缸

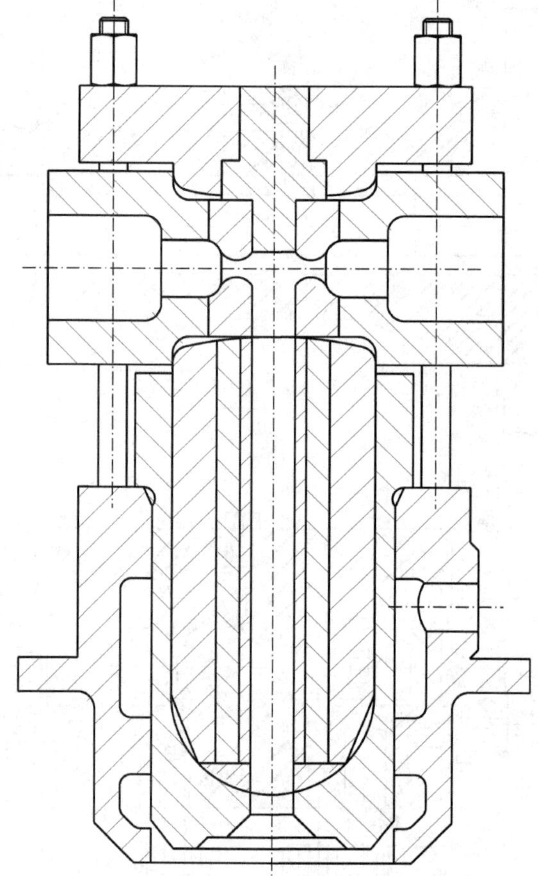

图 2-12　压力达 $220\times10^6\ N/m^2$ 的超高压气缸

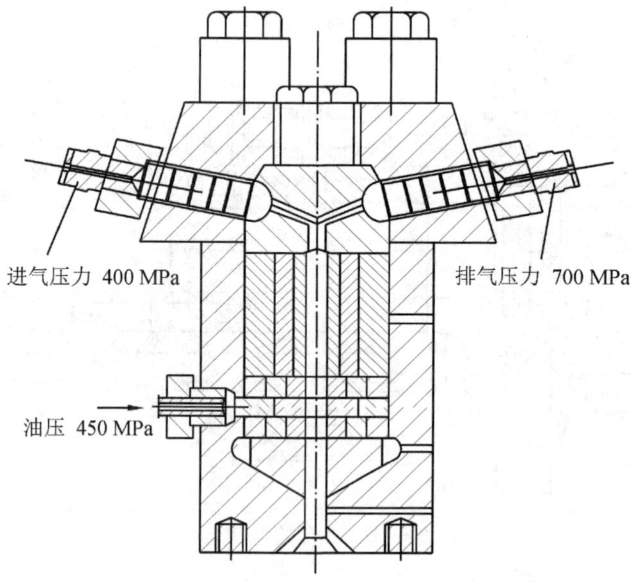

图 2-13　工作压力达 $700\times10^6\ N/m^2$ 的超高压气缸

2.2.2 气缸形状的设计要点及相应技术措施

1. 气缸的定位、工作表面的粗糙度

气缸的内圆表面为气缸的工作表面，供活塞在其中作往复运动，以形成所需的工作容积。

为了保证工作的可靠性，压缩机列中的所有气缸，以及气缸与十字头的中心线都要有较高的同心度。为此，气缸上一般都设有定位凸肩，定位凸肩导向面应与气缸工作表面同心，而其接合平面要与中心线垂直。

为了保证活塞对气缸工作表面的可靠密封，需将活塞环运动时扫过的气缸工作表面精密加工。工作表面的长度应满足这样的要求：活塞在内、外止点位置时，相应的最外一道活塞环能越出工作表面 1～2 mm，以避免形成凸边或积垢。为了便于加工工作表面和安装活塞方便，应使工作表面两端之外的表面取较大直径，而且与工作表面成锥面过渡，锥面的斜度一般取 1∶3 或等于 15°的斜角(图 2-4)。

由于活塞和活塞环在气缸工作表面上滑行，气缸工作表面会受到磨损。为了减小气缸工作表面的磨损，应恰当地选择活塞环和气缸工作表面之间的硬度和配合度，这就要求气缸工作表面具有细微的珠光体组织，硬度达 HB170 以上。活塞环本身受高温高压影响，工作环境恶劣，而且断面和整体面积都很小，受热后硬度和弹性会有一定程度降低，所以一般使活塞环的硬度比气缸工作表面的硬度稍高。气缸工作表面的加工精度和粗糙度对它的耐磨性也有很大的影响。表面粗糙度 $Ra0.05\ \mu m$ 时磨损最小，但用普通的加工方法很难达到这样的粗糙度，一般要求气缸直径小于 600 mm 有十字头压缩机的气缸工作表面粗糙度不低于 $Ra0.4 \sim 0.8\ \mu m$；气缸直径大于 600 mm 有十字头压缩机的气缸工作表面粗糙度不低于 $Ra1.6\ \mu m$；无十字头压缩机气缸工作表面粗糙度不低于 $Ra0.4\ \mu m$；超高压压缩机气缸工作表面粗糙度应达 $Ra0.05\ \mu m$，这时工作表面必须精磨或研磨。

2. 气缸的安装质量与气缸套

压缩机的安装质量和润滑对气缸工作表面的磨损有着直接的影响，要采取有效的措施，清除管道和附属设备内的铁锈和污物，防止它们进入气缸，加剧工作表面的磨损。

如果压缩气体较脏或者压缩气体使气缸表面的润滑恶化，则气缸表面就有较大的磨损。这时，需采用优质材料制成的气缸套作为气缸工作表面。此外，还由于下列理由采用气缸套：

(1)铸钢和锻钢气缸，为了防止咬合；

(2)气缸有缺陷，经修补回用；

(3)便于实现气缸尺寸系列化等。

气缸套有两种：一种为干式气缸套(图 2-8)，缸套的外表面与冷却水不接触。另一种为湿式气缸套(图 2-1)，气缸套外表面直接与冷却水相接触。采用干式气缸套，既增加了气缸的加工工时，又使气缸工作表面的冷却状况恶化。采用湿式缸套可以简化气缸的浇注工艺，降低温度应力和铸造应力，但带来了气水之间的密封问题。气缸中缸套的密封结构如图 2-14所示。密封部位结构与 O 型圈尺寸如表 2-2 所示。

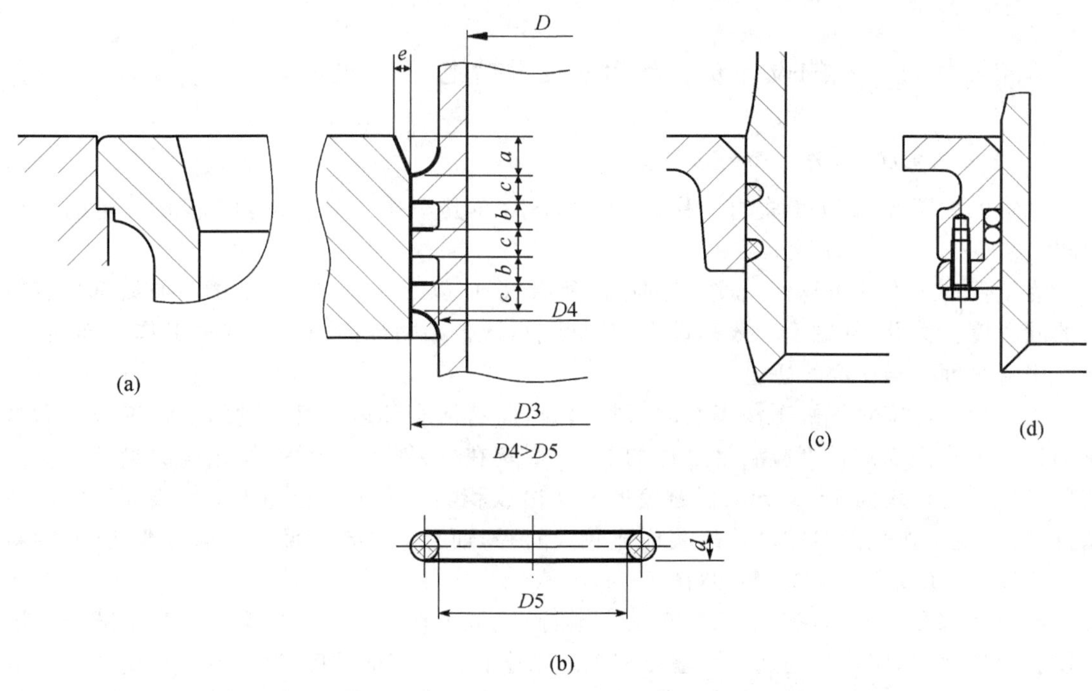

(a)缸套定位与压紧;(b)、(c)两个O形圈密封;(d)用专门的软填料密封

图2-14 湿式缸套自由端密封

表2-2 湿式缸套密封部位与O型圈尺寸 单位:mm

	d	t	c	a	e	b
D≤130	4.0	3.4	4.0	8.0	2.0	6.0
D>130	6.0	5.2	6.0	12.0	3.0	8.5

干式气缸套仅起衬套作用,所以它的厚度可根据制造上的可能性、装配时的刚度要求以及修理时所必须的镗削量来确定。一般中、小直径的取8～10 mm,大直径的取15～25 mm,相对长度较长的大型高压级气缸可取30～40 mm;若靠改变气缸套的内径来达到气缸统一化的目的时,气缸套的厚度可能还要取得大些。

气缸套在气缸中的径向定位,靠它的外圆表面与气缸内孔过盈配合来达到。气缸的结构应允许缸套沿气缸轴向产生热膨胀。因此,气缸套通常只以气缸盖用凸缘固定在气缸上(图2-1、图2-8)。对于干式气缸套,往往将轴线方向的接触表面制成不同长度的阶梯形(图2-15),以缩短压入长度,并避免同时开始压入。有的在定位凸肩一段上(约为全长1/3左右的长度),气缸与气缸套之间采用过盈配合。因为注油点通常都在中间位置,为了防止漏气,所以靠定位凸肩一侧的两段都取过盈配合,只有离定位凸肩最远一段取间隙配合(图2-13)。但是,在单作用气缸中,这种结构常常在气阀通道处断裂,以致掉入低压缸。为了避免出现这类情况,可采用如图2-15所示的结构,将气缸套的定位面移至气阀通道的内侧。

为了简化气缸和气缸套的加工,除定位凸肩以外,其余部分圆表面不加工成阶梯形,而只把靠近定位凸肩的一半气缸长度按过盈配合加工;离定位凸肩较远的另一半长度按间隙配合加工(图2-16)。

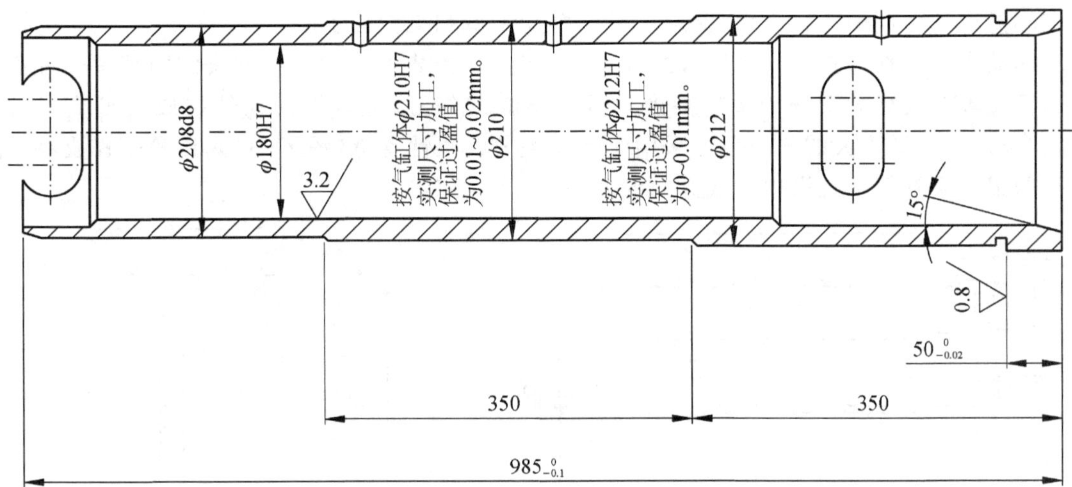

图 2－15　外圆表面呈阶梯形的气缸套

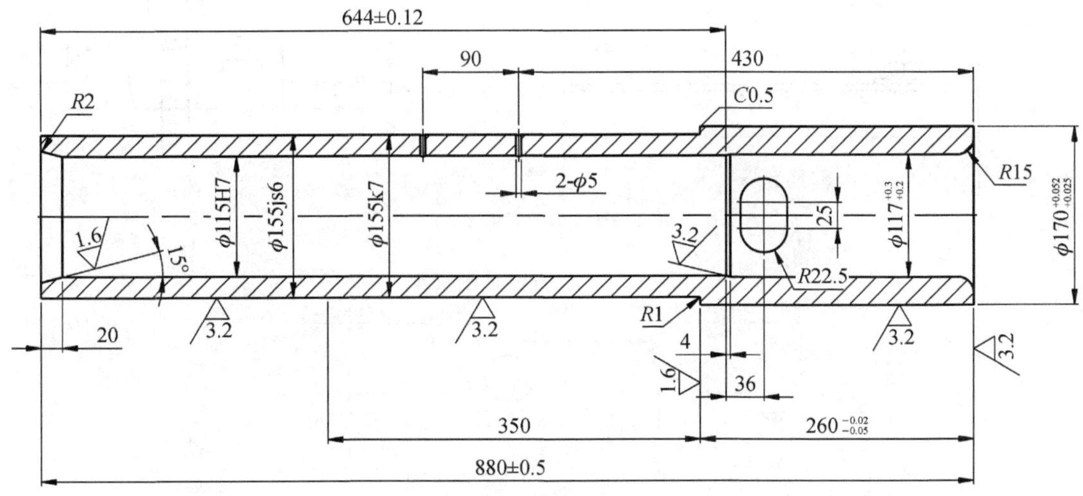

图 2－16　外圆表面平直的气缸套

气缸套自由伸长的一端与凸边之间通常均有 1.5～2 mm 的温度间隙，并有挡板或凸肩(图 2－10)防止气缸套断裂而落入低压气缸。

湿式过盈配合的过盈值一般按(0.0001～0.0002)D mm 控制；间隙值按(0.00005～0.0001)D mm 控制，此处 D 为气缸套外径。超高压压缩机中的气缸套一般用合金钢或硬质合金制造。为了避免气缸套内壁在工作时形成过大应力，气缸与气缸套之间的过盈值取的甚大，达 0.0025D。

气缸套外圆的极限公差，通常根据已加工气缸的实测值来确定。

当压缩机列中设有几个压缩级时，应将吸气侧和排气侧交错布置，避免气缸中线发生歪斜。

水平布置的大型卧式或对置式压缩机，由于低压级气缸重量较大，其重力会引起气缸中心线的倾斜，从而造成气缸与活塞的密封件损坏。为了保证温度和轴向力作用下气缸能沿其中心线方向自由移动，以及克服由于气缸本身重量而引起的中心线倾斜，在卧式气缸设计时应注意设计专门的气缸支承，支承可采用摆动支承和柔性支承。

摆动支承是在气缸与支承平板之间装有摆动块(图 2-17(a))，摆动块的两端呈圆柱面，其半径应等于或略大于摆动块的高度。重量不大的气缸，可以把摆动件制成刃型支杆(图 2-17(b))。重量不大的气缸也可采用无活动关节的柔性支承(图 2-18)，用管子作支柱，靠管子的柔性来补偿气缸沿中心线方向的变形。

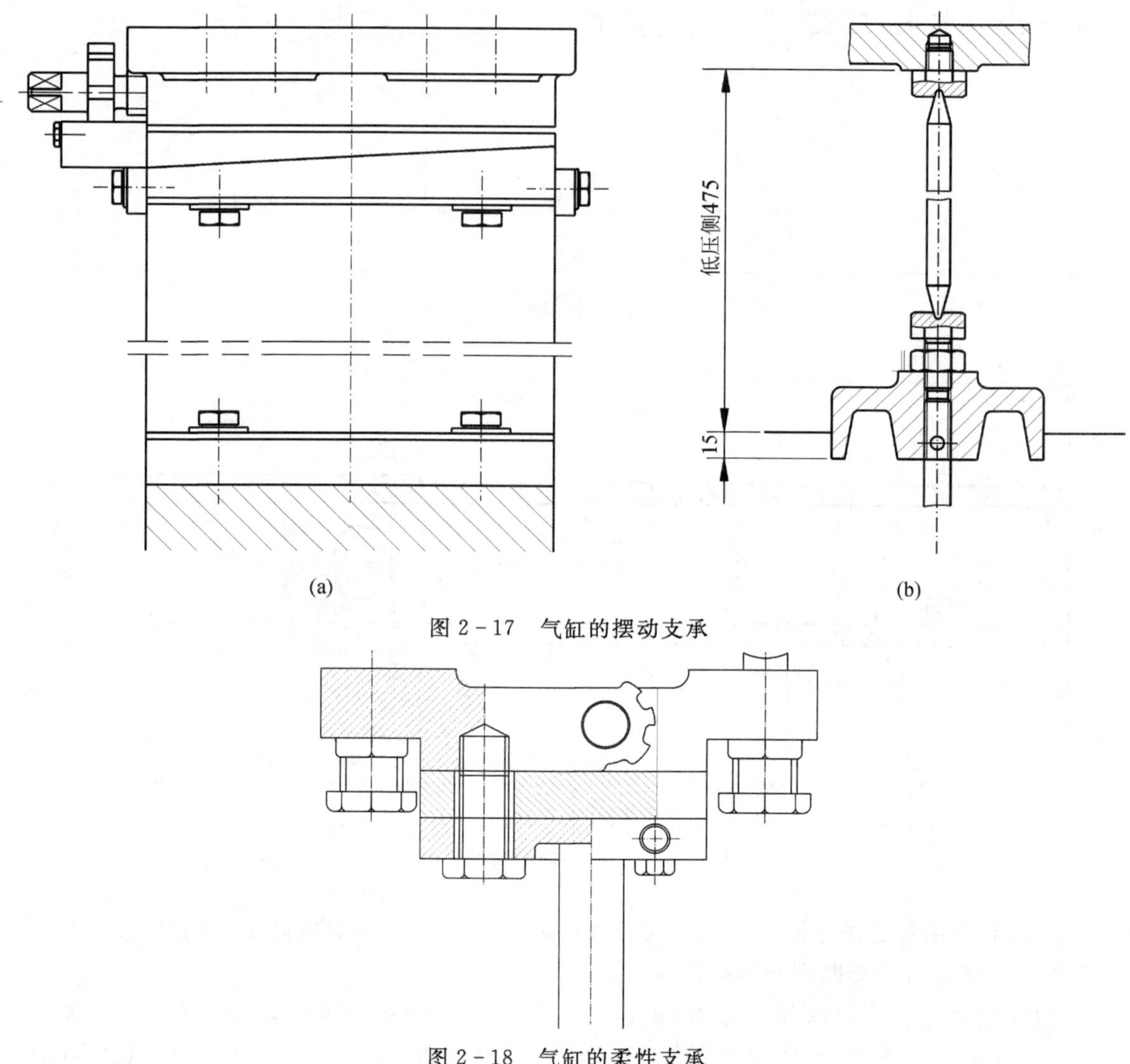

(a) (b)

图 2-17 气缸的摆动支承

图 2-18 气缸的柔性支承

3. 气缸的冷却

气缸冷却的目的：改善气缸工作表面的润滑条件；改善气阀工作条件；降低排气温度；消除活塞环因受热而出现的烧结现象；减少或根本消除气阀中的积碳以及使气缸壁的温度均匀变化，以减少气缸不均匀的变形。

气缸冷却分为风冷式和水冷式两种。

风冷式气缸靠风扇吹风与气缸外壁加散热片来冷却。散热片有环形(图 2-2)和纵向布置两种方式。环形布置散热片的气缸刚性较差，但冷却较均匀；纵向布置的气缸刚性好，但冷却不均匀，背风面冷却效果较差。通常在微型压缩机的气缸上采用环形布置，缸盖上采用纵向布置，如图 2-2 所示。风冷气缸各部分尺寸如图 2-19 所示。气缸上端面的冷却很重要，所以气缸上靠近盖端的散热片较长，而且在气缸盖上也设置散热片，以加强这一部分的冷却。

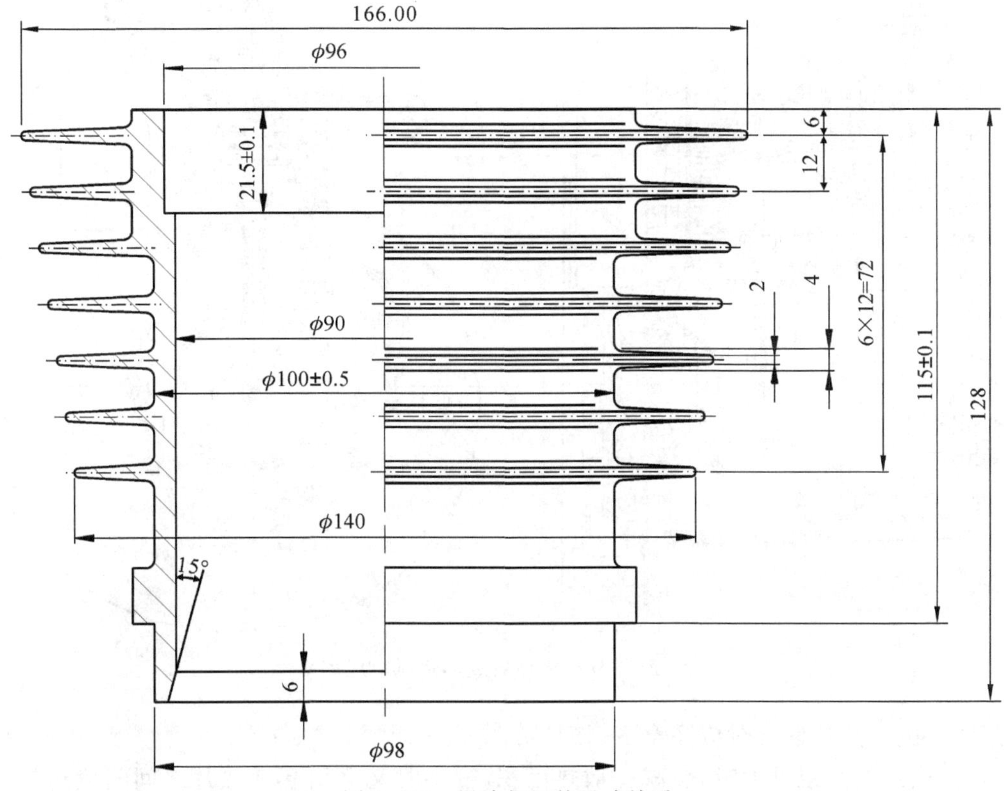

图 2-19　风冷气缸的尺寸关系

利用风扇向气缸吹风的风冷式压缩机不能保证气缸充分合理冷却，为了加强冷却效果，许多风冷压缩机采用安装导风罩的结构。安装导风罩后，可使气流集中导向需要冷却的部位，从而使气缸迎风面和背风面都能得到较好的冷却。图 2-20 所示为一个气缸的三种不同方案导风罩的示意图。其中(a)方案的冷却空气速度均匀，入口狭窄，所以迎风面冷却效果好，但出口处背风面存在气流死区，使背风面温度降低较小；(b)方案则在迎风面失去(a)方案的优点；(c)方案在两侧都制成宽通道而窄缩口的形状，增加了气流在罩内尤其是背部的扰动，消除了(a)方案在背风面的死区，故其冷却效果最佳。

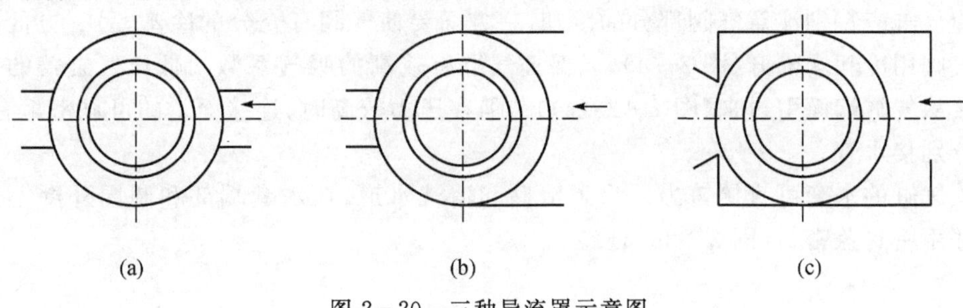

图 2-20　三种导流罩示意图

由于目前采用了高效、高流量的离心机并加装导风罩，所以风冷式压缩机的气缸盖及气缸上，都设置了节距极小、数目较多的散热片，从而增大了冷却效果，如图 2－21 所示。

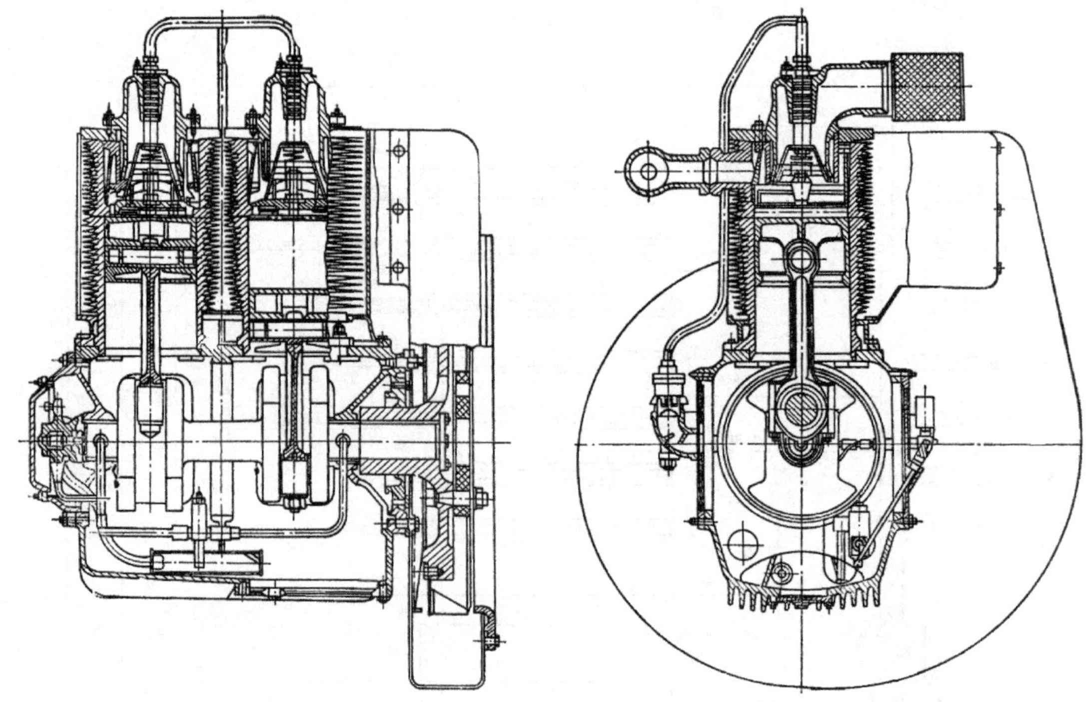

图 2－21　节距极小的散热片风冷压缩机

风冷气缸散热片设计时应注意下列问题：

(1)散热片的间距过大时，会减少散热面积，过小时又会引起散热片之间气流边界层的相互干扰，使阻力增加，同时给铸造带来困难，故一般取间距为 5～15 mm；风扇的风压大，且散热片表面光滑时，可取下限值。

(2)散热片应设计成一圈内分成三、四段的间断型散热片，这样可以加强导热，降低由于不均匀冷却所产生的温差应力使气缸变形。另外，散热片缺口之间产生气流的扰动可以增加散热作用。但每层的缺口不应处于同一角度内，可以错开排列且不必正对风扇吹风面(图 2－22)。

(3)根据气缸温度场看，根部散热效率高于端部，故端部散热片高度应高一些。但过高的散热片不易制造，也对散热无太大好处，一般在 15～45 mm 范围内选取。

水冷气缸应特别注意气阀部分的冷却，一方面要使气阀有充分的冷却，另一方面把吸气阀和排气阀用冷却水隔开(图 2－4)，以保证气缸有较高的吸气系数。低压气缸盖的冷却水有时直接从气缸端面引过来(图 2－23(a))。但在压力较高时，连接面上的可靠密封有困难，所以需分别接水管。

铸铁气缸的水套可直接铸出。为了清砂和清洗水道，在水套端部和圆周外壁上开一系列手孔并用密封盖密封(图 2－23(a))。

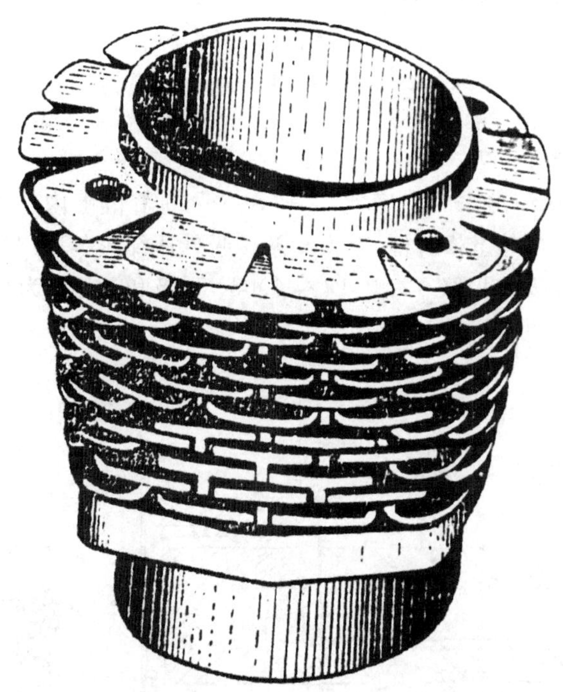

图 2-22 具有简短散热片的风冷气缸

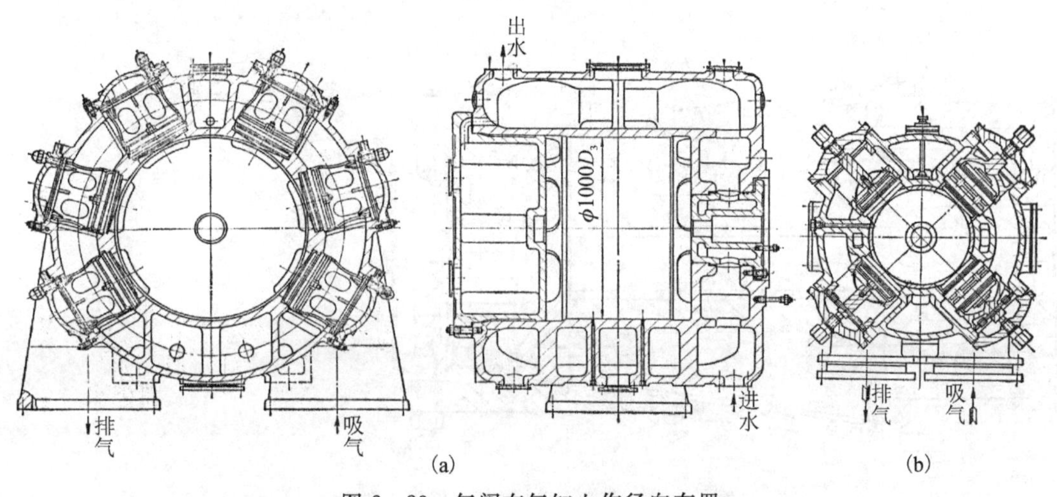

图 2-23 气阀在气缸上作径向布置

铸钢气缸和锻钢气缸，不能铸出或加工出封闭水道，需外加水套。有的直接用钢板焊在气缸上(图 2-8、图 2-9)，有时设计成可拆的形式(图 2-11、图 2-24)。

为了避免在水套内形成死角和气囊，并提高传热效果，冷却水总是从气缸一端的最下部进入水套，从气缸另一端的最高点引出。在可拆水套的结构中，有时为了装拆方便，进水口和出水口都设在气缸下方，这时在水套内必须从较高处向出水口接一水管来导流(图 2-24)。

大直径气缸，为使冷却更加均匀，可设置两个进水口和两个出水口。

冷却水在接管处的流速按 1～1.5 m/s 选取。

冷却水的消耗量按导走的热量来确定

$$W = \frac{860 \upsilon P_i}{\Delta t} \text{ kg/h} \tag{2-1}$$

式中 W ——冷却水消耗量，kg/h；

P_i ——指示功率，kW；

Δt ——气缸进水和出水的温度差，一般在 5～10 ℃范围内选择；

υ ——冷却导走的热量相对值，对大型常压吸气压缩机的Ⅰ级和Ⅱ级气缸 υ 为 0.18～0.13；Ⅲ级和Ⅳ级 υ 为 0.12～0.08；Ⅴ级和Ⅵ级 υ 为 0.06～0.04；高速压缩机可取较小值。

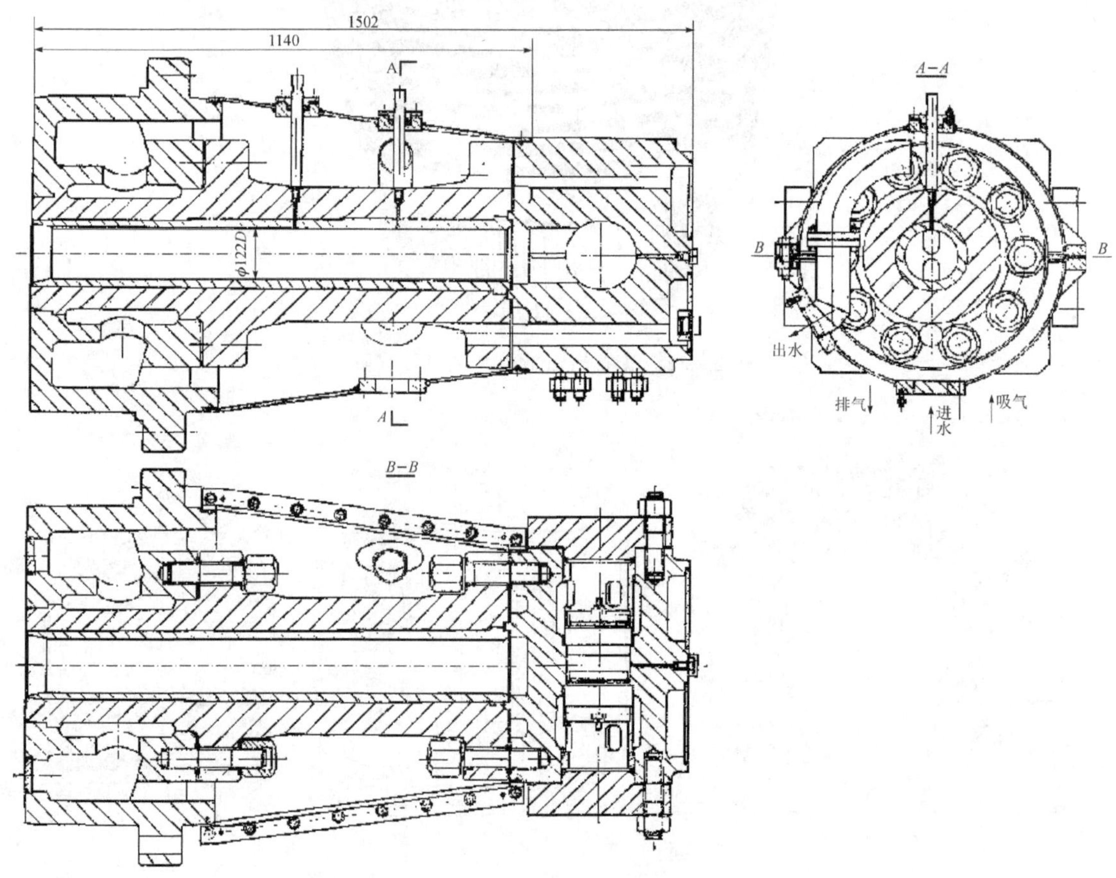

图 2-24 气阀径向布置在气缸盖结构

压缩湿度较大的气体，应使水套中冷却水的进水口温度比吸气温度高 5～10 ℃，避免在气缸中析出冷凝液，破坏工作表面润滑的正常状态。因此，气缸的冷却水常从中间冷却器的出水口引入并控制其冷却水的流量。

压缩石油气一类的重碳氢气时，气体在气缸内更容易析出冷凝液，因此水套中的冷却水温度取的更高，可达 60～80 ℃；而当压力比不高、排气温度不超过 80～100 ℃时，最好不加水套。

如果用硬水来冷却气缸，则出水处的水温不可超过 40 ℃，否则会在水套的壁上形成水垢，降低缸壁的导热效果。

4.合理的气阀布置方式

气阀在气缸上的布置方式对气缸的结构有很大的影响。选择气阀在气缸上的布置方式应遵循以下要求：气阀有效的通流截面要大；气阀本身与气阀到气缸通道所形成的余隙容积要小，气流的阻力要小；气阀周围的冷却要好，以减小进气加热对容积效率和排气量的影响；保证安装及维修方便；力求在选择气阀数量时做到气阀统一化，即相邻的两级或更多级采用相同气阀，而各级所需的通流截面靠改变气阀数量来实现；低压级气阀在气缸上的配置问题往往是安装面积不足，故设计时应力求有较大的安装面积；高压级或超高压级，应从气缸强度方面来考虑气阀的配置。

微型和小型单作用压缩机的气阀，为了简化气缸结构，大多配置在气缸盖上。其配置形式有单个阀(图 2-24)、组合阀(图 2-25)和舌簧阀(图 2-26)。组合阀和舌簧阀更能充分利用端盖面积，而且气缸的余隙容积也比单个阀小故多用于微型压缩机。

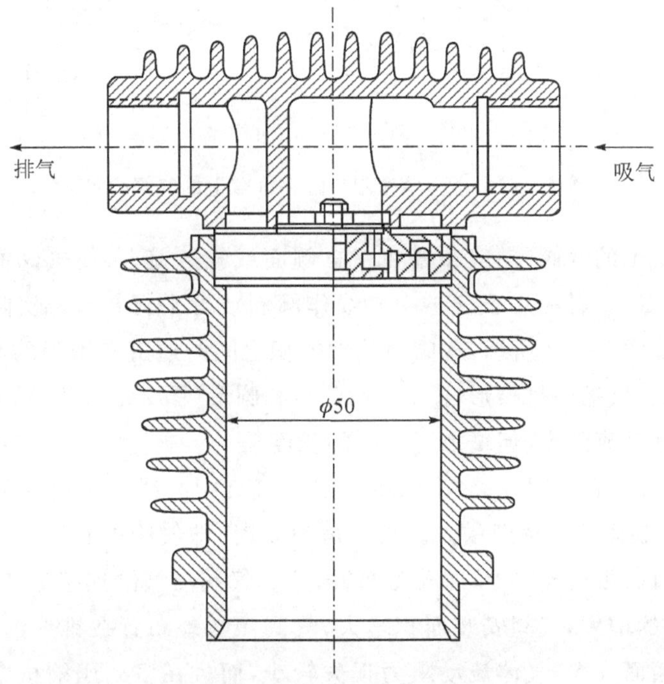

图 2-25　布置在气缸盖上的组合阀

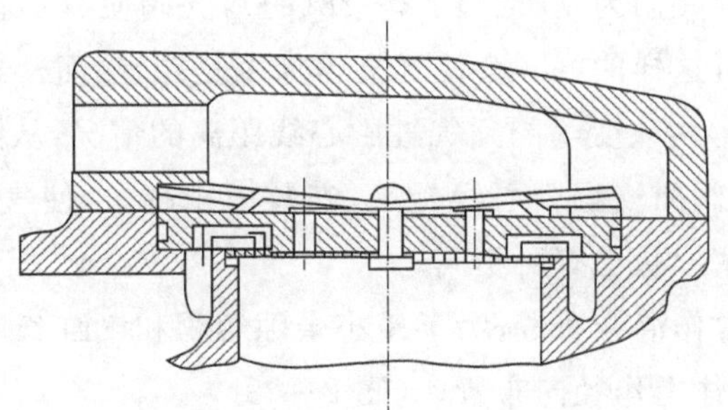

图 2-26　布置在气缸盖上的舌簧阀

气阀安装在缸盖上，其布置方式如图 2 - 27 所示。从气阀安装面积来看，同一气缸，由(a)至(b)逐渐增大。对两级气缸，(b)一般为一级气缸，(a)为二级气缸，这样一来，两级气阀可以通用。(c)和(d)则为组合型，进、排气阀安装在一个公共的阀板上。为了消除进、排气阀相邻布置时排气腔热量通过隔板向吸入气体加热，水冷式应在两阀中间设置水腔。这种布置由于气阀有一部分超出气缸直径，同时在气缸端面相应位置上加工有一凹槽以便气体流通，因而增加了气缸余隙容积，而且将会造成气阀偏吹，为此在设计时应尽量使相邻气阀中心线靠近。

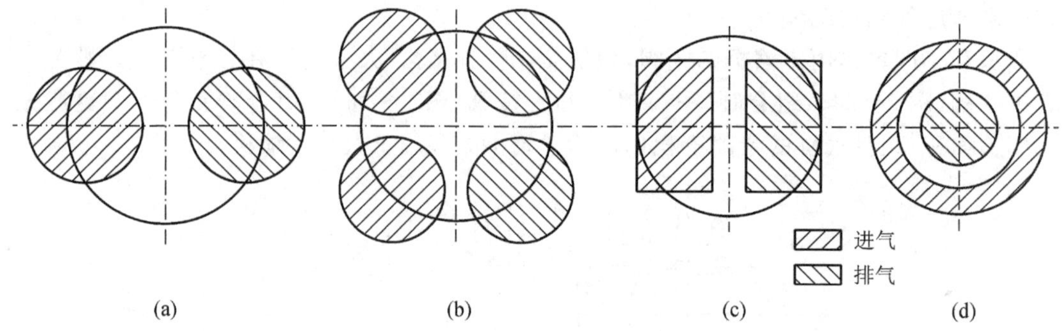

图 2 - 27　小型单作用气缸在缸盖上的气阀配置

中、大直径气缸上的气阀，一般布置在气缸侧面或气缸盖上，使气阀的中心线相对于气缸中心线作径向布置，或者相对于气缸中心线作倾斜或者平行布置。实际设计中用的最普遍的是径向布置，如图 2 - 23 所示，气阀与气缸容积之间的通道有锥形的和圆形的两种。锥形通道与气缸容积交接端面呈腰形(图 2 - 23(a))和圆形(图 2 - 23(b))，前者可以减小余隙容积，后者可以降低气流阻力，但增加了气缸的长度。

当气阀布置在气缸盖上时，如果气阀中心线与气缸中心线夹角由 0°到 90°变化时，如图 2 - 28 所示，气阀安装面积在逐渐增大。当夹角为 0°时，即气阀中心线与气缸中心线平行时(图2 - 28(a))，气阀在两端气缸上，即盖侧布置，这时气阀与气缸连接通道的余隙容积小，气流通畅。随着夹角的增大，气阀安装面积增大，气阀倾斜地布置在锥形的气缸盖上，这时气缸余隙容积小，流通面积大，气体流动阻力损失较小，而且在多列压缩机中还可以缩短列间距离。但是，整个气缸及活塞的长度也增加了(图 2 - 28(a)～(e))，因此机器的长度、重量及往复质量也有所增加。当夹角为 90°时(图 2 - 28(e))，气阀便成了径向布置，与气缸体上径向布置气阀无异了。而且这样的方案会使气缸盖加工复杂，端面密封变得困难。

图 2 - 28(f)、(g)、(h)为改变气阀到气缸中心线距离的情况，从图中可以看到，同样的气阀和气缸中心线夹角，气阀离气缸中心线越远，安装面积越大，使气缸的外形尺寸及余隙容积增大，同时，相应的活塞形状也有所不同。

双作用气缸的气阀常作混合布置，为了减小余隙容积和气缸长度，盖侧气阀安装在气缸盖上，而轴侧气阀在气缸体上作径向布置。(图 2 - 29)

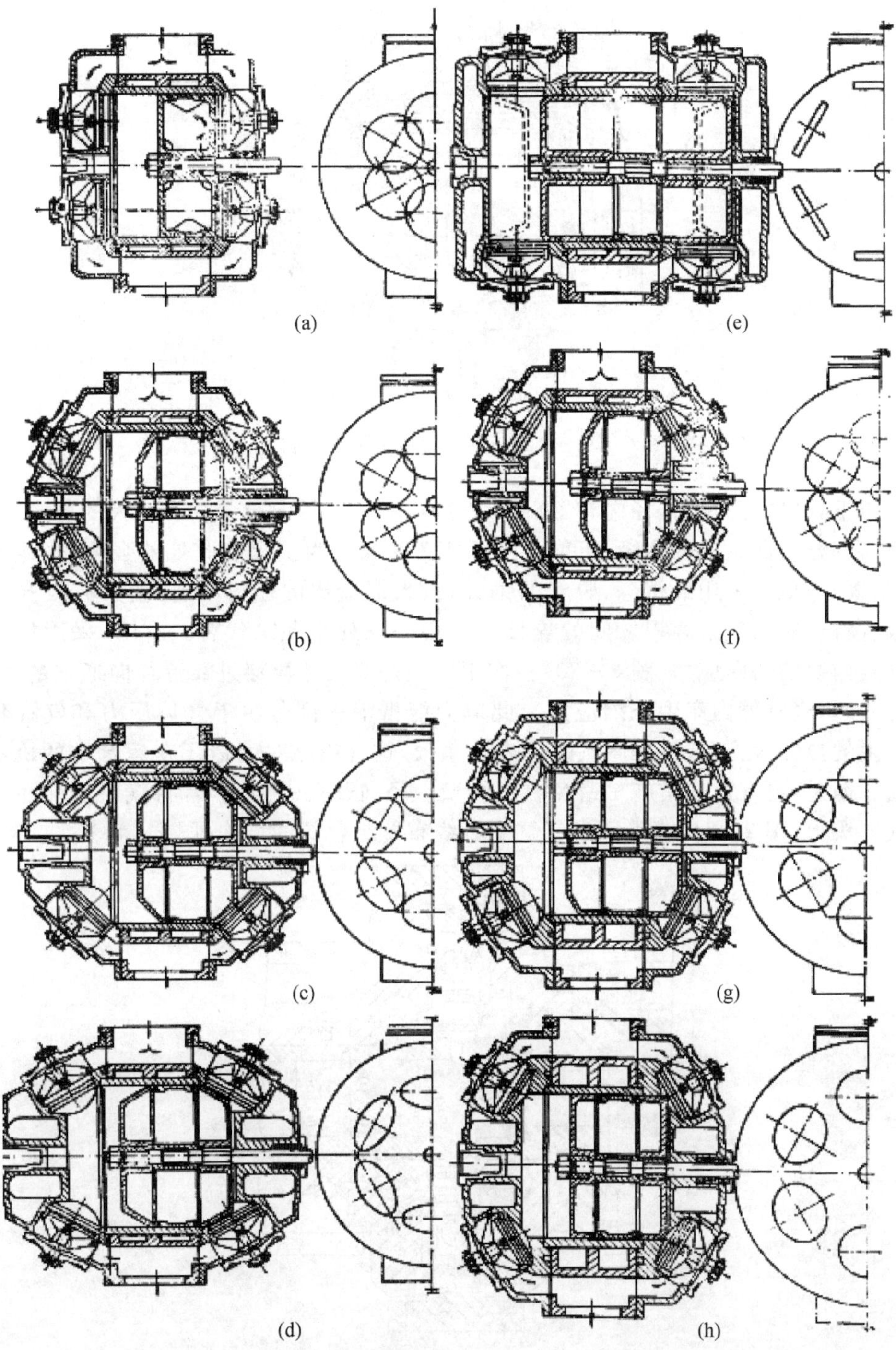

(a)、(b)、(c)、(d)、(e)角度加大时;(f)、(g)、(h)中心距加大时

图 2-28　气阀配置在气缸盖上的不同情况

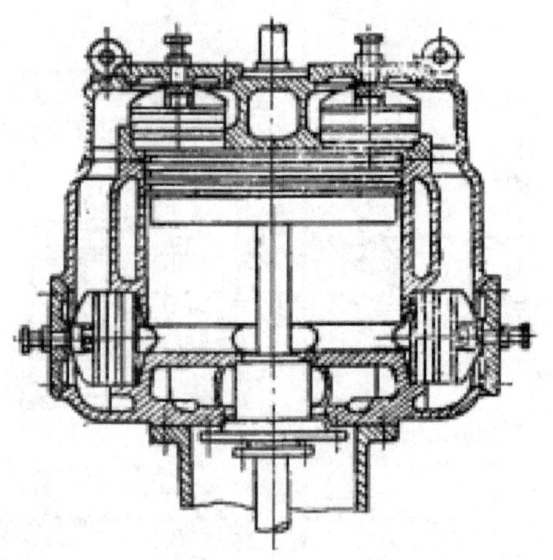

图 2-29　气阀分别配置在缸体和缸盖上

在高压下，气阀有时也作径向布置(图 2-10)。但是，径向布置会有较大的脉动载荷，在气体通道与气缸镜面相交的边缘，可能会出现疲劳裂纹。为了提高此处的强度，边缘应当仔细地倒圆、滚压，最好采用经精炼、脱气的钢锭，以大锻造比的坯料制造，使其有较高的疲劳强度。或者将气阀与气缸容积之间的连接通道用一系列小孔来代替。有时，采用加强螺栓来降低气缸内壁的切向应力(图 2-30)。作用原理是双头螺栓穿过靠近径向通道的气缸壁，当螺栓拧紧时，气缸壁内产生压缩应力。此应力能抵消一部分由于气体压力和气缸套过盈配合而产生的拉伸应力，从而提高气缸的安全系数，这种措施对改造还在运行中的机器有一定的作用。但是，更有效的措施是避免在气缸壁上径向开孔。因此，常将气阀安装在与气缸分离的气缸头上(图 2-24)或采取沿气缸中心线布置组合阀的结构(图 2-11)。

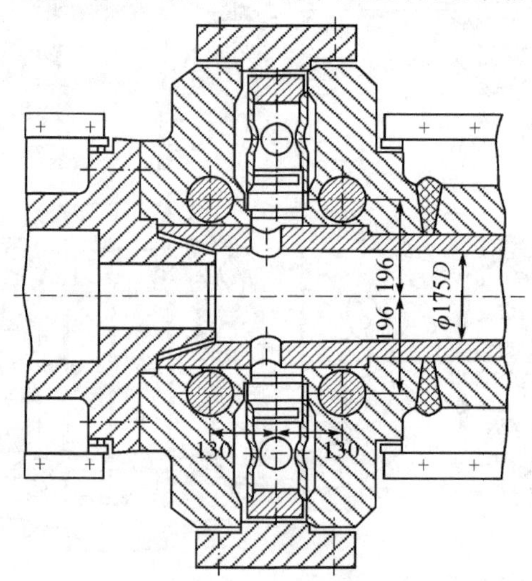

图 2-30　径向开孔处有加强螺栓的气缸

压缩石油气一类的重碳氢气时，气缸内常有冷凝液析出。为了避免液击和便于排液，用于此类气体的卧式压缩机的排气阀和出气管应布置在气缸的下部。否则，要在气缸下部设置排液阀(图 2-31)，定期的排出冷凝液。

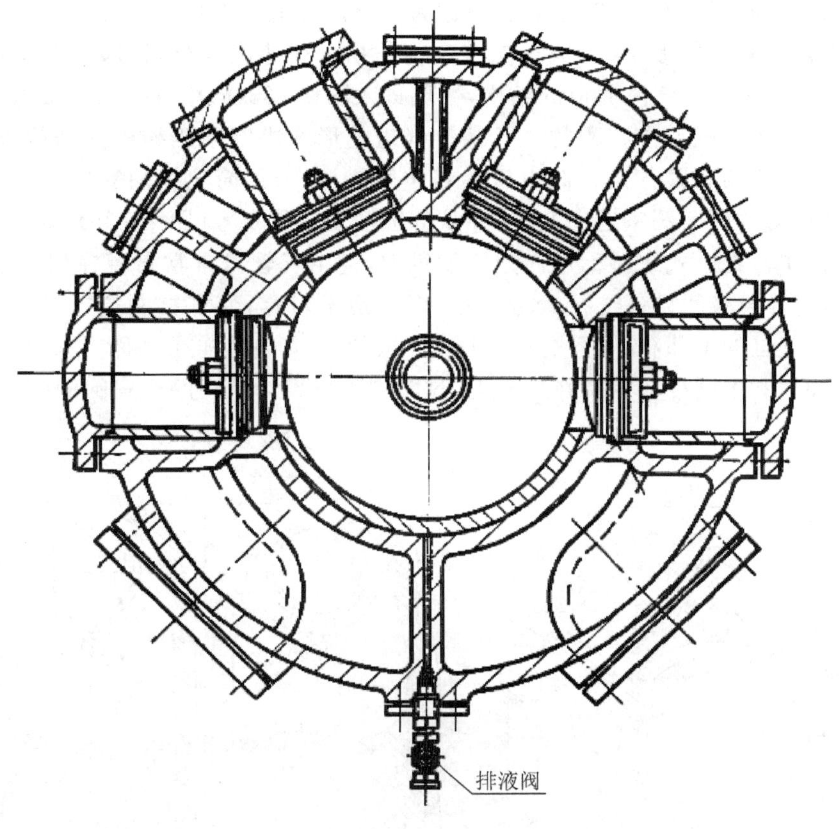

图 2 - 31　石油气压缩机气缸断面图

当进入气阀的润滑油过多时，有时它会聚积在气阀处。这样，润滑油将妨碍气阀的运动。且气阀在延迟关闭时，会对阀座产生冲击，导致阀片损坏。为此，应当在气阀压罩与支承座上开有通孔 1 和 2，如图 2 - 32 所示。

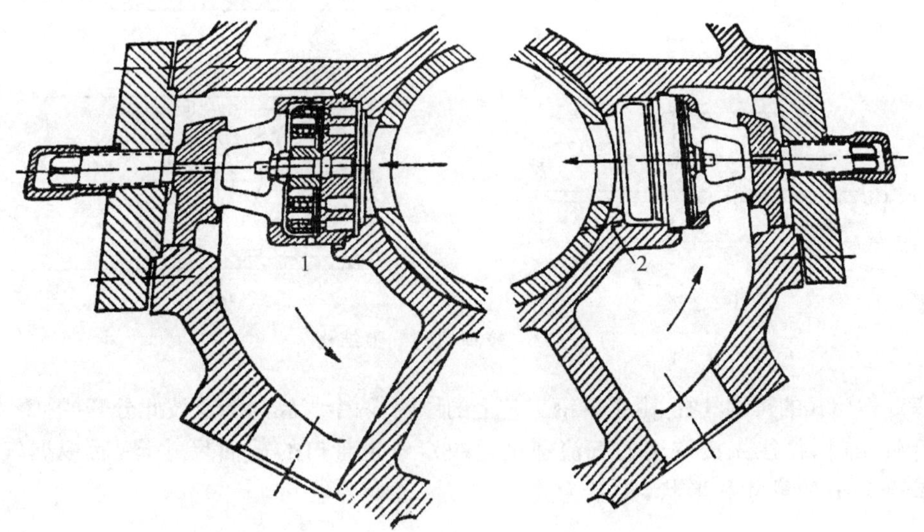

图 2 - 32　气阀承座与压罩上的排油孔

气缸上用来连通气体管道和阀室的通道称为气道。气道的作用是导流和使气流得到缓冲。为此，气道应有较好的形状，避免气流有急剧的拐弯或速度变化，以减小阻力损失。图2－33示出一个大型气缸上气流通道的结构，气流进入图2－33(a)中气体入口即被导流。气道的容积一般应大于气缸工作容积的1.5倍。气道的形式决定于压缩机的结构方案、级间管道和级间附属设备的布置方式。低中压的双作用气缸，为了简化级间管道和扩大缓冲容积，总是将活塞两侧的同名阀室连通起来，并从气缸两侧对称布置(图2－28)，这样可以使气缸的浇注较为简单。在卧式或对称平衡型压缩机中，进出气管口常常布置在气缸下部(图2－9、图2－23)，这样与级间设备连接较为方便，但气道不对称，使气缸制造比较困难。也有把进出气管设在气缸的上部和下部位置的(图2－1、图2－3)，这样在对称平衡型压缩机中，可以直接把缓冲器和中间冷却器搁在气缸上，这时把管口设计成扁的或扁圆的(图2－28)。

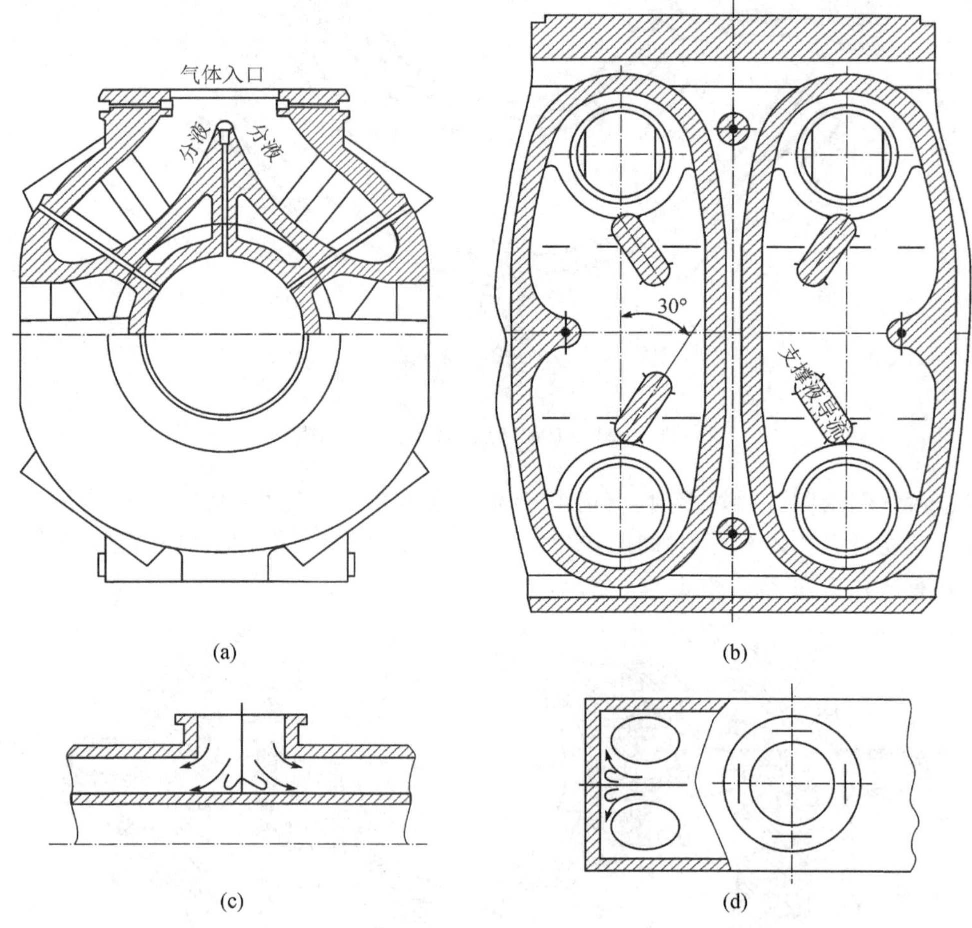

图2－33　较理想的气道结构

高压双作用式的铸钢气缸，由于铸钢工艺上的原因，两个气腔的气道彼此分开(图2－9)。

设计气道时，往往先按许用的气流速度值决定气道管口的截面尺寸，然后根据气缸的结构确定其余部分的尺寸和形状，关系为

$$f=\frac{v_{\mathrm{m}}}{C_{\mathrm{R}}}A_{\mathrm{p}}\ \mathrm{m}^2 \tag{2-2}$$

式中　f ——气道管口截面积，m^2；

v_m ——活塞平均速度，m/s；

C_R ——气道管口许用平均流速，m/s；

A_p ——活塞截面面积，m^2。

管口截面的许用平均流速按工作压力来选择：低压气缸 12～18 m/s；中压气缸 10～15 m/s；高压气缸 8～12 m/s；超高压气缸 6～10 m/s。较轻的气体可取较高的平均气流速度，如氮氢混合气的取值可以比上述值高 1.5 倍，氢气的取值可以高 2.5 倍。高转数和移动式压缩机为使机器紧凑，可以比上述许用值高 50%，个别情况可以高 100%。进出气的管口通常都取的一样，且按进气管计算。如果进出气管口必须分别设计，由于活塞在排气期间的运动速度较低，所以排气管口的许用气流平均速度可以比上述许用值高 30%～40%。

5. 可靠的连接与密封

压缩容积各部分零件的连接，除了紧固以外，还要保证气密性，防止有压力的气体泄漏。由于气阀是易损件，它的安装除了上述要求外，需要为检查、更换和修理提供方便。

为使气阀能够固定在气缸上，又便于装拆和防止气阀变形，常用中间压罩来紧固气阀（图 2-1），而压罩又由压盖（图 2-34）或螺栓（图 2-1）压紧。为了保证阀盖的密封，如图 2-34所示，在具有 45°倒角的阀盖和压罩接合处装有密封圈，这种紧固方式较为简单，但压罩拆除不便，而且每次拆卸都需要更新密封圈。

用得最普遍的是螺栓拧紧压罩（图 2-1）。为了防止气体外泄，压紧螺栓的端部用封闭螺母紧固，螺母与阀盖的结合面上加垫片或研磨密封。在整个压缩机循环过程中，除排气过程外，阀室中作用在排气阀上的气体力大于气缸内气体压力，并将气阀压向气缸支承座。在排气过程，吸气阀受气缸内的气体压力作用，使脱离其支承座的力要比排气阀所受的力大得多，所以吸气阀压罩的压紧螺栓要比排气阀的数量多。只有当压力较低时，为了使结构一致，可使吸、排气阀压罩的压紧螺栓取用相同的数目。如果压罩是筒形的（图 2-35），则压紧螺栓必须布置在压罩侧壁与孔口之间，防止压罩被压坏。

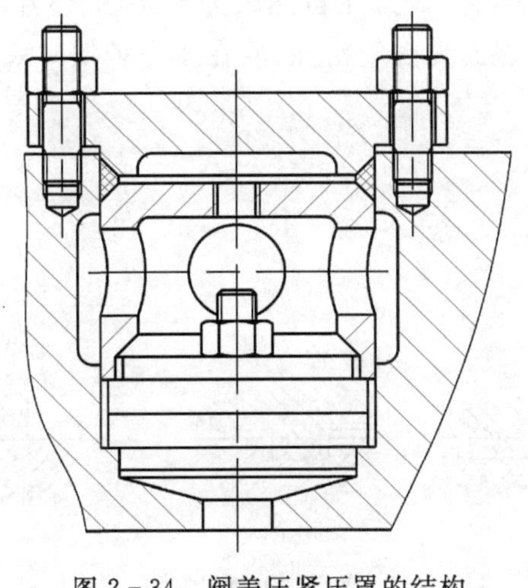

图 2-34　阀盖压紧压罩的结构

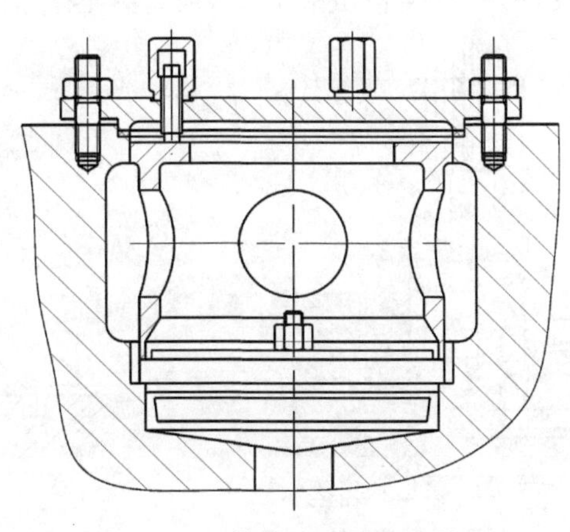

图 2-35　筒形压罩的压紧装置

如果压罩的形状呈现爪形（图 2-1），则无论是吸气阀还是排气阀，只能用一个压紧螺栓。卧式气缸上，装在气缸下半部的气阀压罩，应有止动装置(图 2-23(b))便于装配。气阀尺寸较大时，阀室内应设筋，使气阀安装方便(图 2-23(a))。有的不用压罩压紧气阀(图 2-28)，轴侧气缸容积的气阀直接用螺栓顶住气阀，结构极简单，但气阀尺寸较大时，容易变形，影响气阀的密封。

高压级或小气量气缸的气阀，由于气阀尺寸较小。常常将气阀直接拧紧在气缸上(图 2-36)，或由拧在气缸上的气管将气阀拧紧(图 2-37)

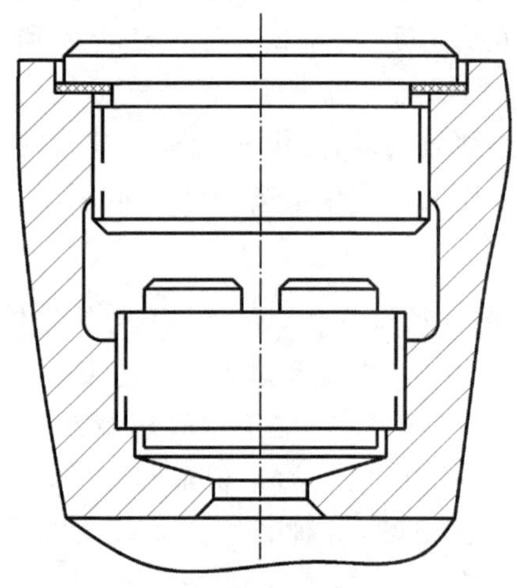

图 2-36　气阀直接拧在气缸上　　图 2-37　气体管道直接压紧气阀的结构

图 2-38 表示工作压力达 220 MPa 的超高压压缩机气阀的安装紧固方式。气阀上下两端的球面与气缸及气缸盖的锥面互相研磨与密封。

气缸与气缸盖之间、气阀与气缸之间，采用软垫片、金属垫片、研磨等方式密封。其密封方式如图 2-39 所示。

工作压力低于 4 MPa 的气缸，通常采用软垫密封。常用的软垫材料为橡皮和石棉板，也可采用由铜与石棉制成的金属石棉垫片。常用的密封接口如图 2-39 所示，密封面的粗糙度为 $Ra6.3 \sim 3.2\ \mu m$。图 2-39(a)、(b)所示的两种方式加工虽然较为复杂，但垫片不容易撕裂。图(c)所示结构虽然简单，但垫片容易被撕裂而失去气密性，故在压力较低时采用。

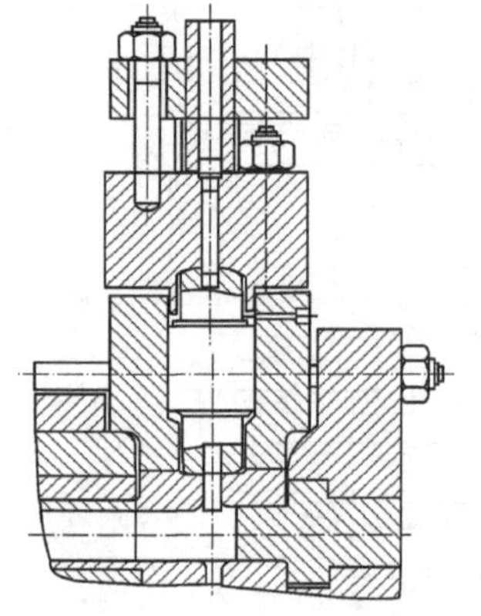

图 2-38　超高压压缩机气阀的紧固方式

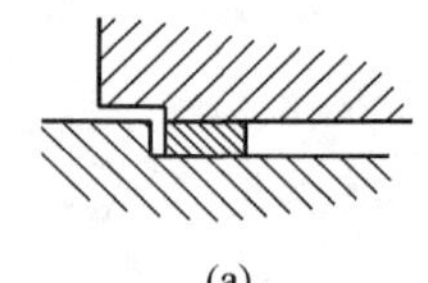

(a)

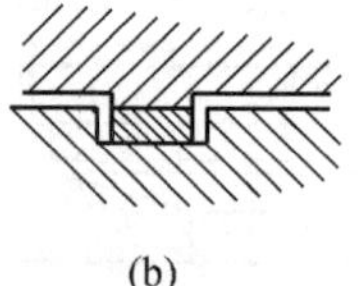

(b)

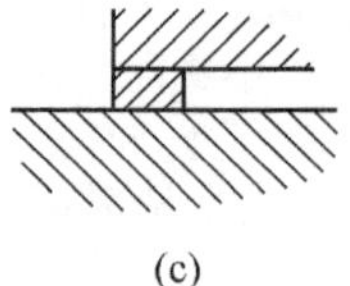

(c)

图 2-39　软垫片的密封接口形式

工作压力较高或密封周长较短的气缸，用金属垫片密封，常用的金属垫片材料为铜、铝、不锈钢等。应当注意，氨能使铜发生分解，而铜与乙炔作用则生成爆炸性的化合物，因此，这些气体或含有这些气体的混合气体，不能用铜的垫片。金属垫片对应的密封接口形式如图2-40所示，密封面的粗糙度为$Ra1.6\ \mu m$。图2-40(a)所示的结构密封面上车有若干个油槽，防止垫片被撕裂。(b)所示的结构，习惯上称为透镜式密封，它利用密封表面与作用力间所组成的小于(或等于)90°的α角，在相同的压紧力下得到较高的密封压力，因而能用在较高压力的气缸上。

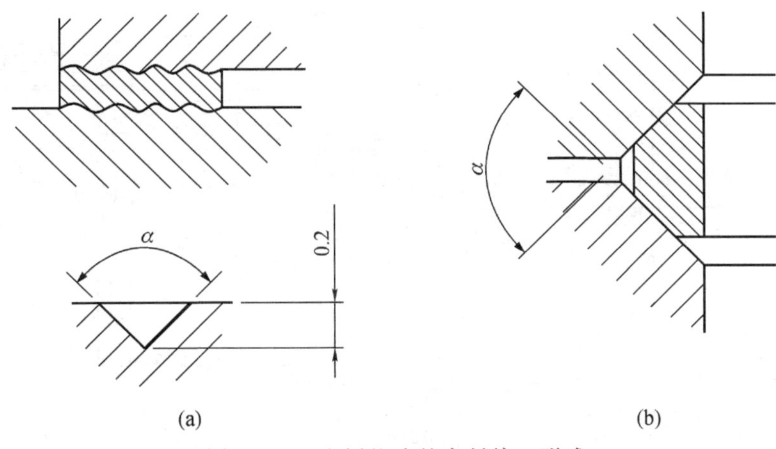

图2-40 金属垫片的密封接口形式

高压或超高压下常用连接表面直接研磨的方法密封，表面粗糙度达$Ra0.8 \sim 0.1\ \mu m$。安装时，表面涂上少许润滑油或石墨之类的材料，使气体没有外泄的通道。为了使研磨表面能够达到所希望的加工精度，采用如图2-41所示的设计。如果密封表面的位置无法进行研磨加工，则在高压时也可用金属垫片进行密封。级差式气缸间的接口处采用研磨密封，容易保证气缸的同心度，这是垫片密封所不及的。带有缸套的气缸，如图2-42所示，气缸套1与气缸体2之间的相接处应由气缸盖或相邻气缸的研磨凸边3所覆盖。

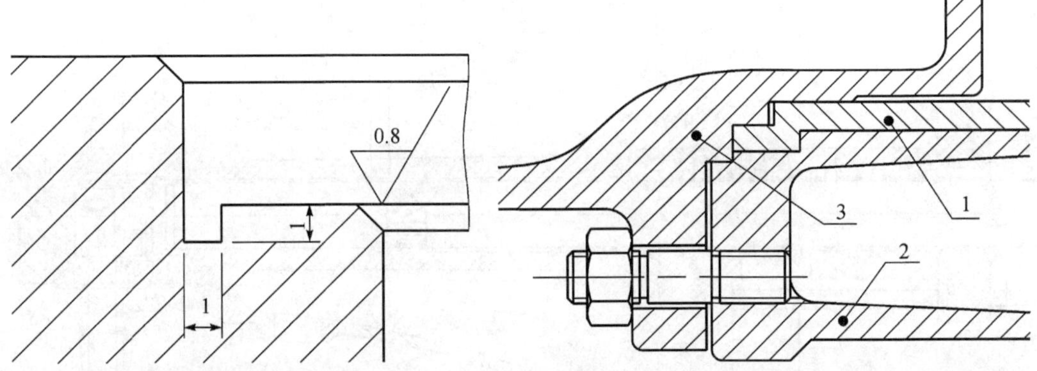

图2-41 研磨密封表面的设计

图2-42 气缸与缸套接合处的研磨密封

气缸连接部分紧固和密封的力，是用紧固螺栓来形成的。为了便于拆卸，气缸盖法兰上应设计有顶开螺栓。旋入气缸体螺栓的埋入深度通常按$(1.0 \sim 1.35)d_0$的范围选取(d_0为螺纹外径)。如果深入到水套中，应用红丹密封。连接螺栓不允许伸入到气腔中去。在水套中用以紧固气缸的螺母一端应制成封闭的，并用垫片密封。

作用在气缸盖上的气体力，在每一个气缸中都要引起轴向力，这些轴向力相叠加，通过气缸壁与压缩机列中气缸的法兰传到机身法兰上。为了减少气缸壁中由轴向力所引起的应力，气缸连接设计时，应尽量做到使轴向力沿着互相延伸着的纵向缸壁，从一个气缸传递到另一个气缸或机身。当力从小直径气缸过渡到大直径的气缸或机身时，应使力沿着锥形表面传递，如图 2-43 所示，尽量避免采用平的端面或具有很大突出部分的法兰。高压气体常制成经热处理的钢圆筒形式，安装在铸铁的外套中(图 2-44)。

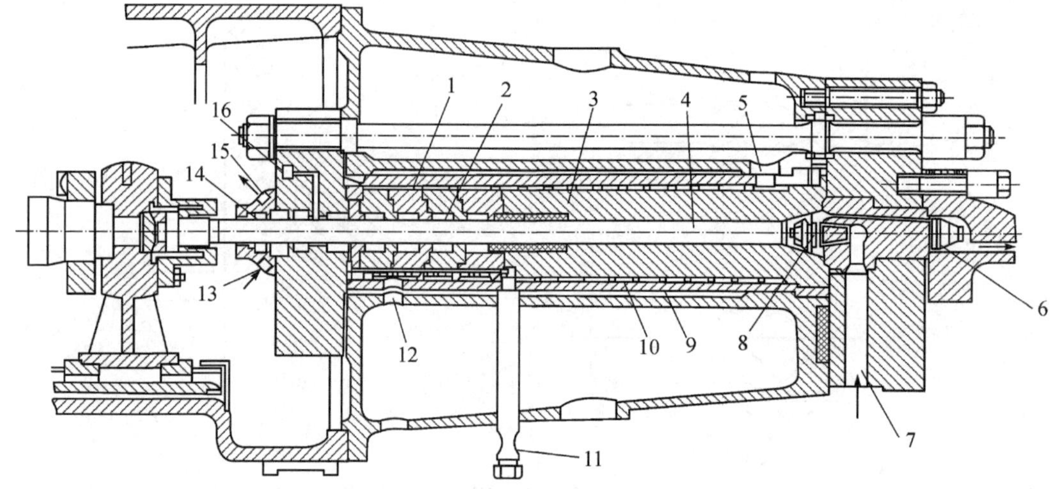

1、2—填料函室与密封元件；3—气缸体；4—柱塞；5、12—润滑油进出口；6、8—组合阀的排气侧与进气侧；7—进气通道；9—气缸外套；10—冷却的螺旋通道；11—通安全膜的气体；13、15—冷却柱塞用润滑油进出口；14—前置填函；16—泄气出口

图 2-43　组合式高压气缸

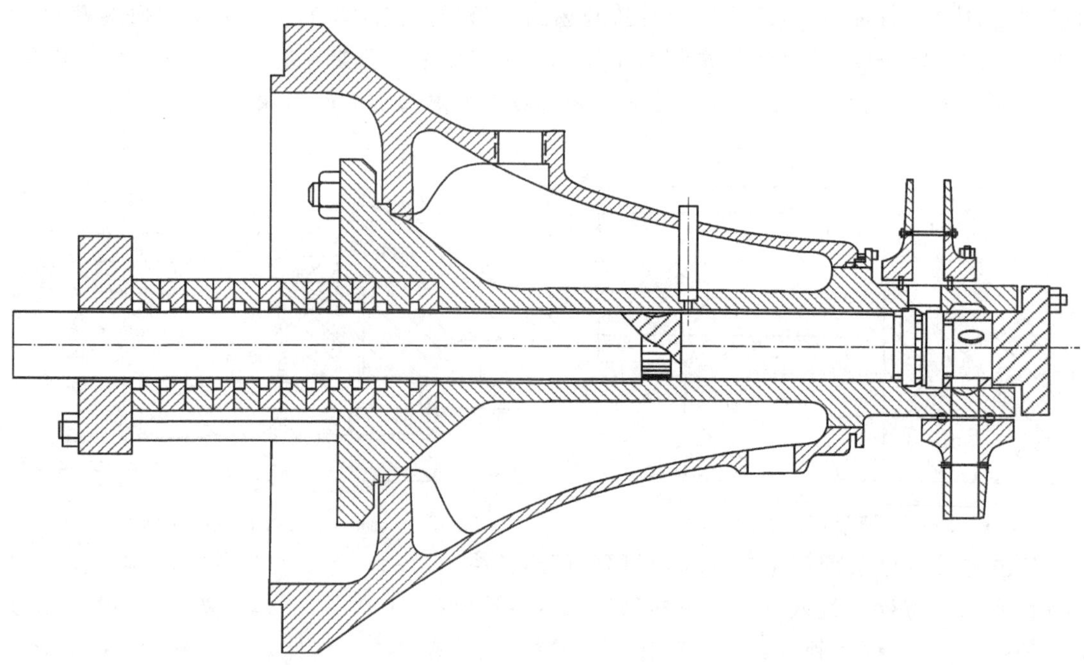

图 2-44　铸铁外套中的高压气缸

气缸与机身或气缸相互间的紧固螺栓，以及气缸盖与气阀的紧固螺栓，均承受交变载荷。交变载荷的最小值取决于预紧力，而超过最小值的交变分量的最大值，由气体压力引起，同时，还与螺栓和垫片的刚度有关，螺栓刚度越小，则螺栓承受的脉动应力幅就越小。

为了增大紧固螺栓的弹性变形，应采用弹性螺栓(图 2-45)，其杆部直径 d 与螺纹内径 d_1 之比 $\frac{d}{d_1}$ 在0.9～0.95 的范围选择，而且应取用二级精度的细牙螺纹。

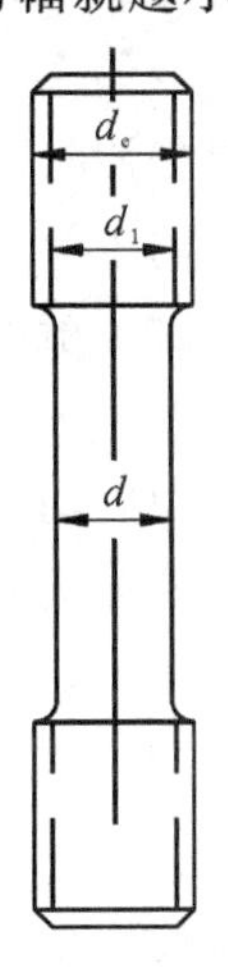

图 2-45 气缸连接用的弹性螺栓

6. 气缸工作表面可靠的润滑及其他

为了减小活塞环和气缸工作表面的摩擦功和磨损，带走摩擦表面上的部分热量以及改善活塞环的密封能力，气缸通常都要润滑。用压力供给的润滑油，总是通过接管引到气缸工作表面。最简单的方法是将接管直接铸在气缸上，然后加工出所需的输油孔(图 2-4)。但由于气缸各层壁受热情况不同，这种连接会引起气缸工作表面热变形不均匀，从而破坏工作表面的密封性。在浇铸时也会因收缩不均匀而产生应力，甚至断裂，故用得不多。大多数是单独用接管拧在气缸壁上(图 2-3、图 2-8、图 2-11)，在中、低压时接管的形式如图 2-46(a)所示，高压时如图 2-46(b)所示。有时为了安全，在接管内带有止回阀，如图 2-46(c)所示。

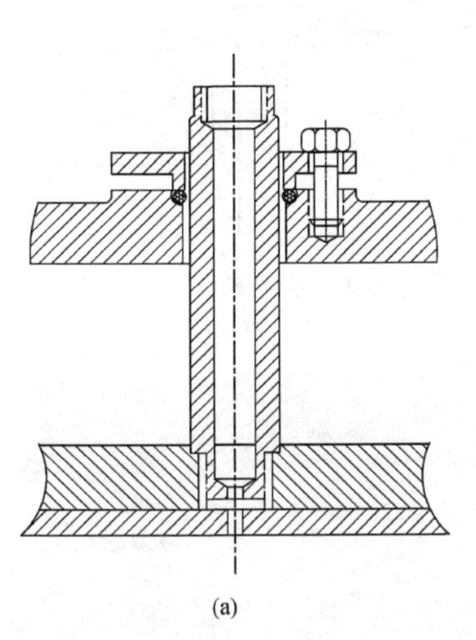
(a)

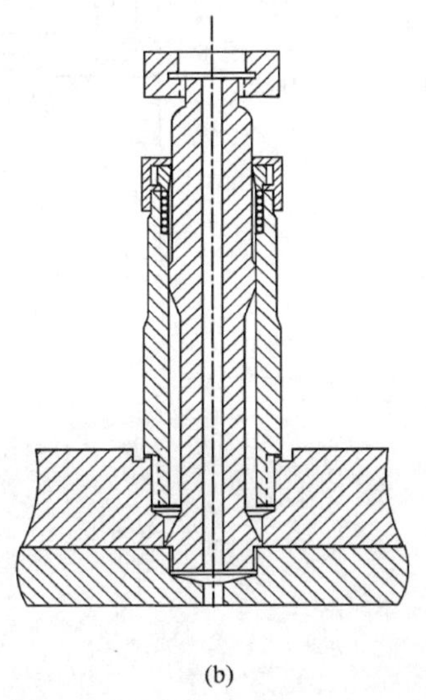
(b)

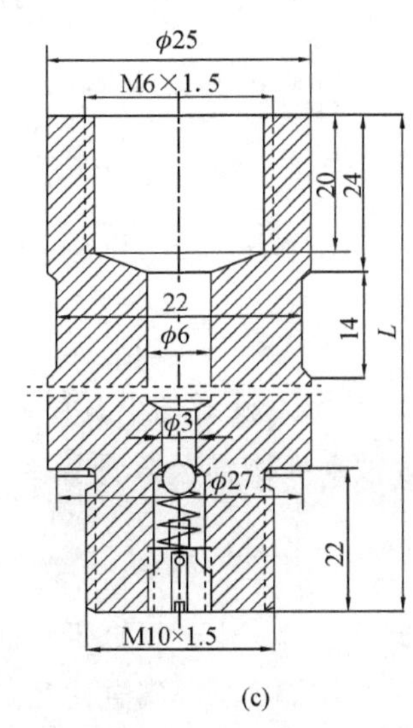

(c)

图 2-46 气缸润滑油接管方式

润滑点在气缸上的布置，对润滑油的消耗量以及工作表面的磨损有很大的影响。

卧式气缸的润滑点应布置在气缸的最上方(图 2-3)，并靠油的重力和活塞环把润滑油分布到整个工作表面。有滑动活塞的大直径气缸，因润滑表面较大，石油气有稀释润滑油的作用，为了保证支承表面的可靠润滑，可以在气缸的最下部(图 2-23(a))或在离下部不远的两侧互成 80°～90°的位置上增加两个补充润滑点。

双作用的卧式气缸的润滑点应沿气缸中心线的方向居于工作表面的中间(图 2-4)。气缸尺寸较大或气缸工作表面的相对长度较长时，则在中间位置对称的两个距离上布置两个润滑点(图 2-9)，也可以在中间平面最高点附近对称布置两个注油点(图 2-9)。立式气缸的润滑点应沿圆周方向均匀布置。根据气缸的直径，可以有1～4个润滑点。

单作用气缸的润滑点应布置在靠压缩容积侧第一道活塞环扫过距离的中间位置。

气缸一般都有指示器接管(图 2-47)。不论接管是装在气缸盖上(图 2-24)还是装在气缸上(图 2-9)，它的孔必须通至气缸的余隙容积内，且不能被活塞所遮盖。接管的布置要使同一列中的所有气缸都能同时测得指示图。

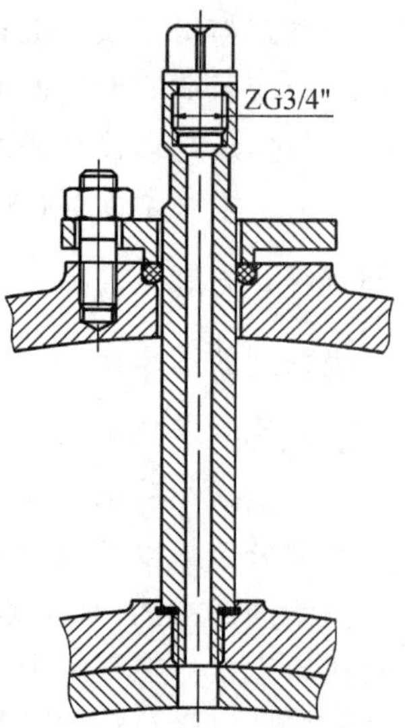

图 2-47　指示器接管方式

2.2.3　气缸主要尺寸的确定与强度校核

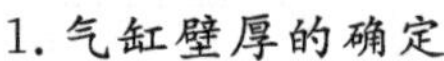

1. 气缸壁厚的确定

用于计算气缸壁厚的示意图如图 2-48 所示。

大直径铸铁气缸的壁厚 δ 按铸造要求确定。

工作压力 $p_1=(2\sim3)\times10^5\ \mathrm{N/m^2}$ 时，

$$\delta=\frac{D_1}{50}+0.010\ \mathrm{m} \qquad (2-3)$$

工作压力 $p_1=(3\sim6)\times10^5\ \mathrm{N/m^2}$ 时，

$$\delta=\frac{D_1}{50}+0.015\ \mathrm{m} \qquad (2-4)$$

工作压力 $p_1=(6\sim8)\times10^5\ \mathrm{N/m^2}$ 时，

$$\delta=\frac{D_1}{40}+0.015\ \mathrm{m} \qquad (2-5)$$

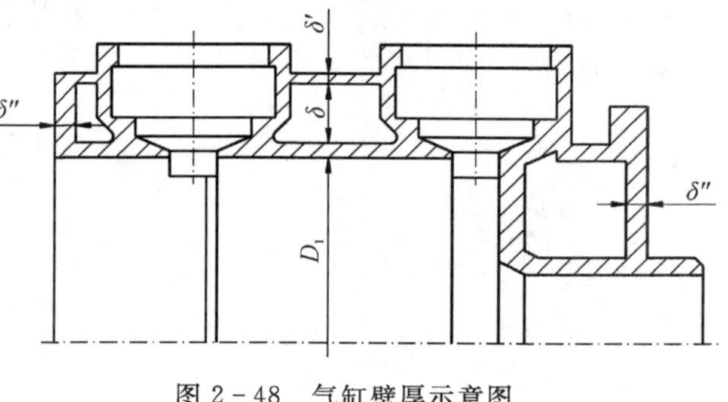

图 2-48　气缸壁厚示意图

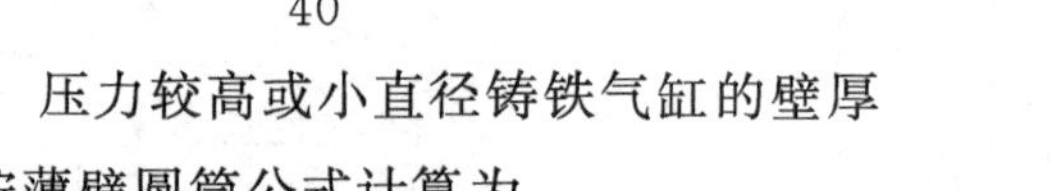

压力较高或小直径铸铁气缸的壁厚 δ 按薄壁圆筒公式计算为

$$\delta=\frac{p_1D_1}{2[\sigma_p]}+a\ \mathrm{m} \qquad (2-6)$$

式中　p_1 ——气缸工作压力，$\mathrm{N/m^2}$；

D_1 ——气缸内径，m；

a ——壁厚的附加项，其值按$(0.5\sim0.8)\times10^{-3}$ m 选取，气缸直径较大时取较大值；

$[\sigma_p]$ ——气缸材料的许用拉伸应力，$\mathrm{N/m^2}$。普通灰铸铁 $[\sigma_p]=(150\sim180)\times10^5\ \mathrm{N/m^2}$；高强度铸铁 $[\sigma_p]=(200\sim280)\times10^5\ \mathrm{N/m^2}$；球墨铸铁 $[\sigma_p]=(600\sim800)\times10^5\ \mathrm{N/m^2}$；气阀布置在气缸盖上，气缸形状较简单且用高强度铸铁时，$[\sigma_p]=(250\sim400)\times10^5\ \mathrm{N/m^2}$。

壁厚不大(即气缸壁外径 D_2 与气缸壁内径 D_1 之比小于 1.1)的钢制气缸，其壁厚 δ 也按式(2-6)确定，许用的拉伸应力按所用材料的屈服强度确定，即

$$[\sigma_p]=\frac{\sigma_s}{n}\ \text{N/m}^2 \tag{2-7}$$

式中　σ_s ——材料的屈服强度，N/m²；

n ——安全系数，$n>1.5\sim3$，压力比很小的气缸(如循环压缩机)，$n>1.5\sim2$。

气缸壁其余部分的厚度通常按以下关系选取：

水套径向壁厚：$\delta'=(0.75\sim0.8)\delta$ m；

气缸轴向厚度：$\delta''=(0.8\sim1.0)\delta$ m；

连接法兰壁厚度：$\delta'''=(1.4\sim1.5)\delta$ m，并且 $\delta'''\geqslant1.2d$，d 为连接螺栓直径。

厚壁气缸因厚度较大(气缸外径 D_2 与内径 D_1 之比，大于 1.1)，沿壁部分的应力不均匀，壁厚应按厚壁圆筒的公式计算。最大的切向应力在气缸内壁上，假定气体压力沿气缸长度不变，气缸的壁厚沿气缸长度也不变，则

内壁切向应力

$$\sigma_{t1}=p_1\frac{r_2^2+r_1^2}{r_2^2-r_1^2}\ \text{N/m}^2 \tag{2-8}$$

径向应力

$$\sigma_{r1}=-p_1\ \text{N/m}^2 \tag{2-8a}$$

式中　r_1 ——内半径；

r_2 ——外半径；

p_1 ——气缸内工作压力，N/m²。

有干式气缸套的气缸，可以看作是组合圆筒。首先确定由气缸套的过盈配合和气缸中气体压力联合作用所引起的气缸与缸套接触表面的压力 p_2(图 2-49)，然后再计算气缸与气缸套中的应力。

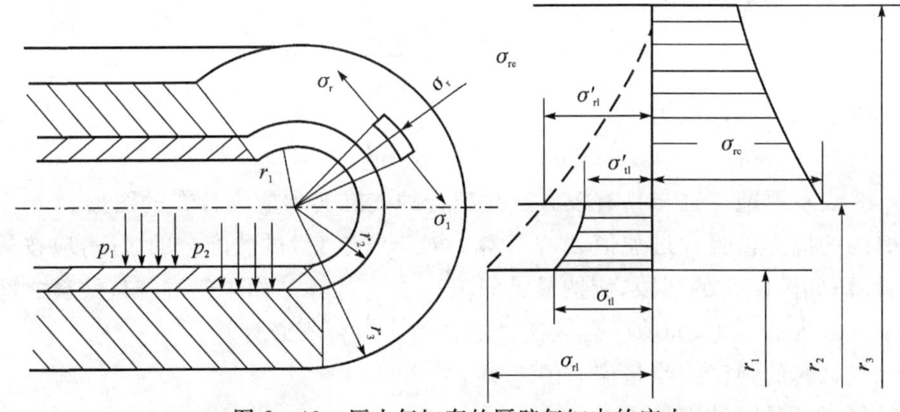

图 2-49　压力气缸套的厚壁气缸中的应力

气缸与气缸套的材料相同时：

$$p_2=\frac{\dfrac{\Delta}{4r_2}E(r_2^2-r_1^2)+p_1r_1^2}{r_2^2\dfrac{r_3^2-r_1^2}{r_3^2-r_2^2}}\ \text{N/m}^2 \tag{2-9}$$

式中　r_1、r_2、r_3 ——分别为气缸套内、外半径及气缸的外半径，m；

Δ ——直径过盈值，m；

E——气缸和气缸套材料的弹性模数，N/m^2。

气缸与气缸材料不同时：

$$p_2 = \frac{\frac{\Delta}{2r_2}E_1(r_2^2 - r_1^2) + 2p_1 r_1^2}{E_1(r_2^2 - r_1^2)\left[\frac{1}{E_1}\left(\frac{r_1^2 + r_2^2}{r_2^2 - r_1^2} - \mu_1\right) + \frac{1}{E_2}\left(\frac{r_2^2 + r_3^2}{r_3^2 - r_2^2} + \mu_2\right)\right]} \text{ N/m}^2 \tag{2-9a}$$

式中 E_1、E_2——气缸套和气缸材料的弹性模数，N/m^2；

μ_1、μ_2——气缸套和气缸材料的泊桑系数，对铸铁 $E=(1.0 \sim 1.5)\times 10^{11}$ N/m^2，$\mu_1 = 0.23 \sim 0.27$；对钢 $E=(2.0 \sim 2.2)\times 10^{11}$ N/m^2，$\mu_2 = 0.25 \sim 0.33$。

式(2-9)和式(2-9(a))也适用于气缸套带间隙配合的情况，此时，式中的 Δ 应取负号。

气缸和气缸套内的应力值为

气缸内表面的切向应力

$$\sigma_{tc} = p_2 \frac{r_2^2 + r_3^2}{r_3^2 - r_2^2} \text{ N/m}^2 \tag{2-10}$$

气缸内表面的径向应力

$$\sigma_{rc} = -p_2 \text{ N/m}^2 \tag{2-10a}$$

气缸套内表面的切向应力

$$\sigma_{tl} = \frac{p_1(r_1^2 + r_2^2) - 2p_2 r_2^2}{r_2^2 - r_1^2} \text{ N/m}^2 \tag{2-11}$$

气缸套内表面的径向应力

$$\sigma_{rl} = -p_1 \text{ N/m}^2 \tag{2-11a}$$

气缸套外表面的切向应力

$$\sigma'_{tl} = \frac{2p_1 r_1^2 - p_2(r_1^2 + r_2^2)}{r_2^2 - r_1^2} \text{ N/m}^2 \tag{2-12}$$

气缸套外表面的径向应力

$$\sigma'_{rl} = -p_2 \text{ N/m}^2 \tag{2-12a}$$

图 2-49 表示厚壁气缸与具有较大过盈配合的气缸套中应力分布的图形。

气缸壁内的应力按最大过盈值 Δ_{max} 计算。对于气缸套，过盈配合的区段，应按最小的过盈值 Δ_{min} 计算；间隙配合的区段，应按最大间隙 $-\Delta_{max}$ 计算。如果气缸与气缸套之间间隙内的压力等于气缸内的压力，间隙配合区段气缸套的应力可不必计算。

气缸和气缸套的强度按当量应力值来确定。

脆性材料(如铸铁)的当量应力

$$\sigma_d = \sigma_t - v\sigma_r \text{ N/m}^2 \tag{2-13}$$

式中 v——材料的拉伸强度与压缩强度之比，对于铸铁，$v=0.3$；对于钢，$v=1.0$。

塑性材料(如钢)的当量应力

$$\sigma_d = \sqrt{\sigma_t^2 + \sigma_r^2 + \sigma_t\sigma_r} \text{ N/m}^2 \tag{2-14}$$

铸铁气缸的当量许用应力不超过 $(200 \sim 350)\times 10^5$ N/m^2，较大值适应于高强度铸铁。湿式气缸套的当量许用应力为 $(300 \sim 500)\times 10^5$ N/m^2；干式气缸套的当量许用应力为

$(600 \sim 800) \times 10^5\ \mathrm{N/m^2}$。

钢制高压气缸，按材料的屈服强度选取安全系数：$n = \dfrac{\sigma_s}{\sigma_d}$，取值为 1.5 ～ 3.0。在选取安全系数 n 时，应考虑到材料的疲劳特性。

气缸与气缸套内的应力，还应加上温度应力。在气缸与气缸套的内表面上的温度应力为压缩应力，气缸或湿式气缸套的外表面为拉伸应力。温度的切向应力为

内表面

$$\sigma_t^* = \frac{aE(t_0 - t_i)}{2(1-\mu)}\left(\frac{1}{\ln k} + \frac{2}{1-k^2}\right)\ \mathrm{N/m^2} \tag{2-15}$$

外表面

$$\sigma_t^* = \frac{aE(t_0 - t_i)}{2(1-\mu)}\left(\frac{1}{\ln k} + \frac{2k^2}{1-k^2}\right)\ \mathrm{N/m^2} \tag{2-15a}$$

式中　a ——材料的线膨胀系数，1/℃；

E ——材料的弹性模数，$\mathrm{N/m^2}$；

t_0、t_i ——外表面与内表面的温度，℃；

μ ——泊桑系数；

k ——内半径与外半径之比（图 2-49），内筒为 $k = \dfrac{r_1}{r_2}$，外筒为 $k = \dfrac{r_2}{r_3}$。

温度应力使内表面的切向应力减小，而外表面的切向应力增大，因而应力不均匀分布的情况得以缓和。最大温度应力的绝对值与 Δt 有关，其影响既可能表现在内表面上，也可能表现在外表面上。如果影响表现在内表面上，则内表面的强度只要按气体的作用来校核；如果最大的温度应力出现在外表面，而且它的值超过只有在气体压力作用下内表面的应力值，则强度校核应按气缸外表面进行。当量应力可按式(2-13)或式(2-14)计算。

在级差式气缸中，轴侧气缸的轴向力应为盖侧气缸传来的轴向力和本级气体压力所作用的轴向力的总和，此值所引起的应力 σ_x 若大于本级气缸的 σ_{tmax} 或 σ_{rmax}，则本级气缸的复合应力 σ_d 应按下式计算

$$\sigma_d = \sqrt{\frac{1}{2}\left[(\sigma_{tmax} - \sigma_{rmax})^2 + (\sigma_{rmax} - \sigma_x)^2 + (\sigma_x - \sigma_{tmax})^2\right]}\ \mathrm{N/m^2} \tag{2-16}$$

$$\sigma_x = \frac{F_p}{\pi(r_3^2 - r_2^2)}\ \mathrm{N/m^2} \tag{2-17}$$

式中　F_p ——作用在气缸环形面积上总的轴向力，N；

r_3、r_3 ——气缸外径和气缸内径，m。

2. 气缸套定位凸肩的强度校核

被气缸盖压紧的气缸套定位凸肩，有时也须进行强度校核。如图 2-50 所示，气缸盖以压紧力 p_z 作用在凸肩端面的平均密封直径 D_z 上。另一方面气缸端面对气缸套凸肩的支承反作用力 p_z 作用在支撑面平均直径 D_p 上。

密封与支承面间距离最短的截面 $I-I$ 即为危险截面。

危险截面上的法向拉伸应力

$$\sigma_p = \frac{p_z \cos\alpha}{\pi D_s l}\ \mathrm{N/m^2} \tag{2-18}$$

剪切应力

$$\tau = \frac{p_z \sin \alpha}{\pi D_s l} \text{ N/m}^2 \qquad (2-18a)$$

弯曲应力

$$\sigma_B = \frac{6 p_z e}{\pi D_s l^2} \text{ N/m}^2 \qquad (2-18b)$$

总应力

$$\sigma = \sqrt{(\sigma_p + \sigma_B)^2 + \tau^2} \text{ N/m}^2 \qquad (2-18c)$$

式中 α——危险截面的法线方向与气缸盖预紧力之间的夹角；

e——截面重心 S 与支承反力之间的垂直距离，m；

l——密封面与支承面间的最短距离，m。

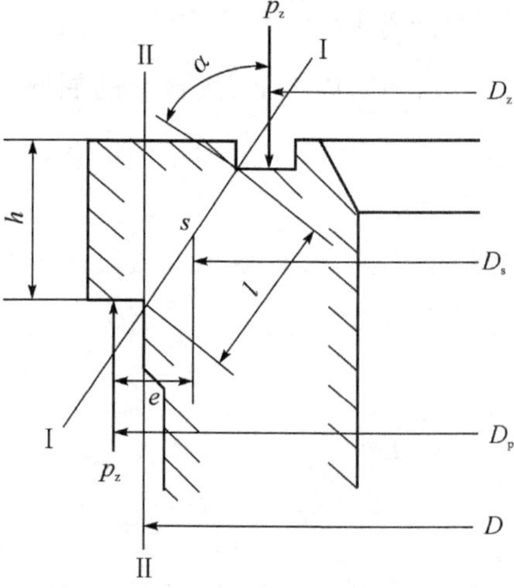

图 2-50　气缸套定位凸肩计算图

铸铁的许用应力 $[\sigma] \leqslant (400 \sim 800) \times 10^5$ N/m²

截面Ⅱ-Ⅱ的剪切应力 τ 也须校核为

$$\tau = \frac{p_z}{\pi D h} \text{ N/m}^2 \qquad (2-19)$$

式中 h——凸肩高度，m；

D——气缸套外径，m。

铸铁许用剪切应力 $[\tau] \leqslant 400 \times 10^5$ N/m²。

3. 紧固螺栓强度与气密性校核

压缩容积各连接零件，当受了气体压力的作用之后，有互相脱开的趋势。不论连接是否有气密性的要求，紧固螺栓的设计，必须使它受到了最大气体作用力之后，连接表面上仍能保持一定数量值的压力。

因此，两个零件间的连接，当不存在气体压力作用时，紧固螺栓的预紧力 p_0 为

$$p_0 = K p_{max} \text{ N} \qquad (2-20)$$

式中 K——预紧系数；

p_{max}——连接面上的最大气体作用力，N。

预紧系数随螺栓连接的要求而异。当气体压力变化幅度不大（如循环压缩机）时，K 为 2.5 ～ 3.0，采用软垫片密封时，取较大的值。

气缸盖与阀盖的紧固螺栓以及连接管道法兰螺栓所承受的最大气体作用力

$$p_{max} = \frac{\pi D_m^2}{4} p_1 \text{ N} \qquad (2-21)$$

式中 D_m——平均的密封直径，m；

p_1——气缸内的最大（计及压力损失）排气压力，N/m²。

气缸与机身之间的紧固螺栓所承受的最大气体作用力等于活塞在止点位置时的最大活塞力。

螺栓的主要尺寸（即螺纹的最小截面积 f_1）按预紧力 p_0 和预紧拉伸应力 $[\sigma_p]$ 进行计算

$$z f_1 = \frac{p_0}{[\sigma_p]} \text{ m}^2 \qquad (2-22)$$

式中　z——螺栓数。

$[\sigma_p] \leqslant (0.5 \sim 0.75)\sigma_s$ N/m²，直径小于 16 mm 的螺栓取较小值。

为了保证螺栓连接的气密性，相邻螺栓之间的间隔值 t 不超过一定范围。其值与被密封的气体压力差 Δp 值有关：

$\Delta p \leqslant 10 \times 10^5$ N/m²，$t = (4 \sim 6)d$ mm；

$10 \times 10^5 < \Delta p \leqslant 100 \times 10^5$ N/m²，$t = (2.7 \sim 4.5)d$ mm；

$\Delta p > 100 \times 10^5$ N/m²，$t = (2.0 \sim 3.2)d$ mm。

式中　d——螺栓的外径，mm。

当连接件的刚性较大，垫片厚度较大，垫片较软以及螺栓较长时，t 值可取较大值。

若用套筒扳手和用小六角的圆柱形螺母时，则螺栓间距 t 可比上述范围还小些。

密封垫片的尺寸可按表 2-3 初步选择，然后按压紧时的挤压压力和气体压力作用下的气密性加以校核。

表 2-3　垫片的大体尺寸　　单位：mm

垫片的平均直径	非金属		金属	
	宽度	厚度	宽度	厚度
0～100	5～6	1～1.5	3～4	1～2
100～200	6～7	1～1.5	4～5	2～3
200～400	7～8	1.5～2	5～6	3～4
400～600	8～12	1.5～2.5	6～7	4～5
＞600	12～20	2～3	8～12	5～6

首先，垫片受了预紧力之后，在没有气体压力作用时，应当使垫片产生一定的压力，根据条件确定垫片所需的最大宽度

$$b \leqslant \frac{p_0}{\pi D_m q}\ \text{m} \tag{2-23}$$

式中　D_m——垫片平均直径，m；

q——垫片挤压压力，N/m²，各种垫片材料的 q 值如表 2-4 所列。

其次，承受气体压力作用之后，密封面之间应当有足够的残余压力，以维持连接面上的气密性。残余的作用力

$$p' = (k-1)p_{max}\ \text{N}$$

残余压力 $q' \geqslant \dfrac{(K-1)\dfrac{\pi D_m^2}{4}p_1}{\pi D_m b} = \dfrac{(K-1)D_m p_1}{4b}$ N/m²。

当 $q' \geqslant m\,p_{max}$，连接面的气密性才能维持。由此得出限制垫片最大宽度的第二条件

$$b \leqslant \frac{(K-1)D_m}{4m}\ \text{m} \tag{2-24}$$

式中　m——垫片系数，各种材料的垫片系数如表 2-4 所列。

表 2-4 垫片材料的 q 值和垫片系数 m

垫片材料	q / ($\times 10^5$ N·m^{-2})	垫片系数 m
橡皮	35	0.5
石棉制品	60	1.5
金属石棉	500	3.5
铝	700	4.0
铜	980	4.75
软铁	1270	5.5
不锈钢	1500	6.0

另外，在最大紧固力作用下，连接件的密封表面不允许有变形。因此，最大紧固力所产生的表面压力要小于连接件所允许的最大表面压力值 $[\sigma_c]$。由此得出限制垫片最小宽度的条件

$$b \geqslant \frac{p_0}{\pi D_m [\sigma_c]} \text{ m} \tag{2-25}$$

铸铁 $[\sigma_c] = (1500 \sim 2000) \times 10^5$ N/m^2；钢 $[\sigma_c] = (2500 \sim 3000) \times 10^5$ N/m^2。

式(2-25)可用来校核研磨密封的宽度。

保持研磨密封表面密封性所必须的表面压力 q'，决定于气体压力、润滑油的黏性以及连接表面的光洁度。螺栓如果压得不紧，则油膜会因气体吹过而遭到破坏，而且以后即使将螺栓旋紧，也无法恢复它的气密性。这时拆开，在密封面上重新加润滑油。

对表面粗糙度达 Ra 0.4 ~ 0.1 μm 的研磨密封面的残余接触压力可按下式确定

$$q' = \frac{n\, p_{max}}{\sqrt{b}} \text{ N/m}^2 \tag{2-26}$$

式中 n ——系数，密封表面无油的系数 n 值根据工作压力，按表 2-5 确定。

有油的研磨表面，q' 可取较小值。

表 2-5 无油研磨密封面的系数 n 值

工作压力 / ($\times 10^5$ N·m^{-2})	n 值
0～40	8～7
40～80	7～6
80～120	6～5
120～200	5～4
200～350	4～3
350～600	3～2
600～800	2～1.5

2.2.4 气缸材料与基本技术要求

1. 气缸材料

气缸和气缸套材料的选用，取决于气体压力和被压缩气体的性质，气缸结构的复杂程度以及工厂的生产能力、生产习惯等。一般总是先以气体压力为主，具体选取见表 2-6。

表 2-6 气缸的材料

气体压力/($\times10^5$ N·m^{-2})	<60	60~250	250~350	350~1000	>1000
气缸材料	HT200 HT250	XQT45-5 XQT60-2 ZG35 ZG45	45 锻钢 40Cr	30CrMo	35CrMo 35CrM 碳化钨
缸套材料	HT250	HT250	HT300 QT400-2	35CrMo 40CrMoV	硬质合金

气缸铸件要经充分的时效处理以消除铸件的铸造应力。时效有两种方式：自然时效和人工时效。自然时效需经 3~6 个月时间；人工时效需在温度约 400 ℃的炉内进行。对于气缸铸件要特别注意将气道及水腔内的型砂清除干净。

铸铁气缸的金相组织应以珠光体为基体。渗碳体会促使活塞环加剧磨损，并会增加铸铁的脆性和收缩程度，故应尽量排除渗碳体。

气缸套的金相组织应是小片呈索氏体状的珠光体，并有呈球形、线性或漩涡形的，均匀分布的中、小石墨片，不允许有自由结构的碳化铁。缸套内表面镀 0.05~0.25 mm 多孔性铬层能提高其抗磨及防腐性能，但这时与之相匹配的活塞环不得再进行镀铬。

对于特殊工质，材料的化学成分见表 2-7。

耐腐蚀要求较高的气体，如氧气、硫化氢、一氧化碳含量大于 30%的气体，当工作压力低于 30×10^5 N/m^2 时，可采用铅青铜或锡青铜气缸套；工作压力大于 30×10^5 N/m^2 时，则采用 3Cr13、38CrMoA1A 等材料制成气缸套。

表 2-7 气缸材料化学成分

适合介质及用途	铸铁合金成分 ω/%
强腐蚀性气体：氯、氯化氢、碳化氢	耐酸高镍铸铁：C=2.6~3.0；Si=1.4；Mn=0.8~1.3；Cr=1.8~2.2；Cu=5~7；Ni=16~17
低温流程：乙烯、氨	镍洛合金铸铁：Ni=2；Cr=2.6~3.2；Si=1.6~2.2；Cu=0.6~1.2；Mn=0.4~0.8；Cr=0.5~1.0；Ni=0.6~1.2
氧压机气缸	C=3~3.5；Si=1.5~2.2；Mn=0.5~0.8；P=0.3~0.5；Cu=0.75~1.5；S<0.17

微型低压空压机的风冷气缸可采用铸铝材料压铸成型。

在超高压时，碳化钨具有比一般铸铁大 3 倍的弹性模量 E，故可高压下充作气缸套材料。但它有较高的脆性，不能承受过高的拉伸应力，故与气缸体内孔应有稍大的间隙配合，且需在缸套上钻有若干个小孔，使其内外壁气体压力平衡。

气缸螺栓通常用35号钢制成，在更大载荷时可选用40Cr合金钢。但必须注意，用合金钢做成双头螺栓材料时，双头螺栓必须设计成优化的弹性螺栓，并采用表面强化工艺。否则，由于这类材料对应力集中敏感性大，其疲劳强度反而不如优质碳素钢。

铸钢中的石墨与氢气接触将会形成甲烷，并因此会在铸铁中造成气孔，而硅的存在会促使析出粗大的石墨体。因此氢气与氮氢气压缩机的铸铁气缸，硅的含量应为最小。

2. 基本技术要求

气缸镜面应满足下列技术要求。

(1)工作表面粗糙度。其技术要求如表2-8所示。

表2-8　气缸工作表面的粗糙度

气缸类型	有十字头压缩机		无十字头压缩机
	$D\leqslant300$mm	$300<D\leqslant600$mm	
表面粗糙度 Ra/μm	不大于0.8	不大于1.6	不大于0.8

(2)硬度要求。气缸和气缸套硬度要求如表2-9所示。

表2-9　气缸体和缸套硬度

气缸或气缸套直径 D/mm	$D>500$	$D\leqslant500$
硬度值/HB	170～241	190～241

超高压硬质合金钢套硬度为HRC70以上。

(3)其他技术要求。镜面加工精度：气缸直径≤300 mm，取2级；气缸直径>300 mm，取3级。圆柱度应符合：气缸直径≤500 mm，取8级；气缸直径>500 mm，由设计决定。气缸与机身贴合面对镜面中心线的垂直度为6级；气缸与机身或中体的配合止口中心线对气缸镜面中心线的同轴度为8级。

铸铁气缸或有缸套的钢气缸，装配完成后应进行水压试验。湿式缸套在装入前也应进行水压试验。当工作压力≤40×10^5 N/m^2 时，试验压力为工作压力的1.5倍。气缸的水腔部分应进行 0.3×10^5 N/m^2 的水压试验5 min，不允许有渗漏。对于 40×10^5 N/m^2 以上的水压试验，试验压力为工作压力的1.25倍。

铸钢气缸在粗加工完成后，应进行水压试验，以便及时发现缺陷。

高压锻钢气缸在粗加工后和热处理后都应作无损探伤检验。

压缩有毒或有爆炸性气体的气缸，常用空气作气密试验。工作压力在 200×10^5 N/m^2 以上用氮气。试验压力与工作压力相同。

超高压气缸应对制造材料及取样作化学分析，含量应符合国家标准。且在锻件头部截取试棒与试块作拉伸和冲击试验及金相组织检验。

铸件气缸应进行自然时效处理或在400 ℃的炉内进行人工时效，以消除内应力。

合金钢锻制气缸，在粗加工和精加工前，均需作调质处理。合金钢虽有较高的强度，但其有很高的缺口敏感性，选用合金钢时需注意。

大型气缸用钢锭锻制时，锻造比取3～4。

2.3 填料函组件

2.3.1 填料函的结构

1. 填料函的分类

填料是阻止气缸内气体自活塞杆与气缸之间间隙泄漏的组件。对填料(密封圈)的基本要求是密封性能良好并耐用。填料是易损件,所以设计中应尽量采用标准化或通用化的元件,以便于生产管理,提高生产效率,降低成本。填料函是指整个安装填料的部分。根据密封元件结构的不同,压缩机的填料函组件主要有平面填料函和锥面填料函两类,如图 2-51 和图 2-52 所示。

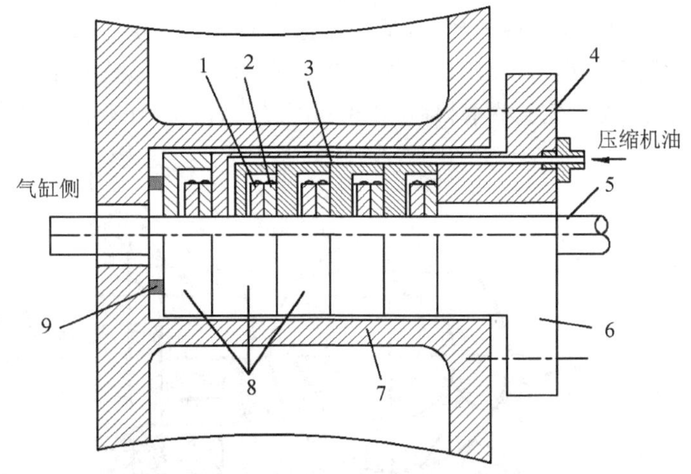

1—副密封圈;2—主密封圈;3—油道;4—螺栓
5—活塞杆;6—压盖;7—填料函;8—密封盒;9—垫片

图 2-51 平面填料函结构示意图

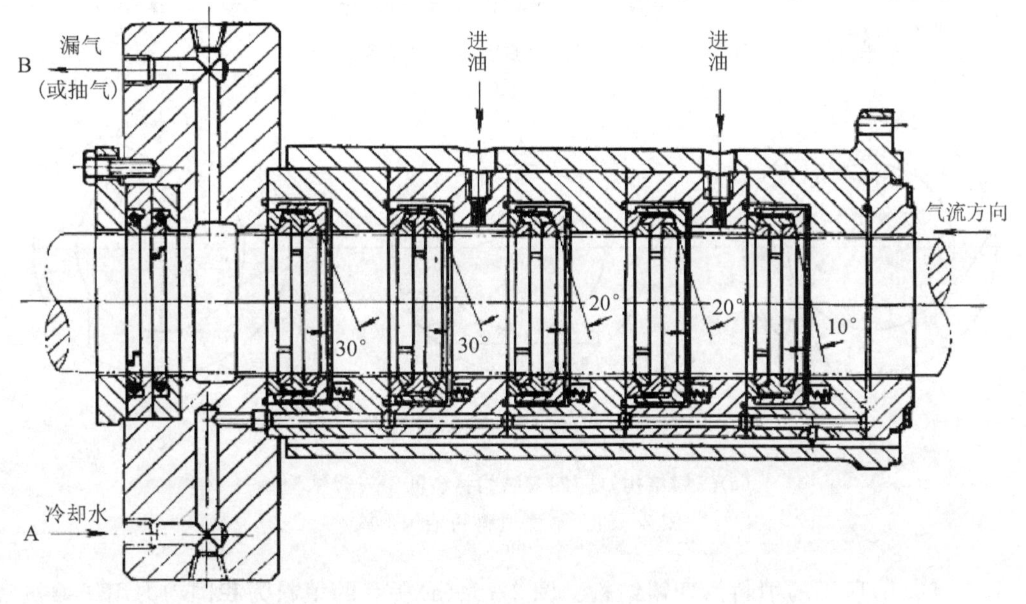

图 2-52 锥面填料函结构示意图

2. 填料函的结构

填料函是由填料和安装填料的填料盒构成，其中填料决定气体的密封性。

(1)平面填料的基本结构。平面填料多用于低、中压压缩机。平面填料是目前使用最为普遍的一种密封元件，如图 2-53 所示。它由两块填料组成一组密封元件，朝向气缸一侧的一块由三瓣组成，而背离气缸的一侧由六瓣组成，每一块外缘绕有螺旋弹簧，把它们束缚于活塞杆上。六瓣填料也可以做成图 2-54 所示的结构。图 2-54(c)为低压三瓣平面填料函，结构简单，易于制造，适用于压差在 10×10^5 N/m^2 以下的密封。该密封圈为单向斜口，由于它对活塞杆的比压是不均匀的，锐角的一方比压较大，因此其内圆磨损也不均匀，主要发生在锐角的一方。密封圈磨损后，在相邻两瓣接口处不可避免地留有缝隙，无法阻挡气体的泄漏。

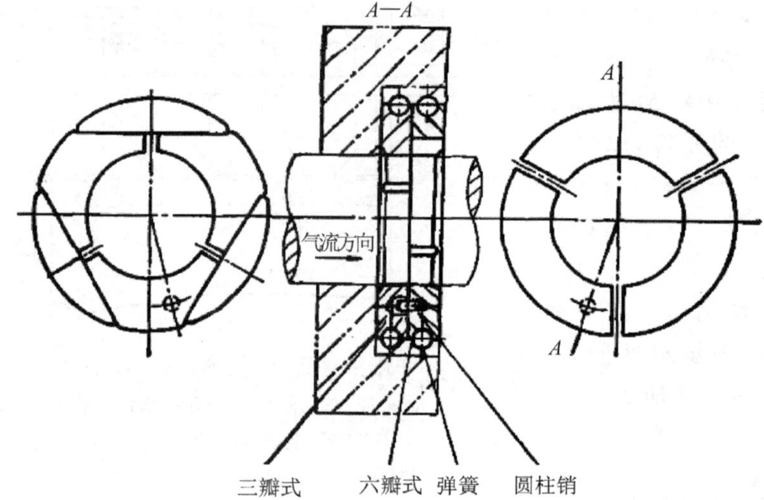

图 2-53 具有三、六瓣密封元件的平面填料

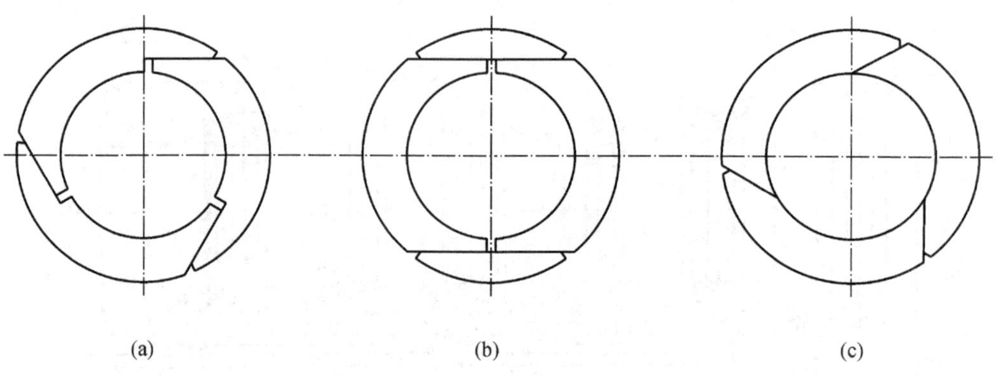

(a)三瓣结构；(b)四瓣结构；(c)低压三瓣结构

图 2-54 平面填料的结构形式

图 2-54(b)所示的填料为四瓣结构。图 2-54(a)所示的填料为我国动力用压缩机常用的三瓣结构，此结构是一个小室内有两块同样的填料，常适用于中、低压即压力为 100×10^5 N/m^2 以下的密封。

螺旋弹簧仅仅起到预紧的作用，预紧要求达到的比压 k 为$(0.3\sim0.8)\times10^5$ N/m^2。

(2)锥形填料。当密封压力差高时，由于每组填料函元件承受的压力差很大，导致填料与活塞杆之间的比压很大，使其急剧地被磨损。为了设法降低高压力差时填料作用在活塞杆上的比压，通常采用锥形填料，如图 2-55 所示。锥形填料由一个单开口的 T 形环和两个单开口的锥形环组成，用圆柱销将三个环的开口各自叉开 120°定位，装在支承环及压紧环里面。轴向弹簧的主要作用是使压缩机在升压前能压紧密封圈的锥面，使密封圈对活塞杆产生一个预紧力。为了保证润滑油的油楔入摩擦面，改善摩擦情况，提高密封性能，在锥形环的内圆外端加工成 15°的油楔角。安装时油楔角有方向性，应在每一盒的低压端。当气体从轴向作用在压紧环的端面时，通过 α 角就分解出一个径向力，这个径向力把密封圈压向活塞杆。α 角越大，径向分力就越大。在一组锥形填料组合件中，各道密封圈所承受的压力差不同。前者大，特别是靠压缩容积的第一、二道起主要作用；后面几道负担很小。因此，α 角相同时，前面一、二道的径向分力也大。为了使各道密封圈的径向分力比较均匀，前面几道密封圈 α 角应取得较小，后面几道 α 角应取得较大。

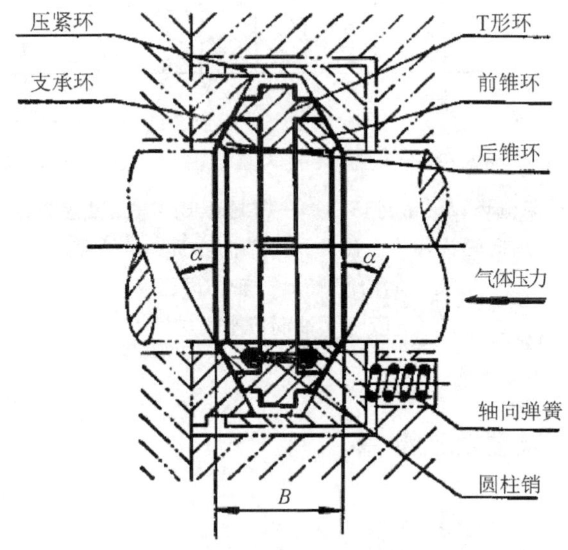

图 2-55　锥形填料密封结构

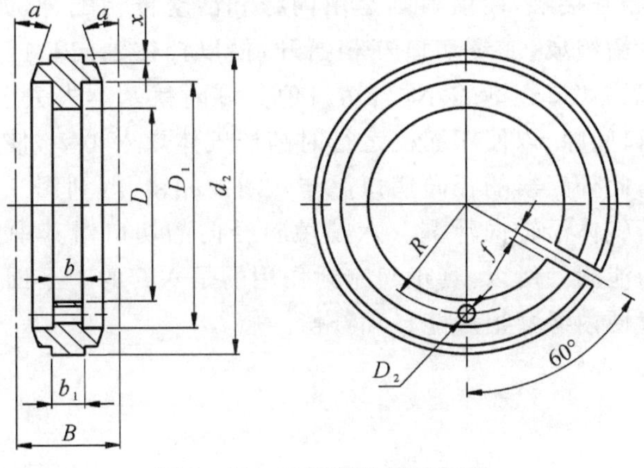

图 2-56　T 形环油槽结构图

为了提高密封圈抱紧活塞杆的能力，保持密封性，可以在T形环的外圈均匀开几道轴向槽，以降低刚性，如图2-56所示。锥形密封圈的制造比平面密封圈复杂，但是可通过α角使各组负荷相近，这一点是平面密封圈无法达到的。

(3)无油润滑填料。在少油和无油润滑压缩机中，广泛采用塑料(聚四氟乙烯、尼龙)平面填料。由于塑料强度低、易变形、热膨胀系数大，在设计时要顾及这些特点，采用简单的结构，避免带尖角等易断裂的型式，如图2-57所示。填充聚四氟乙烯填料不注油，靠活塞杆表面渗入的少量油和气体中带进的少量油雾润滑。安装时，两个塑料环的开口叉开，互相盖住，防止了轴向泄漏，而金属箍套防止了从开口处的径向泄漏，应用在低压氢气和空气压缩机中。

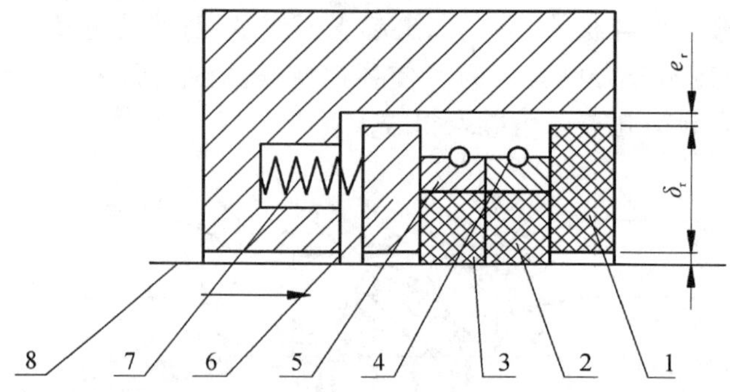

1—阻流环；2—密封环A；3—密封环B；4—金属箍套；
5—周向弹簧；6—节流环；7—轴向弹簧；8—活塞杆；
e_r—周向间隙；δ_r—轴向间隙

图2-57 无油润滑平面填料

2.3.2 填料的密封原理及泄漏量

1.填料的密封原理

填料密封的原理和活塞环类似，即利用阻塞和节流两种作用的组合。所不同的是活塞环利用外缘和气缸壁相互接触，而填料则是由内缘和活塞杆相配合，如图2-58所示，它在每一盒中由两个三、六瓣组成，二环切口互相错开，借以挡住轴向和径向的通道。这种结构当环的内壁逐渐磨损后，切口逐渐缩小，当切口值为零时就基本失去了密封作用，三瓣束缚于活塞杆上时留有切口间隙，以便压缩机运行时高压气体导入小室，使两块填料都利用高压气体压紧在活塞杆上；此外三瓣的径向切口需与六瓣的相错开，利用三瓣的填料从轴向挡住六瓣的径向切口，阻止气体沿轴向泄漏。六瓣填料径向的切口由其中三个月牙形的瓣所盖住，以阻止气体沿径向泄漏。所以，真正起密封作用的是六瓣的。平面填料两块的径向切口都具有一定的间隙，以便内缘磨损后能自动补偿。

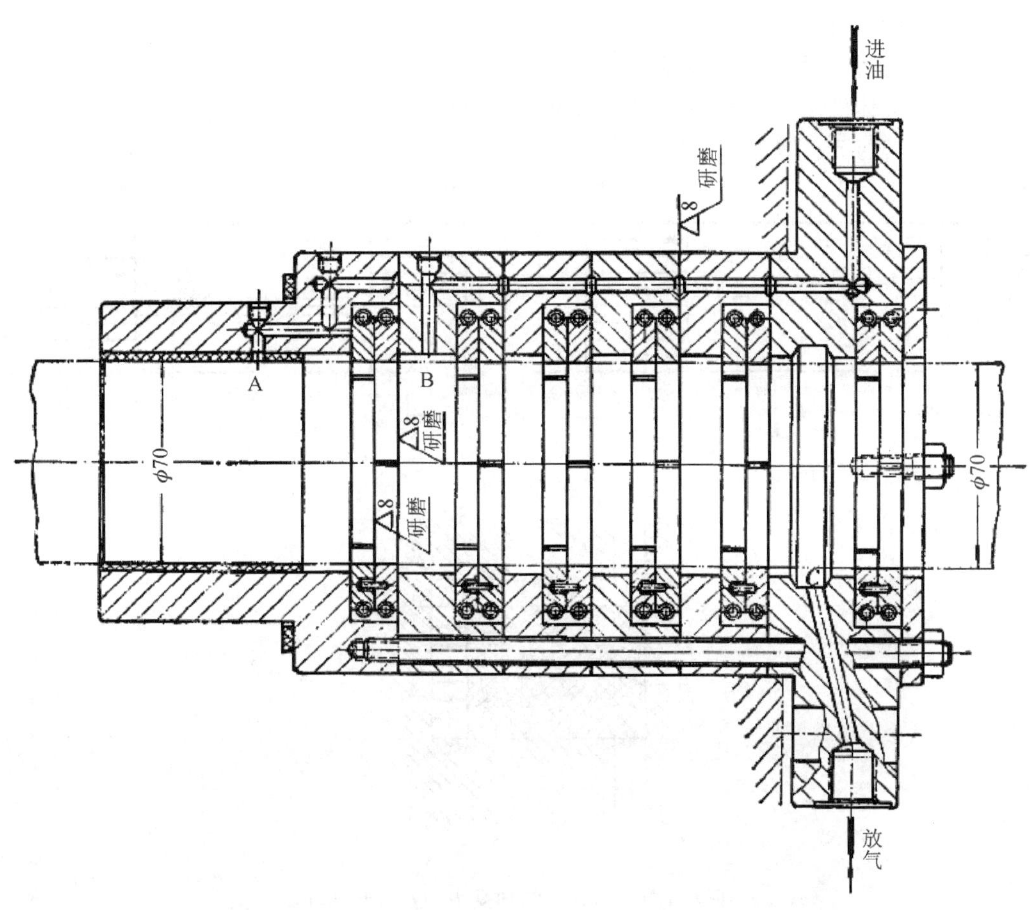

图 2-58　三、六瓣中压填料

填料函中压力差分布与活塞环中的分布相似，主要由靠近气缸容积的头两盒负担，当填料函密封的压差过大时，可在填料函中段充以某一中间压力，使密封总压差分为两段，从而降低每段填料函的压差值，以便延长各填料的使用寿命，也可在受压差较大的填料上设置平衡孔，如图 2-59 所示。图(a)是普通环受力图，由图可知，环所受径向压力差为

$$p_k - p_c = p_1 h - \frac{p_1 + p_2}{2} h = \frac{p_1 - p_2}{2} h$$

图(b)中，每单位周长上环的径向压力差变为

$$p_k - p'_c = p_1 h - p_1 (h - h_1) - \frac{p_1 + p_2}{2} h_1 = \frac{p_1 - p_2}{2} h_1$$

降低的百分数随着平衡孔向低压侧移动而提高。平衡孔直径 $d \leqslant 2 \sim 5$ mm，环外圆面上的平衡槽的半径即为 d。这种结构的特点是加工简单，易于推广。

2. 填料泄漏量的计算

通过填料函的气体泄漏量可用下式表示为

$$V \approx 0.26 \frac{\delta^3 d \Delta p}{\mu l} \ \mathrm{m^3/s} \tag{2-27}$$

式中　δ——密封元件内表面与活塞杆间的径向间隙，m；

d ——活塞杆直径，m；

Δp ——密封元件前后气体压力差，N/m²；

μ ——气体的动力黏性系数，N·s/m²；

l ——密封元件长度，m。

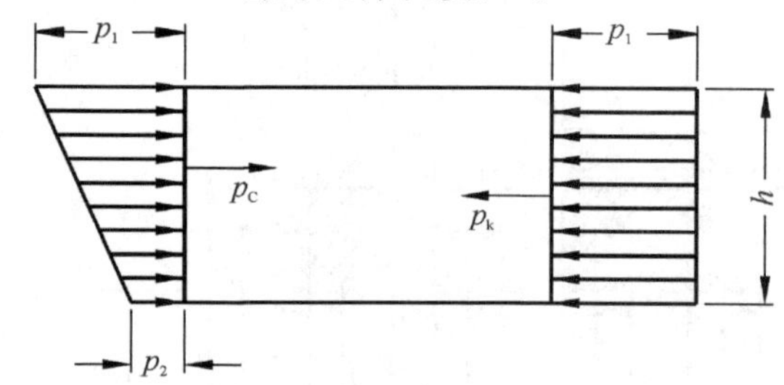

(a)

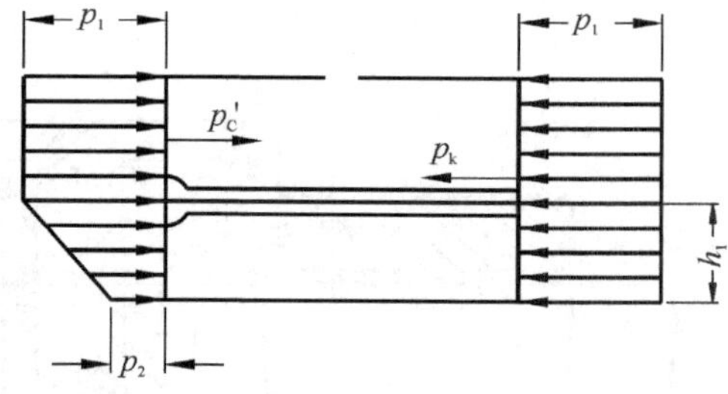

(b)

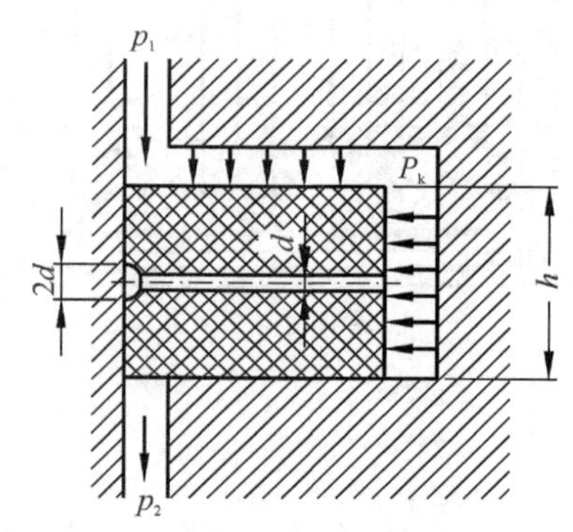

(c)

(a)普通环受力图；(b)开孔结构受力图；(c)开孔环剖面图

图 2-59　具有平衡孔的减荷结构

式(2-27)表明：间隙 δ 的大小是影响气体泄漏的主要因素，因此在设计、制造时，应尽量减小此间隙。安装质量也很重要，有时虽有良好的填料，却往往由于安装不良而产生明显的漏气。气体的黏度也影响到泄漏量，需在设计不同气体的压缩机填料时注意。油的黏度比气体的黏度大得多，故填料注油对减少泄漏是有益的。

当环境温度为 100 ℃时，几种介质的 μ 值由表 2-10 给出。

表 2-10　温度为 100 ℃时几种介质的 μ 值　　单位：$\times 10^{-5}$ N·s/m²

工作介质	氢气	空气	甘油	压缩机油
动力黏性系数 μ	1.03	2.19	1300	1200～2400

2.3.3　填料的冷却和前置填料

1. 填料的冷却

为了改善填料、活塞杆的工作条件，提高寿命，填料函需要有良好的冷却，以带走密封圈和活塞杆的摩擦热及气体带来的热量。无注油点填料函和塑料填料函的冷却更为重要。图 2-60 为二氧化碳压缩机Ⅳ级的填料结构，密封压差达 80×10^5 N/m²，在填料盒上开有水道，冷却水在其中环形流动，各填料盒中的冷却水流动途径如图 2-60 所示，这样能保证周向温度分布比较均匀，冷却水处于湍流状态，以利冷却。

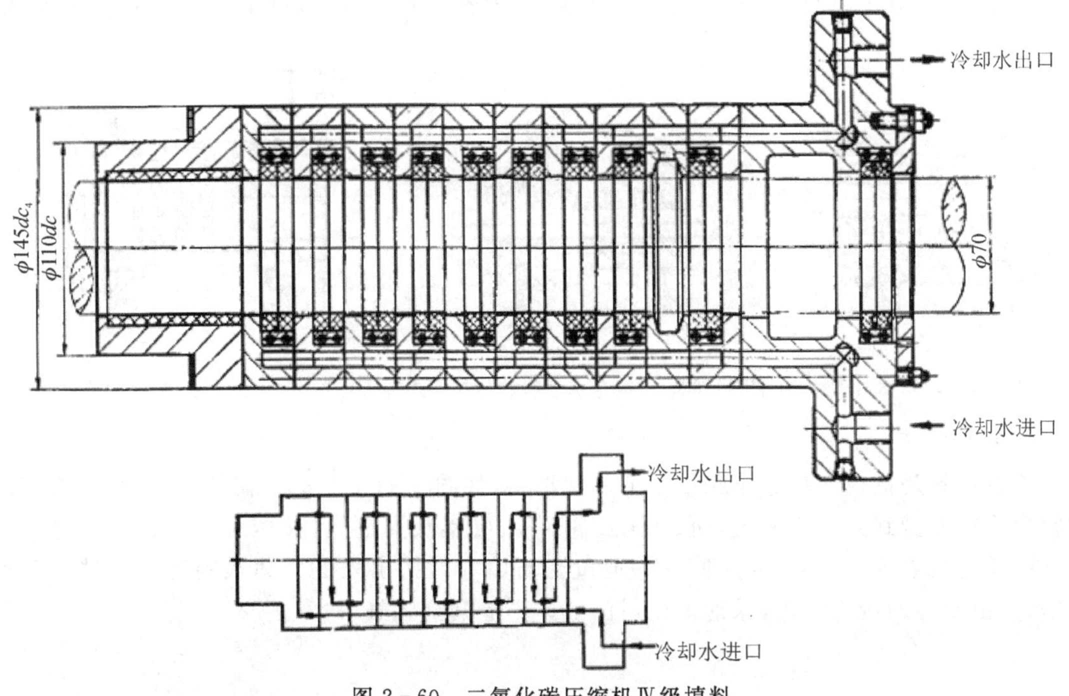

图 2-60　二氧化碳压缩机Ⅳ级填料

图 2-61 是氮氢气循环压缩机上的高压填料，密封圈的材料为填充聚四氟乙烯。填料也采用水冷却结构，在填料盒的圆周上开有许多直孔，各盒组合时即构成水道，水从下部进入，在填料中由下到上左右串通，最后从上部流出。这种冷却方式，填料周向温度是不均匀的。

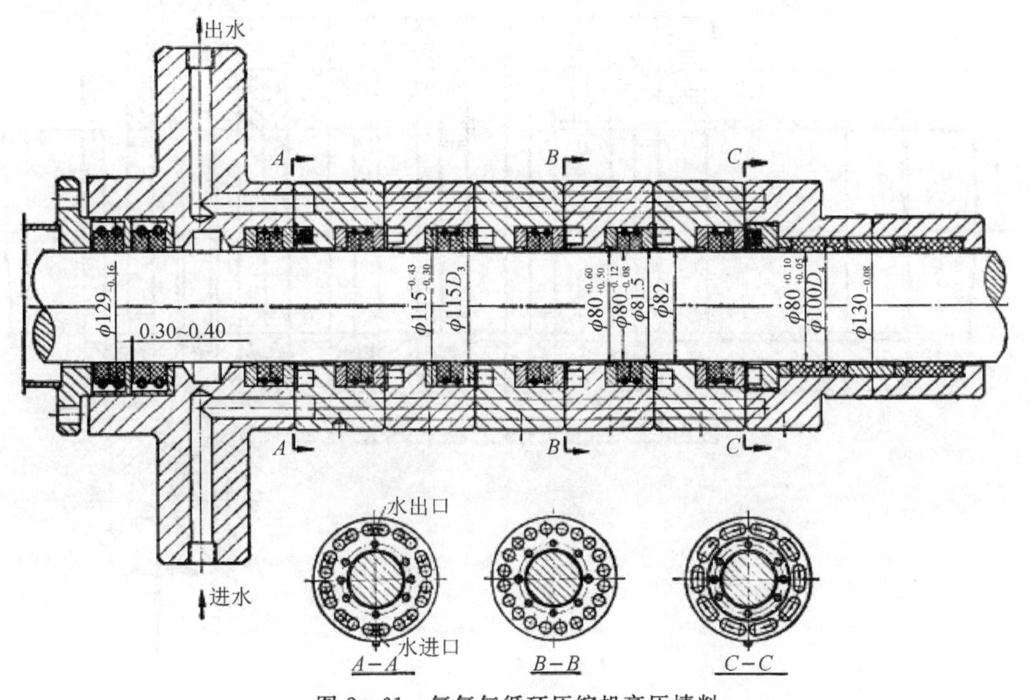

图 2-61　氮氢气循环压缩机高压填料

除在填料盒中开孔冷却外，还有如图 2－62 和图 2－63 所示的一般金属填料常用的冷却形式。图 2－64 所示的是将填料壳体的几个窗口以及密封盒外圆开环槽，使之浸在水中。水平设置填料的窗口应在上下两个位置，这样冷却效果好，但容易生锈，在拆填料时，首先必须用水清洗。

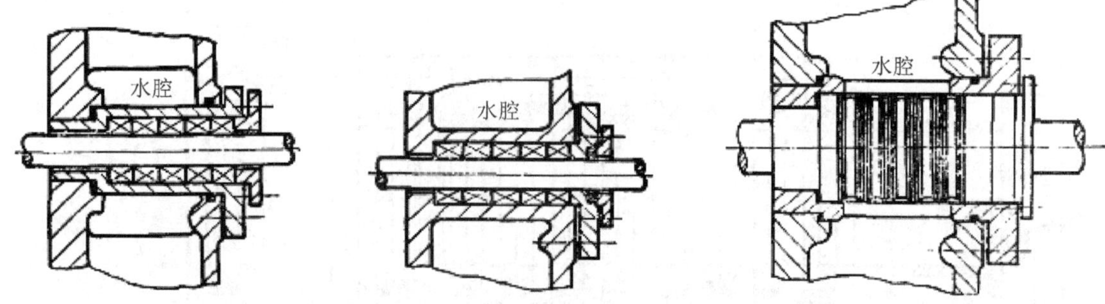

图 2－62　冷却填料盒外套结构　图 2－63　一般金属填料的冷却形式　图 2－64　填料浸在水中冷却形式

2. 前置填料

前置填料是指距气缸工作腔最远的一组填料，如图 2－65 所示。在填料密封中，再好的填料也不可能做到完全不漏气，所以当压缩有毒、可燃及贵重气体时，为防止这些气体逸入空气中而造成事故或损失，需要使这些通过密封填料泄漏出来的气体被前置填料挡于环形槽中，并由专门的接管引走，保证被密封的气体不泄漏到大气中。

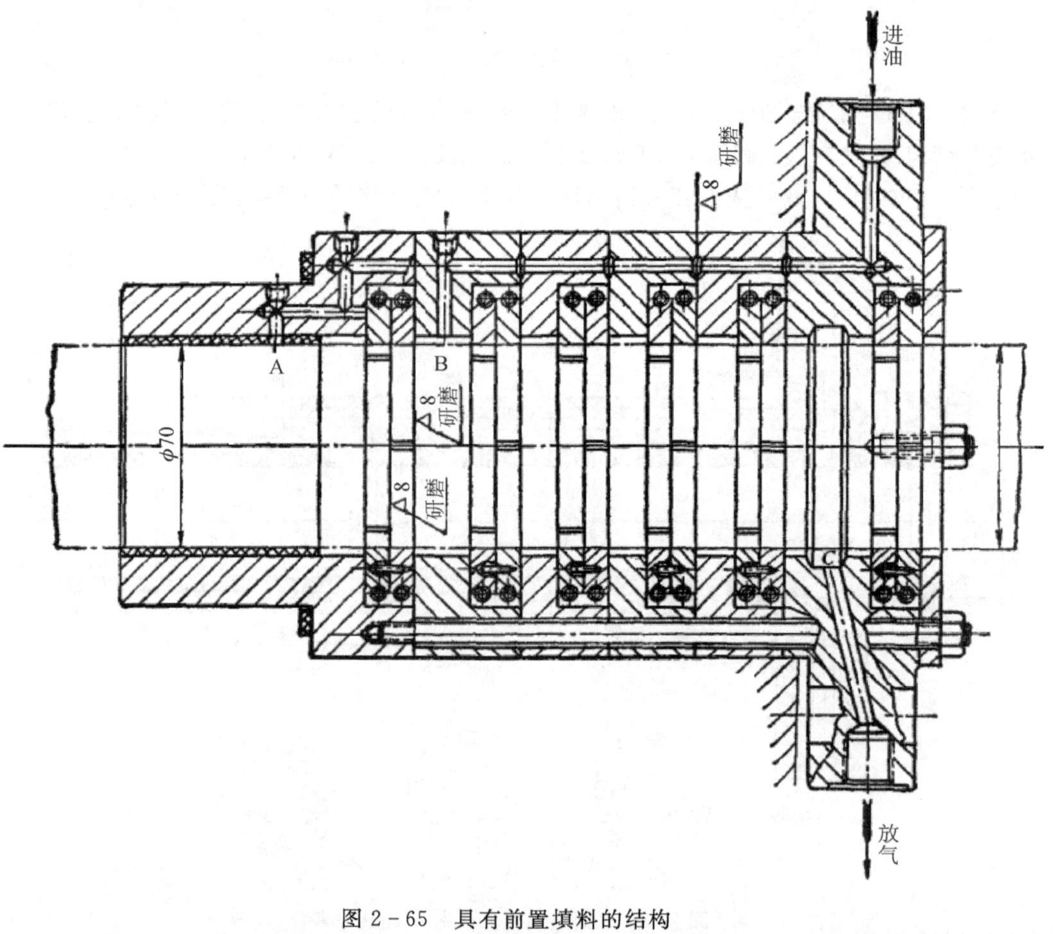

图 2－65　具有前置填料的结构

2.3.4 填料函材料与主要技术要求

1. 材质要求

平面密封圈一般用 HT200 灰铸铁，特殊需要时可用其他材料，如合金铸铁、青铜及镶轴承合金等。锥形密封圈可以采用锡青铜和锡锑轴承合金。其中锡锑合金用于压力差较低的场合。压力差很高时，可以采用高铅青铜。

HT200 铸铁件的金相组织应为片状及粗斑状珠光体，不允许有游离的渗碳体存在，允许少量过冷的共晶体夹杂物及分散的晶粒状铁素体存在。铸铁件的加工表面不得有气孔、砂眼、裂痕等缺陷，硬度要求 HB180～230。锥形密封圈加工后的表面不应有夹渣气孔、缩松、偏析和划伤等缺陷。

非金属材料在填料密封元件中也得到较为广泛的应用，特别是填充聚四氟乙烯。纯聚四氟乙烯具有良好的自润滑性能，摩擦系数小，韧性和耐腐蚀性也好，但它导热性差，热膨胀系数大，强度低，耐磨性也不理想，所以用充填其他物质的办法来改良聚四氟乙烯的性能，以充分利用其自润滑性能作为压缩机的密封元件。

常用的充填剂有青铜粉、石墨、碳、二硫化钼、玻璃纤维、碳素纤维、金属氧化物(二氧化硅、三氧化二铝等)。其中，青铜粉和石墨主要的作用是提高硬度，增加导热率，改善耐磨性；玻璃纤维能提高强度和改善耐磨性；二硫化钼和金属氧化物主要是提高硬度，增强耐磨性，在一定程度上也有助于改善导热性。各填充聚四氟乙烯的性能见表 2-11。

表 2-11 填充聚四氟乙烯的物理机械性能

性 能	单 位	重量配比			
		100%4F+40%玻璃纤维	100%4F+40%玻璃纤维+5%石墨	100%4F+25%青铜+20%玻璃纤维+10%石墨+5%炭黑	100%4F+40%青铜+20%玻璃纤维+10%石墨
预成型密度	g/cm^3	0.45	0.46	0.53	0.57
制品密度	g/cm^3	2.22	2.2	2.41	2.63
抗张强度(20 ℃)	MPa	12.6	11.2	9.6	11.2
断裂伸长(20 ℃)	%	183	134	36	68
布氏硬度(20 ℃)	MPa	0.813	0.808	0.742	0.799

续表 2－11

性　能	单　位	重量配比			
		100％4F＋40％玻璃纤维	100％4F＋40％玻璃纤维＋5％石墨	100％4F＋25％青铜＋20％玻璃纤维＋10％石墨＋5％炭黑	100％4F＋40％青铜＋20％玻璃纤维＋10％石墨
台姆金磨损试验机	g/40 min	0.24	0.236	0.211	0.207
摩擦因数磨耗		0.0036	0.0041	0.0058	0.0056
导热系数	1/℃	0.165	0.19	0.26	0.295
线膨胀系数（0～40 ℃）	1/℃	—	—	—	—
垂直方向		6.46×10^{-5}	6.65×10^{-5}	7.58×10^{-5}	7.87×10^{-5}
水平方向		1.65×10^{-4}	1.72×10^{-4}	1.91×10^{-4}	1.91×10^{-4}
使用场合	—	活塞环	活塞环	支撑环	密封圈、活塞环
颜　色	—	白色	灰色	浅黑色	深黑色

2. 技术要求

(1)平面密封圈的两端面应平行，平行度为5级；密封圈的内孔圆度和圆柱度为7级；密封圈的边缘应倒棱，去毛刺；密封圈在密封盒内的轴向间隙在0.035～0.150 mm左右。盒的深度按H8级公差加工。

(2)锥形密封圈中T形环、前后锥环的锥面应同时加工，并使它们与相应的压紧环、支承环的实际接触面不少于总面积的75％，且接触均匀。前后锥形环直角部分不应倒角。密封圈内径公差采用J7级过渡配合。

2.4　气阀组件

2.4.1　气阀的结构与工作原理

1. 气阀的结构

活塞式压缩机使用的气阀，是控制压缩机气缸的进气和排气的部件，它是压缩机重要的部件之一，直接影响着压缩机的经济性与可靠性。根据压缩机的运行特点，活塞式压缩机均采用自动阀，即气阀的启闭主要由气缸和阀腔内气体的压力差确定。自动阀有许多结构型式，如环状阀、网状阀、条状阀、舌簧阀、蝶阀和直流阀等，但所有气阀主要由四部分组成，如图2－66所示。

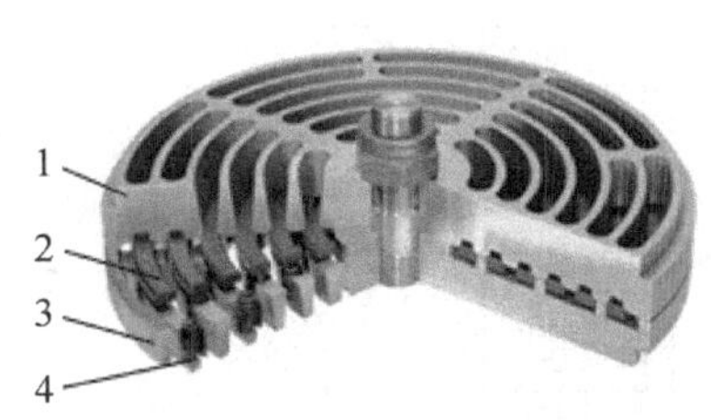

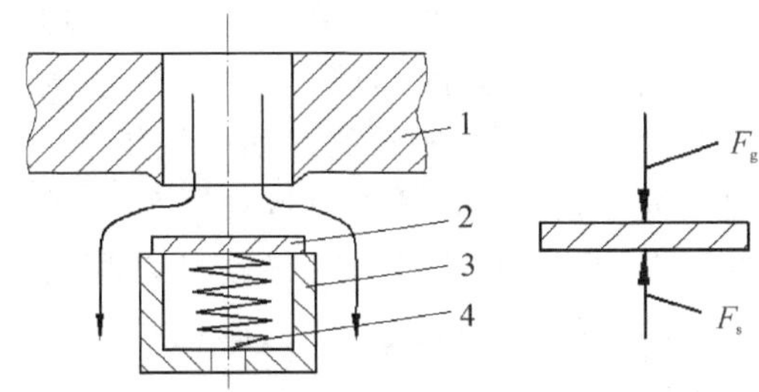

1—阀座;2—启闭元件;3—升程限制器;4—弹簧

图 2-66　自动阀的结构

(1)阀座。阀座具有被阀片覆盖的气体通道,它与阀片一起封闭进、排气通道,并承受工作腔内外气体压力差。对于环状阀,该阀座具有几个同心环形通道以及连接这些通道的径向联接筋。

(2)启闭元件。启闭元件交替地开启与关闭阀座通道,控制气体进、出工作腔,通常制成片状,因此常称为阀片。环状阀的每个通道都由一环状阀片覆盖,各个阀片之间相互独立。

(3)升程限制器。升程限制器用来限制阀片升起高度(升程),并往往作为弹簧的承座。环状阀的升程限制器也具有几个同心环形通道,在弹簧支承座处,往往具有穿通的小孔,以排除积聚在该处的润滑油。

(4)弹簧。弹簧是气阀关闭时推动阀片落向阀座的零件,并在开启时抑制阀片对升程限制器的撞击。对于条状阀、舌簧阀和直流阀等结构,阀片本身具有弹性,并起弹簧的作用,故阀片既是启闭元件,又是弹性元件。

对气阀的基本要求如下:

(1)使用期限长(指阀片和弹簧的寿命长),不能由于阀片或弹簧的损坏而引起压缩机非计划停机。

(2)气体通过气阀时的能量损失小,以减少压缩机动力消耗。对于大型连续运转的压缩机尤为重要。

(3)气阀关闭时具有良好的密封性,减少气体的泄漏量。

(4)阀片起、闭动作及时和迅速,而且要完全开启,以提高机器效率和延长使用期。

(5)气阀所引起的余隙容积要小,以提高气缸容积利用率。

此外,还要求结构简单,制造方便,易于维修,气阀零件(特别是阀片)的标准化、通用化水平高。

2. 阀片运动方程

自动阀的工作原理在《往复式压缩机原理》[7]第 3 章已经论述,进气阀与排气阀的工作过程类似,现以进气阀来讨论阀片的工作过程即阀片的运动方程。《往复式压缩机原理》中图3-12表示了阀片运动的情况,当膨胀过程终了,如果气缸与阀腔之间形成的压力差 Δp 足以克服弹簧力、气体力、阀片及弹簧的重力、气体的阻尼力、阀片与升程限制器油的黏着力时,阀片开始开启,气体便通过缝隙进入缸内,并且在流入气体推力的作用下阀片继续开启直到撞至升程限制器,图 2-67 表示了阀片的受力情况。

实际上，由于阀片的偏吹、弹簧布置的不均匀性以及各通道弹簧力的不同，会使阀片形成多自由度的运动。因此，阀片的运动非常复杂。

工程上为了简化，将阀片的运动看作是单自由度的平动，根据牛顿第二定律就可以写出描写阀片运动的微分方程式

$$m\frac{d^2h}{dt^2}=F_g-F_s+G-F_z-F_n \tag{2-28}$$

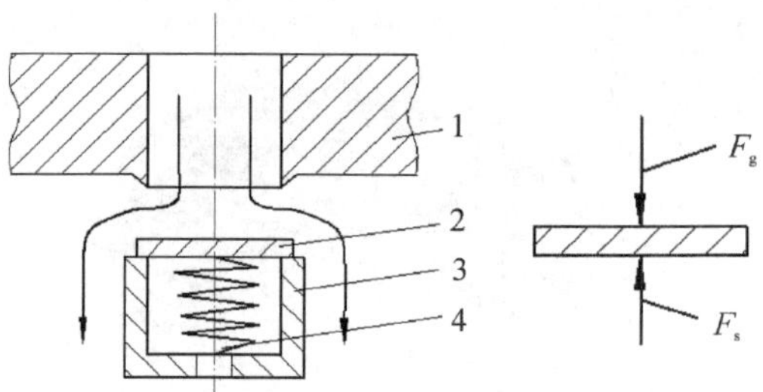

图 2-67　阀片受力示意图

式中　m——运动元件当量质量，kg；

F_g——气体力，N；

F_s——弹簧力，N；

G——运动元件重力，N，$G=mg\cos\beta$；

β——阀片的运动方向与移动方向之间的夹角；

F_z——阻尼力，N；

F_n——油黏着力，N。

对于大多数气阀，运动元件的重力、气体阻力和油黏着力相对于弹簧力和气体力较小，且油黏着力也只有在阀片离开阀座和升程限制器之前存在，一旦阀片运动之后就消失，因此为了使问题简单化，运动元件的重力、气体阻力和油黏着力可以忽略不计。

运动元件的当量质量 m 是指将气阀的运动系统视为单质点单自由度后，把具有均匀分布质量的运动系统折算到一点，使它与原来系统的振动动能、固有频率均相等，此折算后的质量称为当量质量。对于环状阀和圆柱形弹簧的气阀，其当量质量为

$$m=m_v+\frac{1}{3}m_{sp} \tag{2-29}$$

式中　m_v——阀片质量，kg；

m_{sp}——弹簧质量，kg。

3. 各种力的计算

1)气体力 F_g

气体压力作用在阀片的开启方向上，其值为

$$F_g=\beta a_e\Delta p \tag{2-30}$$

式中　β——推力系数，由静态试验确定，其值与气阀结构、相对尺寸以及阀片的位移有关；

a_e——阀座出口处通流面积；

Δp——气阀两侧的压力差。

对于进气阀

$$\begin{aligned}F_{gs}&=\beta a_e(p_s-p)\\&=\beta a_e p_s(1-\varphi)\end{aligned} \tag{2-31}$$

对于排气阀

$$\begin{aligned}F_{gd}&=\beta a_e(p-p_d)\\&=\beta a_e p_d(\psi-1)\end{aligned} \tag{2-32}$$

式中 p ——气缸内的压力，N/m^2；

p_s、p_d ——分别为进、排气管道压力，N/m^2；

φ ——气缸内压力与进气管道压力的比值；

ψ ——气缸内压力与排气管道压力的比值。

(1)推力系数 β。推力系数表示作用在阀片上的气流推力，折合成盖住阀座通道部分阀片单位面积上的力与气阀两侧压力差的比值。为了获得推力系数 β，要测量阀片两侧的压力分布，由于气阀尺寸较小，测量压力时将必然会引起流体运动的变化，因此测量数据往往失真。通常采用较为简单的方法，即在阀片开启后，在平衡状态下，作用在阀片上的气体推力等于阀片弹簧力，这样就可以用吹风试验得到的静态曲线求出阀片在不同开启高度时的压力差 Δp，并按照阀片受力均布载荷时的挠度计算阀片的弹簧力，进而确定推力系数。

$$\beta = \frac{F_s}{a_e \Delta p} \tag{2-33}$$

式中 a_e ——阀座出口处通流面积；

F_s ——阀片所受弹簧力。

试验表明，推力系数主要由气阀通道的几何尺寸决定，对于几何相似的气阀具有相同的推力系数。环状阀和网状阀的推力系数随 h/b 变化，其变化趋势如图 2-68 所示。其中 b 为阀座通道宽度。

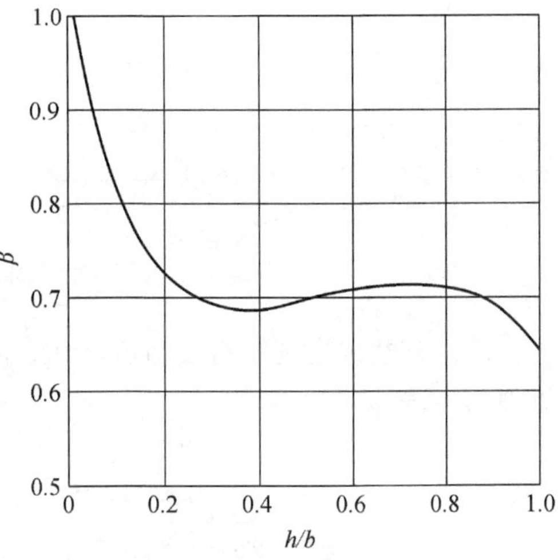

图 2-68 环状阀推力系数 β 与 h/b 关系

(2) 流量系数与有效通流面积。在气阀设计计算中，经常要用到流量系数和有效通流面积。气阀的流量系数表示气体流经气阀的实际流量与气体绝热流经同样截面的理想喷管的理论流量的比值，流量系数的值与所取的通流面积有关，流量系数与相应的通流面积乘积称为气阀的有效通流面积。

①试验法确定气阀的有效通流面积。有效通流面积可以采用阀隙通道面积为气阀的通流面积，也可以采用阀座通道面积作为通流面积，即

$$A_v = \alpha_v a_v \tag{2-34}$$

或

$$A_e = \alpha_e a_e \tag{2-35}$$

式中 a_v、a_e ——分别为阀隙通道面积和阀座通道面积；

α_v、α_e ——分别为阀隙流量系数和阀座流量系数。

一个气阀的有效通流面积是确定值，不会因为选取 a_v 或者 a_e 值不同而改变，即

$$\alpha_v a_v = \alpha_e a_e \tag{2-36}$$

流量系数与阻力系数之间的关系为

$$\alpha_v = \frac{1}{\sqrt{\xi_v}} \tag{2-37}$$

或

$$\alpha_e = \frac{1}{\sqrt{\xi_e}} \tag{2-37a}$$

式中　ξ_v、ξ_e ——分别为阀隙和阀座处阻力系数。

气阀的流量系数和阻力系数通常通过吹风试验确定。试验表明，对于环状阀和网状阀的流量系数主要取决于升程 h 和阀座通道的宽度 b，图 2－69 表示了流量系数随升程与通道宽度比值的变化曲线。在吹风试验中，当测得压缩机容积流量、压力差、密度及阀隙截面积时，按照下式可以计算流量系数

$$\alpha = 0.707 \frac{q_v}{a_v}\sqrt{\frac{\rho}{\Delta p}} \tag{2-38}$$

式中　q_v ——容积流量；

ρ ——气体密度。

确定了流量系数，则可以计算出气阀的有效通流面积。

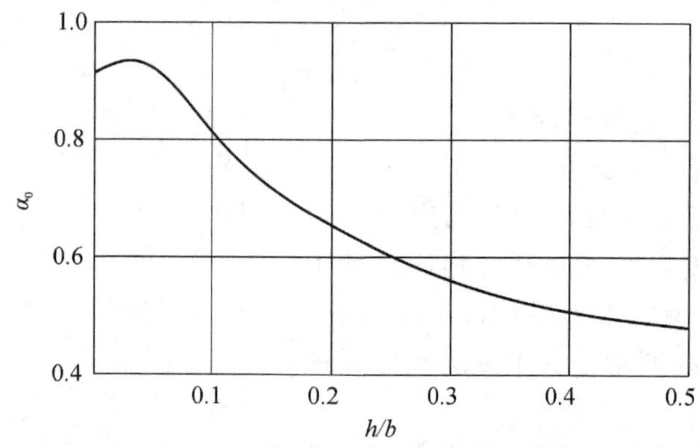

图 2－69　环状阀和网状阀的流量系数

②计算法确定气阀有效通流面积。在缺少试验数据时，气阀的有效通流面积可以采用近似的方法计算。

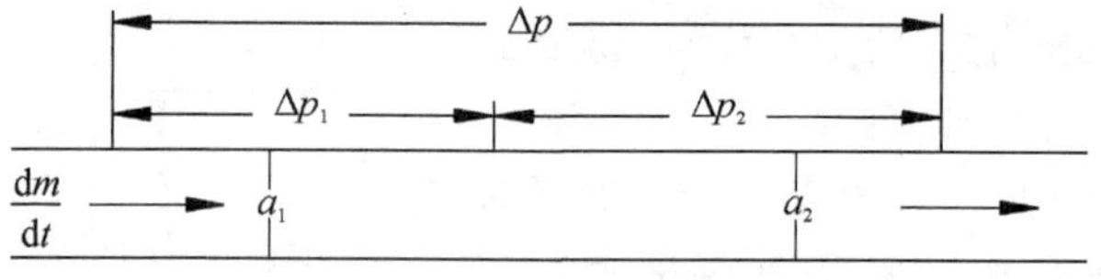

(a) 由两个节流小孔构成的系统

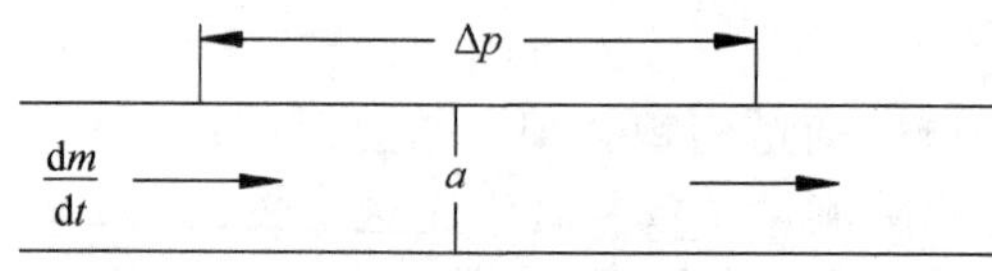

(b) 与其相当单孔系统

图 2－70　串联节流系统

首先讨论两个节流小孔串联时有效通流面积的计算。如图 2－70(a)所示，小孔的面积分别为 a_1 和 a_2，所对应的流量系数分别为 α_1 和 α_2，各小孔的有效通流面积分别为 $\alpha_1 a_1$ 和 $\alpha_2 a_2$，与其相当的单孔面积为 a，流量系数为 α，有效通流面积为 αa，根据连续性流动方程式，且忽略可压缩性系数有

$$\frac{\mathrm{d}m}{\mathrm{d}t}=(\alpha_1 a_1)\ \sqrt{2\rho\Delta p_1} \tag{2-39}$$

$$\frac{\mathrm{d}m}{\mathrm{d}t}=(\alpha_2 a_2)\ \sqrt{2\rho\Delta p_2} \tag{2-40}$$

$$\frac{\mathrm{d}m}{\mathrm{d}t}=(\alpha a)\ \sqrt{2\rho\Delta p} \tag{2-41}$$

且

$$\Delta p=\Delta p_1+\Delta p_2 \tag{2-42}$$

将上式代入式(2-39)有

$$\frac{\mathrm{d}m}{\mathrm{d}t}=(\alpha_1 a_1)\ \sqrt{2\rho(\Delta p-\Delta p_2)} \tag{2-43}$$

由式(2-39)、式(2-40)和式(2-42)有

$$\Delta p-\Delta p_2=\left[\frac{(\alpha_2 a_2)^2}{(\alpha_2 a_2)^2+(\alpha_1 a_1)^2}\right]\Delta p \tag{2-44}$$

将式(2-44)代入式(2-43)并与式(2-41)比较有

$$\alpha a=\frac{\alpha_1 a_1}{\left[1+\frac{(\alpha_1 a_1)^2}{(\alpha_2 a_2)^2}\right]^{\frac{1}{2}}} \tag{2-45}$$

再研究图 2-71 所示的并联节流小孔，与其相当的系统由图 2-71(a)所示，同理

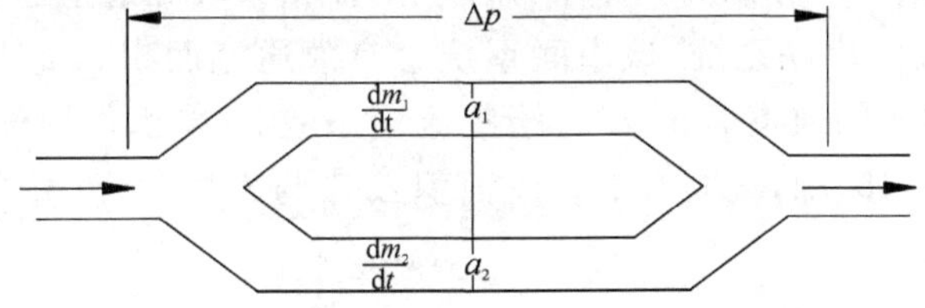

(a) 由两个节流小孔构成的系统

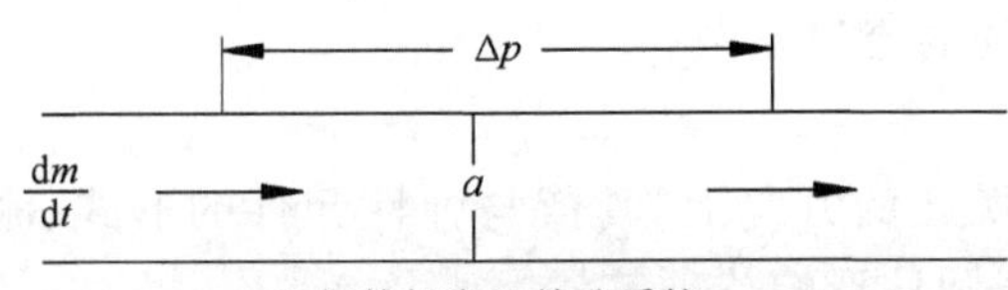

(b) 与其相当的单孔系统

图 2-71　并联的节流系统

$$\frac{\mathrm{d}m_1}{\mathrm{d}t}=(\alpha_1 a_1)\ \sqrt{2\rho\Delta p} \tag{2-46}$$

$$\frac{\mathrm{d}m_2}{\mathrm{d}t}=(\alpha_2 a_2)\ \sqrt{2\rho\Delta p} \tag{2-47}$$

$$\frac{\mathrm{d}m}{\mathrm{d}t}=(\alpha a)\ \sqrt{2\rho\Delta p} \tag{2-48}$$

$$\frac{\mathrm{d}m}{\mathrm{d}t}=\frac{\mathrm{d}m_1}{\mathrm{d}t}+\frac{\mathrm{d}m_2}{\mathrm{d}t} \tag{2-49}$$

联立式(2-46)～式(2-49)有

$$\alpha a=\alpha_1 a_1+\alpha_2 a_2 \tag{2-50}$$

现在讨论气阀的有效通流面积计算公式。以图 2-72 所示的环状阀为例，图(a)表示了简化的环状阀示意图，图(b)表示了相应的节流小孔示意图。

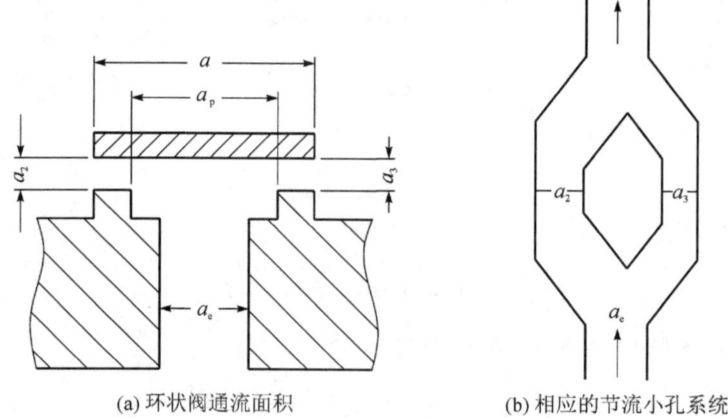

(a) 环状阀通流面积　　(b) 相应的节流小孔系统

图 2-72　环状阀示意图

阀隙的通道面积 a_v 分为两部分，即 a_2 和 a_3，按照式(2-50)有

$$\alpha_1 a_v = \alpha_2 a_2 + \alpha_3 a_3 \tag{2-51}$$

式中　α_1、a_v——分别为阀隙的流量系数和通道面积；

α_2、a_2、α_3、a_3——分别为两个节流小孔的流量系数和通道面积。

而 a_v 与 a_e 又组成了串联系统，该串联系统总有效通流面积 $\alpha_v a_v$ 称为气阀有效通流面积，当然也可以选择阀座的通道面积 a_e 与阀座流量系数 α_e 乘积作为气阀有效通流面积，其值是相等的。由式(2-45)知，气阀有效通流面积 $\alpha_v a_v$ 与面积 a_v 和 a_e 的关系为

$$\alpha_v a_v = \frac{\alpha_1 a_v}{\left[1 + \frac{(\alpha_1 a_v)^2}{(\alpha_4 a_e)^2}\right]^{\frac{1}{2}}} \tag{2-52}$$

式中　α_4——阀座通道处的流量系数

2)弹簧力 F_s

弹簧力作用在阀片关闭的方向上，其值与弹性元件的形式、刚性系数、弹簧的预压缩量及阀片的位移有关，对于圆柱形螺旋弹簧

$$F_s = ZK(H_0 + h) \tag{2-53}$$

式中　Z——弹簧个数；

K——弹簧刚度系数，N/m；

H_0——弹簧预压缩量，m；

h——阀片升程，m。

4. 气阀阀片运动微分方程

对于大多数气阀，其运动件的重力、气体阻尼力、油黏着力相对于弹簧力和气体力均较小，而且油黏着力也只在阀片离开阀座或升程限制器之前存在，一旦阀片离开后就消失。所以为了使得问题简单化同时又不失一定的准确性，运动件的重力、气体阻尼力、油黏着力可以忽略不计。由此，根据式(2-28)～式(2-33)，气阀阀片运动微分方程为

对于进气阀

$$m\frac{d^2h}{dt^2}=\beta a_p p_s(1-\varphi)-ZK(h+H_0) \tag{2-54}$$

对于排气阀

$$m\frac{d^2h}{dt^2}=\beta a_p p_d(\psi-1)-ZK(h+H_0) \tag{2-55}$$

对于转速较高的压缩机，其阻尼力较大而不能忽略，令阻尼力为

$$F_z=\eta\frac{dh}{dt} \tag{2-56}$$

式中 η——阻尼系数。

则对于进气阀和排气阀的阀片运动微分方程分别为

$$m\frac{d^2h}{dt^2}=\beta a_p p_s(1-\varphi)-\eta\frac{dh}{dt}-ZK(h+H_0) \tag{2-57}$$

$$m\frac{d^2h}{dt^2}=\beta a_p p_d(\psi-1)-\eta\frac{dh}{dt}-ZK(h+H_0) \tag{2-58}$$

2.4.2 气阀特性参数的选择

如前所述，对于大多数气阀，其运动件的重力、气体阻尼力、油黏着力相对于弹簧力和气体力均较小，因此，在气阀参数选择时这些力可不必考虑，阀片主要在气体推力和弹簧力的作用下，在阀座和升程限制器之间不间断的运动。

阀片的运动规律与压缩机的容积流量、效率及可靠性有密切的关系，为了获得良好的阀片运动规律，应选择合适的气体推力和气阀全开时的弹簧力。而影响气体推力的重要因素是气流经阀隙时的阀隙马赫数，所以选择合适的阀隙马赫数是设计气阀的主要内容之一。

1. 气流经气阀时的瞬时压力损失

气体在气阀开启与关闭过程以及完全开启过程中流经气阀，其瞬时压力损失为

$$\Delta p=\rho\frac{v_v^2}{2} \tag{2-59}$$

式中 Δp——气阀前、后的压力差；

ρ——气体密度；

v_v——阀隙中气流的瞬时速度。

瞬时相对压力损失为

$$\delta=\frac{\Delta p}{p}=\frac{1}{2}\frac{\rho v_v^2}{p}=\frac{v_v^2}{2RT}=\frac{k}{2}\left(\frac{v_v}{a}\right)^2 \tag{2-60}$$

式中 p、T、ρ——分别为气腔中气体的压力、温度和密度；

k——气体绝热指数；

a——气体的声速，$a=\sqrt{kRT}$。

瞬时阀隙速度 v_v 与活塞面积、压缩机转速及气缸内气体的热力参数有关，由于气缸内气体的热力参数随时间变化，因此准确计算比较困难，通常近似认为活塞运动时扫过的气缸容积等于流经阀隙的气体容积，即

$$v_v N(\alpha_v a_v)=vA_p \tag{2-61}$$

式中　N——气缸同侧同名气阀个数；

A_p——活塞面积；

v——活塞瞬时速度；

v_v——阀隙速度；

$\alpha_v a_v$——每个气阀有效通流面积。

阀隙的平均速度 v_{vm} 为

$$v_{vm}=\frac{\int_{t_1}^{t_2} v_v \mathrm{d}t}{t_2-t_1} \tag{2-62}$$

将式(2-61)代入式(2-62)有

$$v_{vm}=\frac{A_p}{N(\alpha_v a_v)}\frac{\int_{t_1}^{t_2} v\mathrm{d}t}{t_2-t_1}=\frac{A_p}{N(\alpha_v a_v)}v_m \tag{2-63}$$

式中　v_m——活塞的平均速度；

v_{vm}——阀隙的平均速度；

t_1、t_2——活塞在两个止点位置的时间。

由式(2-61)和式(2-63)得

$$v_v=v_{vm}\frac{v}{v_m} \tag{2-64}$$

将活塞瞬时速度、活塞平均速度以及阀隙速度的关系式(2-64)代入式(2-60)有

$$\delta=\frac{\Delta p}{p}=\frac{k\pi^2}{8}\left(\sin\theta+\frac{\lambda}{2}\sin 2\theta\right)^2 M^2 \tag{2-65}$$

式中　M——阀隙气流的马赫数，$M=\frac{v_{vm}}{a}$；

θ——曲柄转角，活塞在外止点处，$\theta=0°$ 或 $\theta=360°$。

图 2-73 表示了当气缸无余隙容积，气阀完全开启，$k=1.4$ 以及 $\lambda=\frac{1}{5}$ 时，不同马赫数 M 时通过气阀阀隙的相对压力损失值。

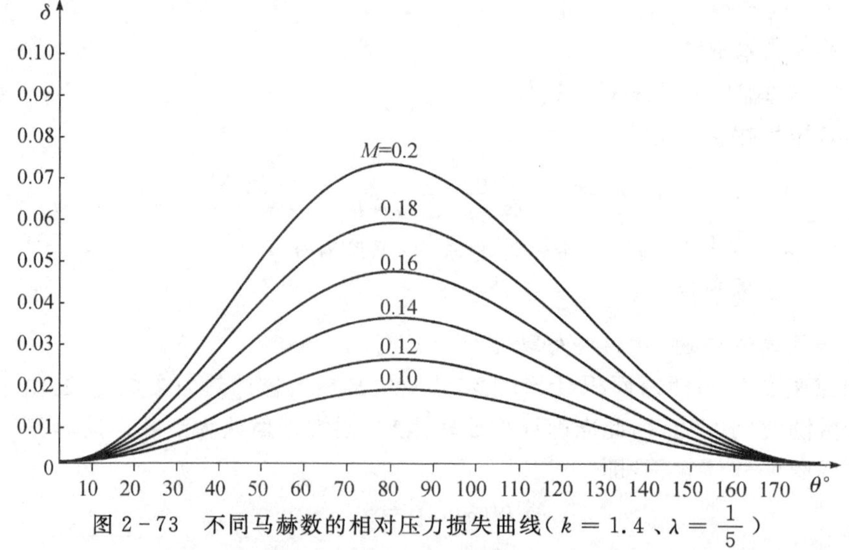

图 2-73　不同马赫数的相对压力损失曲线（$k=1.4$、$\lambda=\frac{1}{5}$）

由式(2-65)与图 2-73 可见，为了降低气阀中的压力损失，应取较大的阀隙面积 a_v，亦即 M 值取得较小，但这取决于气阀的安装尺寸和阀片开启高度是否允许。对于 $k=1.4$ 的双原子气体，根据进气压力 p_s，马赫数 M 的选取依据表 2-12。对于制冷工质，推荐的马赫数 M 值为

氟利昂制冷工质：$M=0.25\sim0.40$；

氨制冷工质：$M=0.15\sim0.25$。

表 2-12　按进气压力选取马赫数

进气压力 /($\times10^5$ N·m^{-2})	0.1～0.5	0.5～1.5	1.5～5.0	5.0～15	15～50	50～100
马赫数 M	<0.22	<0.2	<0.18	<0.16	<0.14	<0.12

同级排气阀的 M 可与进气阀取相同值，但因排气温度高于进气温度，故当 M 相同时，排气阀可允许有更高的阀隙流速 v_v。不过，一般进排气阀选用相同的尺寸，亦即进、排气阀的阀隙流速可近似认为是相等的，因此排气阀的 M 值比进气阀低，有利于节省功率。对于非双原子气体，在压力损失相同的情况下，按表 2-12 取值时，应乘以 $\sqrt{\frac{1.4}{k}}$ 作出修正，其中 k 为非双原子气体的绝热指数。密度较大的气体取较低值，否则可取较高值。

对一些功率消耗有较高要求的中型固定式且活塞平均速度比较低的压缩机、小型压缩机、循环机等应选取较低数值，甚至可以低于下限。

一些短期或间隙工作的高速压缩机应选用较高数值，甚至可以超出上限。

选择气流平均速度时，还要顾及采用的气阀结构。对于单通道的环状阀，可以选用较高的数值。

2. 气阀阀片升程

阀片的升程对于压缩机的经济性和可靠性有着重要的影响，过小的阀片升程虽然对阀片寿命有利，但阀隙通道气流速度过大，导致气阀能量损失增大；合理增加升程，可降低阀隙速度，减少功耗，但过大的阀片升程会引起阀片开启不完全和阀片滞后关闭，不仅不能有效地降低气阀能量损失，起不到提高压缩机效率的作用，反而导致阀片过早损坏。因此，必须根据压缩机的转数、气阀的工作压力、选用的气阀结构特点和压缩机的使用条件，恰当地选择阀片升程。一般是压缩机转数愈高、工作压力愈高时，采用较小的阀片升程。处于同一级的排气阀阀片升程应比吸气阀低。图 2-74 所示为我国自行设计和制造的一些压缩机使用的环状阀，当阀座宽度 $b\geqslant5$ mm 时，在不同转数和不同工作压力下阀片开启高度的统计值，可供设计时参考。

随着压缩机转数的提高，在现有气阀结构条件下，使用多环窄通道 $b\leqslant4$ mm 的气阀，在满足阀隙面积的条件下，降低阀片的开启高度，阀片使用寿命有所提高。这是降低气阀能量消耗，延长阀片使用期限的一种方法。

杯状阀、菌状阀即碟阀等通流能力较差，为了扩大它的阀隙面积，允许有较大的阀片升程，最大可达 4～5 mm。

直流阀因单位面积阀片质量小，允许采用较高的阀片升程。其值可参考表 2-13。

表 2 - 13 直流阀阀片升程

阀片宽度为 39 mm		阀片宽度为 60 mm	
转数	阀片升程/mm	转数	阀片升程/mm
<1000	2.0	<300	3
>1000～2000	1.7	>300～1000	2.6
>2000～3000	1.4	>1000～1500	2.2

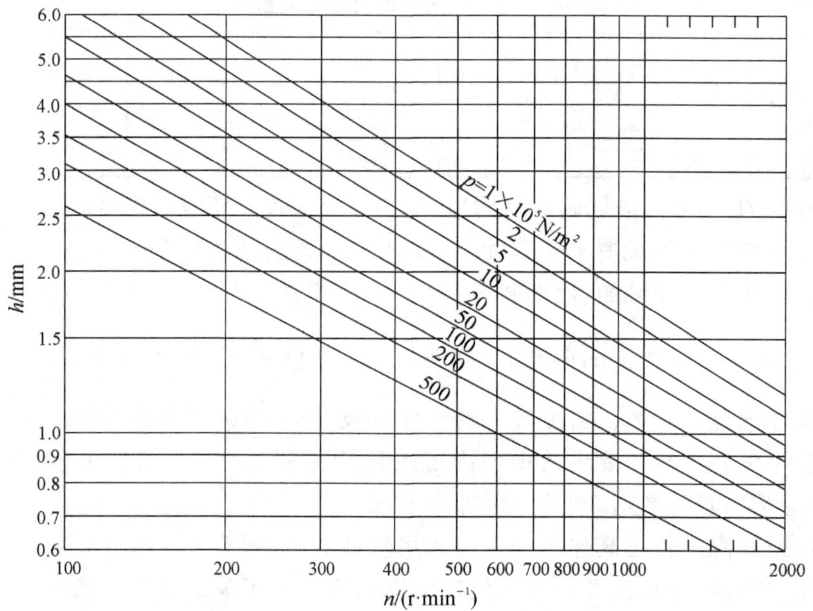

图 2 - 74 环状阀阀片升程与压缩机转数、工作压力的关系

3. 气阀全开时的弹簧力

气阀弹簧力是影响气阀能量损失和阀片寿命的主要因素。气阀完全关闭时的弹簧力，主要关系到气阀开启的时间;气阀完全开启时的弹簧力，主要关系到阀片关闭的及时性，减轻阀片对升程限制器的冲击，对阀片起保护作用。气阀全闭时的弹簧力以取得小为宜，气阀全开时的弹簧力就要取得较大，但不能过大和过小。弹簧力过小，导致阀片滞后关闭，不仅使阀片冲向阀座速度增加，对阀片寿命不利，而且还使得气体“回流”，影响压缩机效率(对第一级而言)。气阀完全开启时，若弹簧力过大，大到气流压力不足以克服弹簧力将阀片“贴于”升程限制器上时，阀片便在阀座与升程限制器之间来回振动，使有限的阀隙面积不能充分利用，增加气阀额外的能量损失，降低压缩机效率，而且在关闭时，阀片以较大的速度冲向阀座，对阀片寿命不利。理想的情况是随着阀片的开启，弹簧力呈非线性的增大，在气阀全开时达到最大值，保证阀片开启、关闭的及时性和迅速性，如《往复式压缩机原理》[7]图 3 - 12 所示。

由此可见，正确选择弹簧力是很重要的，弹簧力的大小与压缩机转数、气阀工作压力、气阀中气体的流速、气阀运动零件质量、阀片升程等因素有关。一般原则是:转数愈高、气阀工作压力愈高、气阀中的气流速度愈高，则应选用较大的弹簧力。处于同一压缩机的排气阀应比吸气阀有更高的弹簧力。气阀全闭时的弹簧力应为气阀全开时弹簧力的 30%～70%。

弹簧力的大小是相对于气体对阀片的推力而言的，根据式(2－59)和式(2－65)，阀片完全开启时阀片两侧的压力差为

$$\Delta p = \frac{k\pi^2}{8}\left(\sin\theta + \frac{\lambda}{2}\sin 2\theta\right)^2 M^2 p \tag{2-66}$$

当 M 和 p 确定后，为求出气体的最大推力，令

$$\frac{\mathrm{d}\left(\sin\theta + \frac{\lambda}{2}\sin 2\theta\right)}{\mathrm{d}\theta} = 0 \tag{2-67}$$

得到

$$\cos\theta + \lambda\cos 2\theta = 0 \tag{2-68}$$

由上式，当 $\lambda = 0$ 时，$\theta = 90°$（或 270°）；当 $\lambda \neq 0$ 时，θ 会偏离 90°（或 270°）。

当 $\lambda = 0.2$ 时，对应于 Δp 最大值的转角 θ 与 90°（或 270°）相差不大，$\theta = 90°$（或 270°）时的 Δp 值与 Δp 最大值相差不超过 4%。因此，为了计算简单，将 $\theta = 90°$（或 270°）时的 Δp 值作为气阀阀片两侧的压差值。

定义 μ 等于气阀全开时的弹簧力和 $\theta = 90°$ 时的气体推力的比值，由式(2－66)得，当 $\theta = 90°$ 时气阀两侧的压力差为

$$\Delta p = \frac{k\pi^2}{8}M^2 p \tag{2-69}$$

将式(2－69)代入式(2－30)得气体力为

$$F_g = \frac{k\pi^2}{8}\beta a_e M^2 p \tag{2-70}$$

为此，结合式(2－53)得到

$$\mu = \frac{ZK(H_0 + h)}{\beta a_e\left(\frac{k\pi^2}{8}M^2 p\right)} \tag{2-71}$$

式中其他符号的意义如前所示。

由式(2－71)得，当 $\mu > 1$，即弹簧力大于阀片全开时可能产生的最大气体推力时，阀片不能充分开启；当 $\mu = 0$，即气阀无弹簧力，阀片将延迟关闭。为了获得正常的气阀工作过程，必须使 $0 < \mu < 1$。根据气阀运动规律的研究结果和实验的经验数据，对于空气动力压缩机和转速 $n \leqslant 400$ r/min 的高压氮氢气压缩机，各级气阀的 μ 一般可参考表 2－14 和表 2－15 选取。

表 2－14　空气动力压缩机 μ 值

工作压力 $p/(\times 10^5\ \mathrm{N\cdot m^{-2}})$	1～3	3～9
进气阀 μ_s	0.7～1.0	0.65～0.8
排气阀 μ_d	0.5～0.65	0.45～0.6

表 2－15　高压氮氢气压缩机 μ 值

工作压力 $p/(\times 10^5\ \mathrm{N\cdot m^{-2}})$	1～10	10～35	35～70	70～160	160～330
进气阀 μ_s	0.45～0.75	0.4～0.65	0.35～0.60	0.3～0.50	0.25～0.40
排气阀 μ_d	0.35～0.65	0.3～0.55	0.25～0.50	0.2～0.40	0.15～0.30

其他类型压缩机 μ 值的取值范围参考图 2－75，并根据图 2－74 选定的阀片升程 h，代

入式(2－71)进行弹簧力的初步计算。μ 值影响因素的详细讨论见下节。

气阀弹簧力设计得是否与气体推力相匹配，要由气阀阀片的“升程—时间曲线”予以判断，如图 2－76 所示。虚线是理论的曲线(既无气流阻力而阀片又无质量)。实线表示阀片在弹簧力和气体推力的作用下，到升程限制器上有一次小小回弹，在 θ_2 处开始落座。但由于气体仍继续进入气缸，故对阀片仍有阻滞作用，最后准确的在止点时完成关闭。于是，这里出现三个角度 θ_1 、θ_2 、θ_3，它们都是由行程终点倒算过去的时间参数。

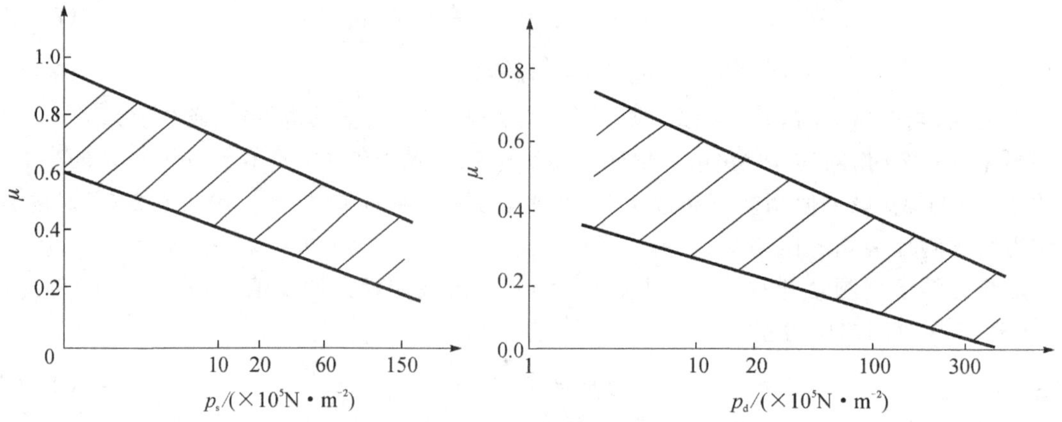

图 2－75　进气阀(左)和排气阀(右) 值的推荐范围

(1)时间参数 θ_1。θ_1 表示在没有气流推力阻滞的理想条件下，阀片被弹簧自由推回到阀座上所需的时间对应的曲轴转角。设 x 为阀片离开升程限制器的距离，t 为阀片自升程限制器出发移动距离 x 需要的时间。当阀片全开时，$x=0$，$t=0$；当阀片关闭时，$x=h$，$t=t_1$；阀片在任意位置 x 时，弹簧力为 $F_s = ZK(H_0+h-x)$。由牛顿定理得

$$m\frac{d^2x}{dt^2} = ZK(H_0+h-x) \tag{2-72}$$

将初始条件 $t=0$，$x=0$，$\frac{dx}{dt}=0$ 代入上式，则可得

$$x = (H_0+h)\left[1-\cos\sqrt{\frac{ZK}{m}}t\right] \tag{2-73}$$

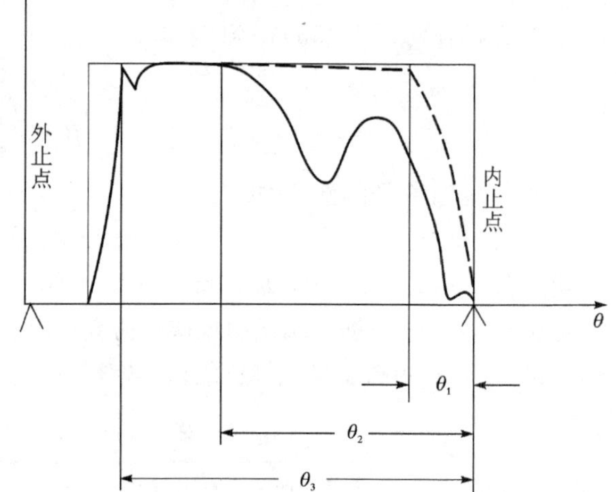

图 2－76　阀片升程时间曲线

或

$$t = \sqrt{\frac{m}{ZK}}\arccos\left[1-\frac{x}{H_0+h}\right] \tag{2-74}$$

式中　m ——气阀的当量运动质量，其值为 $m = m_v + \frac{1}{3}m_{sp}$，$m_v$ 为阀片质量，m_{sp} 为弹簧的质量；其他符号的意义与式(2－53)相同。

当阀片落座到阀座上时，即 $x = h$ 时，代入上式得

$$t_1 = \sqrt{\frac{m}{ZK}} \arccos\left[1 - \frac{h}{H_0 + h}\right] = \sqrt{\frac{m}{ZK}} \arccos\left[\frac{H_0}{H_0 + h}\right] \tag{2-75}$$

当压缩机转速为 n 时，可以求出在时间 t_1 时相应的曲轴转角 θ_1 为

$$\theta_1 = \frac{360}{60} n t_1 = 6n\sqrt{\frac{m}{KZ}} \arccos\left(\frac{H_0}{H_0 + h}\right) \tag{2-76}$$

式中　θ_1 ——相应的转角，°；

n ——压缩机转速，r/min；

m ——当量质量，kg；

K ——弹簧刚度系数，N/m；

H_0 ——弹簧预压缩量，m；

h ——气阀阀片升程，m；

Z ——弹簧个数。

对于条状阀，可以按两端铰接支承的弹性梁计算，阀片从全开位置到关闭所需要的时间等于该弹性梁自由振动周期的 1/4，即

$$t_1 = \frac{l^2}{2\pi}\sqrt{\frac{\rho A}{EJ}} \tag{2-77}$$

由此

$$\theta_1 = \frac{3nl^2}{\pi}\sqrt{\frac{\rho A}{EJ}} \tag{2-78}$$

式中　E ——材料弹性截面模数，N/m^2；

J ——阀片截面惯性矩，m^4；

A ——阀片截面积，m^2；

ρ ——材料密度，kg/m^3；

l ——阀片长度，m。

对于等宽度的舌簧阀，可按一端固定一端自由的弹性梁，其自由振动的 1/4 周期为

$$t_1 = \frac{\pi l^2}{7.03}\sqrt{\frac{\rho A}{EJ}} \tag{2-79}$$

相应的转角

$$t_1 = 2.68nl^2\sqrt{\frac{\rho A}{EJ}} \tag{2-80}$$

(2)时间参数 θ_2。θ_2 是阀片开始脱离升程限制器直到活塞到达止点持续的时间所对应的曲轴转角。由于活塞速度的变化，气体推力在减小，当气体推力减小到等于气阀全开时的弹簧力时，阀片开始关闭。对于环状阀，气体推力为

$$\begin{aligned} F_g &= \beta a_e \Delta p \\ &= \beta a_e p\left(\frac{k\pi^2 M^2}{8}\right)\left(\sin\theta + \frac{\lambda}{2}\sin 2\theta\right)^2 \end{aligned} \tag{2-81}$$

由此

$$\beta a_e p\left(\frac{k\pi^2 M^2}{8}\right)\left(\sin\theta+\frac{\lambda}{2}\sin 2\theta\right)^2 = ZK(H_0+h) \tag{2-82}$$

即

$$\left(\sin\theta+\frac{\lambda}{2}\sin 2\theta\right)^2 = \frac{8ZK(H_0+h)}{\beta a_e pk\pi^2 M^2} = \mu \tag{2-83}$$

在向轴行程中，因

$$\theta = 180° - \theta_2$$

所以

$$\sin\theta+\frac{\lambda}{2}\sin 2\theta = \sin\theta_2 - \frac{\lambda}{2}\sin 2\theta_2 \tag{2-84}$$

在向盖行程中，因

$$\theta = 360° - \theta_2$$

所以

$$\sin\theta+\frac{\lambda}{2}\sin 2\theta = -\left(\sin\theta_2 + \frac{\lambda}{2}\sin 2\theta_2\right) \tag{2-85}$$

将式(2-84)和式(2-85)代入式(2-83)得

$$\left(\sin\theta_2 \pm \frac{\lambda}{2}\sin 2\theta_2\right)^2 = \mu \tag{2-86}$$

即向轴行程时取负号，向盖行程时取正号。当 μ 值确定后，θ_2 由式(2-86)即可求出，或者可以由图 2-77 查出。

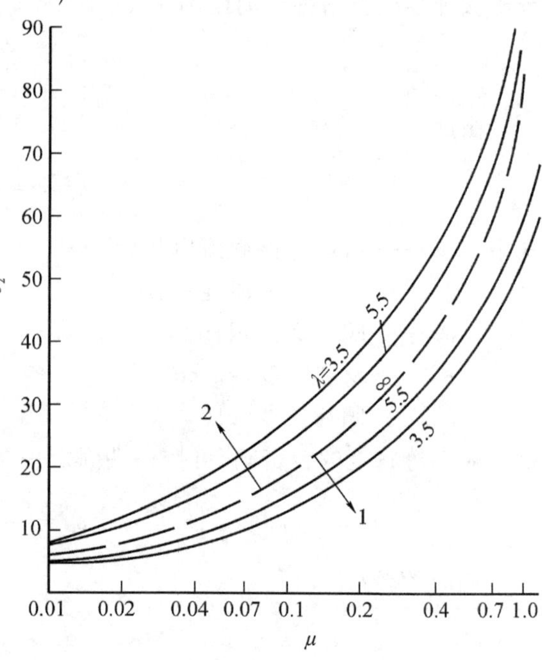

1—向盖行程；2—向轴行程

图 2-77 θ_2 与 μ 的变化曲线

对于条状阀，如图 2-78 所示，作用在阀片上的力为均布载荷时，各截面处的挠度为

$$h = \frac{q}{EJ}\frac{l^4}{24}\left[\frac{x}{l} - 2\left(\frac{x}{l}\right)^3 + \left(\frac{x}{l}\right)^4\right] \tag{2-87}$$

式中 x——阀片一端至任一截面位置的距离，m；

q——阀片单位长度和单位宽度上的弹力，N；

b——阀片宽度，m；

l——阀片长度，m；

E——材料弹性模数，N/m^2；

J——阀片截面惯性矩，m^4。

阀片截面惯性矩

$$J = \frac{b\delta^3}{12} \tag{2-88}$$

当 $x=\frac{l}{2}$ 时，阀片达到最大升程，将 $x=\frac{l}{2}$ 值和式(2-88)代入式(2-87)有

$$h = \frac{5}{32}\frac{q}{E}\frac{l^4}{\delta^3} \tag{2-89}$$

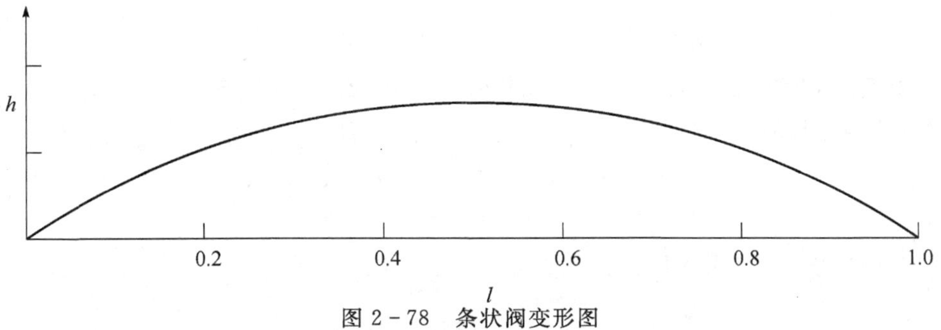

图 2-78 条状阀变形图

式中 δ——阀片厚度，m。

由此得

$$q = \frac{32}{5}\frac{E\delta^3 h}{l^4} \tag{2-90}$$

按照 μ 的定义

$$\mu = \frac{qlb}{\beta lb\frac{k\pi^2}{8}M^2 p} = 51.2\frac{E\delta^3 h}{l^4 \beta k\pi^2 M^2 p} = \left(\sin\theta_2 \pm \frac{\lambda}{2}\sin 2\theta_2\right)^2 \tag{2-91}$$

对于等宽度的舌簧阀，如图 2-79 所示，在气体推力作用下的变形，按均布负荷作用在一端固定的梁考虑，其变形方程为

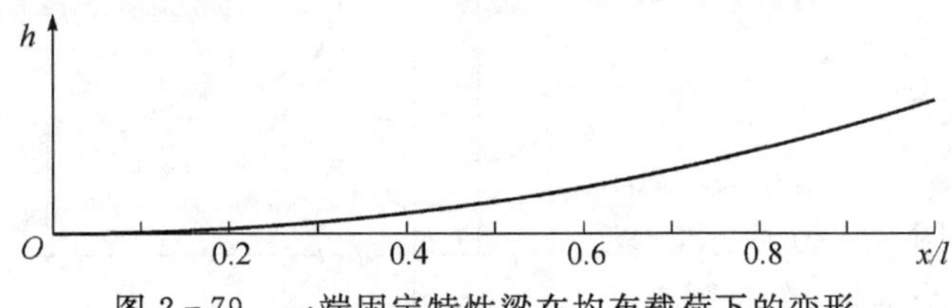

图 2-79 一端固定特性梁在均布载荷下的变形

$$h = \frac{qb}{EJ}\frac{l^4}{6}\left[\frac{3}{2}\left(\frac{x}{l}\right)^2 - \left(\frac{x}{l}\right)^3 + \frac{1}{4}\left(\frac{x}{l}\right)^4\right] \tag{2-92}$$

当 $x = l$，阀片达到最大升程，将 $x = \frac{l}{2}$ 值和式(2-88)代入式(2-92)有

$$q = \frac{2}{3}E\frac{\delta^3}{l^4}h \tag{2-93}$$

由此

$$\mu = \frac{16E\delta^3 h}{3\beta l^4 k\pi^2 M^2 p} = \left(\sin\theta_2 \pm \frac{\lambda}{2}\sin 2\theta_2\right)^2 \tag{2-94}$$

(3)时间参数 θ_3。θ_3 是代表阀片从全开瞬间直到活塞到达行程止点这段时间所对应的曲轴转角。由于阀片开始开启到全开这段过程需时甚短，为计算方便，θ_3 可近似以阀片开始开启到活塞到达行程止点这段时间所对应的曲轴转角表示。

对于进气阀，膨胀过程到达名义进气压力线的位置

$$p_d V_0^m = p_s (V_0 + V_x)^m \tag{2-95}$$

因活塞位移 $x = r\left[1 - \cos\theta + \frac{\lambda}{2}\sin^2\theta\right]$，且 $V_x = A_p x$，代入式(2-95)有

$$V_0^m p_d = \left[V_0 + A_p r\left(1 - \cos\theta + \frac{\lambda}{2}\sin^2\theta\right)\right]^m p_s \tag{2-96}$$

而相对余隙容积 $V_0 = \alpha V_h = \alpha A_p S$，将其代入式(2-96)，且等式两边同除以活塞的面积与活塞行程，整理后有

$$\alpha\left[\left(\frac{p_d}{p_s}\right)^{\frac{1}{m}} - 1\right] = \frac{1-\cos\theta}{2} + \frac{\lambda}{4}\sin^2\theta \tag{2-97}$$

如果忽略二次项，且引入压力比的参数 $\varepsilon = \dfrac{p_d}{p_s}$，则

$$\cos\theta = 1 - 2\alpha(\varepsilon^{\frac{1}{m}} - 1) \tag{2-98}$$

同样对于轴侧，有下列关系式

$$p_d V_0^m = p_s(V_0 + V_x)^m = [V_0 + A_p(S - x)]^m p_s \tag{2-99}$$

整理后得

$$\alpha\left[\left(\frac{p_d}{p_s}\right)^{\frac{1}{m}} - 1\right] = \frac{1+\cos\theta}{2} - \frac{\lambda}{4}\sin^2\theta \tag{2-100}$$

忽略二次项，有

$$\cos\theta = 2\alpha(\varepsilon^{\frac{1}{m}} - 1) - 1 \tag{2-101}$$

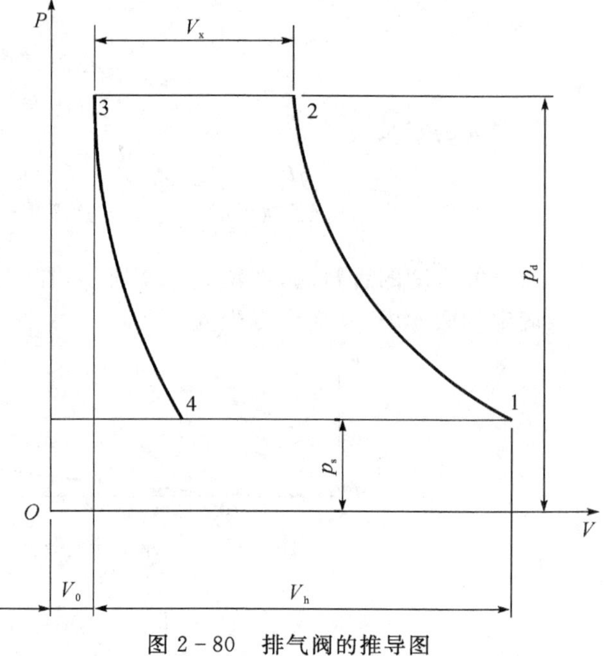

图 2-80　排气阀的推导图

对于排气阀，如图 2-80 所示，当活塞运动至 2 点时，开始排气，在盖侧有

$$(V_0 + V_h)^n p_s = (V_0 + V_x)^n p_d = [V_0 + A_p r(1 - \cos\theta + \sin^2\theta)]^n p_d \tag{2-102}$$

等式两边同除以活塞的面积与活塞行程即($S \cdot A_p$)，并忽略高次项，有

$$\cos\theta = 1 - 2(\alpha + 1)\varepsilon^{-\frac{1}{n}} + 2\alpha \tag{2-103}$$

同理对于轴侧，可求出

$$\cos\theta = 2(\alpha + 1)\varepsilon^{-\frac{1}{n}} - 2\alpha - 1 \tag{2-104}$$

由式(2-101)和式(2-104)计算出的角度是从活塞膨胀一端止点位置算起的角度，而 θ_3 是从气阀关闭一端止点算起的角度，所以 θ_3 与 θ 的关系为

对于盖侧：

进气阀：

$$\theta_3 = 180° - \theta \tag{2-105}$$

排气阀：

$$\theta_3 = 360° - \theta \tag{2-106}$$

对于轴侧：

进气阀：

$$\theta_3 = 360° - \theta \tag{2-107}$$

排气阀：

$$\theta_3 = 180° - \theta \tag{2-108}$$

(4)三个时间参数之间的关系。由图 2-76 所示的三个时间参数表明：如果 $\theta_1 = \theta_2$，则在气流阻力下弹簧力显得太弱，气阀必将延迟关闭；如果 $\theta_2 = \theta_3$，则表明弹簧力过强，以致于阀片刚刚全开便被推向阀座，这必然引起阀片在阀座及升程限制器之间的颠振，导致压力损失增加，弹簧易于疲劳断裂并影响阀片寿命。根据统计数据以及电测实际阀片升程—时间曲线表明：较好的气阀运动规律曲线在下列范围

$$\frac{\theta_2}{\theta_1} \geqslant 2 \tag{2-109}$$

$$\frac{\theta_2}{\theta_3} \leqslant 0.7 \tag{2-110}$$

式(2-109)与式(2-110)就是 H. Davis 提出的气阀可靠性的判别准则。但是，不能说到达上述准则的气阀功率损失一定最小，气阀的寿命一定最长。该准则是当前气阀设计时可参考的一个条件，符合上述条件，一般说来能保证大多数气阀较为满意。反之，如果是与上述准则相距甚远的气阀设计，例如 θ_2 比 θ_1 大得很少或接近相等，以及 θ_2 接近 θ_3，则如上描述，该弹簧力与气流推力肯定不匹配，气阀在功耗及寿命上肯定满足不了要求。

(5)影响 μ 值的主要因素。μ 值的大小必须满足两个条件：其一，μ 值不能过大，即为满足气阀在流动期间的大部分时间内运动元件全开；其二，μ 值不能过小，即为满足阀片在活塞行程终点时及时关闭，式(2-109)给出了判别式。由式(2-76)知，随着气体压力的增加，气阀的当量运动质量逐级减小；而工作压力增加其弹簧力也增加，相应气阀弹簧的总的刚性系数也增加，而 θ_1 又与转速成正比。所以在转速一定的压缩机，随着各级压力的提高，θ_1 值是减小的，因此必须选择与 θ_2 有关的 μ 值也相应减小，以求得到较大的气阀通流时间截面；随着转速的增加，θ_1 值增加，μ 值相应选大；气体的性质 k 对 μ 值的大小也有一定的影响，重度大的气体阀片在关闭过程中对阀片的阻力也大，应选择较大的 μ 值。

在环状阀设计时，有时在一个气阀中可能使用几种不同的刚性系数的弹簧，这些弹簧又有不同的预压缩量，因此在使用式(2-76)和式(2-86)计算 θ_1 和 θ_2 时，必须将几个刚性系数转换为一个假想的刚性系数，并将几个预压缩量转换为一个假想的预压缩量。转换原则是在气阀全开时，按照假想刚性系数和假想预压缩量求得的弹簧力与气阀实际上受到的弹簧力相等。

假想刚性系数为

$$K\sum_{i=1}^{n} Z_i = \sum_{i=1}^{n} K_i Z_i \tag{2-111}$$

式中 K ——假想刚性系数；

K_i ——第 i 种弹簧的刚性系数；

Z_i ——第 i 种弹簧的弹簧数；

n ——一个气阀弹簧的种类数。

假想的预压缩量为

$$K(h + H_0)\sum_{i=1}^{m} g_i = \sum_{i=1}^{m} K_i (h + H_{0i}) g_i \tag{2-112}$$

式中 H_{0i} ——某个弹簧的预压缩量；

K_i ——某个弹簧的刚性系数；

g_i ——一个气阀上具有的相同预压缩量、相同刚性系数的个数；

m ——一个气阀上预压缩量和刚性系数相同的弹簧种类数。

(6)各环阀片弹簧力的分配。一个环状阀通常包含几个直径不同的阀片，在确定 μ 值后，可以求得阀片全开时的弹簧力 $ZK(h+H_0)$，使用该弹簧力求取各环的弹簧力时，如果根据各环比弹簧力相同来分配弹簧力，可能造成各环阀片运动不同步，因为不同环受到的气流推力不同，因此比弹簧力也要作相应的分配，内环的比弹簧力应大于外环的比弹簧力。所以应从内环起向外逐次降低比弹簧力 q'，以求各环动作同步。

一般由内圈第一道环向外道第 j 道环的比压 q_j/q_1 之间的关系，如表 2-16 所示，当两圈阀片共用一个弹簧时，两圈作一环计算。

表 2-16　外环气阀各环弹簧力的分配比例

j	1	2	3	4
q'_j/q'_1	1	0.75～0.9	0.65～0.9	0.55～0.8

比弹簧力与气阀全开时的弹簧力之间的关系为

$$ZK(h+H_0)=\sum_{j=1}^{n}\left(\frac{q'_j}{q'_1}\right)q'_1 a_{ej} \tag{2-113}$$

由此

$$q'_1=\frac{ZK(h+H_0)}{\sum_{j=1}^{n}\left(\frac{q'_j}{q'_1}\right)a_{ej}} \tag{2-114}$$

$$a_{ej}=\pi d_{mj}b \tag{2-115}$$

$$a_e=\sum_{j=1}^{n}a_{ej} \tag{2-116}$$

式中 n ——一个阀的环数，若一个弹簧压在两片环上，此两环作一片环处理；

a_{ej} ——第 j 片环的阀座出口处通流面积；

d_{mj} ——第 j 片环的平均直径；

b ——阀座通道宽度；

a_e ——一个阀的阀座出口处通流面积。

弹簧的预压缩量不宜太小，一般不应小于 2.5 mm，以保证阀片贴在阀座上时有足够的压力。

2.4.3　气阀的基本结构

压缩机自动阀按运动密封元件的特点可分为环阀(环状阀和网状阀)、孔阀(杯状阀、菌状阀、蝶形阀等)、直流阀，其他还有诸如条状阀、槽状阀、锥形槽状阀等。

1. 环状阀

(1)环状阀结构如图 2-81 所示，它由阀座、弹簧、升程限制器、连接螺栓、螺母等零件组成。低压和中压级使用的阀座是由一组(1 环到 8 环)直径不同的同心圆环构成，各环之间用筋连成一体，如图 2-82 所示。在高压下，为了保证阀座有足够的刚性和强度，也为了加工方便，将通道制成圆孔形，如图 2-83 所示。

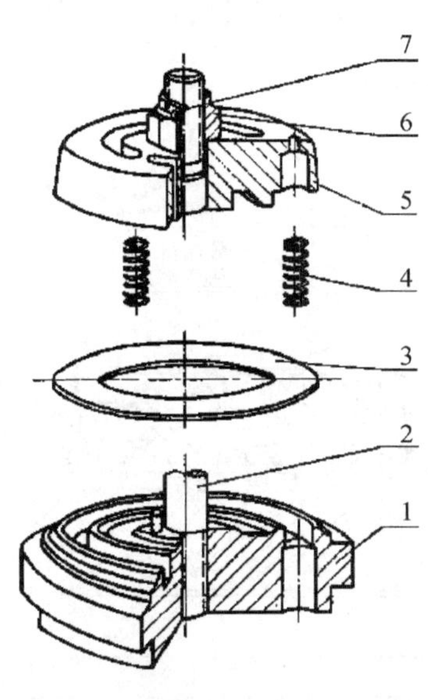

1—阀座；2—连接螺栓；3—阀片；4—弹簧；
5—升程限制器；6—螺母；7—开口销

图 2-81　环状阀的结构

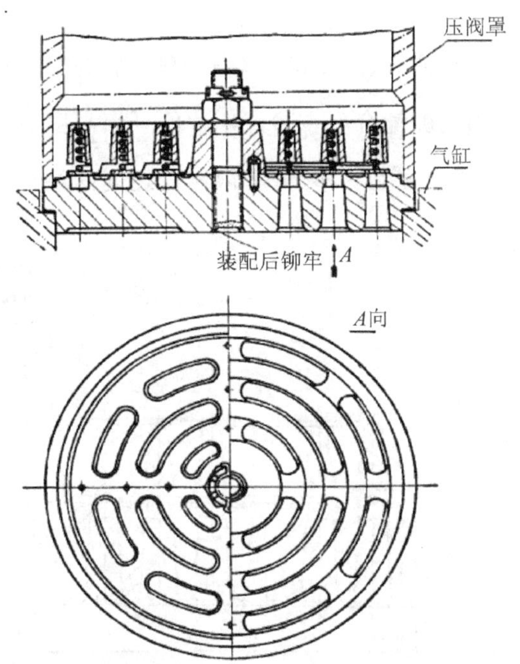

图 2-82　开式结构环状阀

环状阀使用的弹簧有环形弹簧(图 2-82)和柱形(或锥形)弹簧(图 2-83)。环状阀的阀片呈圆环状薄片。一般是制成单环阀片(图 2-81),也有把两环连在一起的结构,如图 2-84 所示。由于环与联接筋相接处面积较大,可以布置直径较大、钢丝较粗的圆柱形(或锥形)弹簧:既有利于提高弹簧的寿命,又可以减少弹簧的数目。但是,在环与联接筋相交处容易出现应力集中,影响阀片寿命,通常可以采用相邻的两个单环阀片上共用一排弹簧的结构,如图 2-85 所示。

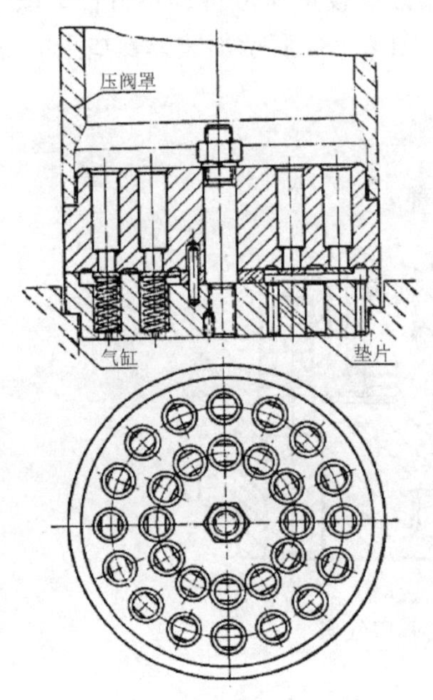

图 2-83　闭式结构的环状阀

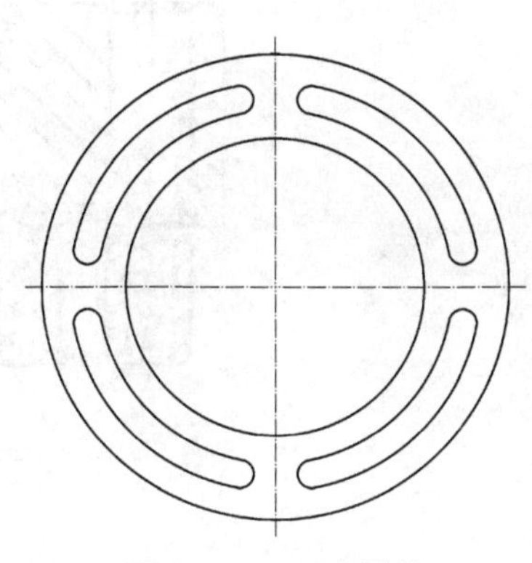

图 2-84　双连阀片

阀片的起、闭运动是靠升程限制器上的导向块来导向的。图 2－85 中导向块与阀片的配合为间隙配合($\frac{H8}{f9}$)。阀片的开启高度可由如图 2－85 所示的升程限制器上的凸台高度控制，或由夹在阀座、升程限制器之间的垫片高度来控制。

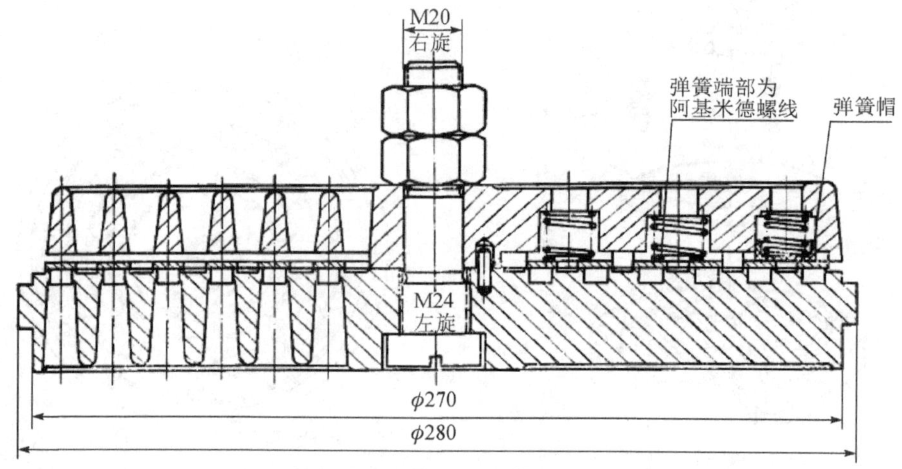

图 2－85　两个单环共用一排弹簧的环状阀

阀座和升程限制器的定位，可利用连接螺栓无螺纹部分的圆柱面，或采用止口定位，如图 2－86 所示。定位面的配合取 $\frac{H8}{f9}$。阀座与升程限制器之间装有定位销。

为了防止气阀在工作时松动，连接螺栓和螺母都要有防松措施。图 2－82 和图2－83所示螺纹埋入端的防松方式简单可靠，但拆卸不方便，给修磨排气阀座密封口带来不便。螺母的防松通常采用六角槽形加开口销，如图 2－82 所示，此方法较可靠但拆卸不方便。图 2－85 和图 2－87所示的双螺母防松方式，防松可靠，拆卸方便。图 2－83 所示加装弹簧垫圈的方式，既不可靠又容易损坏支承面，已经很少采用。

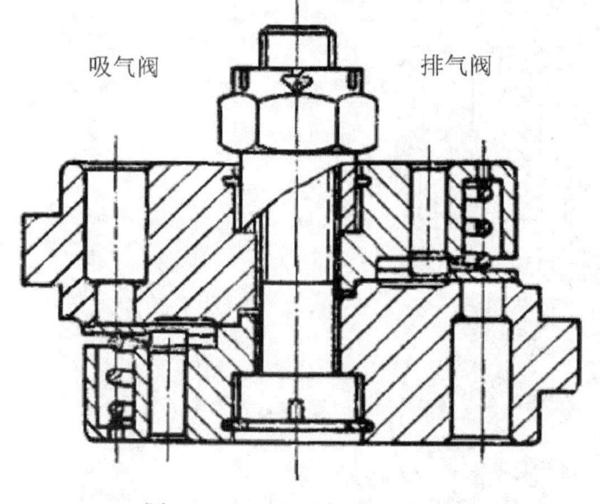

图 2－86　进排气通用气阀

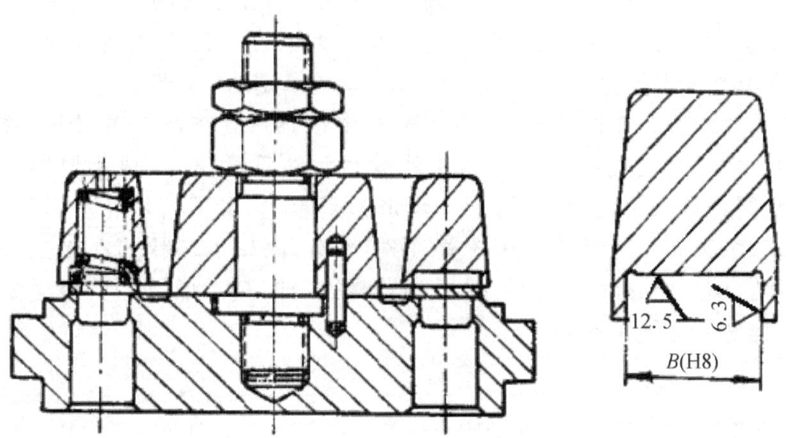

图 2-87　气垫阀

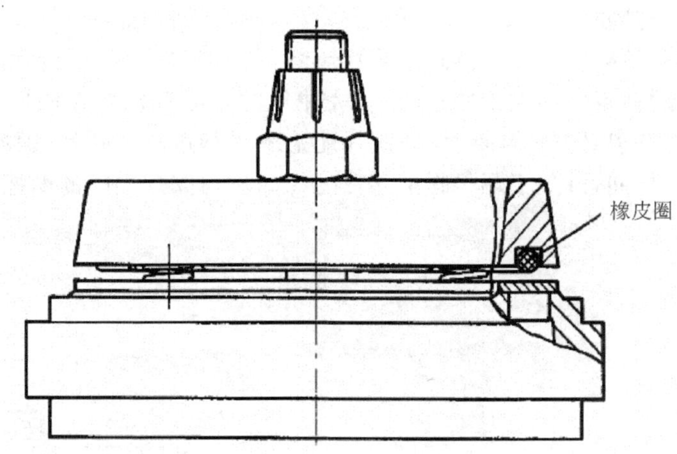

图 2-88　带有橡皮缓冲垫的环状阀

随着活塞式压缩机转速的提高，阀片上承受的冲击载荷增大，阀片和升程限制器撞击之后，可能被反弹回来，这就会造成阀片在阀座和升程限制器之间来回颤动。为了缓和撞击力，环形阀片有时采用双层结构，即在阀片表面覆以减震材料，以增加其寿命。另外，也可以专门设计具有阻尼作用的气垫形或非金属减震形的结构。图 2-87 所示为气垫环状阀结构，该结构是在升程限制器的环状筋上加工油环形槽，槽与阀片的内外圆为滑动配合，气阀开启后阀片进入槽内，将一部分气体封闭在槽内形成"气垫"，随着槽内气体以较慢的速度沿小孔流出，使阀片能以较慢的速度抵达槽底，从而使阀片得到缓冲。如图 2-88 所示为带有橡皮缓冲垫的环状阀，该结构是直接在升程限制器上装有橡皮圈，用橡皮圈的变形吸收冲击力，以减小阀片的撞击速度。

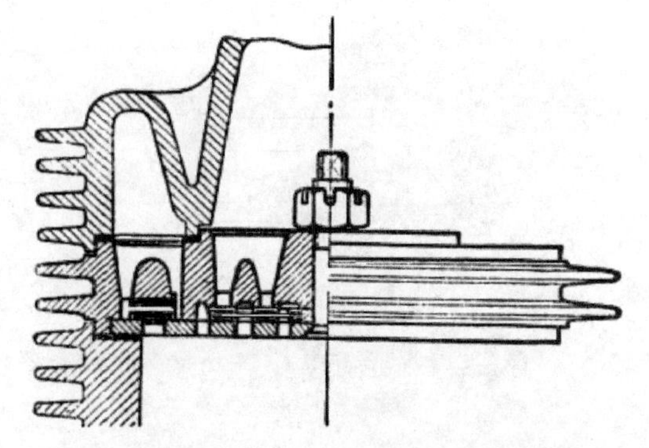
图 2-89　小型压缩机使用的组合阀

小型高速单作用压缩机为了简化气缸结构，可以采用如图 2-89 所示的将吸、排气阀联合在一起的组合阀。

(2)环状阀的优缺点。优点：①密封性能好，在空气动力及工艺用压缩机上广泛采用，也用于压缩较轻气体(氢、氦等)的特种气体压缩机和干运转压缩机。②标准化高，阀片结构简单，加工工艺性好，材料可以套用。由于有专业工厂生产，质量可靠，配套及维修方便，价格低，故在我国应用最广泛。③容积相对较小。④在结构上允许采用简单的压开进气阀片的装置来达到调节压缩机排气量之目的。⑤因为环状阀阀片比直流阀阀片厚，对硬质颗粒的敏感性和损坏倾向性差，所以当被压缩介质是非常脏的气体（天然气、焦炉气、热解气等）时，采用环状阀比采用其他形式气阀有一定的优越性。

缺点：①阀片的各环彼此分开，在启闭运动中很难达到步调一致，因而降低了气体的流通能力，增加了额外的能量损失。②阀片等运动元件质量较大，阀片与导向块之间有摩擦力。又因环状阀经常采用柱形（或锥形）、环形弹簧等，决定了阀片在启、闭运动中不容易作到及时、迅速。由于阀片的缓冲作用较差，摩擦严重，限制了环状阀在无油润滑压缩机中的应用。随着非金属耐磨材料的发展，用加填充剂的聚四氟乙烯、尼龙、聚醚醚酮等材料制造阀片，在一定程度上克服了这一弊病。

2. 网状阀

（1）网状阀的结构及特点。网状阀的结构如图 2－90(a)所示，它与环状阀的区别在于阀片各环联在一起呈网状，阀片结构如图 2－91 所示。阀片与升程限制器之间设有一个或几个与阀片形状基本相同的缓冲片，缓冲片结构如图 2－92 所示。从阀片、缓冲片中心算起的第二环，在 a 处将径向连接片切断，并将阀片切断处的两个半环铣薄（图 2－91 有阴影线部分）使得气阀在工作时阀片、缓冲片的中心环加紧在阀座和升程限制器之间，阀片和缓冲片都获得必要的弹性，保证阀片能上下平行运动。阀片、缓冲片的运动不需要导向块就能很好地导向，避免了环状阀中存在的导向块与阀片之间的摩擦，这是网状阀的一个优点。

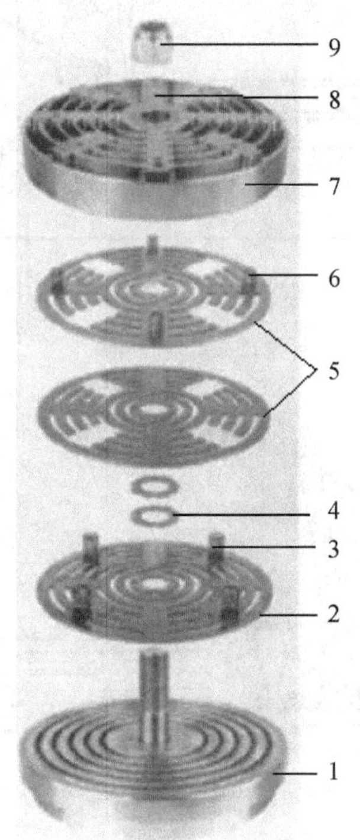

(a) 网状阀

1—阀片；2—阀片；3—阀片弹簧；4—垫片；5-缓冲片；6—缓冲片弹簧；7—升程限制器；8—螺栓；9—螺母

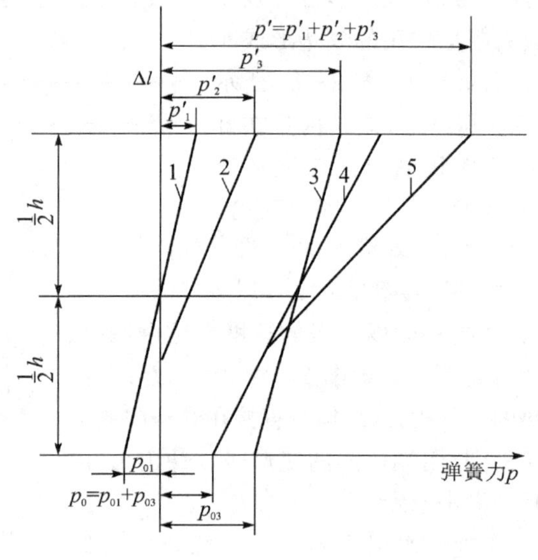

(b) 网状阀弹力示意图

1—阀片弹性部分变形-力曲线；2—缓冲片弹簧和缓冲片变形-力曲线；3—阀片弹簧变形-力曲线；4—1 和 3 叠加的变形-力曲线；5—4 和 2 叠加的变形-力曲线

图 2－90　网状阀

如图 2－90(a)所示，阀片和缓冲片的升起高度由垫片控制。外圈的八只阀片弹簧(圆柱形或圆锥形)穿过缓冲片的空档作用于阀片上，而内圈的八只弹簧压在缓冲片上。由于阀片各环是连在一起的，只需布置一排或两排弹簧即可满足所需的弹簧力，这样有利于减少弹簧数目，而采用直径较大、钢丝较粗的弹簧，有利于提高弹簧寿命，这是网状阀的又一优点。

图 2－90(a)所示网状阀的弹簧力是阀片弹簧、缓冲片弹簧以及阀片弹性部分变形反力之和。这些弹簧力数值不同，在阀片起闭运动过程中开始作用时间也不同，气阀全闭时弹簧力较小，气阀全开时弹簧力较大，正符合气阀开闭及时、迅速的要求。弹簧力变化示意图如图 2－90(b)所示。

当气流压力克服了直接作用于阀片上的弹簧力时，阀片即行开启。继之，缓冲片逐渐参与运动，使得随同阀片一起运动的质量不断增加，同时作用在阀片上的弹簧力也不断增加，使阀片达到最大升程时，阀片撞击作用力显著降低，阀片直接与缓冲片作均匀接触，这时阀片撞击应力就较小，使阀片在开启运动中能得到良好的缓冲。控制阀片升程的垫片放置在阀片的两侧，使阀片弹性部分的变形反力不但在开启运动中能起缓冲作用，而且在关闭运动时也能减弱阀片对阀座的冲击。这也是网状阀的优点。

上述网状阀的结构由于阀片的固定部分和弹性部分占据了一定的面积，使得气阀面积利用率比环状阀的低，可采用带有导向片的网状阀进行改善，这时阀片不固定，导向片固定；阀片的弹性部分和导向片的弹性部分铆在一起，可以共同补偿阀片和导向片的位移；但这种结构由于铆接处容易断裂而影响气阀工作的可靠性；阀片升程等于垫片厚度减去阀片厚度。

网状阀也同环状阀一样，适用于各种操作条件。上述网状阀的结构在低、中压范围内应用较为普遍，也由于没有导向块，特别适用于气缸无油润滑场合。

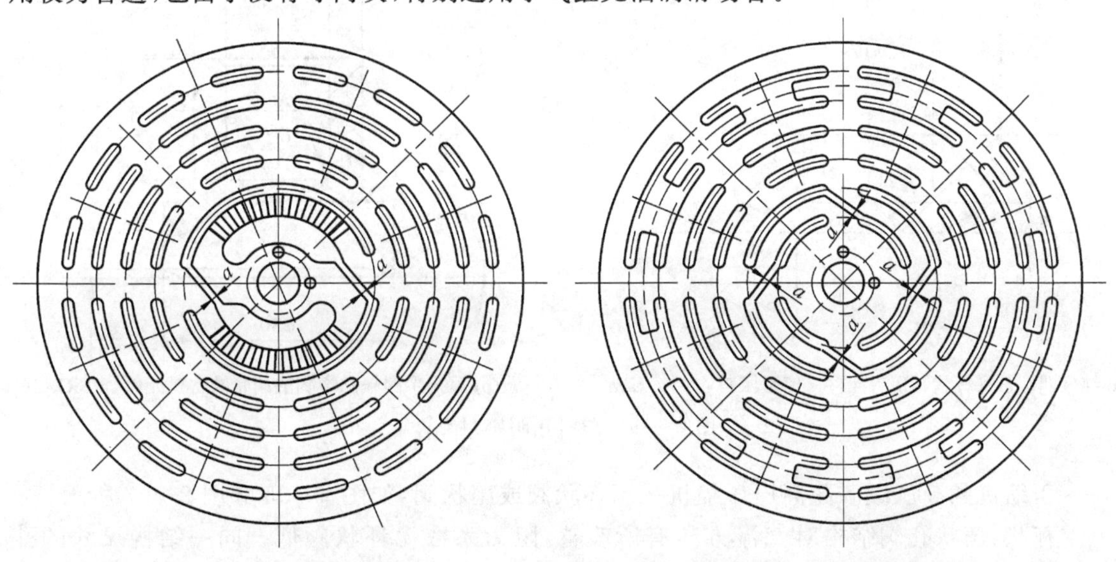

图 2－91　网状阀的阀片　　图 2－92　网状阀的缓冲片

(2)网状阀的主要缺点。网状阀的阀片结构复杂，气阀零件多，加工困难，成本高，阀片任何一处损坏都会导致整个阀片报废。因此，在我国网状阀没有环状阀应用广泛。

3.孔阀

孔阀的阀座通道是圆形孔，运动密封元件的形状有碟状、环状、菌状等。

小型压缩机常用碟状阀，如图 2－93 所示。通常，孔阀很少直接安装在压缩机上，而是将若干个相同的吸气(或排气)孔阀组合在一起使用,如图 2 - 94 所示。

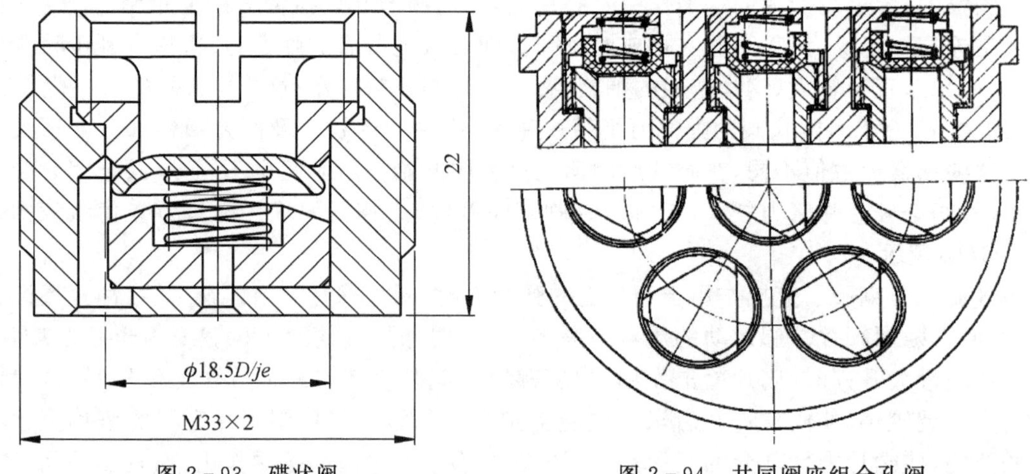

图 2 - 93　碟状阀　　　　图 2 - 94　共同阀座组合孔阀

在压缩机转速较高时,采用轻质的塑料密封元件制成组合式的孔阀代替环状阀效果更好。

图 2 - 95(a)为纯聚四氟乙烯制造的孔阀密封元件;图 2 - 95(b)为填充聚四氟乙烯制造的密封元件。

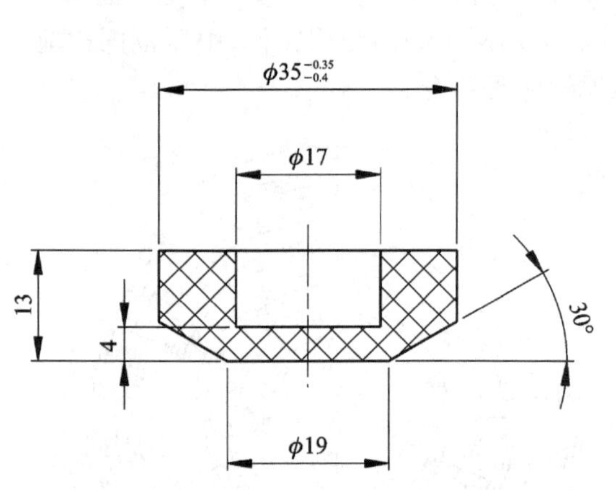

(a) 纯聚四氟乙烯杯状阀密封元件,使用压差 $4\times10^5\ N/m^2$

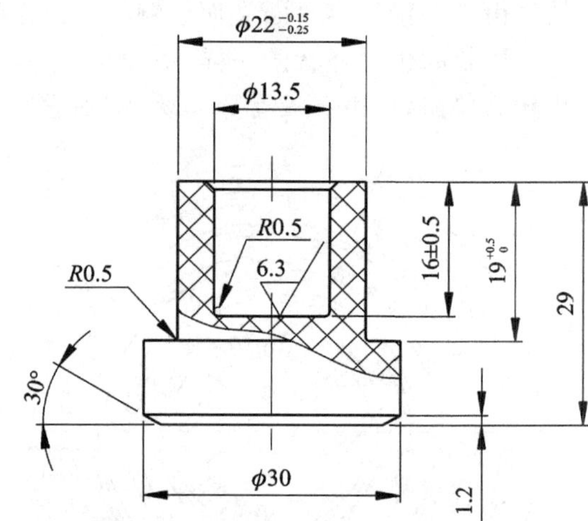

(b) 填充聚四氟乙烯制的菌状阀密封元件(含 SiO_2 16%)

图 2 - 95　塑料孔阀密封元件

压缩机的高压级和超高压压缩机采用杯状阀或菌状阀,如图 2 - 96 和图 2 - 97 所示。

杯状、菌状孔阀结构对气流方向有所改善,阻力系数比环状阀低。同一结构尺寸的孔阀,可改变其个数制成大小不同的组合孔阀,来适应不同气量的要求,使气阀的易损件品种最少,给制造和维修带来方便。

孔阀运动密封元件结构强度高,但质量较大,气阀的通道面积小,组合孔阀中各个运动密封元件的启闭运动很难达到步调一致,额外增加了气阀能量损失。孔阀多用于小型压缩机的高压级和超高压压缩机。

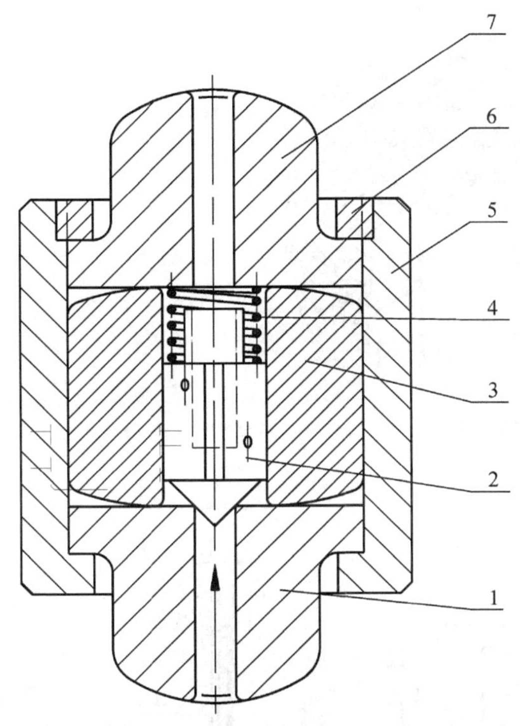

1—阀座；2—阀芯；3—阀体；4—弹簧；
5—阀套；6—挡环；7—升程限制器

图 2-96　杯状阀

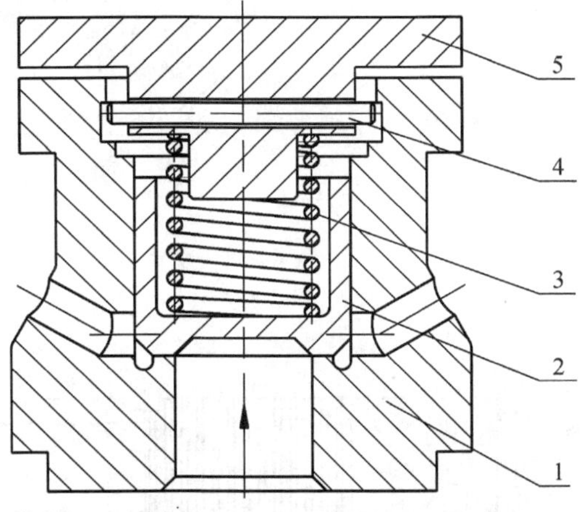

1—阀座；2—阀芯；3—弹簧；
4—销；5—升程限制器

图 2-97　菌状阀

4. 直流阀

直流阀的外形有矩形(图 2-98)和圆形(图 2-99)。直流阀由一组相同的基本元件组成,结构如图 2-100 所示。阀体(兼做阀座和升程限制器)一侧开有许多条倾斜的槽,作为气体的通道,而另一侧则制成一定的型面,作为升程限制器;阀片为薄弹簧钢片,它既是阀片,又是弹簧片。阀片的两端铣有切口,切口呈矩形,两切口之间的部分可以自由弯曲,成为实际的启闭元件,窄缝外侧为固定部分;由若干个阀座、阀片组合在一起构成直流阀。

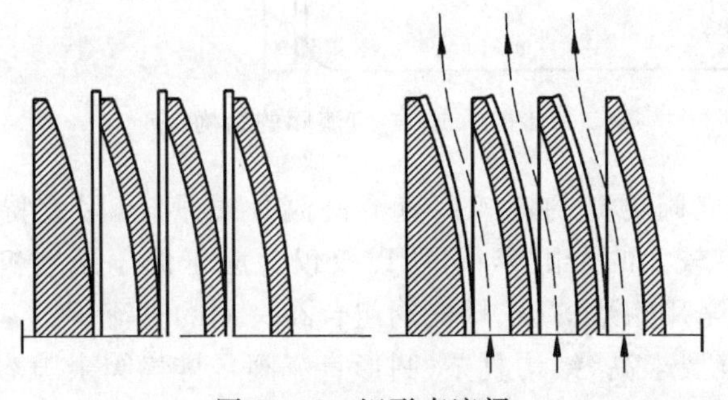

图 2-98　矩形直流阀

直流阀关闭时,阀片贴合在阀座各通气槽边缘保持密封,在气流压力作用下克服阀片的弹性力,阀片产生弯曲变形并贴合在相邻阀座背面的凹面上(图 2-98)。当气阀全开时,阀片自由端产生弯曲变形并贴合在阀座的凸面上即为阀片升程。气流则通过两阀座之间的通道流出。

气体通过直流阀时几乎没有什么转折,压力损失小。所以,直流阀具有最小的阻力系

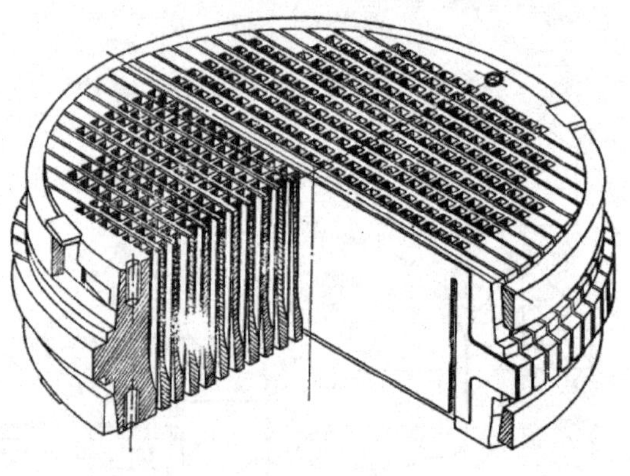

图 2-99　圆形直流阀

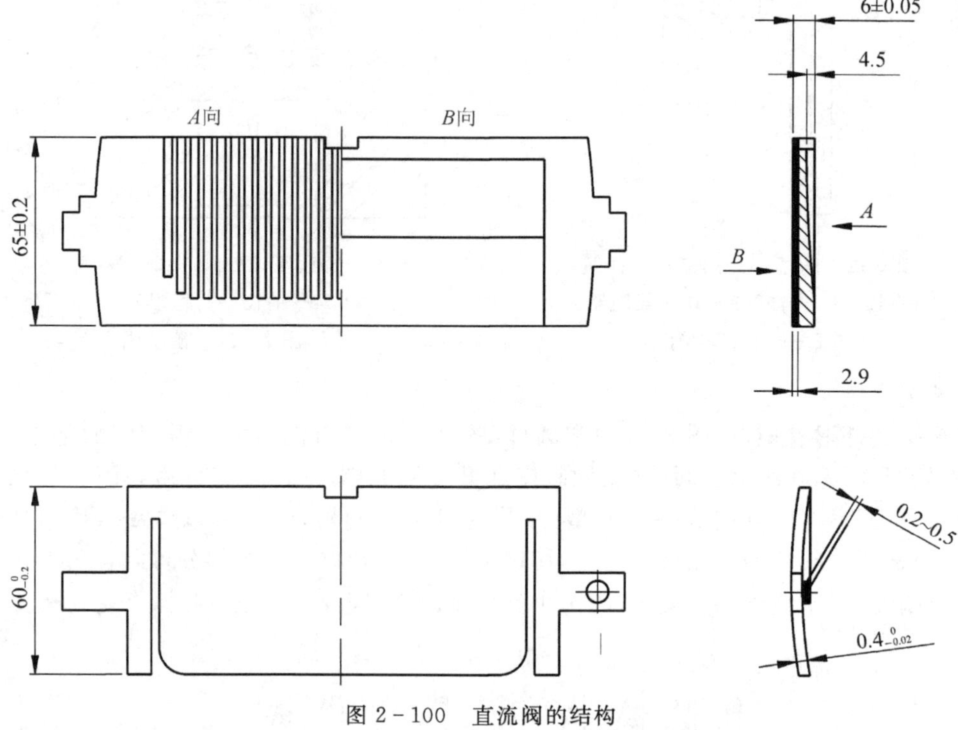

图 2-100　直流阀的结构

数，允许有比其他型式气阀更高的流速。直流阀阀片质量轻，因此特别适用于高转数压缩机。但由于直流阀具有较大的余隙容积，所以仅仅适应于低压压缩机。在小型高速压缩机上为了简化结构，也可采用矩形的吸、排气阀组合在一起的直流阀。

直流阀因制造精度要求高，结构复杂（圆形直流阀），排气阀余隙容积大和阀片密封性差等缺点，目前尚未得到广泛应用。

除上述的各种型式气阀外，还有条状阀，如图 2-101 所示，主要用于小型低压高速压缩机；槽状阀，如图 2-102 所示，主要用于低速压缩机。

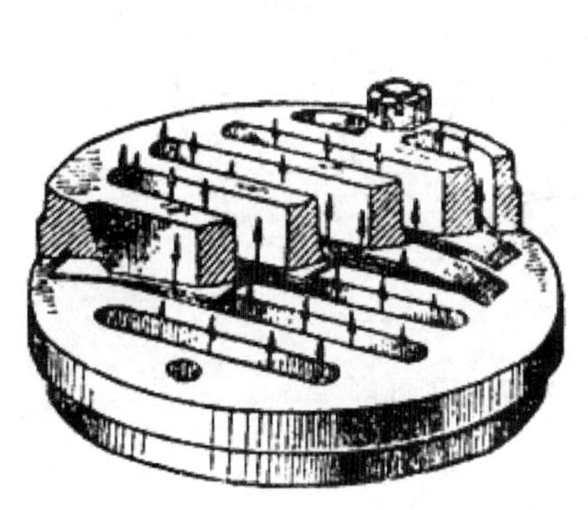

图 2-101　条状阀

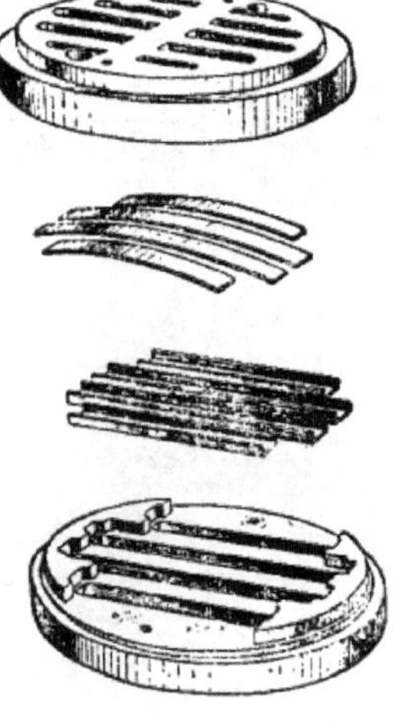

图 2-102　槽状阀

5. 舌簧阀

舌簧阀结构简单、余隙容积小、运动质量轻，具有关闭及时，寿命长，制造方便，阀片运动无摩擦和噪声小等优点，被广泛使用在小型压缩机中。

最简单的舌簧阀，阀片做成很薄等宽度的弹簧片，一端固定，一端自由，如图 2-103 所示。气阀关闭时，阀片 3 平贴在阀座 1 上，而当气阀开启时，阀片翘起贴于升程限制器 2 上。一般情况下，对于进气阀不专门设置升程限制器，而是利用气缸端面上加工出的凹槽来限制阀片升程，如图 2-103(a)所示。

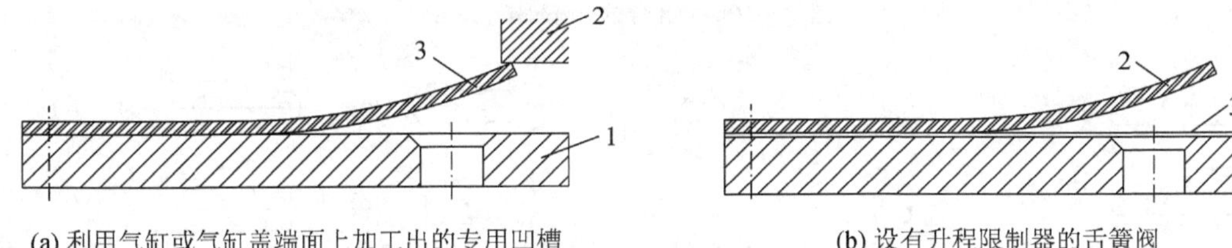

(a) 利用气缸或气缸盖端面上加工出的专用凹槽　　(b) 设有升程限制器的舌簧阀

图 2-103　舌簧阀

我国的微小型压缩机常用一种波琪型的舌簧阀，其进气阀片如图 2-104 所示，阀座的气流通道由 4～5 个小孔组成，由波琪型阀片的环形部分盖住，为了增加阀片的柔性，在阀片弹性部分开有不同形状的小孔，改善阀片的运动情况。

舌簧阀一般可以制成组合阀形式，如图 2-105 所示。进气阀片 2 和排气阀片 3 分别用螺栓固定在阀板 1 的两侧平面上，活塞侧安装进气阀片，盖侧则安装排气阀片。进气阀不便设置升程限制器，阀片的升程是靠气缸端面上加工出的专用凹槽来限制，以减小余隙容积。排气阀根据需要可以加设升程限制器。

舌簧阀片根据需要覆盖的气体通道的形状、个数和分布情况，可以设置成各种形式，如图 2-106 所示。

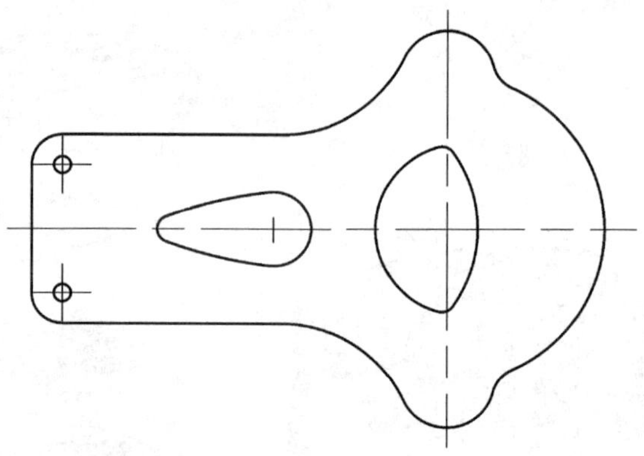

图 2-104　波琪型进气阀片

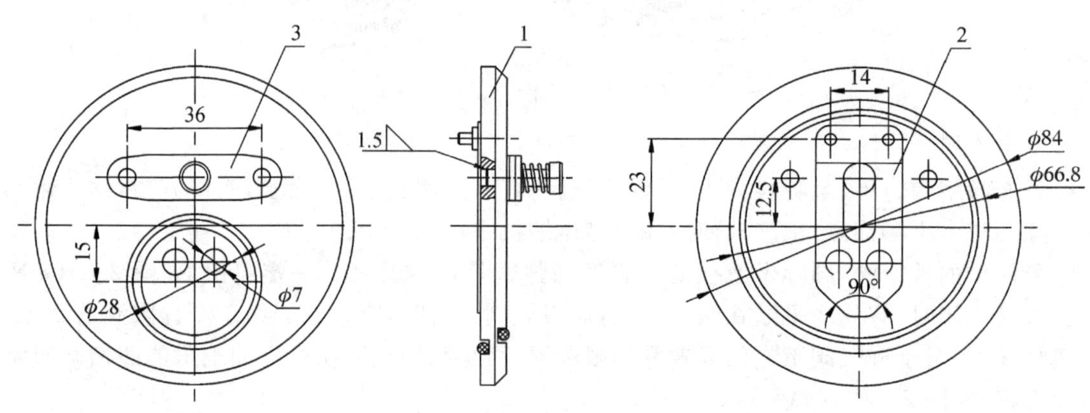

图 2-105　组合式舌簧阀

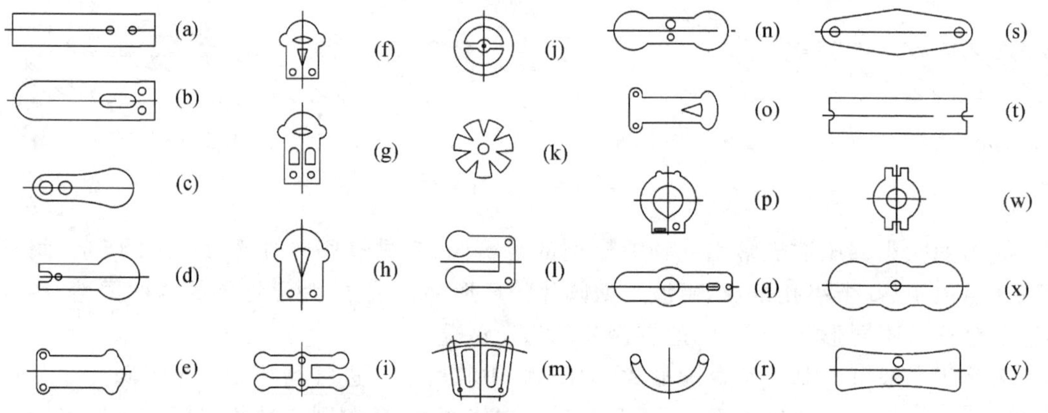

图 2-106　各种形式的舌簧阀片

2.4.4　气阀的主要结构参数选择

气阀的计算就是确定气阀的主要特性参数(气流流速、通流面积、阀片升程、弹簧力),确定后,就可以确定气阀的主要结构参数。

1. 环状阀与网状阀的主要结构尺寸

环状阀和网状阀的主要结构尺寸是气阀阀座通道宽度 b、阀片通道宽度 B 以及阀座相邻通道平均直径差 ΔD。环状阀的主要结构尺寸与几何关系如图 2-107 所示。

阀座通道宽度 b 与阀片升程 h 之间比例关系为

$$\frac{2h}{b} = 0.3 \sim 0.85 \tag{2-117}$$

式中 b 值要选取整数。

阀片宽度 B 与阀座通道宽度 b 的关系为

$$B = b + 2a_1 \text{ mm} \tag{2-118}$$

式中 a_1——阀座密封口宽度，mm，当采用强度等于或高于 HT200 的材质时，高转数低压压缩机取 $a_1 \leqslant 1.5$mm；低转数高压压缩机取 $a_1 \geqslant 1.5$ mm。

阀座相邻通道平均直径差 ΔD 为

$$\Delta D = 2(B + b') \text{ mm} \tag{2-119}$$

式中 b'——升程限制器通道宽度，mm，$b' = (1 \sim 1.2)b$。

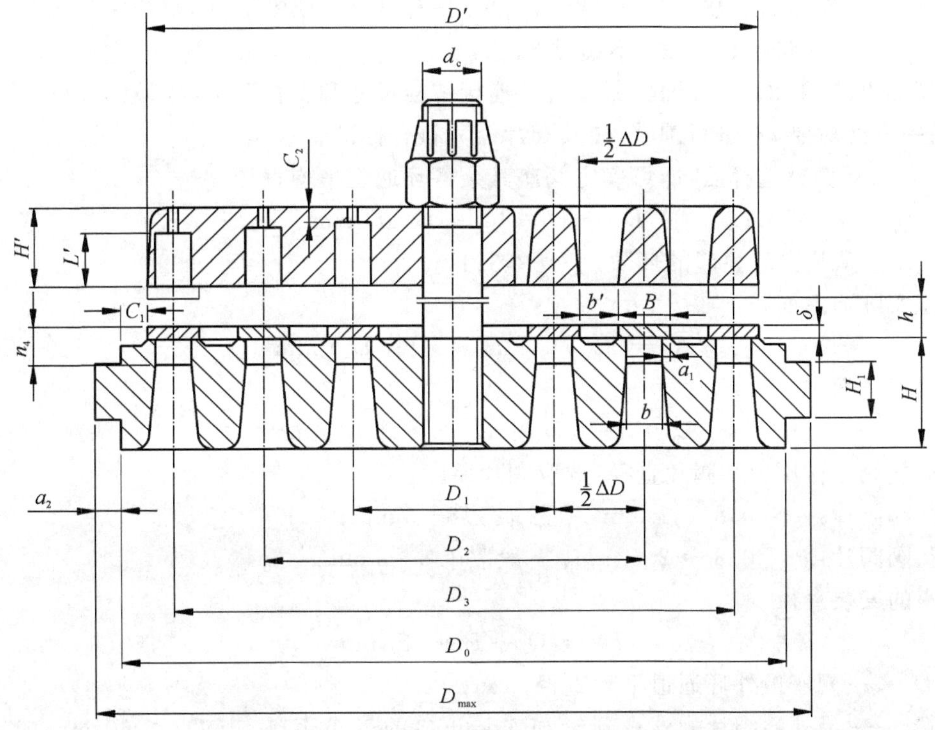

图 2-107 环状阀的主要结构尺寸及其几何关系

为了保证升程限制器通道气体流速恒为最低，b' 要选取较大值。具体设计时，可以参考表 2-17 中环状阀系列所推荐的数据。

表 2-17　推荐的环状阀主要结构尺寸

型式	阀座通道宽度 b/mm	气阀工作压力 /($\times 10^5$ N·m^{-2})	阀片宽度 B/mm	阀座密封口宽度 a_1/mm	阀座相邻通道平均直径差 ΔD/mm
Ⅰ	4	>40	7.5	1.75	25
	5	<40		1.25	
Ⅱ	6	>100	10	1.75	35
	7	<100		1.5	

阀座最内环通道平均直径

$$D_1 = \frac{A_e}{\pi b i} - \frac{i-1}{2}\Delta D \text{ mm} \tag{2-120}$$

式中　A_e——需要的阀座通道面积，mm²，$A_e = \frac{b}{2h}A_v$；

A_v——阀隙截面积，mm²，其值由式(2-34)算出；

i——阀座通道数，对于环状阀，当采用一排柱形(或锥形)弹簧顶两环阀片时，i 必须取偶数，一般 i 不超过 8。

计算得出的 D_1 值，一方面要顾及选用连接螺栓尺寸和安置升程限制器最内环通道的可能性；另一方面对要 D_1 进行圆整，使其阀片尺寸符合标准。

对 D_1 进行圆整选择后，即可确定阀座其余各环通道平均直径

$$D_j = D_1 + (j-1)\Delta D \text{ mm} \tag{2-121}$$

式中　j——从最内环算起的环数，$j = 2, 3, 4, \cdots, i$。

阀座实际通道面积

$$A_p = \pi b(D_1 + D_2 + \cdots + D_i) \text{ mm}^2 \tag{2-122}$$

阀隙通道面积

$$A_p = 2\pi h(D_1 + D_2 + \cdots + D_i) \text{ mm}^2 \tag{2-123}$$

根据气阀工作压力和阀片直径，选取阀片厚度：

环状阀阀片：$\delta = 0.8 \sim 3$ mm，一般取 1.8～3 mm；

网状阀阀片：$\delta = 0.8 \sim 2.5$ mm，一般取 1.5～2 mm。

阀座的安装直径

$$D_0 = D_i + B + 2C_1 \text{ mm}$$

式中　D_i——阀座最外环通道平均直径，mm；

C_1——最外圈阀片的外缘到气阀安装止口的最小距离，当 $D_i \leqslant 60$ mm 时，$C_1 = 3 \sim 4$ mm；$D_i > 60$ mm 时，$C_1 = 4 \sim 5$ mm。

阀座的最大外径

$$D_{max} = D_0 + 2a_2 \text{ mm} \tag{2-124}$$

式中　a_2——阀片安装凸缘(密封面)的宽度，当 $D_0 < 100$ mm 时，$a_2 = 4 \sim 5$ mm，$D_0 \leqslant 250$ mm 时，$a_2 = 5 \sim 6$ mm；$D_0 > 250$ mm 时，$a_2 = 7 \sim 8$。

阀座的安装直径 D_0 和阀座最大外径 D_{max} 在计算后应按标准进行圆整。

阀座厚度 H 一方面是保证阀座的强度，更主要的是保证阀座具有足够的刚性。特别是

在高压下使用的气阀，阀座刚性尤为重要。一般按经验确定阀座的厚度，见表 2-18。

表 2-18　阀座厚度 H

气阀两侧压力差 $\Delta p/(\times 10^5\ \mathrm{N\cdot m^{-2}})$	阀座厚度 H /mm
≤6	(0.12～0.2) D_{max}
>6～16	(0.15～0.25) D_{max}
>16～40	(0.20～0.30) D_{max}
>40～100	(0.20～0.40) D_{max}
>100～250	(0.40～0.70) D_{max}

阀座安装凸缘高度

$$H_1 = (0.35 \sim 0.5)H\ \mathrm{mm} \tag{2-125}$$

阀座通道无联接筋部分的深度

$$h_4 = (0.5 \sim 1)b\ \mathrm{mm} \tag{2-126}$$

h_4 一般取 3～10 mm。

升程限制器的厚度

$$H' = L'_{max} + C_2\ \mathrm{mm} \tag{2-127}$$

式中　L'_{max} ——升程限制器上的最大弹簧孔深度，mm；

C_2 ——升程限制器弹簧孔底的最小厚度，mm，当升程限制器为钢时，$C_2 = 2 \sim 3$ mm；当升程限制器为铸铁时，$C_2 = 3 \sim 5$ mm。

升程限制器的最大外径 D'：对于开式结构，D' 等于最外圈阀片的外径；对于闭式结构，D'等于阀座的最大外径。

气阀工作时连接螺栓承受的载荷较小，为了保证气阀的连接刚性和必需的螺栓预紧力，一般根据气阀的安装直径选择连接螺栓的直径。

对于开式结构的气阀，可按表 2-19 中推荐的数值来选取。

表 2-19　气阀连接螺栓尺寸的选择

气阀安装直径 D_0 /mm	气阀螺栓 d_c
≤60	M10×1
>60～100	M12×1.25
>100～150	M16×1.5
>150～200	M20×1.5
>200～300	M24×1.5
≥300	M27×1.5

2. 孔阀与直流阀的主要结构尺寸

(1)孔阀。图 2-108 表示了孔阀的结构。

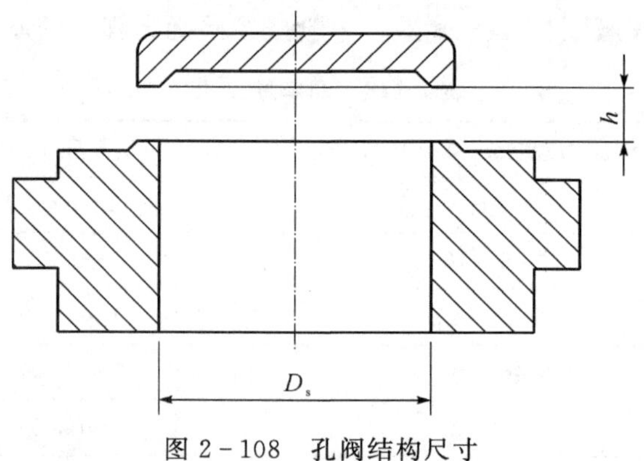

图 2-108　孔阀结构尺寸

阀座通道面积：

$$A_p = \frac{\pi}{4} D_s^2 \text{ mm}^2 \tag{2-128}$$

阀隙通道面积：

$$A_v = \pi D_s h \text{ mm}^2 \tag{2-129}$$

式中　D_s——阀座通道直径，mm；

h——阀片(阀芯)开启高度，mm。

孔阀阀座通道面积同样应大于(至少等于)阀隙面积，即 $D_s \geqslant 4h$，此式确定了孔阀阀座通道直径 D_s 与阀片(阀芯)开启高度之间的合理关系。

对于采用锥面密封口的孔阀，如图 2-109 所示，阀隙面积 A_v 为

$$A_v = \pi h \sin\beta\left(D_s + \frac{h}{2}\sin 2\beta\right) \text{ mm}^2 \tag{2-130}$$

式中　β——密封锥面母线与阀座孔中心线夹角。

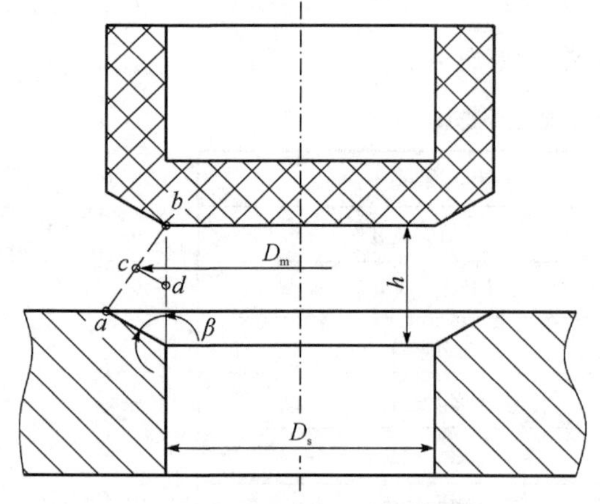

图 2-109　锥面密封孔阀几何关系

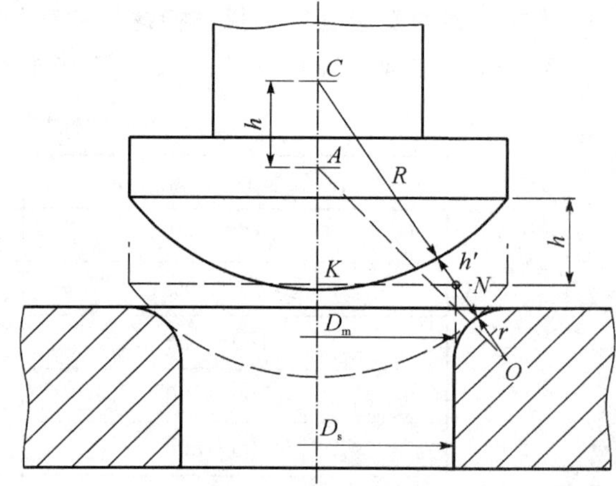

图 2-110　圆弧面密封孔阀的几何关系

采用圆弧面密封口的孔阀，结构尺寸几何关系如图 2-110 所示，当气阀全开时，阀芯上升 h 值为从 A 点达到 C 点的距离，在 CO 线上处于阀座与阀芯之间的距离 h'，即为在气阀全开时阀座与阀芯之间的最短距离，也是决定阀缝隙面积的主要尺寸。

$$h' = \sqrt{(R+r)^2 + h^2 + 2h\sqrt{(R+r)^2 - \left(\frac{D_s}{2} + r^2\right)}} - (R+r) \text{ mm} \tag{2-131}$$

$$D_m = 2\left(\frac{D_s}{2} + r\right)\frac{R + \frac{h'}{2}}{R + r + h'}\ \text{mm} \tag{2-132}$$

式中　R——阀芯圆弧部分的曲率半径，mm；

r——阀座密封口的曲率半径，mm；

h——阀芯开启高度，mm；

D_s——阀座通道半径，mm。

缝隙通道面积：$f_v = \pi D_m h'\ \text{mm}^2$。　　(2-133)

(2)直流阀。图 2-111 所示为直流阀的结构。

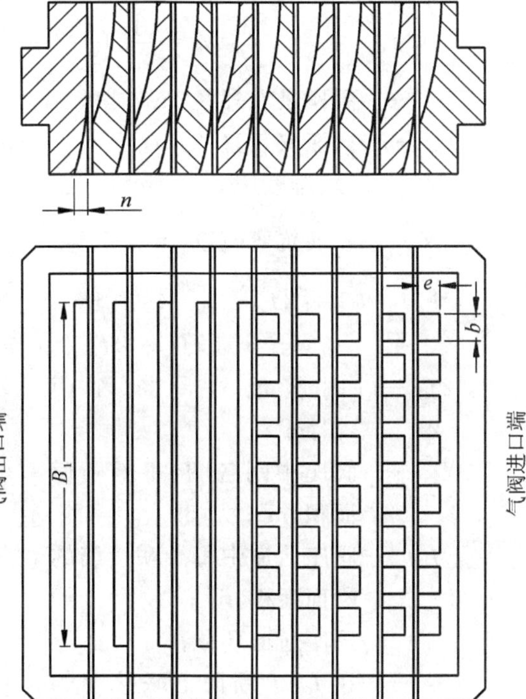

图 2-111　直流阀的结构尺寸

直流阀座进气通道面积

$$f_s = z_1 e b z_2\ \text{mm}^2 \tag{2-134}$$

式中　z_1——每个阀座上的通气槽个数；

e——通气槽深度，mm；

b——通气槽宽度，mm；

z_2——阀座个数。

一般情况：$b = 3.5 \sim 6$ mm；$e = (1.25 \sim 3)h$ mm；h 为阀片自由端开启高度，mm。

直流阀阀隙面积 f_v 取阀片自由端的阀隙为计算截面

$$f_v = B_1 h z_2\ \text{mm} \tag{2-135}$$

式中　B_1——阀座(升程限制器凹槽的那一面)出口端通道长度，mm。

3. 气阀零件强度校核

(1)阀座密封口的比压。

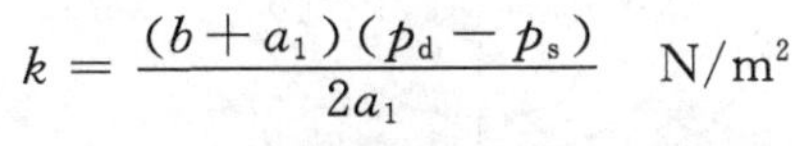

$$k = \frac{(b + a_1)(p_d - p_s)}{2a_1}\ \text{N/m}^2 \tag{2-136}$$

式中　b——阀座通道宽度，m；

a_1——阀座密封宽度，m；

p_d——排气压力，N/m^2；

p_s——吸气压力，N/m^2。

阀座密封口许用比压 $[k]$：灰铸铁、青铜 $[k] = 300 \times 10^5\ \text{N/m}^2$；碳素钢 $[k] = 500 \times 10^5\ \text{N/m}^2$。

(2)阀片强度校核。阀片按静压力作用下的弯曲应力进行强度校核。

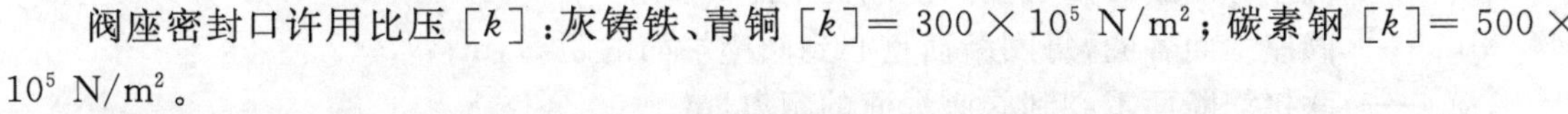

$$\sigma_B = \frac{3\,(b + a_1)^2 (p_d - p_s)}{4\delta^2}\ \text{N/m}^2 \tag{2-137}$$

式中　σ_B——阀片中径处的弯曲应力；

δ——阀片厚度，m；

b，a_1，p_d，p_s 所表示的意义及单位同式(2-136)。

阀片的许用弯曲应力：30CrMnSiA 取 $[\sigma_B] = 3000 \times 10^5\ \mathrm{N/m^2}$。

(3)阀座的强度校核。

阀座的结构如图 2-112 所示，按静压力作用下在危险断面 $I-I$ 的弯曲应力进行校核，断面 $I-I$ 的弯曲应力

$$\sigma_B = \frac{M}{W}\ \mathrm{N/m^2} \tag{2-138}$$

式中 M——作用在 $I-I$ 断面上的弯矩，

$$M = \frac{1}{24}\left(\frac{D_{max} + D_0}{2}\right)^3 (p_d - p_s)\ \mathrm{N \cdot m}$$

D_{max}——阀座最大外径，m；

D_0——阀座安装直径，m；

p_s、p_d——吸、排气压力，$\mathrm{N/m^2}$；

W——断面抗弯模数，$\mathrm{m^3}$，$W = \dfrac{J}{e}$，

$$J = [2J_1 + 2f_1(y_0 - y_1)^2] + (i-1)[2J_2 + 2f_2(y_0 - y_2)^2]i_{01}[J_3 + f_3(y_0 - y_3)^2]\ \mathrm{m^4}$$

$2f_1$——阀座最外圈断面面积，$\mathrm{m^2}$；

$2f_2$——阀座中间各圈，每圈断面面积，$\mathrm{m^2}$；

f_3——阀座通道中每个联接筋的断面面积，$\mathrm{m^2}$；

i——阀座通道环数；

i_{01}——在 $I-I$ 断面上联接筋的个数；

$2J_1$——阀座外圈断面的惯性矩，$\mathrm{m^4}$；

$2J_2$——阀座中间各圈，每圈的断面惯性矩，$\mathrm{m^4}$；

J_3——一个联接筋的断面惯性矩，$\mathrm{m^4}$；

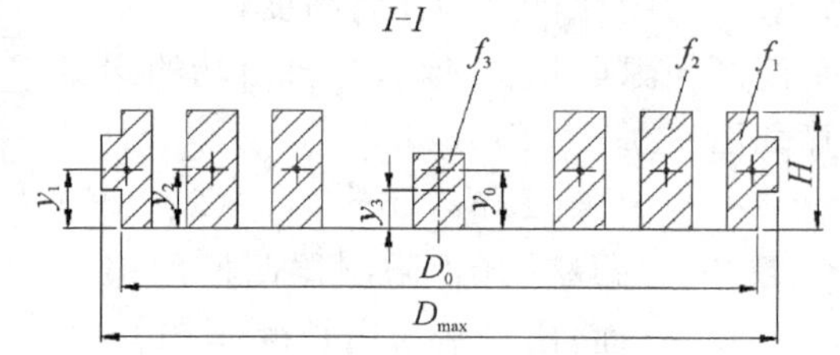

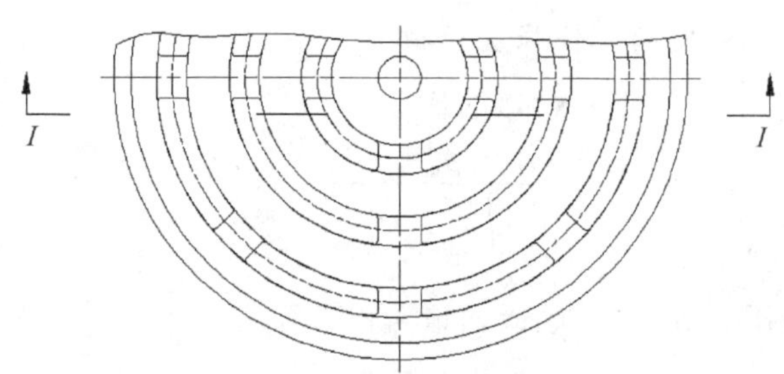

图 2-112 阀座强度计算图

y_1——阀座外圈断面重心到阀座端面的距离，m；

y_2——阀座中间各圈，每圈断面重心到阀座端面的距离，m；

y_3——联接筋断面重心到阀座端面的距离，m；

y_0——整个危险断面的断面重心到阀座端面距离，

$$y_0 = \frac{2f_1 y_1 + (i-1)2f_2 y_2 + i_{01} f_3 y_3}{2f_1 + 2f_2 + i_{01} f_3}\ \mathrm{m}$$

e——整个危险断面 $I-I$ 的断面中性轴到阀座端面的距离，m，$e = y_0$ 或 $e = H - y_0$，取其中较大数值；

H ——阀座厚度,m。

阀座许用弯曲应力值:灰铸铁 $[\sigma_B]=500\times10^5\ N/m^2$;稀土球墨铸铁 $[\sigma_B]=1000\times10^5\ N/m^2$;碳素钢 $[\sigma_B]=1200\ N/m^2$;合金钢 $[\sigma_B]=1800\ N/m^2$。

2.4.5 气阀的材料与主要技术要求

1. 阀片材料

阀片在工作时承受重复冲击和交变弯曲载荷。为了保证阀片具有足够的强度和较长的使用寿命,阀片材料应具有强度高、韧性好、耐磨、耐腐蚀等性能。对于空气、氮氢气、石油气等没有腐蚀性介质的压缩机,其阀片材料经常使用 30CrMnSiA。对于有腐蚀性介质的压缩机(如二氧化碳压缩机)以及氧气压缩机,常选用 1Cr13,2Cr13,3Cr13,1Cr18Ni9Ti 等材料来制造阀片。

除上述常用材料外,还可以采用 30CrMnA,38Cr,20CrNi4VA,12CrNi3A 等材料来制造阀片。

环状阀或网状阀阀片可采用上述材质的冷轧或热轧钢板来制造。

超高压压缩机由于气阀两侧压差很大,要求气阀零件有更高的强度,阀芯常用 35CrMo,35CrMoVA 以及轴承钢 GCr15 等材料制造。

直流阀等阀型所用的自弹性阀片,一般采用弹簧钢 60Si2,60Si2Mn,65Mn,50CrVA 等材料的冷轧带钢制造。当有腐蚀性介质时,可采用 4Cr13,1Cr18Ni9Ti 等不锈钢制造;为了提高阀片寿命也可采用 Cr15Ni9A1 或 Cr15Ni5Mo 等材料。

除上述各种金属材料外,也可用工程塑料制造阀片。可供应用的工程塑料:①纯聚四氟乙烯,使用压差 $4\times10^5\ N/m^2$,使用温度 160 ℃以下,压缩机吸排气阀均可使用(多制成杯状或菌状);②填充聚四氟乙烯,使用压差 $20\times10^5\ N/m^2$,使用温度 160℃以下,压缩机吸排气阀均可使用(多制成杯状或菌状);③浇铸尼龙-6,使用压差 $80\times10^5\ N/m^2$,使用温度低,只能用于压缩机吸气阀;④掺有固体润滑剂和填充材料的增强聚醚醚酮复合材料,具有高强度、高模量、高抗冲强度以及高尺寸稳定性等特点,除了氧气和氯气之外,其他气体均适用。

2. 阀座和升程限制器材料

在一般介质下使用的环状阀和网状阀阀座及升程限制器的材料,根据气阀两侧压差选取,见表 2-20。

表 2-20 制造阀座材料

压差/($kg\cdot cm^{-2}$)	材料
≤6	HT200
>6~16	HT300、合金铸铁、稀土球墨铸铁
>16~40	稀土球墨铸铁或铸钢
>40	锻钢 35、45、40Cr,35CrMo 等

升程限制器的材料一般与阀座材料相同,也可以选用比阀座低一级的材料。

超高压压缩机的气阀阀座和升程限制器的材料采用 33CrNi3MoA 效果较好;二氧化碳

压缩机的阀座和升程限制材料在低压时可采用灰铸铁，中、高压时则采用 1Cr13、1Cr18Ni9Ti 等不锈钢；氧气压缩机的阀座和升程限制器一般采用黄铜（HPb59－1）和不锈钢（1Cr18Ni9Ti、1Cr13）制造，铜和不锈钢不仅可以防锈，而且在阀片碰撞时不会产生火花。近年来已开始试用氮化处理后的稀土球墨铸铁制造压力在 30×10^5 N/m^2 以下的氧气压缩机气阀阀座，取得了一定效果；无油润滑压缩机的阀座和升程限制器应采用防锈蚀的合金铸铁或不锈钢制造；直流阀阀座由 30 钢或 45 钢制造，或由铝合金压铸。

3. 气阀弹簧材料

弹簧常用的材料有三类：

（1）碳素弹簧钢丝。碳素弹簧钢丝分为Ⅲ、Ⅱ、$Ⅱ_a$、Ⅰ四级。优点是材料来源方便，钢丝表面质量及耐疲劳性能不低于合金钢丝。缺点是使用温度较低，因为在弹簧冷卷后不再进行热处理，当工作温度较高时，弹簧自由高度容易变小。所以碳素弹簧钢丝绕制的弹簧常用于排气温度较低（低于 120℃）的一般压缩机气阀。

（2）合金弹簧钢丝。主要有 50CrVA，$60Si_2Mn$，$60Si_2$，65Mn 等材质的钢丝。合金弹簧钢丝绕制的弹簧使用温度较高（250～400 ℃）；50CrVA 钢丝除了使用温度较高外，对缺口的敏感性较小，适于在长期工作的压缩机气阀上使用。

（3）不锈钢及有色金属等耐腐蚀材料。如 4Cr13，1Cr18Ni9Ti，Cr18Ni12Mo2Ti，Cr18Ni12Mo3Ti，17－7PH，3－1 硅锰青铜，4－3 锡锌青铜，铍青铜（含铍 2%）等。这些材料主要用于制造二氧化碳压缩机、氧气压缩机的气阀弹簧，其中 3－1 硅锰青铜、4－3 锡锌青铜、铍青铜等有色金属材料主要用于氧气压缩机，现在已逐渐用不锈钢丝代替。

4. 气阀连接螺栓、螺母材料

螺栓材料一般用 35、40、45 钢，35CrMo 等材料，当介质有腐蚀性时采用 40Cr。螺母材料一般用 A_2、A_3。

5. 主要技术要求

阀座密封表面要经过研磨，阀片上下平面粗糙度不高于 *Ra*0.2，内外边缘要倒钝；气阀组装后要进行泄漏检查。

一般环状阀片和网状阀片的热处理硬度为 HRC46～52，同一阀片的硬度差不超过 3 个单位。阀片在精磨后要进行补充回火，其温度不超过第一次回火温度。

用 30CrMnSiA 钢板制造的环状阀片，金相组织为回火马氏体。

环状阀片平面翘曲度偏差可以参考表 2－21。

表 2－21　环状阀片平面翘曲度偏差　　单位：mm

阀片厚度	阀片外径			
	≤70	＞70～140	＞140～200	＞200～300
＞1.5	0.04	0.06	0.09	0.12
≤1.5	0.08	0.12	0.18	0.24

第 3 章 活塞组件的结构与设计

活塞是压缩机主要的零件，它与气缸构成气体压缩的工作容积，它的形状和尺寸与气缸形式有着密切的关系。活塞组件包括活塞、活塞环、活塞杆和活塞销等零件。根据活塞组件的工作条件，活塞设计时应满足以下主要要求：

(1)具有足够的强度和刚度；

(2)活塞与活塞杆(或活塞销)的连接与定位安全、可靠；

(3)密封性好，磨损小；

(4)重量轻，在两列以上的压缩机中，应根据往复惯性力平衡的要求配置各列活塞的重量；

(5)制造工艺性好。

本章主要讨论活塞组件的基本结构、材料选择、强度计算及一般的设计方法。

3.1 活塞组件的基本结构型式

3.1.1 活塞的基本结构

往复活塞式压缩机中，根据气缸作用方式相应采用的活塞基本结构类型有筒形、鼓形(或盘形)、级差式、组合式和柱塞活塞等。

1. 筒形活塞

图 3-1 表示了用于小型无十字头压缩机的筒形活塞，活塞通过活塞销与连杆连接。活塞最上面的圆筒部分叫顶部，顶部与气缸内壁及气缸盖构成封闭的工作容积。装有活塞环的部分叫环部，环部装有若干个密封气体的活塞环和起刮油作用的刮油环；环部以下部分叫裙部，裙部设有活塞销座，有时在裙部下方也设有刮油环。

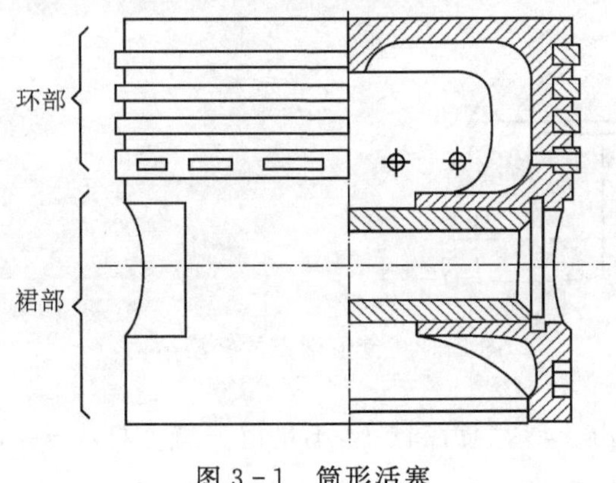

图 3-1 筒形活塞

活塞裙部要承受活塞侧向力，在活塞销座上应设加强筋，这样在圆周方向的一圈中，与筒体部分壁厚相差极大，因此，当受热膨胀时，销座部分的活塞直径变形，将比其垂直部分的直径大，形成活塞被气缸夹持或局部摩擦因数增大的现象，影响了活塞的运动。为避免发生这一情况，可使销座附近的裙部略向内凹，或在压模铸造铝质活塞时，使有关的部分铸出凹陷。为使活塞的磨损比较均匀，活塞销的中心线应通过支承表面的重心位置。靠近压缩容积的活塞环是密封环，靠曲轴箱侧的一道或两道装的是刮油环。刮油环通常有两种布置法；一种是将两道刮油环分别布置在活塞销孔两侧；另一种是将两道刮油环分别布置在活塞销孔与密封环之间(图 3 - 2)。使用结果表明，后一种布置法能使支承面得到更好的润滑，刮油的效果也较好。

高速压缩机力求减轻活塞重量，除采用铝合金活塞外，还采用如图 3 - 2 所示的轻型活塞。活塞销座通过加强筋与活塞筒体以及顶部相连接，为了防止因热膨胀造成不圆整而加剧承压面的磨损，在销座与承压面间的筋上开孔。活塞的侧面开切口，既可减轻活塞重量，又可减小摩擦功。

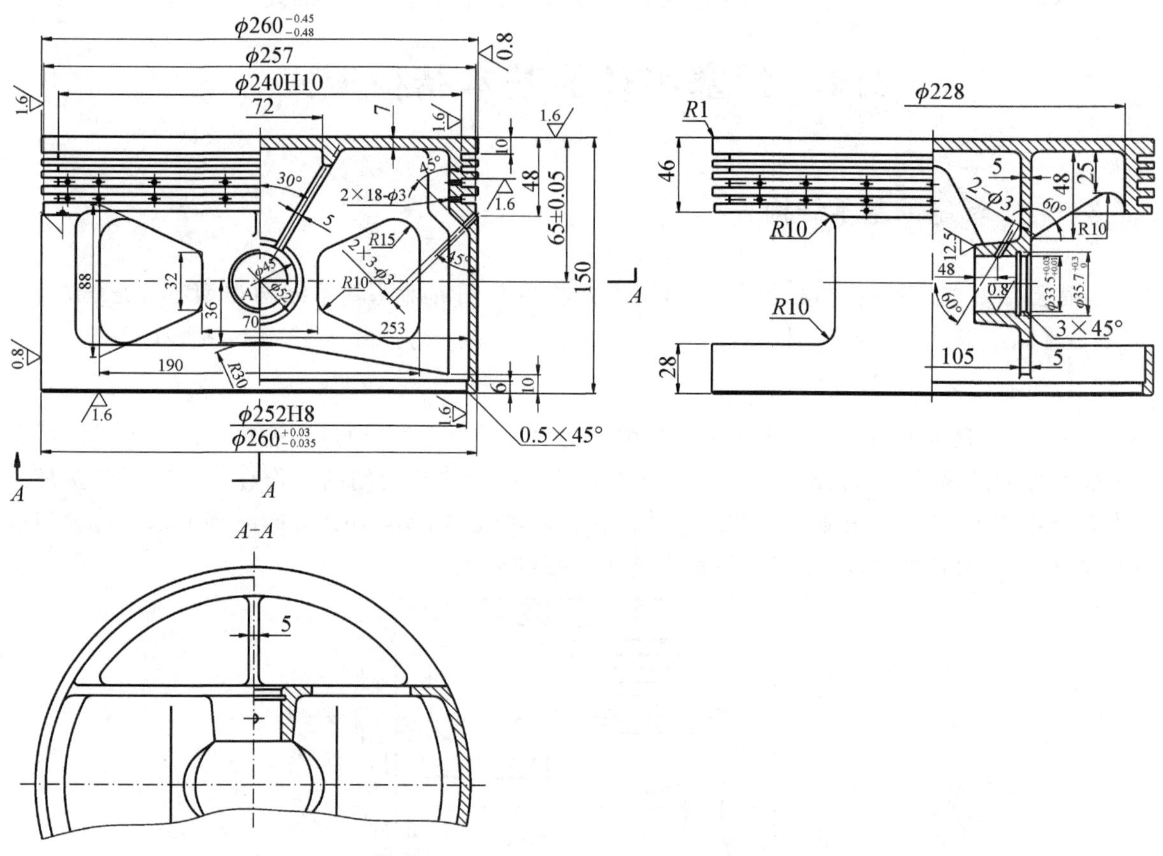

图 3 - 2　筒形活塞的轻型结构

在压力较高的级中，由于活塞直径较小，不足以安置连杆小头，而且活塞承压面很小，引起过高的比压，需采用分级筒形活塞。它的扩大部分起十字头的作用，有时除了起十字头的作用外，还作低压级活塞用（图 3－3）。这种结构中，活塞销的端面要进入Ⅱ级气缸容积中，为了减小余隙容积和避免气体沿活塞销和销座之间的间隙泄漏，须用盖板遮住。

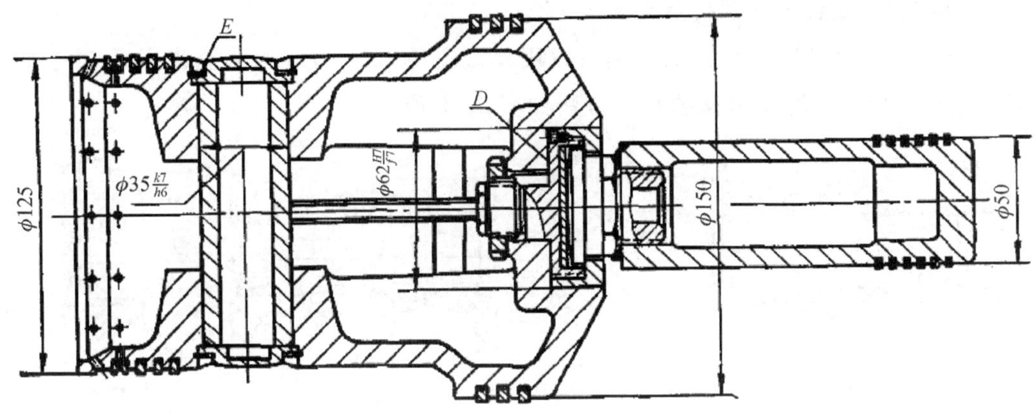

图 3－3　多级筒形活塞

根据活塞销的工作条件和设计要求，活塞销的摩擦表面应有高硬度，内部应富有韧性和较高强度，但是硬的表层和韧的内部之间必须紧密结合，防止活塞销在冲击载荷作用下出现金属剥落和金属层之间分离的现象。

活塞销的结构为圆柱体。为了减小质量和有效地利用材料，活塞销一般制成中孔的形状，各种常用的活塞销结构如图 3－4 所示。因为活塞销的基本变形是弯曲，在其中部受到的弯矩最大，向两端弯距逐渐减小，因此比较合理的结构是把活塞销内部做成锤形空心，但加工复杂，增加成本。

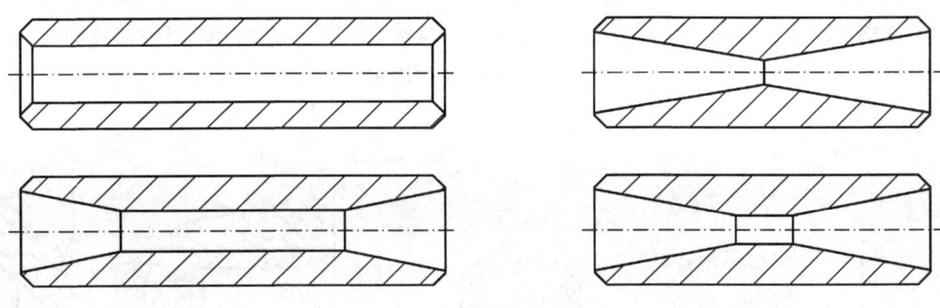

图 3－4　活塞销结构

活塞销与连杆及销座的连接方式如图 3－5 所示。图 3－5(b)表示活塞销固定在销座上，这一连接方式特别适合于铝制活塞。铝制活塞为了增加耐磨性和销座的承载能力，常在销座中压入磷青铜衬套。图 3－5(c)表示活塞销紧固于连杆上，连杆的小头一端应开有螺孔或开有部分狭缝，供螺栓夹持活塞销之用，这种连接方式虽然增加了连杆的加工费用，但在大批量生产的内燃机上常用。图 3－5(a)表示浮动活塞销，活塞销既能在连杆的端部又能在活塞销座处作任意的转动。这种连接方式要求较高，一方面要保证连杆端部和销座间在气缸的轴线方向具有适当小且差值不大的间隙，另一方面要注意活塞销在圆周方向任意转动的同时，可能在其轴线方向移动，使得表面硬度很高的活塞销端部滑出销座而刮伤气缸工作表面。因此，需要加装防止活塞销与气缸工作表面接触的轴向定位件。活塞销与连杆、销座之间的连接关系、配合关系及特点见表 3-1。

为了防止活塞销轴向窜动，活塞销可以用弹簧圈(图 3-5)或铝制塞来保证它的轴向定位(图 3-3)。活塞销防止窜动的几种方法如图 3-6 所示。

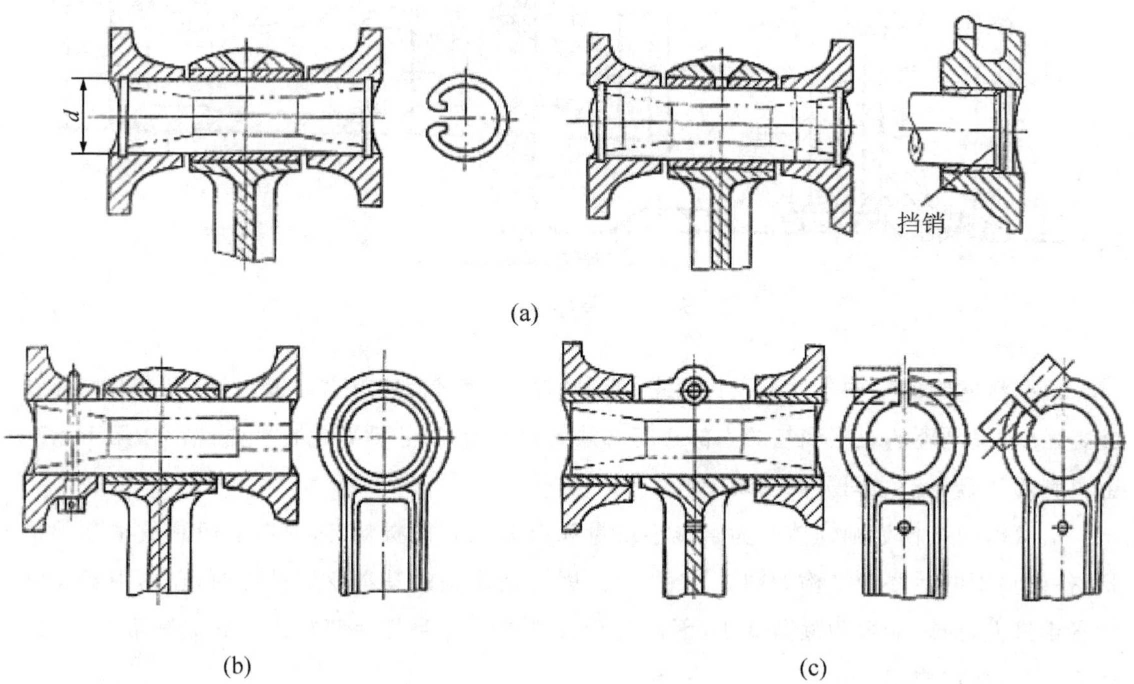

(a)浮动活塞销；(b)固定在销座上的活塞销；(c)固定在连杆上的活塞销；(d)活塞销外径

图 3-5　活塞销安装固定方式

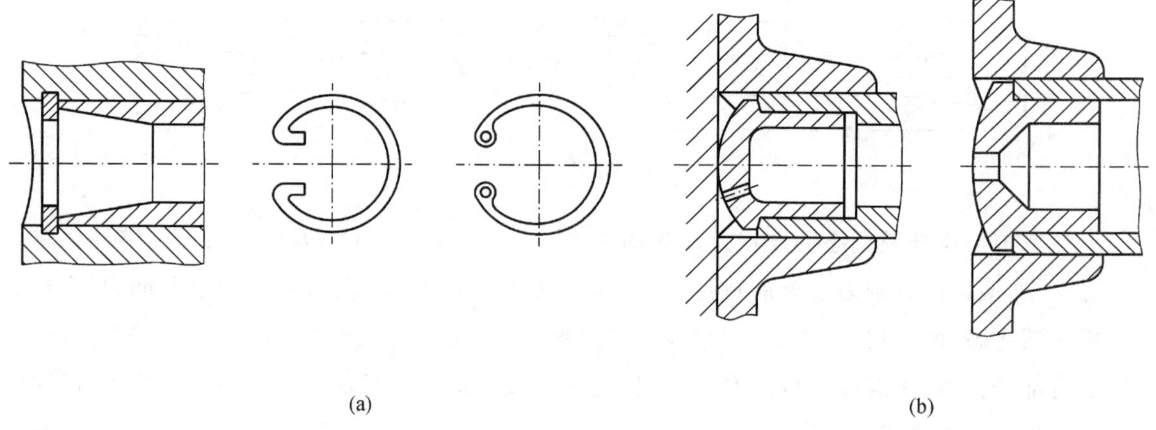

(a)挡圈结构；(b)挡塞结构

图 3-6　活塞销防止窜动的方法

表 3-1　活塞销与连杆、销座的连接

连接方式（见图 3-5）	活塞销与销座的配合	活塞销与连杆的配合	特　点
浮动活塞销图(a)	$\frac{H7}{g6}$	$\frac{H7}{g6}$	活塞销既能在连杆端部也能在活塞销座处作任意的转动。装拆方便，活塞销磨损均匀，寿命长，但销的尺寸较大
活塞销紧固在销座上图(b)	$\frac{M7}{h6}$ 或 $\frac{K7}{h6}$	$\frac{G7}{h6}$	活塞销与连杆小头衬套可通过飞溅得到润滑，适合于铝活塞，缺点是活塞销与连杆小头衬套接触部分磨损不均匀
活塞销紧固在连杆上图(c)	$\frac{G7}{h6}$	$\frac{M7}{h6}$ 或 $\frac{K7}{h6}$	刮油环刮下的润滑油可沿着活塞的径向小孔供给活塞销座，使销座得到充分的润滑，但连杆小头必须开有螺孔或狭缝，工艺复杂

活塞与连杆的连接也可采用球形关节连接，如图 3-7 所示。优点是活塞在气缸内可以自动定心，而且不存在气体沿活塞销和销座间隙泄漏的问题；缺点是结构复杂，加工困难。

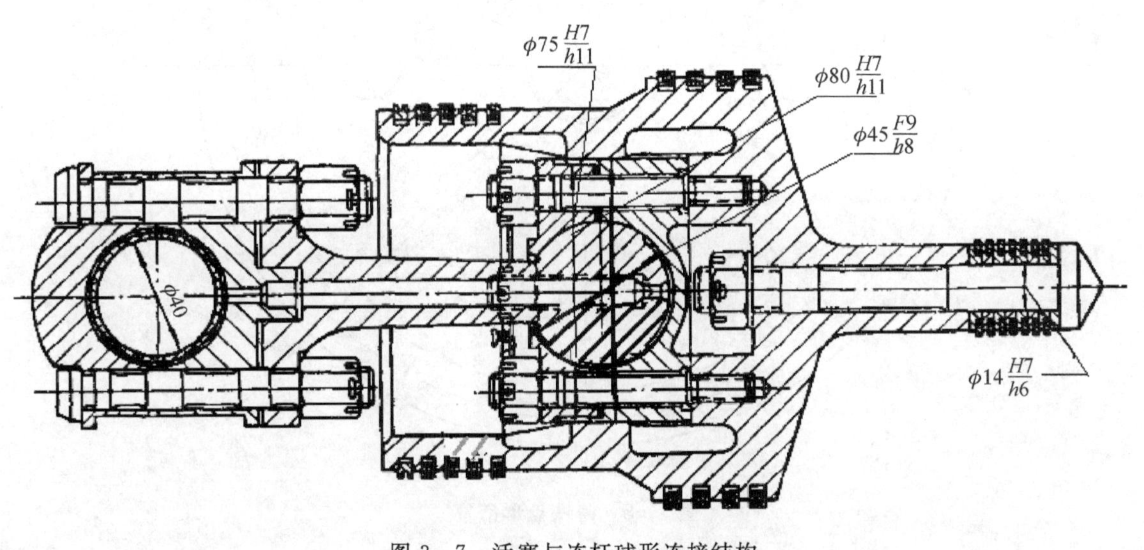

图 3-7　活塞与连杆球形连接结构

2. 盘形活塞

盘形活塞主要用于具有十字头结构由活塞杆带动的低压、中压气缸中，为了减轻重量，一般铸成空心的。两个端面用加强筋互相连接以增加刚性。铸铁盘形活塞如图 3-8 所示，根据活塞的直径,筋数可取 3～8 条。为避免铸造应力和缩孔,防止工作中因受热而造成活塞不规则变形,铸铁活塞的筋不能与毂部和外壁相连。在活塞端面每两条筋之间开清砂孔,清砂后用螺塞封闭,但须采取防漏防松措施。铸铝盘形活塞如图 3-9 所示;组合盘形活塞如图 3-10 所示;焊接盘形活塞如图 3-11 所示;焊接加强筋布置方式如图 3-12 所示;锥形盘形活塞如图 3-13 所示。

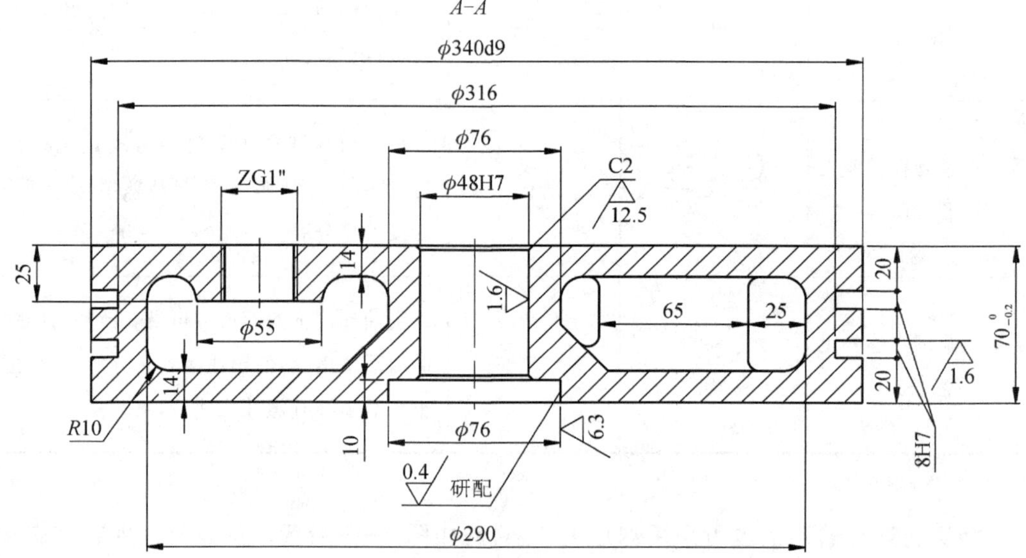

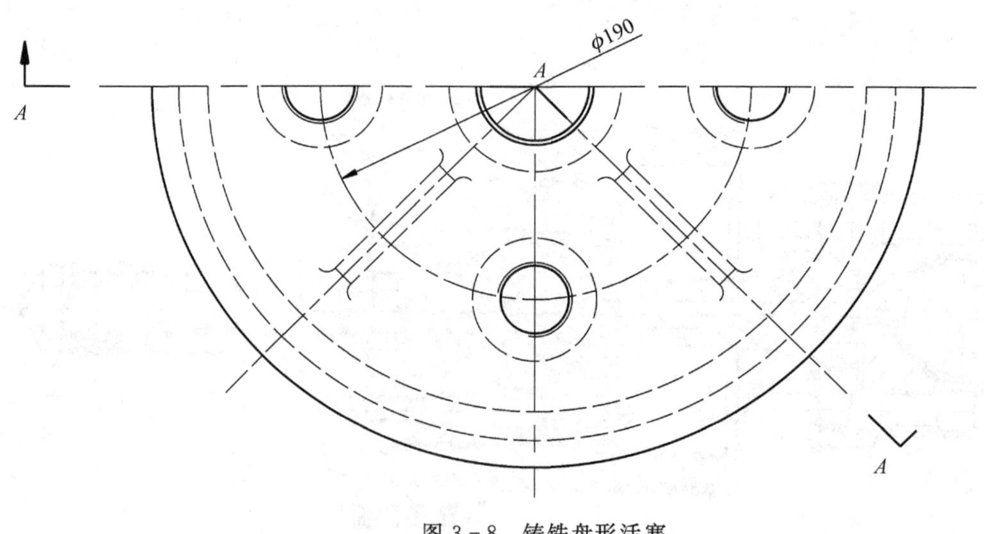

图 3-8 铸铁盘形活塞

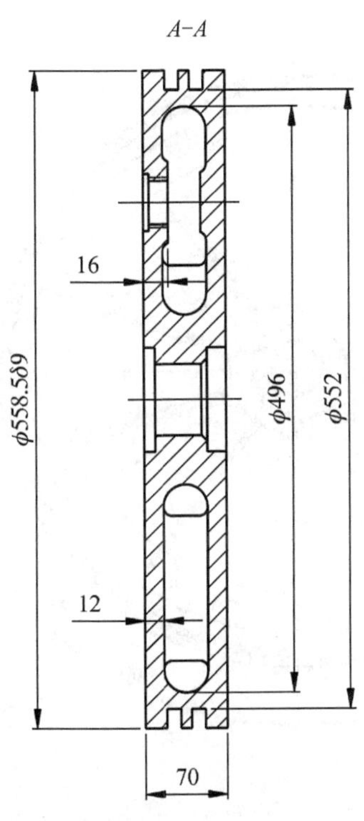

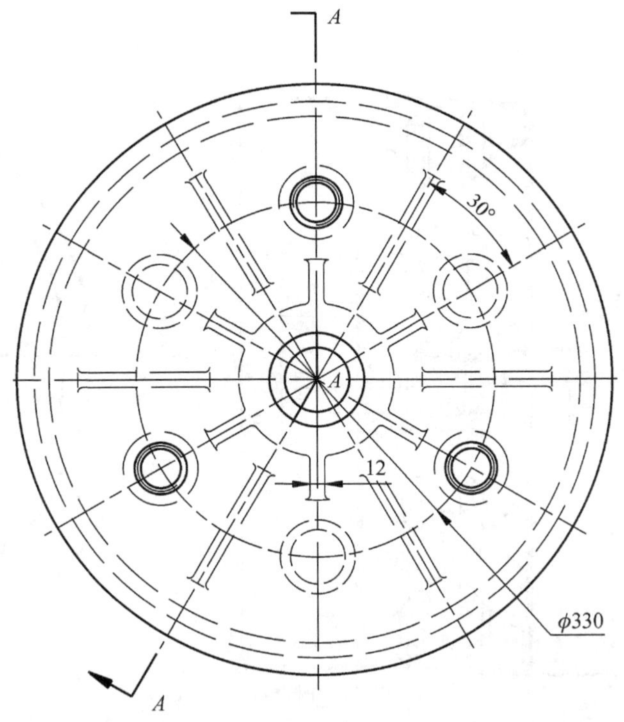

图 3-9　铸铝盘形活塞

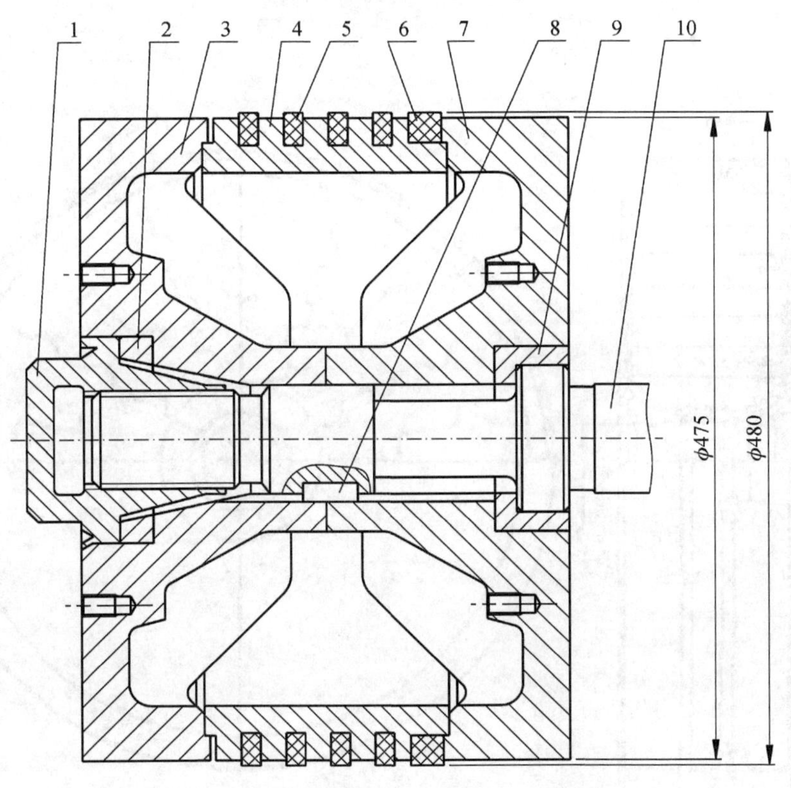

1—螺母；2—垫片；3—活塞上端盖；4—活塞体；5—活塞环；6—导向套；
7—活塞下端盖；8—键；9—垫环；10—活塞杆

图 3-10　组合盘形活塞

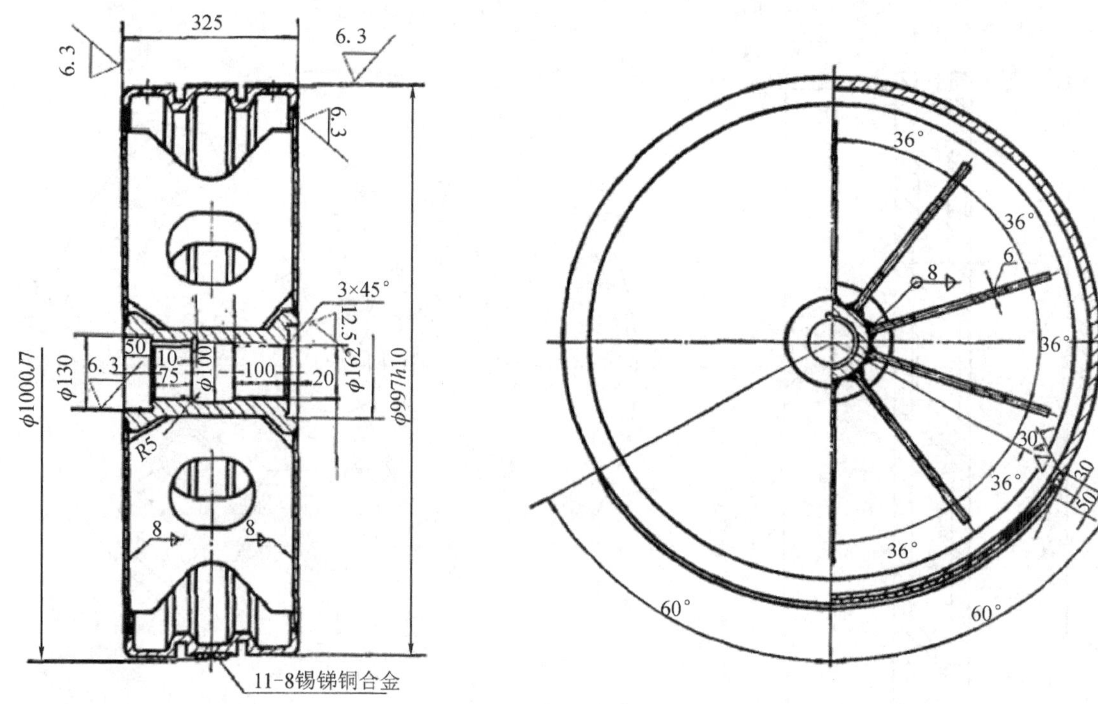

图 3-11　焊接盘形活塞

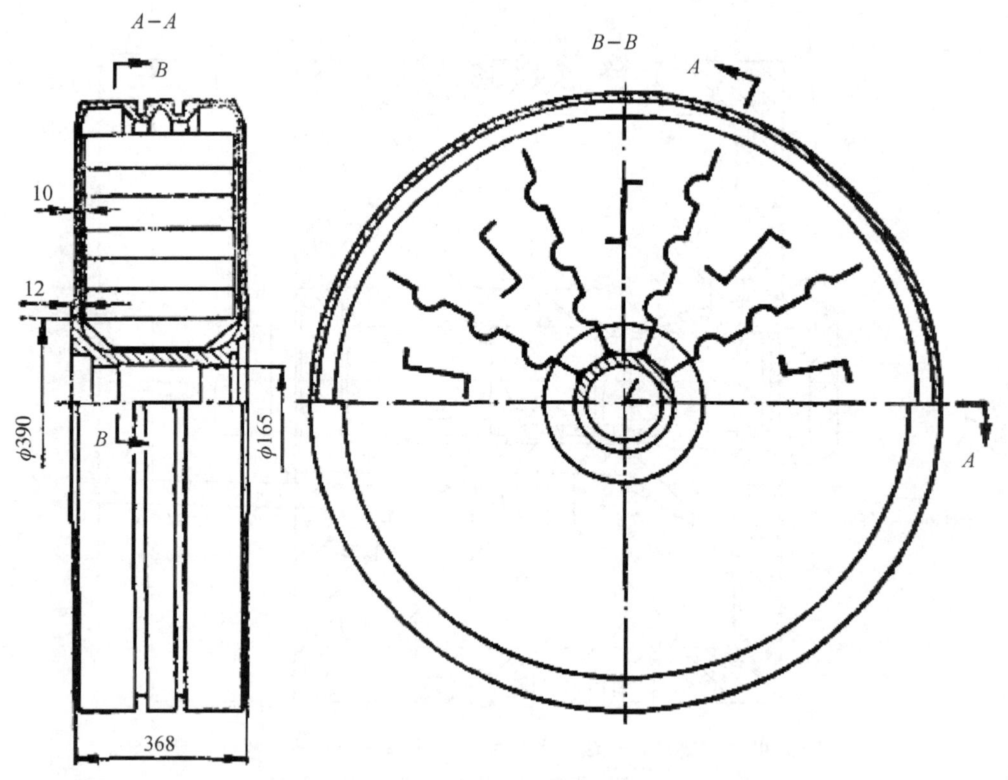

图 3-12　焊接盘形活塞加强筋的一种布置方式

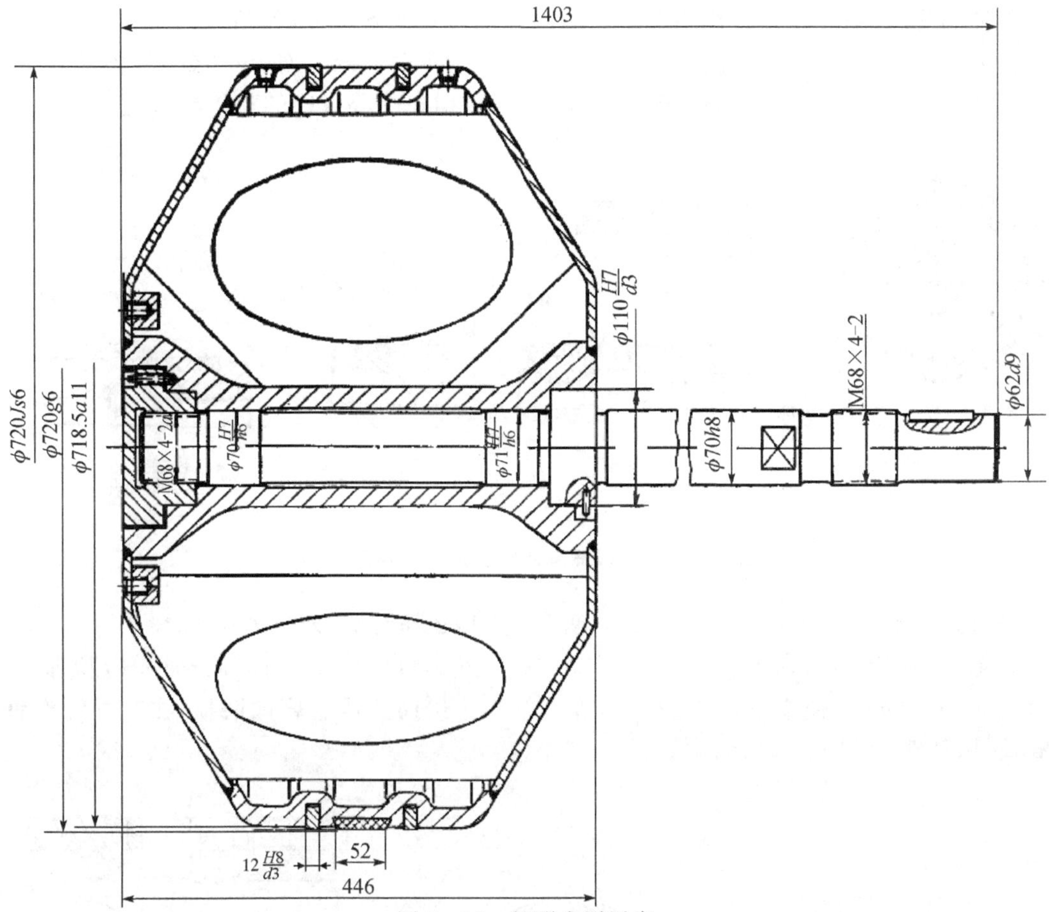

图 3-13　锥形盘形活塞

除立式压缩机外，其余各种型式压缩机的盘形活塞，大都支承在气缸工作表面上。直径较大的活塞都专门用耐磨材料制成承压表面，一般都设在活塞中间，也可分两段布置在活塞两端。为了避免活塞因热膨胀而卡住，承压表面在圆周上只占 90°或 120°角的范围(图 3-11 所示)，并将这部分按气缸尺寸加工，活塞的其余部分与气缸有 1～2 mm 的半径间隙；承压表面两边 10°～12°角的部分略锉去一点，而前后两端做成 2°～3°的斜角，以形成楔形润滑油层。为使轴承合金紧贴在活塞上，浇铸前，需在活塞上加工出燕尾槽。

直径小于 300 mm 的盘形活塞，如果需设置承压面，为了便于机械加工，可制成整圈式，如图 3-14 所示。

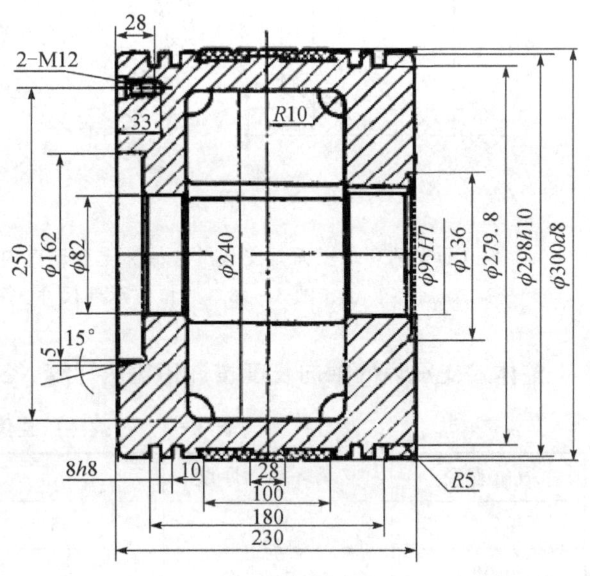

图 3-14　整圈式承压面

无油润滑压缩机中，通常用耐磨塑料制成各种形式的支承环，作活塞的承压表面。常用的结构如图 3－15 所示，其中图(a)是分瓣式结构，用在大直径活塞上；图(b)是整圈式，用在组合式活塞上；图(c)和图(d)为整圈开口式支承环，用在中等直径的整体活塞上。

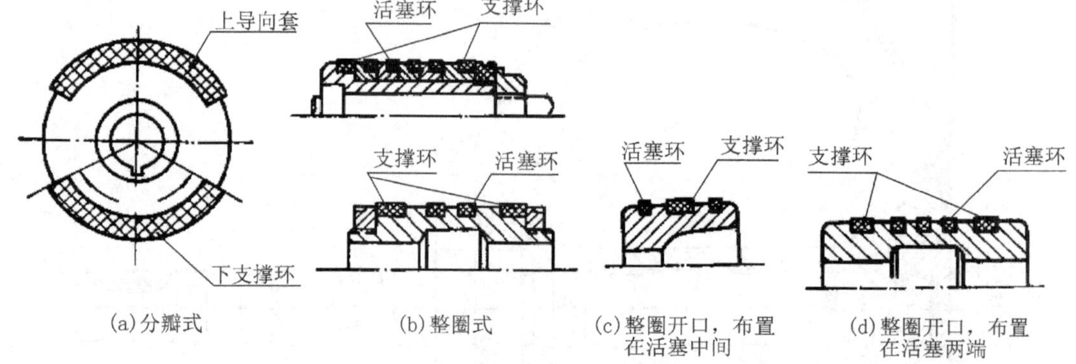

图 3－15　无油润滑压缩机活塞支承环结构

开口式支承环如图 3－16 所示，其宽度 b 按许用比压计算，厚度 $t_s=(0.8\sim1.0)t$，t 为活塞环径向厚度；开口间隙 $e=(2.8\sim3.2)\%D$，D 为气缸直径；轴向热膨胀 $\delta=(1.5\sim1.8)\%b$。为使支承环不受气体压力差的作用而造成急剧的磨损，在其外缘设置若干卸荷槽，如图 3－16(b)所示。

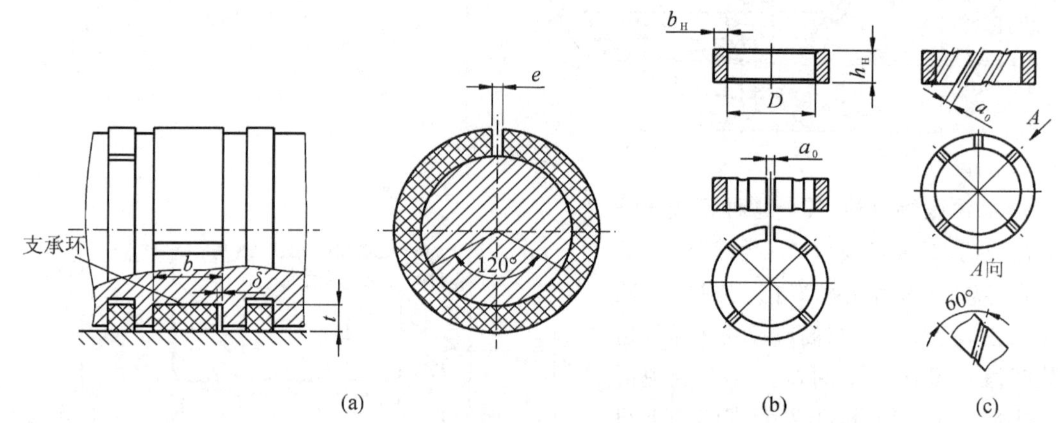

(a)支承环承压面与安装尺寸；(b)支承环直内卸荷结构；(c)支承环斜外卸荷结构

图 3－16　开口支承环尺寸关系表示及卸荷槽开设

整体式支承环的轴向长度按许用比压计算，径向厚度按表 3－2 确定。

表 3－2　过盈热压整体支承环尺寸　　单位：mm

气缸直径	支承环径向厚度	支承环冷态外径		
70	2.5	65	64.5	68
100	3.5	93	92	97
150	5	140	138.5	146

续表 3－2

气缸直径	支承环径向厚度	支承环冷态外径		
200	6.5	187	185	195
275	6.5	262	258	270
350	6.5	337	332	345
425	6.5	412	405	420
500	6.5	487	478	495
625	8	609	597	619

卧式或对称平衡型压缩机的大直径盘形活塞，为了减轻气缸的磨损和改善活塞环的密封性，有时采用活塞悬挂在活塞杆上的结构。图 3－17 为气缸无油润滑氧气压缩机的悬挂活塞。悬挂活塞的缺点是结构复杂，一般都避免采用。

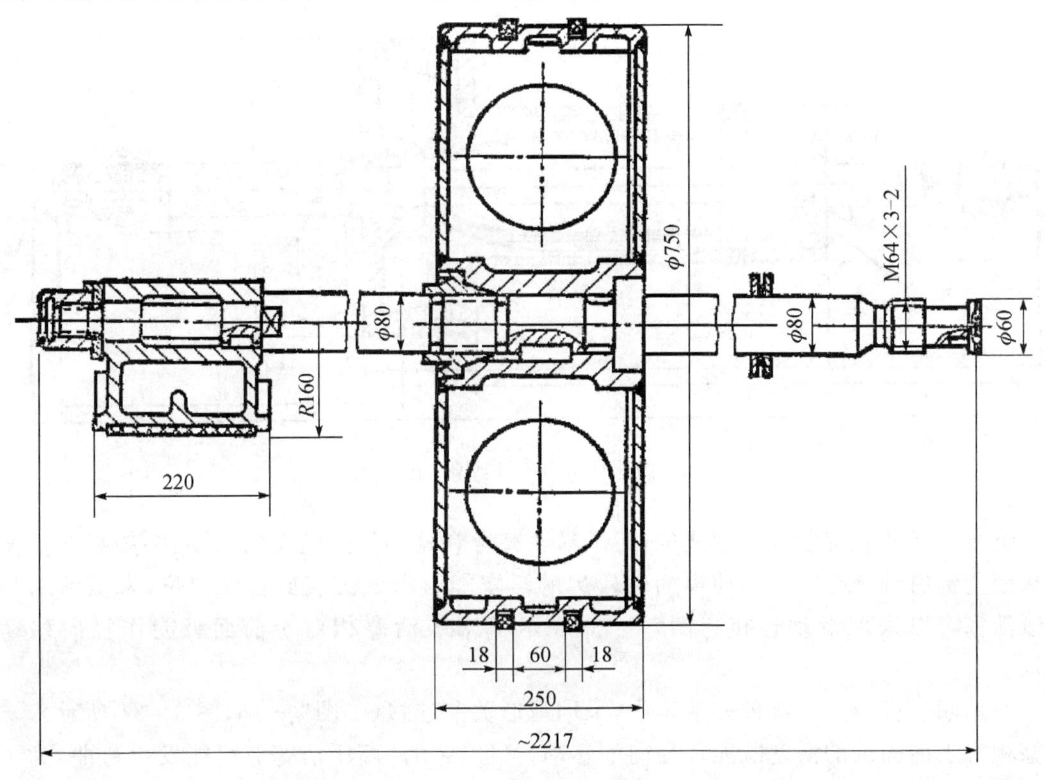

图 3－17　悬挂式活塞

立式无油润滑压缩机的活塞通常也有支承环以承受活塞振动所产生的侧向力，避免活塞与气缸发生直接接触。其支承环的高度为活塞环高度的 1.5～2 倍。

3. 级差式活塞

级差式活塞用在串联两个以上压缩机的级差式气缸中。如图 3－18 所示为氮氢混合式压缩机Ⅲ级与Ⅴ级的级差式活塞，低压级为铸铁活塞。如图 3－19 所示为大型两列六级压缩机的Ⅰ、Ⅲ、Ⅴ级级差式活塞，为了简化结构，Ⅰ级和Ⅲ级铸成一体。

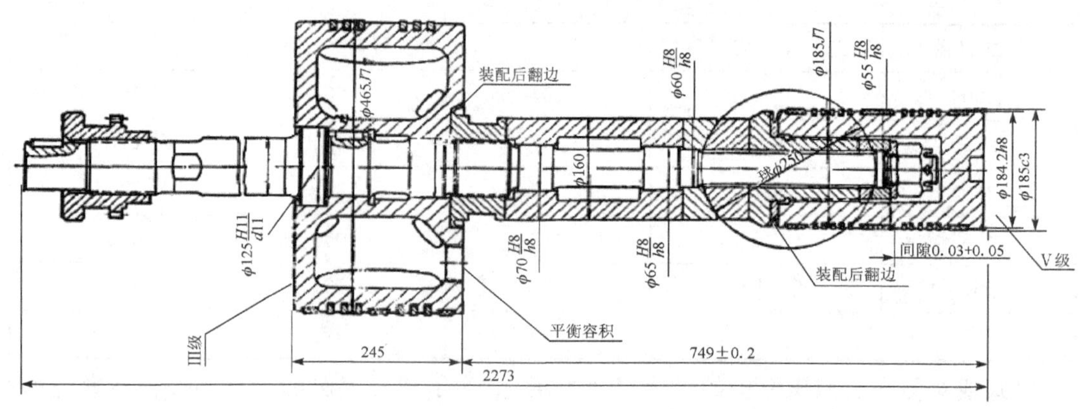

图 3-18　低压级为盘形的级差式活塞

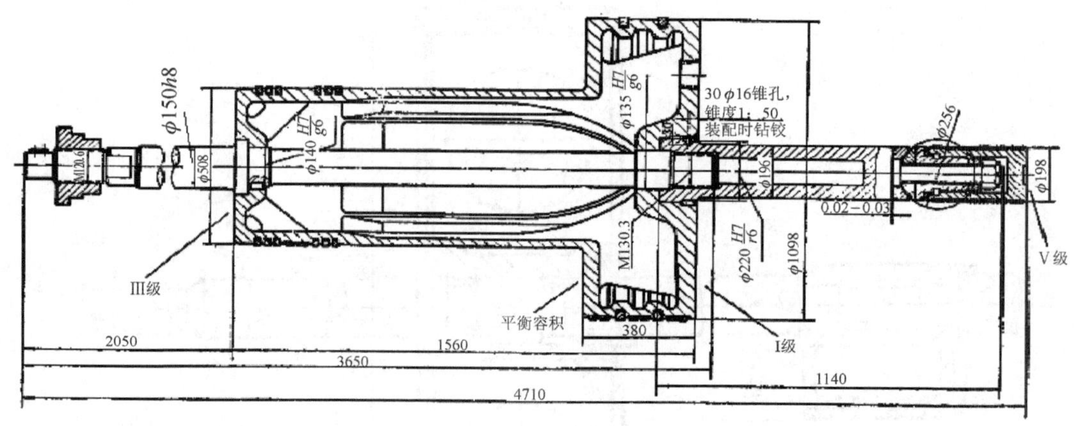

图 3-19　具有三个压缩级的级差活塞

级差式活塞大都制成滑动式的，为了易于磨合和减小气缸镜面的磨损，一般都在活塞的支承面上铸有轴承合金。为使离曲轴较远的活塞能够沿气缸表面自动定位，末级活塞与前面级活塞可以采取滑动连接。图 3-20 表示了末级活塞相对于前面级能作径向移动的结构。

在串联三级以上的级差式活塞中，采用球形关节连接（如图 3-19、图 3-21 所示），末级活塞相对于前面级的活塞既能作径向的移动，又能转动。高压活塞有可能发生弯曲，为了避免活塞与气缸摩擦，高压级活塞的直径应当比气缸直径小 0.8～1.2 mm。

4. 柱塞

活塞直径很小时，采用活塞环密封有困难。因此采用不带活塞环的柱塞结构，它的密封作用有两种方式：一种是在柱塞和气缸壁面设置齿和槽，依靠迷宫密封的方式达到密封的目的，如图 1-14 所示；另一种是气缸和柱塞光滑的表面，气体的密封靠填料完成，填料布置在气缸一端，柱塞通过填料函滑动，达到密封的目的。当然，柱塞的加工要求较高，但易达到；对难以加工的气缸深孔，可适当降低要求。

柱塞工作表面应经精磨，椭圆度和锥形度应在 2 级精度公差之半的范围内。柱塞的连接应有自动调整的措施，如图 3-21 所示为双球形关节，其作用都是使柱塞与气缸中心线自动对中。

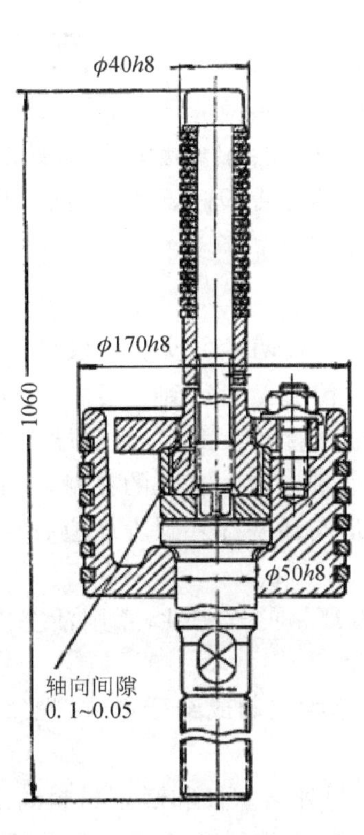

图 3-20　具有平面移动连接结构的级差式活塞

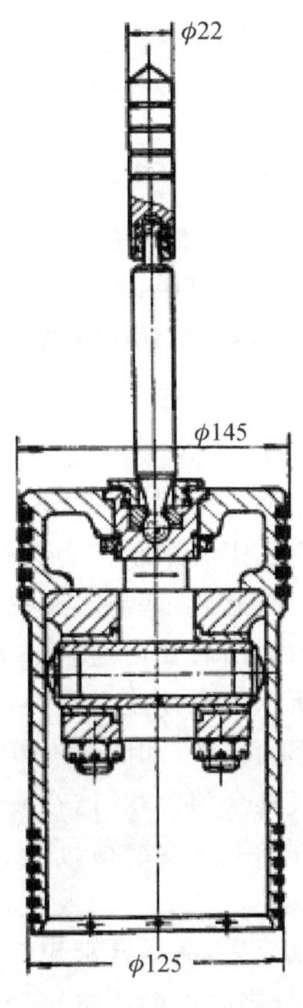

图 3-21　具有双球形关节的级差式活塞

3.1.2　活塞杆、活塞环的结构及连接

1.活塞杆的结构

活塞杆的一端与十字头相连，另一端与活塞相连。在多级串连的列中，活塞杆起着连接相邻活塞的作用，在级差活塞或高压活塞中，活塞杆有时也起活塞的作用。

活塞杆有贯穿和不贯穿两种。不贯穿活塞杆由十字头和活塞支承并导向，带悬挂活塞的贯穿活塞杆由两端的十字头导向。有时在填料函进气腔处设衬套作为活塞杆的辅助导向，可使活塞杆在密封处的径向偏离得到适当的限制，保证填料函工作的可靠性。

在悬挂活塞中，由于活塞杆承受的重量较大和支承距离较长，所以工作时的弯曲较大。为了保证填料工作的可靠性，以及活塞与气缸不接触，有的将活塞杆加工成上凸的形状，如图 3-22 所示。图中虚线表示加工成的形状，点划线所示为装上活塞的实际工作情况，虚线所示的形状可以通过二轴线法和三轴线法加工而成。如图 3-23 所示为三轴线法加工示意图，中部 345 mm 处为活塞安装部位，两端中心线的偏移量，通过计算求得。

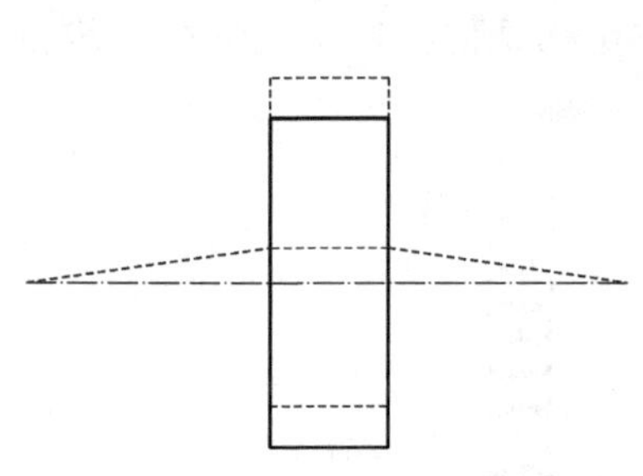

图 3-22　加工成上凸形的贯穿活塞杆

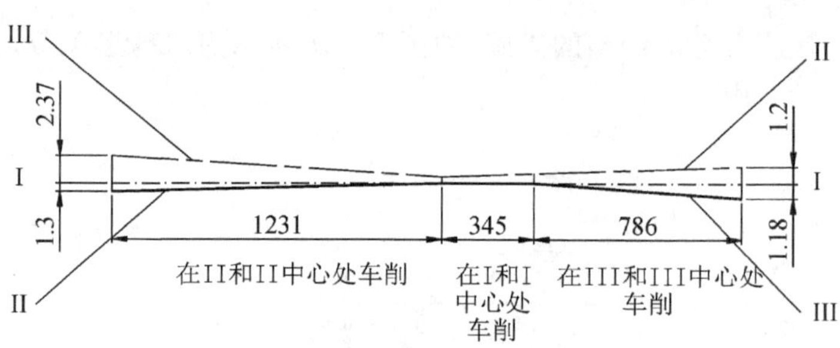

图 3-23　用三轴线法加工的贯穿活塞杆

在无油润滑压缩机中，为了防止油进入填料和气缸，活塞杆要适当增长，使通过刮油器的部分不进入填料函，而且在活塞杆上还设有挡油器。

2. 活塞杆与活塞的连接

活塞杆与活塞的连接通常采用圆柱凸肩和锥面连接两种方法。在圆柱凸肩连接中，如图 3-8 所示，活塞与活塞杆的同心性依靠圆柱面的精加工来达到。活塞力的传递，分别由活塞杆上的凸肩和螺母来承担。为使凸肩不比活塞杆直径大太多，凸肩端面上的许用支承压力取的较高。因此，活塞与凸肩的支承表面须经研磨以增大有效的接触表面，同时也可改善密封性能。由于凸肩要传递全部活塞力，所以凸肩与活塞杆外圆表面应有合理的过渡，采用如图 3-24 所示的设计能改善凸肩的承载能力。

在组合盘形活塞中，如图 3-10 所示，螺母要有严格的气密性，否则活塞内部容积在一定程度上成为气缸余隙容积，这在高压级中特别显著。

由于活塞杆承受交变载荷，所以活塞杆的连接螺纹应制成细牙螺纹，螺纹根部倒圆，以减小应力集中。

由于受到载荷后，活塞杆被拉长而活塞被压缩，另外活塞杆和活塞材料的线膨胀系数不同，活塞与活塞杆之间可能产生轴向间隙，而造成活塞与支承凸肩或螺母与活塞间的冲击，因此，活塞紧固在活塞杆上，必须有防松措施。

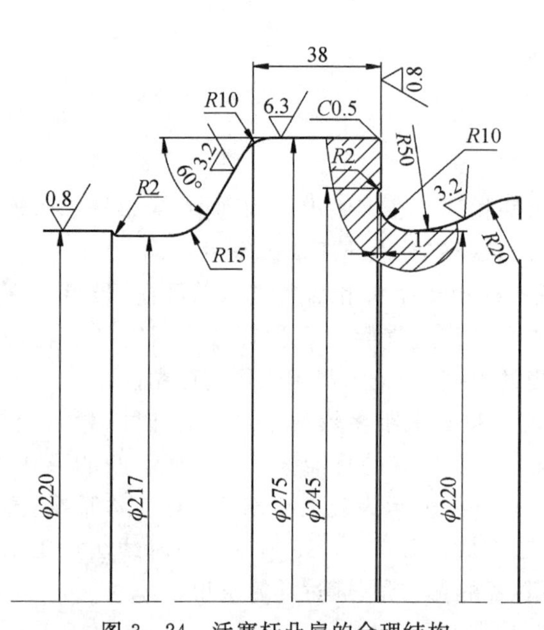

图 3-24　活塞杆凸肩的合理结构

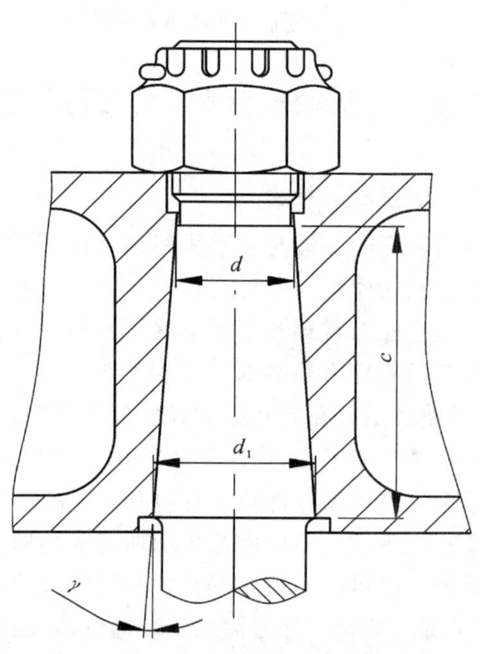

图 3-25　活塞杆的锥面连接结构

锥面连接如图 3-25 所示，优点是装拆方便，活塞与活塞杆之间不需要定位销，但加工复杂，锥面加工精度要求高，否则活塞不能压紧而且不容易保证活塞与活塞杆之间的垂直度，因而使用较少。

在有些设计中采用了如图 3-26 所示的心杆与套筒组件代替单纯的活塞杆结构。当活塞杆特别长和承受的载荷主要是压缩力时，这种替代方案比较合理，而且心杆和套筒无须设置凸肩，其缺点是心杆和套筒的加工精度要求更高。

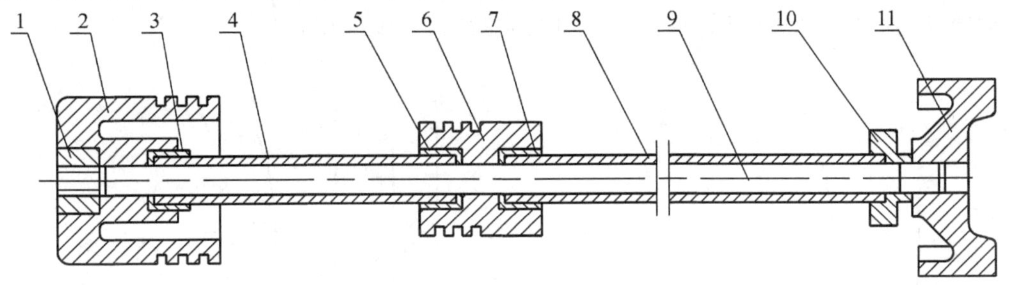

1—螺母；2、6—活塞；3、5、7—衬环；4、8—套筒；9—心杆；10—连接十字头法兰；11—十字头

图 3-26　由心杆与套筒组成的活塞杆结构

3.活塞环、刮油环的基本结构

(1)活塞环的结构与密封原理。活塞环是密封气缸镜面和活塞间间隙的零件。另外，它还起到布油和导热的作用。对活塞环的基本要求是密封可靠和耐磨损。它是易损件，在设计中尽量选用标准件和通用件，以利于生产管理。

活塞环上有开口，在自由状态时，其直径大于气缸的直径，因此活塞环装入气缸时，由于材料本身的弹性，会产生一个对气缸壁的预紧力。活塞环装在活塞中与槽壁间应留有间隙。压缩机工作时，活塞环在其压力 p_1 和 p_2 的压力差作用下，被推向压力较低的 p_2 一方，如图 3-27所示，即密封了气体沿环槽端面的泄漏(第二密封面)。作用在活塞环内圆上的压力，约等于环前的压力 p_1，此压力大于作用在活塞环外圆上的平均压力，于是形成压力差，将环压向气缸镜面，阻止了气体沿气缸壁面的泄漏(即第一密封面)。

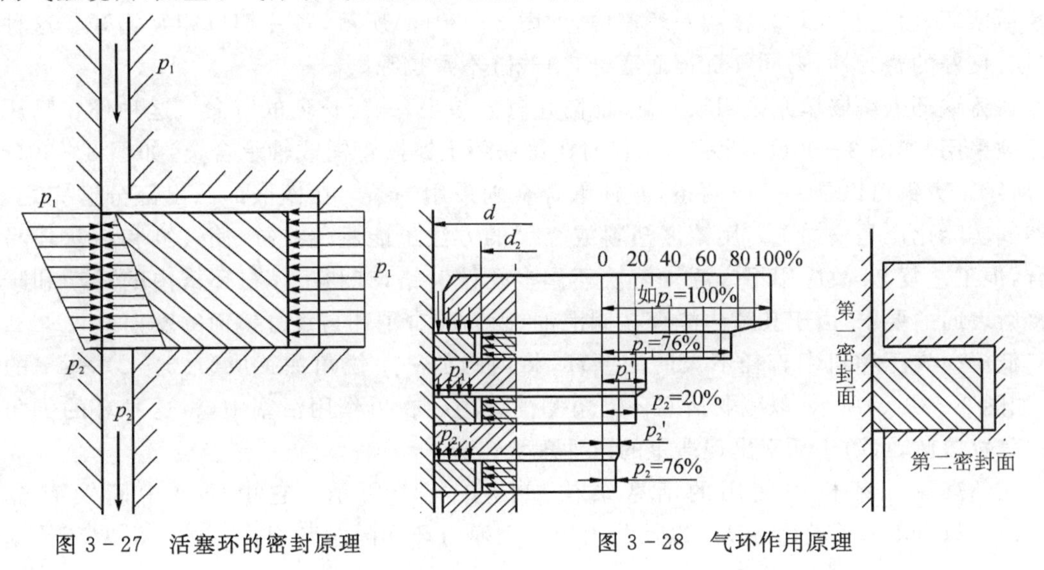

图 3-27　活塞环的密封原理　　　　图 3-28　气环作用原理

气体从高压侧的第一道环逐级漏到最后一道环时，每一道环所承受的压力差相差甚大，第一道活塞环承受着主要的压力差，并且随着转速的增加，压力差也增高。第二道环承受的压力差相对较小，以后各环逐级减小，如图 3-28 所示。因此环数过多是没有必要的，反而会增加气缸磨损，增大摩擦功。

活塞环的开口，常用的有直口、45°斜口和搭接口三种，如图 3-29 所示。其中搭接口的密封性较前两种有显著差别，但工艺复杂，而且环端在安装时容易折断，已很少采用。用塑料做活塞环时，由于强度较低，斜口的夹角处易断裂，故多采用直口。

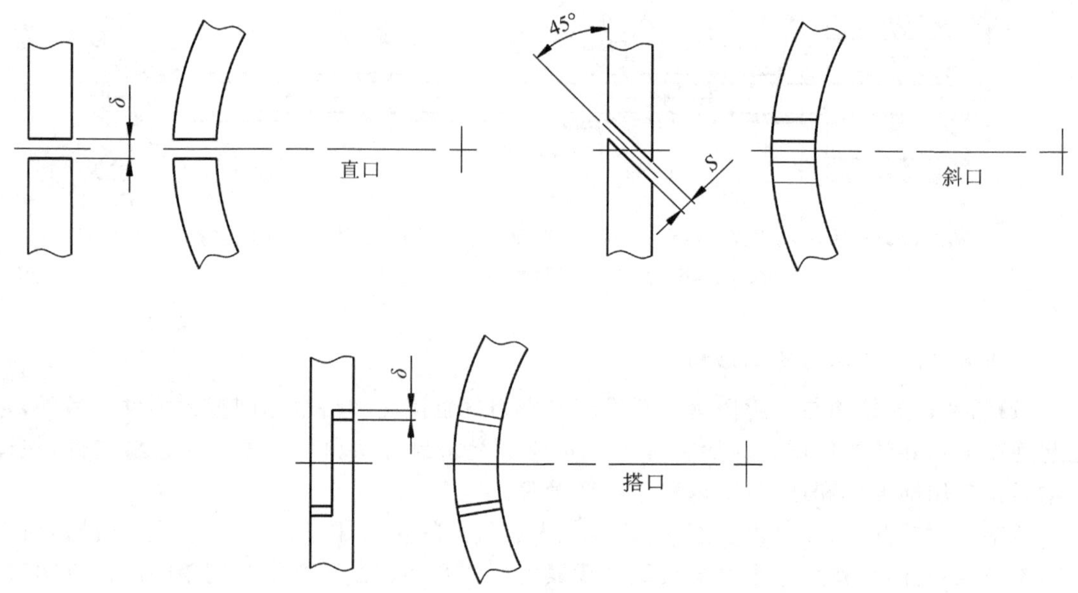

图 3-29　活塞环的切口形式

活塞环外圆锐角倒成小圆角，以利于形成润滑油膜，减小泄漏和磨损，内圆锐角倒成 45°角。还有一些特殊结构的活塞环，如微型高转数压缩机中，可用轴向高度仅 1～1.5 mm 的薄片活塞环，由三至四片装在同一环槽内，如图 3-30(a)所示，各片切口相互错开。这种结构具有良好的密封性，易同气缸镜面磨合，使气缸不致拉毛。

在铸铁环上镶嵌填充聚四氟乙烯，能防止气缸拉毛，并延长环的寿命。这种环在高压级中已被采用，如图 3-30(b)所示。还有的在铸铁环上镶嵌青铜或轴承合金，如图 3-30(c)、(d)所示。青铜可以是一条或两条，而轴承合金则采用一条。在镶嵌的凸出部分磨完之前，显然其实际比压是增加了。用镶嵌塑料或金属的方法虽能避免拉缸，使气缸和活塞环易于磨合，但工艺复杂，故应用不广泛。铸铁环作多孔性镀铬，有利于环在环槽内的滑动和降低环接触表面的要求，由于孔隙内能存在润滑油，因而减少了环与气缸镜面的磨损。

低压空气压缩机中直径不大的活塞环，将内圆的一个锐角加工成(1.5～2)×45°的倒角，如图 3-30(e)所示，以减弱活塞环倒角侧的弹力。在单作用活塞中，将这种环的倒角边装在气缸盖侧，可防止活塞出现严重的窜油现象。

在超高压压缩机中使用的活塞结构如图 3-31 所示。它由两个中间镶有合金(Sn4.8%，Cu95.2%)的活塞环，以及共用的一个弹力环和隔距环组成一组。活塞环的基体是合金铸铁，弹力环和隔距环是用调质铬钢制成，硬度 HB＝300～350，强度 σ_b ＝(110～130)×10^5 N/m^2。使用五组活塞环即能密封 1750×10^5 N/m^2 的压力。

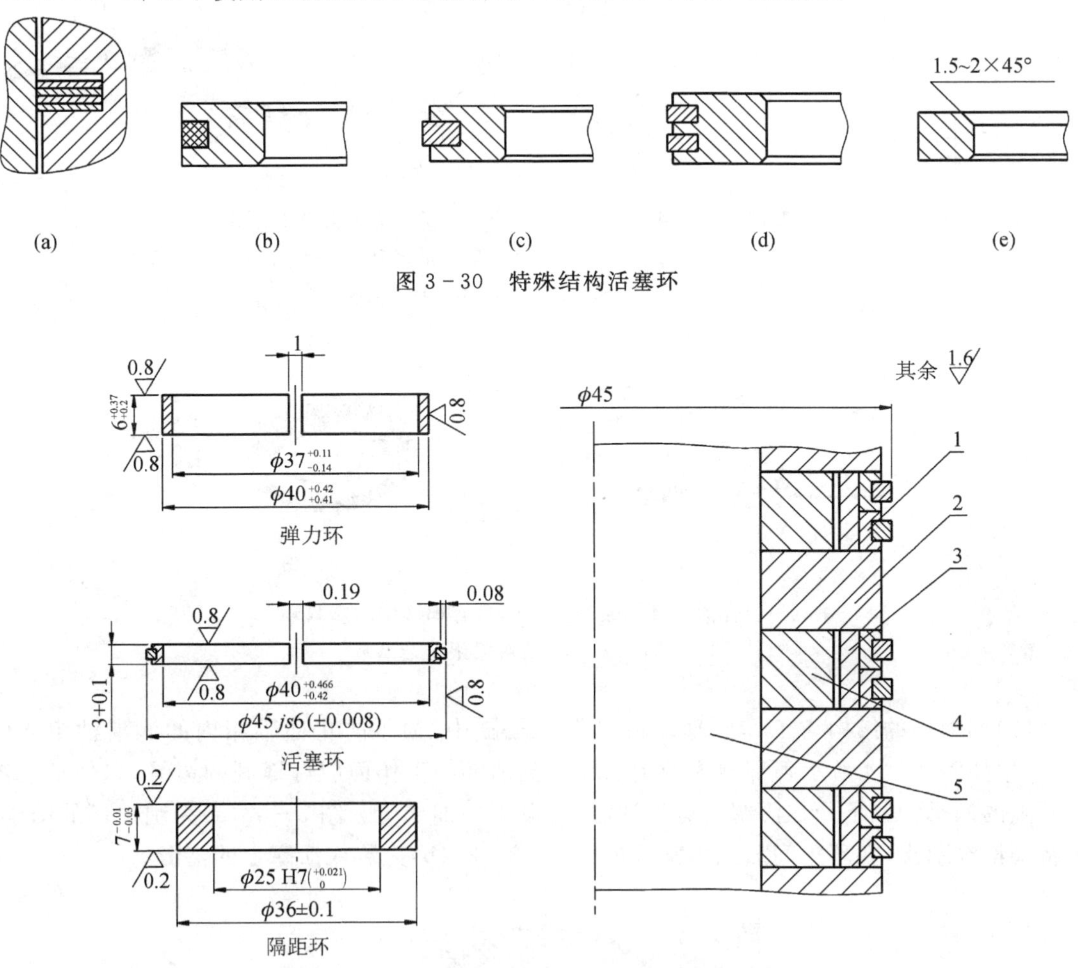

图 3-30 特殊结构活塞环

1—活塞环；2—垫环；3—弹力环；4—隔距环；5—活塞杆

图 3-31 超高压压缩机气缸密封用活塞环结构及主要元件

在少油或无油润滑压缩机中，广泛采用塑料活塞环，材料同塑料密封圈的一样，结构与金属活塞环无多大差别。在直径较大、加工有困难时，可采用分瓣式结构，如图 3-32(a)所示。由于塑料的弹性差，故塑料活塞经常配用弹力环，如图 3-32(b)所示，以保证一定的比压。但也有不用弹力环的，特别是直径较大时，更趋向于不用弹力环，但分瓣式活塞环必须使用弹力环。

还有一种装在组合活塞上不开切口的双层组合活塞环，如图 3-33 所示。环由两圈组成，内圈为金属环，外圈为压入的一个塑料环，在环的外圆加工成梯形槽时，密封效果更好。活塞环装入气缸时带有间隙，机器运转后，活塞环膨胀，间隙缩小，故可达到良好密封。这种环不靠气体压力密封，摩擦耗功小，比压和磨损较均匀，可用在低压压缩机上。

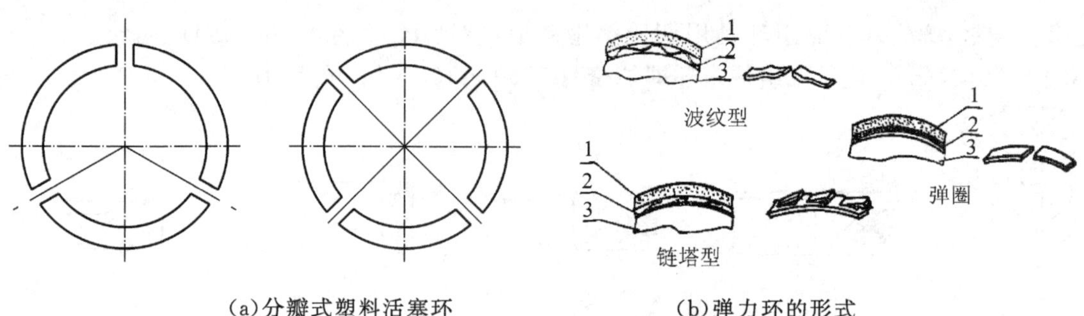

(a)分瓣式塑料活塞环　　　　(b)弹力环的形式

1—塑料活塞环;2—弹力环;3—活塞体

图 3-32　塑料活塞环及配用弹力环

(a)　　　　(b)

(a)组合活塞环的装配图;(b)具有梯形槽的塑料环

图 3-33　无切口的双层组合活塞环

(2)刮油环的结构与工作原理。在单作用气缸中,为了防止曲轴箱内的润滑油窜入气缸,采用如图 3-34 所示各种型式的刮油环。刮油环的工作面应有锋利的边缘,以便把气缸壁面上的润滑油刮下。在活塞上有导油沟,把刮下的油导出。图 3-34(a)为刮油环的结构,为将润滑油引出,在环中间加工出圆弧形槽;图 3-34(b)为装入活塞上的情形。

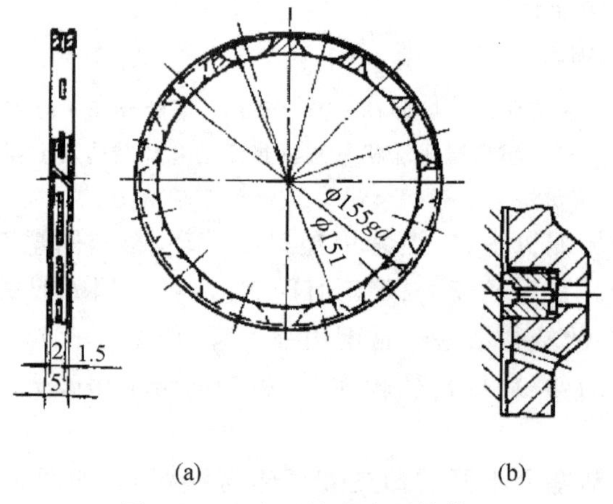

(a)　　　　(b)

图 3-34　常用的刮油环结构

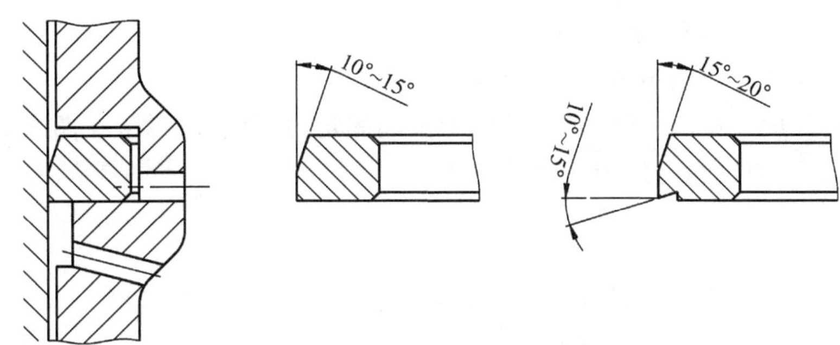

图 3-35 结构简单的刮油环

图 3-35 中的刮油环，在环的上边带有 10°～20°的锥角，在活塞向盖行程时，刮油环能浮在油膜上，这样可减少带入气缸的油。

3.2 活塞组件主要结构尺寸与强度校核

3.2.1 活塞的结构尺寸的确定与强度校核

1. 筒形活塞

筒形活塞主要结构尺寸如图 3-36 所示。

不计密封环和刮油环高度时的活塞高度

$$H' \geqslant \frac{N_{max}}{D[k_1]} \text{ m} \tag{3-1}$$

式中 N_{max} ——最大侧向力，N，$N_{max}=\lambda F_{pmax}$；

F_{pmax} ——最大活塞力，N；

D ——活塞直径，m；

λ ——曲轴回转半径与连杆长度比；

$[k_1]$ ——筒形活塞支承表面的许用比压，N/m²，$[k_1] \leqslant (1.5\sim3)\times10^5$ N/m²，高转数压缩机，为降低运动质量，取较大值；低转数压缩机，为减小摩擦，取较小值。

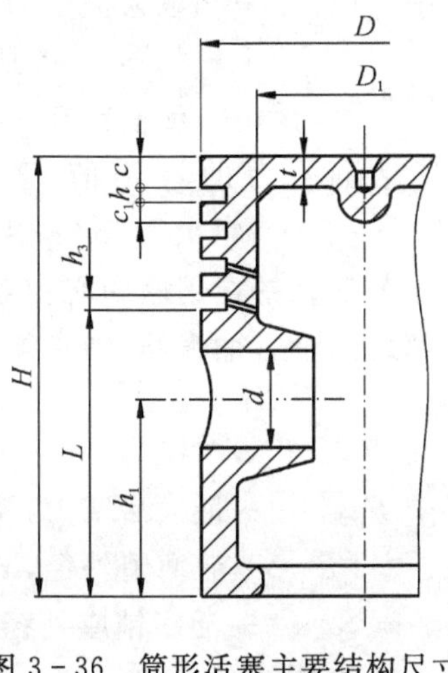

图 3-36 筒形活塞主要结构尺寸

对于轻型筒形活塞，由于侧面开口，支承面积应按实际尺寸进行计算。

活塞总高度

$$H \geqslant H' + nh + mh_3 \text{ m} \tag{3-2}$$

式中 n、m ——分别为密封环数和刮油环数；

h、h_3 ——分别为密封环和刮油环轴向高度，一般取 $h_3=(1\sim2)h$。

活塞总高度 H 与活塞直径 D 的关系为 $H=(0.65\sim1.5)D$。

活塞顶面至第一道活塞环的距离 $C=(1.2\sim3)h$。

活塞环之间的距离 $C_1=(0.8\sim1.5)h$。

裙部到底边的高度 L 约为 $0.7H$。

活塞销中心线到底边的距离 h_1 约为 $0.6L$。

活塞顶部的强度计算,可将活塞顶部作为圆周固定的圆板来计算,在圆板上受到气体压力的均匀载荷,在四周边缘上的最大弯曲应力为

$$\sigma_B = 0.68 p_{max} \frac{r^2}{t^2}\ \mathrm{N/m^2} \tag{3-3}$$

式中 p_{max} ——气缸中最大气体压力,$\mathrm{N/m^2}$;

r ——活塞顶接合外缘半径,m;

t ——活塞顶的厚度,m。

$$t = 0.4D\sqrt{\frac{p_{max}}{[\sigma_B]}}\ \mathrm{m} \tag{3-4}$$

计算时,若顶部无加强筋的铸铁活塞,取 $[\sigma_B] \leqslant (300 \sim 350) \times 10^5\ \mathrm{N/m^2}$;顶部有加强筋的铸铁活塞 $[\sigma_B] \leqslant 1000 \times 10^5\ \mathrm{N/m^2}$;顶部无加强筋的铝活塞 $[\sigma_B] \leqslant (150 \sim 180) \times 10^5\ \mathrm{N/m^2}$;顶部有加强筋的铝活塞 $[\sigma_B] \leqslant 500 \times 10^5\ \mathrm{N/m^2}$。

活塞销座处的表面压力按下式确定:

$$q = \frac{F_{pmax}}{2dl'}\ \mathrm{N/m^2} \tag{3-5}$$

式中 F_{pmax} ——最大活塞力,N;

d ——如图 3-5 所示,为活塞销外径,m;

l' ——活塞销在一侧销座中的支承长度,m。

表面压力的许用值:若活塞销在销座中为固定支承,则对于铸铁活塞,$[q] \leqslant (350 \sim 400) \times 10^5\ \mathrm{N/m^2}$;铝活塞 $[q] \leqslant (200 \sim 250) \times 10^5\ \mathrm{N/m^2}$。

若活塞销在销座中有相对滑动,则许用值分别取上述数值的一半。若活塞销座与活塞顶部之间没有加强筋,则必须验算截面 $I-I$ 的剪切应力值

$$\tau = \frac{2F_{pmax}}{\pi(d_s^2 - d^2)}\ \mathrm{N/m^2} \tag{3-6}$$

式中 F_{pmax} ——最大活塞力,N;

d ——活塞销外径,m;

d_s ——活塞销座外径,m。

许用的剪切应力:对于铸铁活塞,$[\tau] \leqslant (400 \sim 450) \times 10^5\ \mathrm{N/m^2}$;铝活塞 $[\tau] \leqslant (250 \sim 400) \times 10^5\ \mathrm{N/m^2}$。

活塞销的尺寸,根据最大活塞力 F_{pmax} 作用下活塞销投影工作表面上的许用比压 $[k_2]$ 初步确定后,按弯曲和剪切作用校核其强度。活塞销的计算尺寸如图 3-37 所示。

$$dl_0 \geqslant \frac{F_{pmax}}{[k_2]}\ \mathrm{m^2} \tag{3-7}$$

式中 d ——活塞销直径,m;

l_0 ——连杆轴承长度,按 $l_0 = (1.1 \sim 1.4)d$ 的范围选取;

$[k_2]$ ——活塞销许用比压,活塞力始终作用在一个方向时,$[k_2] \leqslant (120 \sim 150) \times 10^5\ \mathrm{N/m^2}$;活塞力的方向有变化时,$[k_2] \leqslant (150 \sim 250) \times 10^5\ \mathrm{N/m^2}$。

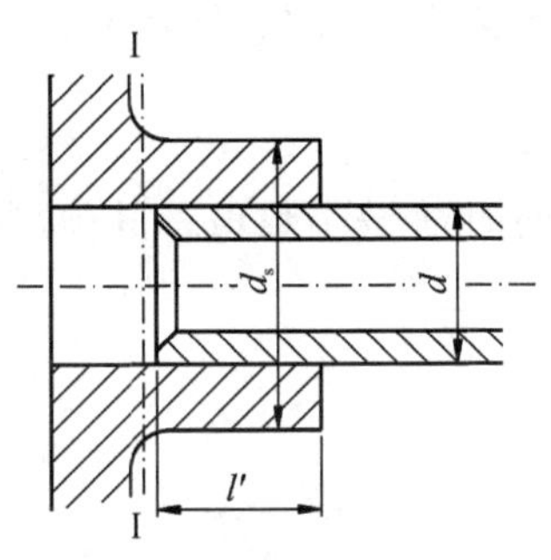

图3-37　活塞销座计算尺寸

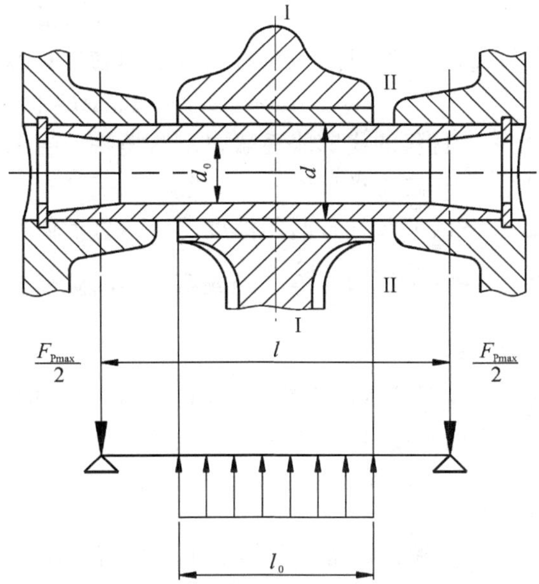

图 3-38　活塞销计算简图

进行弯曲验算时，把活塞销看作两端自由支承的梁，与连杆接触长度 l_0 上承受均匀载荷，如图 3-38 所示，中间截面 $I-I$ 上的弯曲应力最大，其值为

$$\sigma_B = \frac{F_{pmax}}{0.4}\left(l - \frac{l_0}{2}\right)\frac{d}{d^4 - d_0^4}\ \mathrm{N/m^2} \tag{3-8}$$

式中　F_{pmax} ——最大活塞力，N

l ——活塞销座支承长度中点间的距离，m；

l_0 ——连杆轴承长度，m；

d_0 ——活塞销中心孔径，m，一般取 $d_0 = (0.6 \sim 0.7)d$。

如果活塞销为实心的，或中心孔径 $d_0 < 0.5d$，则可按下式近似计算为

$$\sigma_B = \frac{F_{pmax}}{0.4}\left(l - \frac{l_0}{2}\right)\frac{1}{d^3}\ \mathrm{N/m^2} \tag{3-9}$$

许用弯曲应力：碳素钢 $[\sigma_B] \leqslant 900 \times 10^5\ \mathrm{N/m^2}$；合金钢 $[\sigma_B] \leqslant 1500 \times 10^5\ \mathrm{N/m^2}$。

截面Ⅱ-Ⅱ上的剪切应力为

$$\tau = \frac{2F_{pmax}}{\pi(d^2 - d_0^2)}\ \mathrm{N/m^2} \tag{3-10}$$

许用剪切应力：碳素钢 $[\tau] \leqslant 500 \times 10^5\ \mathrm{N/m^2}$；合金钢 $[\tau] \leqslant 1000 \times 10^5\ \mathrm{N/m^2}$。

筒形活塞与气缸间的直径间隙 δ：

气缸为水冷却的铸铁活塞：

$$\delta = (0.8 \sim 1.2)\frac{D}{1000} \tag{3-11}$$

气缸为水冷却的铸铝活塞：

$$\delta' = 2\delta \tag{3-11a}$$

气缸为空气冷却的铸铁活塞：

$$\delta'' = 0.7\delta \tag{3-11b}$$

气缸为空气冷却的铸铝活塞：

$$\delta''' = 2\delta' \tag{3-11c}$$

活塞与气缸间的间隙，也可按活塞的热膨胀计算：

$$\delta = \alpha \Delta t D + \delta_0 \tag{3-12}$$

式中 α ——材料的线膨胀系数，1/℃，铸铁 $\alpha = 1.1 \times 10^{-5}$，铝合金 $\alpha = 2.3 \times 10^{-5}$；

D ——气缸直径，mm；

Δt ——活塞与气缸间的温度差，℃，可近似取气体排气温度与吸气温度差的一半；

δ_0 ——按 2 级精度第二种或第三种间隙配合（$\frac{H7}{g6}$ 或 $\frac{H7}{f7}$）的间隙值，mm。

2. 盘形活塞

立式气缸盘形活塞的高度，应满足安放活塞环的要求同时取最小数值。其他型式压缩机中滑动活塞的高度，应按支承表面上的许用比压来校核。

$$H'b \geqslant \frac{G}{[k]} \text{ m}^2 \tag{3-13}$$

式中 H' ——除去活塞环后的承压表面高度，m；

b ——承压表面的投影宽度，m；

G ——活塞重量与活塞杆一半重量的和，N；

$[k]$ ——盘形活塞承压表面的许用比压，铸铁对铸铁 $[k] \leqslant 0.5 \times 10^5$ N/m²，铸铁对轴承合金 $[k] \leqslant 1.0 \times 10^5$ N/m²，金属对填充聚四氟乙烯 $[k] \leqslant (0.3 \sim 0.5) \times 10^5$ N/m²。

第一道活塞环与活塞顶之间的距离 C_1 应与气缸设计相配合，即根据气阀安装情况，并保证第一道活塞环越出气缸工作表面 1～2 mm 的要求来确定。活塞环高度 h 以及活塞环槽间的距离 C 可参照筒形活塞的数值。

活塞顶部的强度，应分别按单端面和双端面进行。

单端面盘形活塞如图 3－39 所示，端面上作用着最大压力差 Δp，活塞端面的厚度可按下式计算

$$t = \sqrt{\frac{\varphi_1 p + \varphi_2 \Delta p r_2^2}{[\sigma_B]}} \text{ m} \tag{3-14}$$

式中 p ——由压力差 Δp 产生的作用在半径为 r_3 与 r_2 之间环形端面上的作用力，N，$p = \Delta p \pi (r_3^2 - r_2^2)$，N；

φ_1、φ_2 ——系数，见表 3－3；

$[\sigma_B]$ ——许用弯曲应力，N/m²，铸铁 $[\sigma_B] \leqslant 300 \times 10^5$ N/m²，铸铝 $[\sigma_B] \leqslant 200 \times 10^5$ N/m²，铸钢 $[\sigma_B] \leqslant 600 \times 10^5$ N/m²，锻钢 $[\sigma_B] \leqslant (1600 \sim 2000) \times 10^5$ N/m²。

表 3－3 φ_1，φ_2 值

r_1/r_2	0.1	0.2	0.3	0.4	0.5	0.6	0.7	0.8	0.9
φ_1	1.75	1.125	0.79	0.565	0.407	0.282	0.194	0.115	0.047
φ_2	4.73	2.805	1.79	1.154	0.712	0.412	0.268	0.12	0.015

双端面活塞，如果端面间无加强筋，如图 3－40 所示，可以认为两个端面平均承受气体压力，故可按单端面活塞计算。

每一个端面的厚度为

$$t=\sqrt{\frac{\varphi_1 p+\varphi_2 \Delta p r_2^2}{2[\sigma_B]}}\ \text{m} \tag{3-15}$$

式中各符号含义与式(3－14)相同。

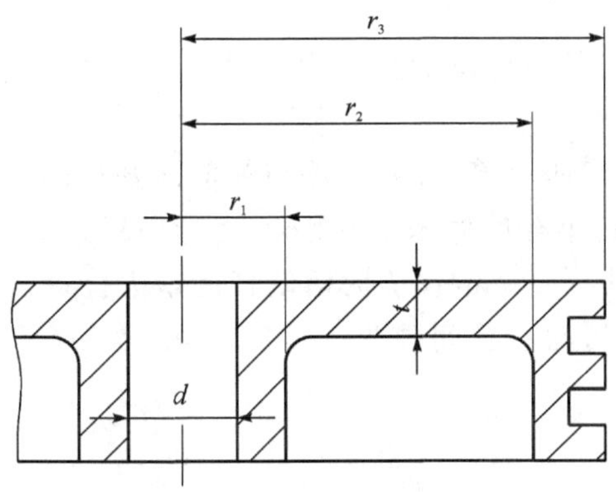

图 3－39　单端面活塞计算简图

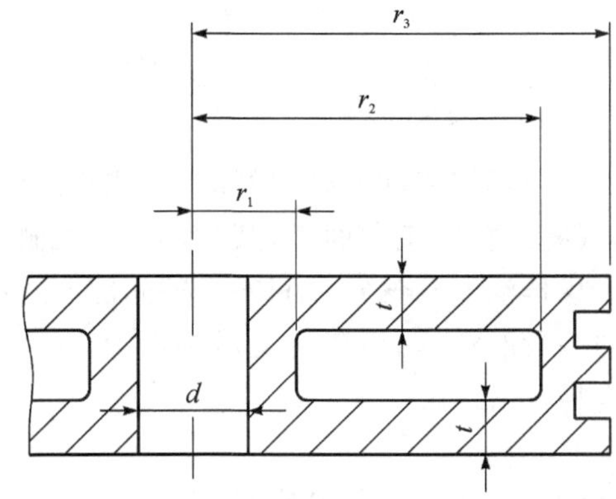

图 3－40　无加强筋的双端面盘形活塞计算简图

端面间有加强筋的双端面活塞，为了方便起见，计算时常以一个面积与扇形面积相等的当量圆来代替扇形面，如图 3－41 所示。

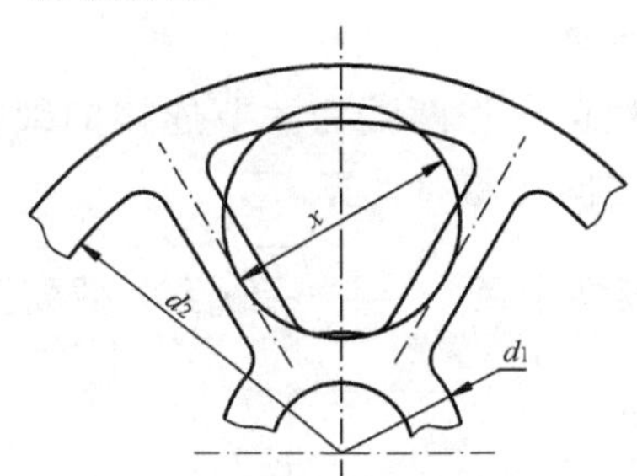

图 3－41　有加强筋的双端面活塞计算简图

端面中最大弯曲应力

$$\sigma_B=\frac{x^2}{4}\times\frac{p_{max}}{t^2}\ \text{N/m}^2 \tag{3-16}$$

式中　x ——当量圆的直径，其值为

$$x=\sqrt{\frac{d_2^2-d_1^2}{i}} \tag{3-16a}$$

式中　d_2 ——活塞外壁的内径，m；

d_1 ——活塞毂部的外径，m；

i ——加强筋数；

p_{max} ——气缸中最大气体压力，N/m²；

t ——活塞一端顶部厚度，m。

也可由许用弯曲应力得出顶部厚度

$$t=\frac{x}{2}\sqrt{\frac{p_{max}}{[\sigma_B]}}+t_1\ \text{m} \tag{3-16b}$$

式中　t_1 ——考虑铸造偏差的附加项，可取 $t_1=2\sim 5$ mm；

$[\sigma_B]$ ——许用弯曲应力，铸铁 $[\sigma_B] \leqslant 400 \times 10^5\ N/m^2$，铸铝 $[\sigma_B] \leqslant 200 \times 10^5\ N/m^2$，铸钢 $[\sigma_B] \leqslant 700 \times 10^5\ N/m^2$。

最后，无论是单端面或双端面的活塞，与活塞杆连接处的毂部，应计算剪切应力

$$\tau = \frac{r_3^2}{d_1} \times \frac{\Delta p}{t}\ N/m^2 \tag{3-17}$$

式中符号含义与式(3-15)至式(3-16)相同。其中许用的剪切应力对于铸铁为 $[\tau] \leqslant 400 \sim 450 \times 10^5\ N/m^2$。

活塞与气缸之间的径向间隙，立式气缸应按热膨胀计算，计算方法与筒形活塞相同。卧式气缸的活塞，除支承面外，其余部分与气缸之间的半径间隙取 1～2 mm，大直径活塞取较大值。悬挂活塞与气缸之间的半径间隙，取 $f+(1 \sim 2)$ mm，f 为活塞杆的最大挠度。气缸无油润滑的活塞，用塑料支承环时，活塞与气缸间的直径间隙为 $(0.01 \sim 0.02)D$，D 为气缸直径，mm。

3.2.2 活塞杆的强度校核

活塞杆的直径在热力计算中已初步确定，但在设计时须进行稳定性校核。

1. 不贯穿活塞杆的稳定性校核

不贯穿活塞杆的稳定性校核可看作两端为关节连接的细杆，其长度按十字头销中心至盘形活塞中点或级差活塞起点之间的距离计算。

当柔度 $\frac{l}{i} > 100$ 时（i 为惯性半径，$i = \sqrt{\frac{J}{F}}$；J 为截面惯性矩，m^4；F 为截面积，m^2），按尤拉公式计算

$$n_s = \frac{\pi^2 E J}{F_{pmax} l^2} \tag{3-18}$$

式中 n_s ——安全系数，许用值为 $n_s \geqslant 10 \sim 20$；

E ——活塞杆材料弹性模数，钢 $E = (2 \sim 2.2) \times 10^{11}$，$N/m^2$；

l ——十字头销中心至盘形活塞中点(或级差活塞起点之间)的距离，m；

J ——截面惯性矩，活塞杆 $J = \frac{\pi d^4}{64}\ m^4$，$d$ 为活塞杆直径，m；

F_{pmax} ——最大活塞力，N。

当柔度 $50 < \frac{l}{i} < 100$ 时，按下式计算

$$n_s = \frac{Fk\left(1 - c\,\frac{l}{i}\right)}{F_{pmax}} \tag{3-18a}$$

式中 n_s ——安全系数，许用值为 $[n_s] \geqslant 5 \sim 10$；

F ——杆的截面积，m^2；

k ——系数，碳素钢 $k = 3350$，合金钢 $k = 4700$；

c ——系数，碳素钢 $c = 0.00185$，合金钢 $c = 0.0049$；

F_{pmax} ——最大活塞力，N。

当柔度 $\frac{l}{i}<50$ 时,活塞杆的强度计算作为稳定校核的依据,即

$$n_s=\frac{\sigma_s}{\sigma_c} \tag{3-18b}$$

式中 n_s ——安全系数,许用值为 $[n_s]=5\sim8$;

σ_s ——材料屈服强度,N/m^2;

σ_c ——活塞杆的压缩应力,N/m^2。

2. 贯穿活塞杆

贯穿活塞杆的稳定校核可根据两种情况进行:无串联气缸和有串联气缸。无串联气缸的情况如图 3-42 所示,由于 l_2 部分不受气体作用力,只须校核 l_1 部分的稳定性:

$$n_s=\frac{\varphi^2 EJ_1}{F_{pmax}l_1^2} \tag{3-19}$$

式中 n_s ——安全系数,许用值为 $[n_s]\geqslant4\sim8$;

φ ——校正系数,按图 3-43 选取;

E ——材料弹性模数,N/m^2;

J_1 —— l_1 部分的截面惯性矩,m^4;

F_{pmax} ——最大活塞力,N。

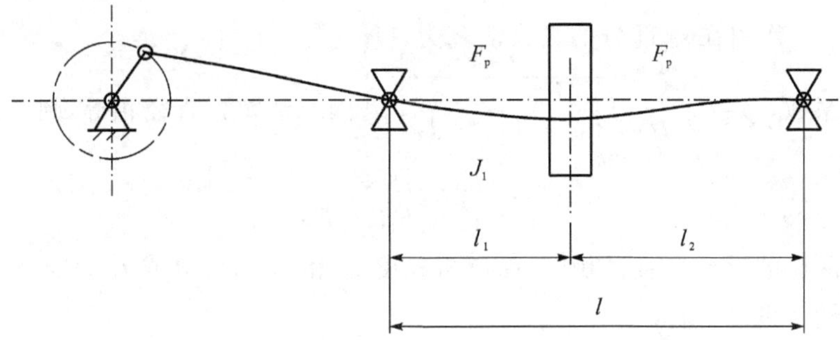

图 3-42 无串联气缸的贯穿活塞杆计算简图

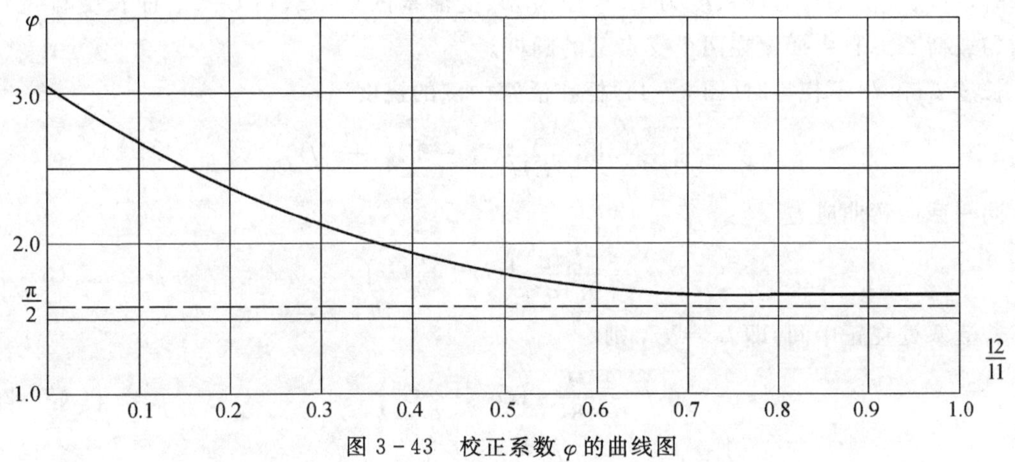

图 3-43 校正系数 φ 的曲线图

有串联气缸的情况,l_2 部分受串联活塞的气体作用力,如图 3-44 所示。

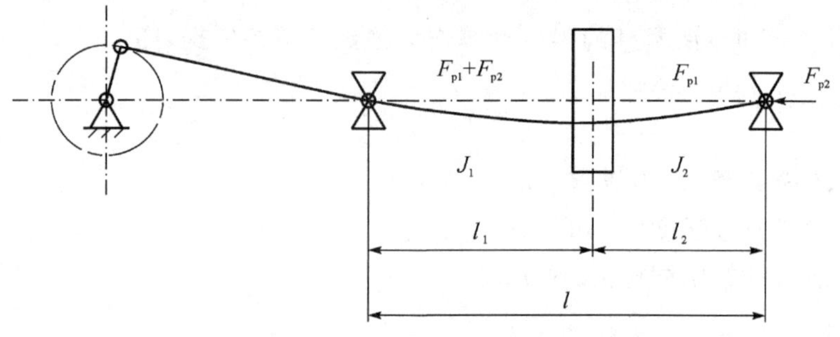

图 3-44　有串联气缸的贯穿活塞杆计算简图

l_1 部分：

$$n_s = \frac{\varphi^2 EJ_1}{(F_{p1\max} + F_{p2\max})l_1^2} \tag{3-19a}$$

l_2 部分：

$$n_s = \frac{\psi^2 EJ_1}{F_{p2\max} l_2^2} \tag{3-19b}$$

式中　n_s ——安全系数，许用值为 $[n_s] \geqslant 4 \sim 8$；

φ、E、J_1、l_1 ——与式 3-19 相同；

$F_{p2\max}$ ——作用在 l_2 部分的最大活塞力，N；

ψ ——系数，$\psi = \varphi \dfrac{l_2}{l_1}\sqrt{\dfrac{F_{p2}}{F_{p1}+F_{p2}} \times \dfrac{J_1}{J_2}}$，若两端活塞杆直径相等，则

$$\psi = \varphi \frac{l_2}{l_1}\sqrt{\frac{F_{p2}}{F_{p1}+F_{p2}}} \tag{3-19c}$$

如果活塞两侧的活塞杆直径相同，而压折长度 l_1 和 l_2 也相等或 l_2 只比 l_1 稍长一些，则 l_2 部分的稳定性可以不计算。

悬挂活塞的贯穿活塞杆，须计算由于活塞杆重量作用引起的弯曲应力和最大挠度值。计算时，可以把活塞杆看成跨度为 l、直径为 d、受活塞的集中载荷 G_p、沿杆长受自重作用的均匀载荷 G_s、自由搁置在两个支点上的圆杆。

长度 l_1 和 l_2 不相等时（图 3-44）杆在活塞中点的挠度

$$f = \frac{G_p l_1^2 l_2^2}{3EJl} + \frac{G_s}{24EJl}(l_1^4 - 2l_1^3 l_2 + l_2 l^3) \tag{3-20}$$

同一截面弯曲应力

$$\sigma_B = \frac{l_1 l_2}{0.1d^3 l}\left(G_p + \frac{1}{2}G_s\right) \tag{3-20a}$$

若活塞处在正中间，即 $l_1 = l_2$，则

$$f = \frac{l^3}{48EJ}\left(G_p + \frac{5}{8}G_s\right) \tag{3-20b}$$

$$\sigma_B = \frac{l}{0.4d^3}(G_p + \frac{1}{2}G_s) \tag{3-20c}$$

活塞杆的许用挠度小于 2 mm，许用弯曲应力 $[\sigma_B] = (30 \sim 50) \times 10^6\ \mathrm{N/m^2}$。

3.2.3 活塞与活塞杆的凸台比压校核

1. 活塞与活塞杆之间为凸肩连接

活塞与活塞杆之间为圆柱凸肩连接时，如图 3-45 所示，支承面上的比压为

$$q = \frac{4F_p}{\pi(d_1^2 - d^2)} \tag{3-21}$$

式中 q——比压，N/m^2。其许用值：铝活塞 $[q] \leqslant (2 \sim 2.5) \times 10^7\ N/m^2$，铸铁活塞 $[q] \leqslant 4 \times 10^7\ N/m^2$，钢活塞 $[q] \leqslant (8 \sim 10) \times 10^7\ N/m^2$。

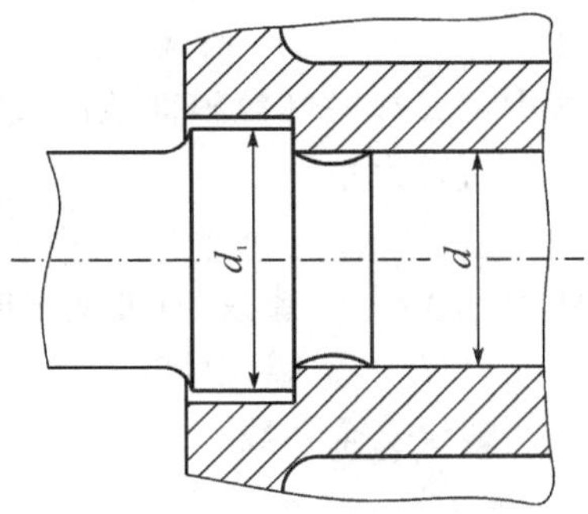

图 3-45 圆柱凸肩计算简图

2. 活塞与活塞杆采用锥面连接

活塞与活塞杆采用锥面连接如图 3-25 所示，在 d 与 d_1 的直径和采用圆柱凸肩连接方式相同时，增加锥面的长度并不能降低支承面上的比压，其比压值仍与有圆柱凸肩的连接相等。如果比压计算超过许用值，则可用加强钢衬环的方法来降低支承面上的比压，如图 3-10 所示。

活塞与活塞杆的螺纹连接，应进行静强度校核和疲劳强度校核。压缩机工作时，螺纹部分承受总的轴向载荷

$$F_Q = T + xF_{pmax} \tag{3-22}$$

式中 T——螺栓拧紧时的预紧力，N；

x——载荷系数；

F_{pmax}——最大活塞力，N。

预紧力为

$$T = K(1-x)F_{pmax} \tag{3-22a}$$

式中 K——预紧系数，取 2～3；

F_{pmax}——最大活塞力，N。

载荷系数

$$x = \frac{\lambda_p}{\lambda_s + \lambda_p} \tag{3-22b}$$

式中 λ_p——活塞柔度系数，$\lambda_p = \frac{l}{E_1 F}$； (3-22c)

E_1——活塞材料的弹性模数，N/m^2；

l——活塞的高度，m；

F——活塞毂部截面积，m^2；

λ_s——活塞杆柔度模数，N/m^2，$\lambda_s = \frac{1}{E}\sum \frac{l_i}{F_i}$； (3-22d)

E_2——活塞杆材料弹性模数，N/m^2；

l_i——活塞杆任一相等直径区段的长度，m；

F_i——活塞杆任一相等直径截面积，m^2。

在轴向载荷 F_Q 作用下螺纹中产生的正应力

$$\sigma = \frac{F_Q}{F}\ \mathrm{N/m^2} \tag{3-22e}$$

式中　F ——螺纹根部截面积，m^2。

此外，还由于旋紧螺母时，在扭转力矩 M_k 作用下产生剪切应力

$$\tau = \frac{M_k}{0.2d^3}\ \mathrm{N/m^2} \tag{3-23}$$

式中　d ——螺纹根部截面直径，m；

扭转力矩

$$M_k = \xi T d_c\ \mathrm{N \cdot m} \tag{3-23a}$$

式中　ξ ——系数，有油润滑时为 0.06～0.08，无油润滑时为 0.11～0.13；

d_c ——螺纹外径，m。

螺纹安全系数

$$n_c = \frac{\sigma_s}{\sqrt{\sigma^2 + 3\tau^2}} \tag{3-24}$$

式中　n_c ——安全系数，许用值 $[n_c] \geqslant 1.5 \sim 3$；

σ_s ——活塞杆材料的屈服强度，N/m^2。

活塞杆螺纹承受的是交变载荷，其最大轴向载荷为 F_Q，最小轴向载荷为 F_T，疲劳计算应校核应力幅的安全系数 n_a 和最大应力安全系数 n 为

$$n_a = \frac{\sigma_{-1} - \psi_\sigma \sigma_{min}}{\left(\frac{k_\sigma}{\varepsilon_\sigma} + \psi_\sigma\right)\sigma_a} \tag{3-25}$$

$$n = \frac{2\sigma_{-1} + \left(\frac{k_\sigma}{\varepsilon_\sigma} - \psi_\sigma\right)\sigma_{min}}{\left(\frac{k_\sigma}{\varepsilon_\sigma} + \psi_\sigma\right)(\sigma_{min} + 2\sigma_a)} \tag{3-26}$$

式中　σ_{-1} ——材料受拉压时的疲劳强度，见表 3-9；

k_σ ——应力集中系数，各种材料强度的应力集中系数由表 3-4 查取，活塞杆连接均采用细牙螺纹，k_σ 值建议按相应的英制螺纹的数值选取；

ψ_σ ——应力循环对称系数，各种强度材料的 ψ_σ 由表 3-5 查取；

ε_σ ——尺寸系数，根据不同的螺纹直径，按图 3-46 查取；

σ_{min}——螺纹内受的最小应力，N/m^2；

σ_a ——应力幅，$\sigma_a = \frac{\sigma_{max} - \sigma_{min}}{2}$，$N/m^2$；

σ_{max}——螺纹内受的最大应力，N/m^2。

安全系数许用值：$[n_a] \geqslant 2.5 \sim 4$；$[n] \geqslant 1.25 \sim 2.5$。

表 3-4　螺纹连接的拉压应力集中系数 k_σ

$\sigma_b/(\times 10^5\ \mathrm{N \cdot m^{-2}})$		4000	6000	8000	10000
k_σ	公制螺纹	3.0	3.9	4.8	5.2
k_σ	英制螺纹	2.2	2.9	3.5	3.8

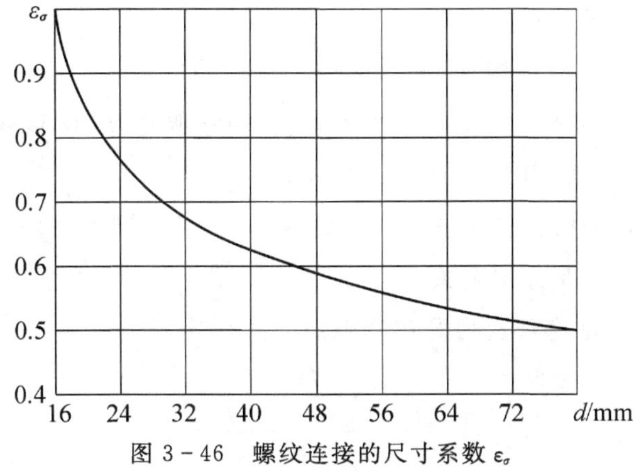

图 3-46　螺纹连接的尺寸系数 ε_σ

表 3-5　应力循环对称系数与抗拉强度的关系

应力循环对称系数 ψ	抗　拉　强　度 σ_b / ($\times 10^5$ · N · m^{-2})				
	35～55	55～75	75～100	100～120	120～140
ψ_σ（弯曲和拉伸）	0	0.05	0.1	0.2	0.25
ψ_τ（扭转）	0	0	0.05	0.1	0.15

3.2.4　活塞环的选用与计算

1. 铸铁活塞的环数

铸铁活塞环可按以下经验公式估算

$$z = \sqrt{\Delta p} \tag{3-27}$$

式中　Δp ——活塞两边最大压差，$\times 10^5$ N/m²。

活塞环的环数按上式算得后，可根据实际情况增减。高转数压缩机，环数可比计算值少些；对于易泄漏的气体，环数则可多些。采用塑料活塞环时，由于优良的密封性能，环数可比金属活塞环少。

2. 主要尺寸的确定

(1)径向厚度。活塞环的径向厚度一般为 $t = \left(\frac{1}{22} \sim \frac{1}{36}\right)D$，m。式中 D 为活塞环外径，m。在 $D \leqslant 0.05$ 时，按组合活塞考虑，不再计算装配应力。t 可取大值，$t = \left(\frac{1}{22} \sim \frac{1}{14}\right)D$。大直径活塞环的 t 取小值，小直径取大值。塑料活塞环，由于强度低，t 值较金属活塞环大。

(2)轴向高度。活塞环的轴向高度 $h = (0.4 \sim 1.4)t$，m。式中较小值用于大直径活塞环；较大值用于小直径活塞环和压差较大级中的活塞环。轴向高度对密封性的影响不大，为减小摩擦面，不宜取得太大，但至少要大于 2.5 mm，以利于形成油膜。采用塑料活塞环时，环的高度比金属活塞环大，这在活塞环直径较小、密封压差较大时更为显著。

(3)开口热间隙。活塞环的开口热间隙由下式确定

$$\delta = a\pi D(t_2 - t_1)\ \text{m} \tag{3-28}$$

式中　D——活塞环外径，m；

t_2——活塞环工作时的温度，通常取排气温度，℃；

t_1——在检验尺寸 δ 时活塞环本身的温度，通常取室温 20 ℃；塑料的线膨胀系数与其组成、温度、压制方向关系甚大。

α——活塞材料的线膨胀系数，1/℃，铸铁 $\alpha=1.1\times10^{-5}$，塑料的线膨胀系数与其组成、温度、压制方向有关。

(4)自由开口宽度。活塞环自由开口间隙由下式确定

$$A=\frac{7.08\left(\frac{D}{t}-1\right)^{3}p_{k}}{E} \tag{3-29}$$

式中　p_k——活塞环的比压，N/m²，即在环本身的弹力作用下，使环贴紧气缸壁时，对缸壁的单位面积的压力，设计时比压可在下列范围选取：

$$D>0.15\ \text{m},\quad p_k=(3.8\sim10)\times10^4\ \text{N/m}^2$$

$$0.15\geqslant D>0.05\ \text{m},\quad p_k=(10\sim14)\times10^4\ \text{N/m}^2$$

也可根据工作压力和转速来选取，如图 3-47 所示。

刮油环，$p_k=(0.3\sim0.5)\times10^5\ \text{N/m}^2$；

塑料活塞环的弹力环，$p_k=(0.1\sim0.3)\times10^5\ \text{N/m}^2$。

E——弹性模数，N/m²，按表 3-6 选取。

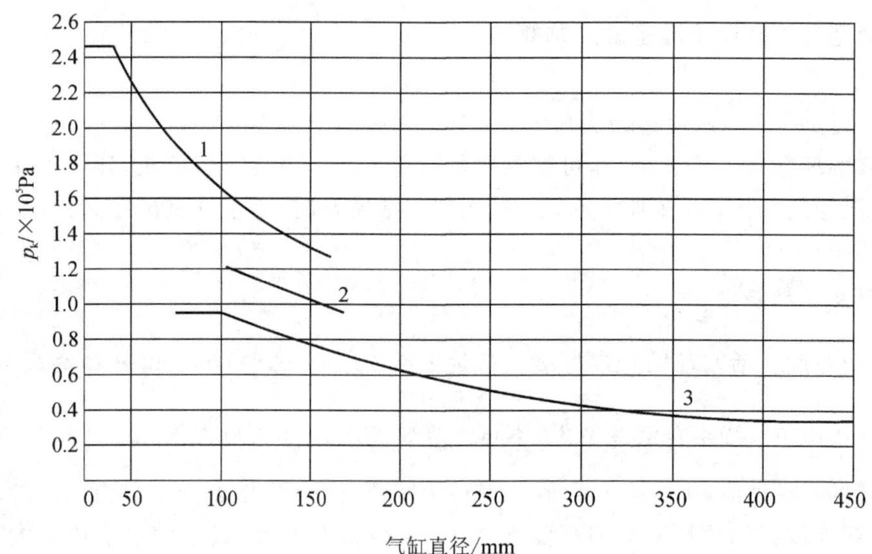

1—高压环；2—中压环(普通环)；3—低压环

图 3-47　活塞环初弹力与压缩机转速、气缸直径的关系

表 3-6 各种材料的 E 值($\times 10^{11}$)

材 料	铸 铁			合金铸铁	球墨铸铁	青铜	不锈钢
	$D\leqslant 0.070$ /m	$0.07<D\leqslant 0.300$ /m	$D>0.300$ /m				
弹性模数 /($N\cdot m^{-2}$)	0.95	1.0	1.05	0.9～1.4	1.5～1.65	0.85～0.95	2.1

3. 活塞环的应力核算

(1)工作应力。工作应力为活塞环装入气缸时其外缘的弯曲应力。可用下式计算

$$\sigma_1 = 3p_k \frac{D}{t}\left(\frac{D}{t}-1\right)\ \mathrm{N/m^2} \tag{3-30}$$

灰铸铁许用应力 $[\sigma_1] = (15 \sim 25)\times 10^7\ \mathrm{N/m^2}$。

(2)装配应力。装配应力为装配时活塞环向外张开所产生的弯曲应力。可用下式计算

$$\sigma_2 = \frac{2.5E}{\left(\frac{D}{t}-1\right)^2}\left(1-\frac{A}{9.426t}\right)\times 10^5\ \mathrm{N/m^2} \tag{3-31}$$

装配应力的许用值 $[\sigma_2] = (1 \sim 1.5)[\sigma_1]$。

4. 活塞环的弹力和弹性模数核算

对于现有的活塞环,可通过测定弹力以确定活塞环的比压和材料的弹性模数。

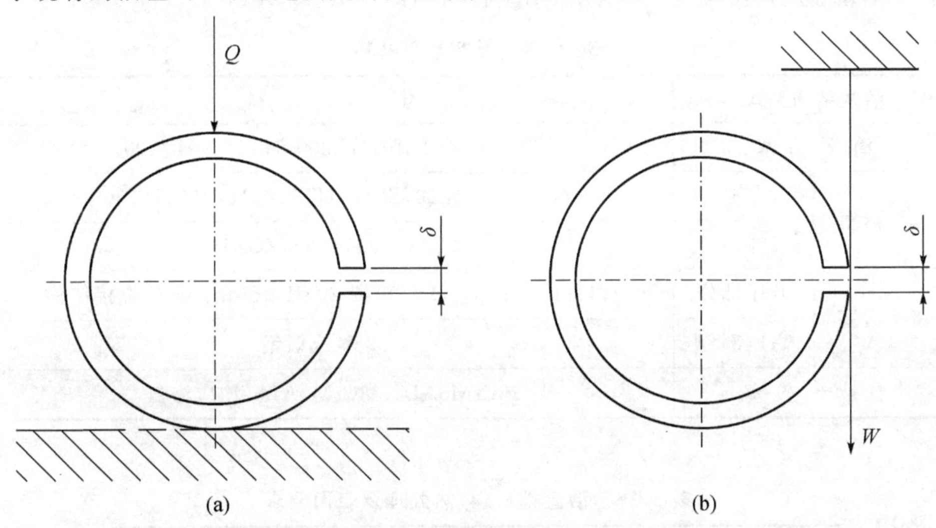

图 3-48 检验活塞环的径向和切向弹力

(1)径向弹力。径向弹力 F_Q 为使开口间隙正好为 δ 时所加的径向力大小(见图 3-48 (a))。可用下式计算

$$F_Q = \frac{p_k hD}{0.76}\ \mathrm{N} \tag{3-32}$$

式中 p_k ——比压,$\mathrm{N/m^2}$;

h ——轴向高度,m;

D ——活塞环外径,m。

若用钢丝将环外周围绕一周，开口为 δ 时，用弹簧秤测得弹力 W，W 为切向弹力，如图 3-48(b)所示。已知切向弹力，可用下式求出径向弹力

$$F_Q = \frac{W}{0.38}\ \mathrm{N} \tag{3-33}$$

(2)材料的弹性模数 E。已测得径向弹力，可用下式核算弹性模数

$$E = \frac{5.38F_Q}{bA}\left(\frac{D}{t}-1\right)^3 \tag{3-34}$$

式中 E ——材料的弹性模数，$\mathrm{N/m^2}$；

F_Q ——径向弹力，N；

b ——轴向宽度，m；

A ——自由开口尺寸，m；

D ——活塞环外径，m；

t ——径向厚度，m。

3.3 活塞组件的材料

1. 活塞、活塞销及活塞杆常用材料

活塞常用的材料见表 3-7。如果压缩的气体具有腐蚀性，可采用不锈钢 3Cr13 或磷青铜等材料。活塞销材料如表 3-8 所示，活塞杆材料如表 3-9 所示。

表 3-7 活塞常用材料

活塞结构型式		材　　料
筒形活塞		ZL7，ZL8，ZL10，HT200，HT250，HT300
盘形活塞	铸造	ZL7，ZL8，ZL10，ZL15，HT200，HT250，HT300
	焊接	20 钢，16Mn，A3，ZG25B
级差活塞	低压部分	HT200，HT250，HT300 或 20 钢，16Mn，A3 的焊接结构
	高压部分	ZG25B 或锻钢
柱　　塞		35CrMoAIA，38CrMoAIA，均应渗氮

表 3-8 活塞销材料、热处理及表面要求

材料	热处理	表面硬度	表面粗糙度 $Ra/\mu m$
20 钢	渗碳淬火	HRC55～62	0.8～0.4
45 钢	高频淬火	HRC50～58	0.8～0.4
20Cr	渗碳淬火	HRC50～58	0.8～0.4

表 3-9 活塞杆常用材料性能和处理方法

材料	屈服强度 $\sigma_s/(\times 10^5\ N\cdot m^{-2})$	拉压疲劳强度 $\sigma_{-1}/(\times 10^5\ N\cdot m^{-2})$	热处理方法	与填料接触部分表面硬度	应用场合
35 钢	3200	1800	表面淬火	HRC38～45	压缩空气或无腐蚀性气体
45 钢	3600	2100	表面淬火	HRC48～56	压缩空气或无腐蚀性气体
40Cr	7000	3400	表面淬火	HRC47～52	压缩空气或无腐蚀性气体，有较高的强度和疲劳强度
38CrMoAIA	8500	4300	氮化	HV800～1100	有很高的硬度、耐磨性、疲劳强度和耐磨性性能较高
3Cr13	6500	2700	表面淬火	HRC23～29	压缩腐蚀性气体，如氮气

2.活塞环的材料

活塞环的工作寿命主要取决于材料及其与气缸(或气缸套)材料的匹配关系，一般常用的材料如表 3-10 所示，在气缸有油润滑的条件下，通常采用灰铸铁、合金铸铁。不同活塞环的直径 D 所选择的灰铸铁牌号也不同。小直径或高转速压缩机的活塞环，可用合金铸铁制造。在气缸无油润滑的条件下，根据压缩机的工况，采用各种非金属材料制作活塞环。

表 3-10 活塞环常用材料

材料分类		说明	应用场合
金属	普通灰铸铁	普通灰铸铁可进行表面处理改善性能，如磷化处理、硫化处理、涂硬铬、蒸汽处理及喷镀钼等	低压级活塞环，灰铁牌号根据气缸直径选择： 气缸直径/mm　牌号 ≤ 200　HT30～54，HT25～47 200 ～ 300　HT20～40 或 HT25～47 ≥ 300　HT20～40
	球墨铸铁	耐磨性较普通铸铁高	用于中、高压级活塞环
	合金铸铁	在普通铸铁中加入适量的 Cr、Ni、Cu、Ti、Mo 等元素，经一定热处理后，韧性好、硬度和耐磨性高	用于中、高压级活塞环或转速高气缸直径小的活塞环
	石墨化钢	与球墨铸铁缸套匹配时，具有最佳的耐磨性	中、高压级活塞环
	铜合金	韧性高、耐磨性及腐蚀性好	

续表 3-10

材料分类		说明	应用场合
非金属	石墨	具有自润滑性能，导热系数好，摩擦因数和热膨胀系数小，耐腐蚀，具有一定的强度和刚度；韧性差，易碎裂，压缩干燥气体时易磨损，产生石墨灰污染气体，压缩潮湿气体在气缸壁生成石墨膏，加剧活塞环磨损	压缩一定湿度的气体，活塞线速度不大的中小型输气系统的无油润滑压缩机
	填充聚四氟乙烯	具有润滑性，摩擦因数较小，韧性、耐腐蚀性好，具有较高的热稳定性；导热性差，热膨胀系数大，强度低，易于产生冷流。 通过填充剂的选择和配比含量，能改善元件的强度、耐磨性和导热性	无油润滑压缩机
	环氧树脂	当介质露点低于－75°时，比填充聚四氟乙烯更耐磨	适宜于压缩干燥气体
	酚醛树脂	将纤维织物用专门的方法绕制成形的层压酚醛树脂环，需有油润滑，但对润滑油的要求不如金属环严格	特别适合与压缩机气缸壁会凝结出水分的湿气体以及压缩能恶化气缸润滑的气体，如石油气等
	填充聚酰胺（尼龙）	有自润滑性、强度高、无冷流，耐腐蚀，与填充聚四氟乙烯相比摩擦因数大，导热性更差，热膨胀系数也更大，热稳定性差，而且易吸收水分后发泡膨胀	用于有油或少油润滑的活塞环
	填充聚酰亚胺	机械性能、热稳定性比填充聚四氟乙烯高，强度比聚酰胺高，摩擦因数大，成型制品容易因密度不均而产生裂纹或孔隙，目前质量不够稳定。	用于高温、高压差、高速条件下无油润滑活塞环
复合材料	金属塑料	整体金属塑料：用青铜粉末模压烧结成多孔性金属基体（金属骨架），然后在真空中浸渍聚四氟乙烯（含 20%MoS_2） 复合金属塑料：在钢板或锡青铜底板上烧结或喷涂一层多孔青铜，然后再在多孔金属基体上浸渍聚四氟乙烯加填充剂的薄膜	具有金属和塑料的优点，强度高、导热性好，又具有自润滑性能，耐磨性好摩擦因数小，热膨胀系数也不大
	金属纤维减摩材料	利用青铜短纤维烧结成蜂窝状的金属架，然后在真空中浸渍含填充剂的四氟乙烯	

3.活塞组件的技术要求

1)活塞与活塞杆的主要技术要求

(1)活塞在机械加工前的处理:铸造活塞应进行时效处理,焊接活塞应经过 650～700 ℃的退火处理。

(2)活塞杆孔中心线同轴肩支承面的垂直度为 5 级。筒形活塞、活塞销孔中心线同活塞外圆柱面的垂直度为 6 级。

(3)活塞的外圆同活塞杆孔中心线的不同轴度不大于 0.02 ～ 0.05 mm。

(4)活塞销孔中心线与活塞外圆柱面中心线不相交偏差:活塞外径 $\leqslant$ 250 mm,不大于 0.02 mm;当活塞外径 $\geqslant$ 250 mm 时,不大于 0.03 mm。

(5)活塞环槽两端面应垂直于活塞杆孔,垂直度为 5 级。

(6)活塞外圆表面、环槽端面的粗糙度:有十字头时不低于 Ra1.6;无十字头时不低于 Ra0.8。

(7)活塞杆的径向跳动度每 1 mm 行程不超过 0.00015 mm,活塞环槽端面光洁度不低于 Ra1.6。

(8)活塞外圆表面及活塞环槽端面,不允许有缩松、擦伤、锐边、凹痕和毛刺。

(9)两端轴肩及活塞杆支承面在装配时要求研磨贴合。

(10)活塞加工完毕后应进行水压试验,一般水压取最大工作压力的 1.5 倍,并维持 10 min,不得有渗漏和残余变形。

2)活塞销(包括十字头销)的主要技术要求

(1)20 号钢和 20Cr 钢制的销子,圆柱外表面的渗炭深度(加工完毕后的零件)为:壁厚为 3～5 mm 的活塞销为 0.8～1.2 mm;壁厚大于 5 mm 的活塞销为 1.1～1.7 mm;十字头销为 1.1～1.7 mm 。活塞销内表面和端部不允许有渗炭硬化层。45 号钢的销子高频淬火层(加工后)有 1～2 mm 的硬化层。

(2)销子外圆柱表面硬度为 HRC57～67,各点硬度差不大于 3 个 HRC 单位。

(3)销子硬化层的显微组织应符合下列规定:渗碳层应是细密的马氏体组织,不允许有针状或连续网状的游离渗碳体;高频淬火硬化层应是细针状的马氏体组织,其转变区应为索氏体组织,并允许有铁素体的晶粒存在。

(4)销子外圆的粗糙度和圆柱度为 8 级。

(5)销子外圆表面不允许有裂纹、凹痕、擦伤、斑疤以及肉眼可见的非金属夹杂物等缺陷。

(6)销子加工完后,应进行磁粉探伤,不得有裂纹。

3)活塞环的主要技术要求

(1)铸铁的金相组织,应是细片状的珠光体,并且有均匀分布的细片状、中片状、涡旋状及直线形石墨。允许有细小且均匀分布的连续网状磷化物共晶体夹杂物。过冷的共晶体石墨夹杂物及分散的晶体状铁素体在磨片内,分别不得超过总面积的 12%;不允许有游离的渗碳体存在;三元磷共晶体应当作为生产过程中的控制成分。

(2)环表面要求,对于常用的铸铁环的表面硬度应在下列范围,且同一个环上的硬度不能相差 4 个 HRB 单位。

直径 $D >$ 500 mm;硬度为 HRB89 ～ 102;

直径 $D \leqslant$ 500 mm;硬度为 HRB91 ～ 107。

一般情况下，铸铁活塞环的硬度应比缸套的硬度高10%～15%较为合适。如果用硬化处理的钢制缸套，或者是超高压压缩机的高硬度碳化钨缸套，则将合金铸铁活塞环的硬度提高到HB320～350。

铸铁活塞环的外表面不允许有裂纹、气孔、夹杂物、疏松等制造缺陷。环的两端面及外圆柱面上不允许有划痕。

环表面的粗糙度：环的外圆柱面为$Ra1.6$，环的两端面，$D\leqslant 700$ mm时为$Ra0.8$，$D>700$ mm时为$Ra1.6$。

(3)加工精度。外径D按$j7$公差加工，高度按$c3$加工。

(4)活塞环的检验要求。环放在专用的检验量规内，环的外圆柱面与量规之间的间隙应在下列规定内：外径$D\leqslant 250$ mm时，不大于0.03 mm；外径$250<D\leqslant 500$ mm时，不大于0.05 mm；外径$D>500$ mm时，不大于0.08 mm。

用灯光检查时，在整个圆周上漏光不多于两处，最长的不超过25°的弧长，总长不超过45°的弧长，且距离锁口不小于30°。

环的端面翘曲度应在下列范围内：外径$D\leqslant 150$ mm时，不大于0.04 mm；外径$150<D\leqslant 400$ mm时，不大于0.05 mm；外径$400<D\leqslant 600$ mm时，不大于0.07 mm；外径$D>600$ mm时，不大于0.09 mm。弹力允差在±20%内。环在磁性工作台上加工之后，应进行退磁处理。

第 4 章　传动部件的结构与设计

压缩机传动部件主要由曲轴、连杆、十字头(单作用压缩机中一般无需设十字头)组件组成,传动部件的主要作用是将驱动机旋转的动力转化为活塞的往复运动,完成压缩机的工作循环。由于传动部件受周期变化的力和力矩的作用,零件容易遭受疲劳损坏;零件结构复杂,容易产生不允许的变形;摩擦副的摩擦磨损比较严重。

据此,传动部件主要零件的设计要求如下:

(1)有足够的强度,尤其是抗疲劳强度;

(2)有足够的刚度;

(3)在满足强度和刚度的前提下,零件的重量要轻;

(4)摩擦副的润滑要可靠,最大限度降低摩擦与磨损;

(5)相关零件之间的定位要准确;

(6)零件的装拆、检修方便。

4.1　曲轴组件

4.1.1　曲轴基本结构

曲轴由主轴颈、曲柄和曲柄销(连杆轴颈)组成,如图 4-1 所示。靠近驱动机侧的主轴颈输入扭矩,曲柄销将扭矩传给连杆,进而驱动活塞做往复运动。曲柄和曲柄销构成的弯曲部分被称为曲拐,根据需要,曲轴可以由一个或多个曲拐组成,所以曲轴有单拐和多拐之分。

压缩机曲轴按曲拐组成的不同,分为曲柄轴与曲拐轴两类。

曲柄轴有整体曲柄轴和组合曲柄轴之分,如图 4-2、图 4-3 所示。曲柄轴由曲柄、曲柄销和单侧的一个主轴颈组成,曲柄轴连同电机轴一起,一般只有两个主轴承,或者采用两个并排的滚动轴承安装在主轴颈上,这种结构对于支承偏斜不敏感,便于曲轴安装。由于曲柄轴的曲柄销是外伸梁,使连杆的大头可以直接套在曲柄销上,结构简单,安装方便。但是,曲柄轴仅仅适应于单列压缩机和电机置于机身之间的双列压缩机。目前新设计的压缩机,除微型压缩机和超高压压缩机等特殊情形外,已极少采用曲柄轴。

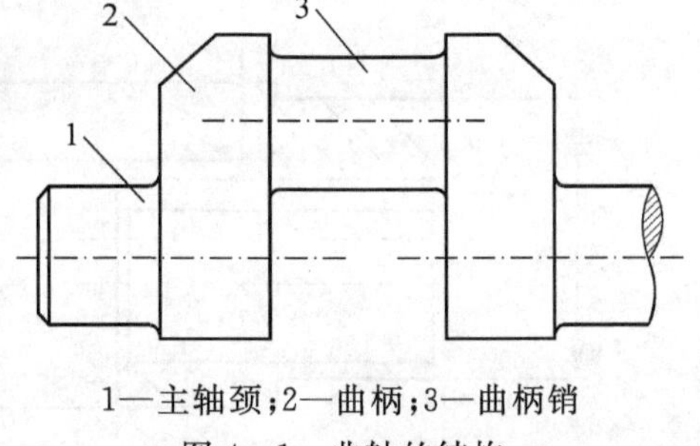

1—主轴颈;2—曲柄;3—曲柄销

图 4-1　曲轴的结构

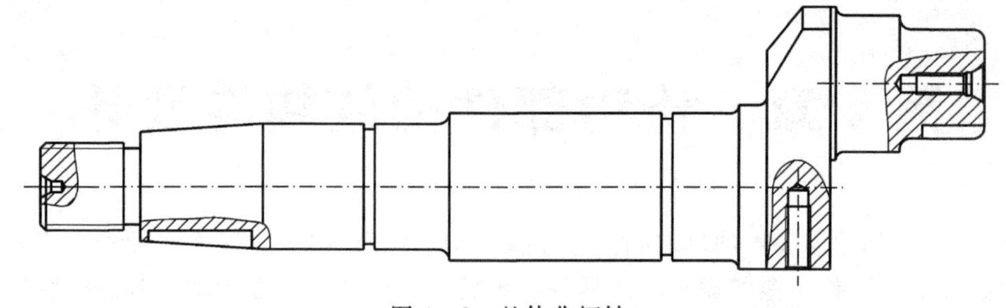
图 4-2　整体曲柄轴

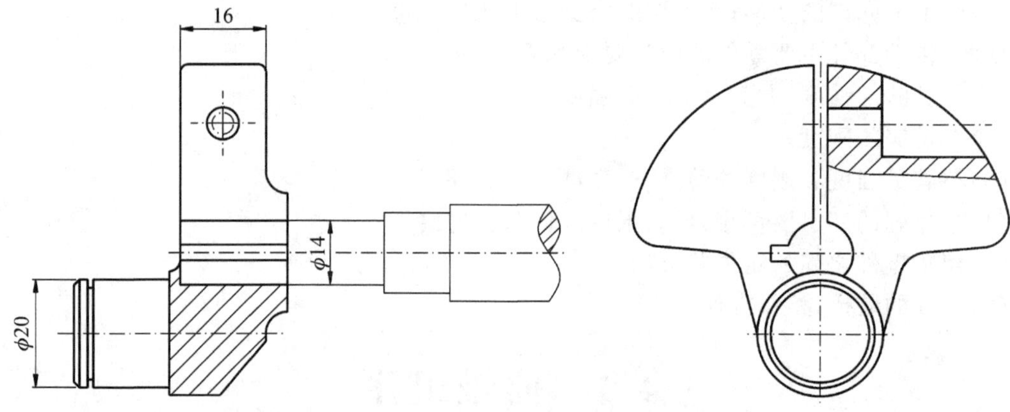

图 4-3　组合式曲柄轴

在高转速、短行程的微小压缩机中往往使用偏心轴，如图 4-4 所示。偏心轴实际上是曲柄轴的变形，它是由偏心块及主轴两部分组成，可以制成整体式或组合式。组合式时，偏心块外圆直接与连杆大头孔配合，而偏心块内孔则与主轴配合。主轴一般直接利用电动机轴，不仅大大简化了曲轴的结构，而且由于连杆大头尺寸的加大有利于改善连杆大头轴承的受力状况，且便于使用滚针轴承。

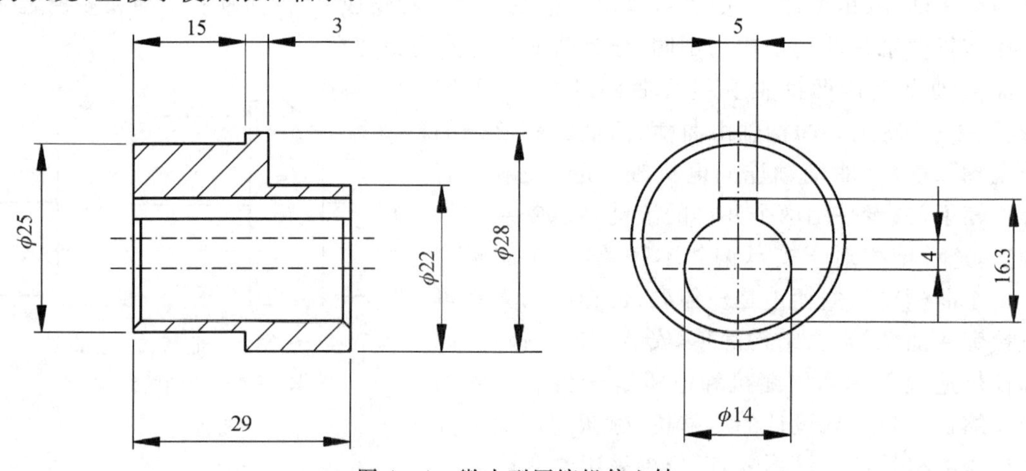

图 4-4　微小型压缩机偏心轴

曲拐轴如图 4-5、图 4-6 和图 4-7 所示。在制造安装方面，曲拐轴虽较曲柄轴差，但是采用曲拐轴的压缩机，可以实现对称平衡式、角式、立式等结构型式，使压缩机结构紧凑，重量轻。另外，采用曲拐轴的压缩机，在气缸列数设置方面几乎不受限制，便于满足工艺流程的要求，因此，在压缩机上采用曲拐轴的正日趋增多。

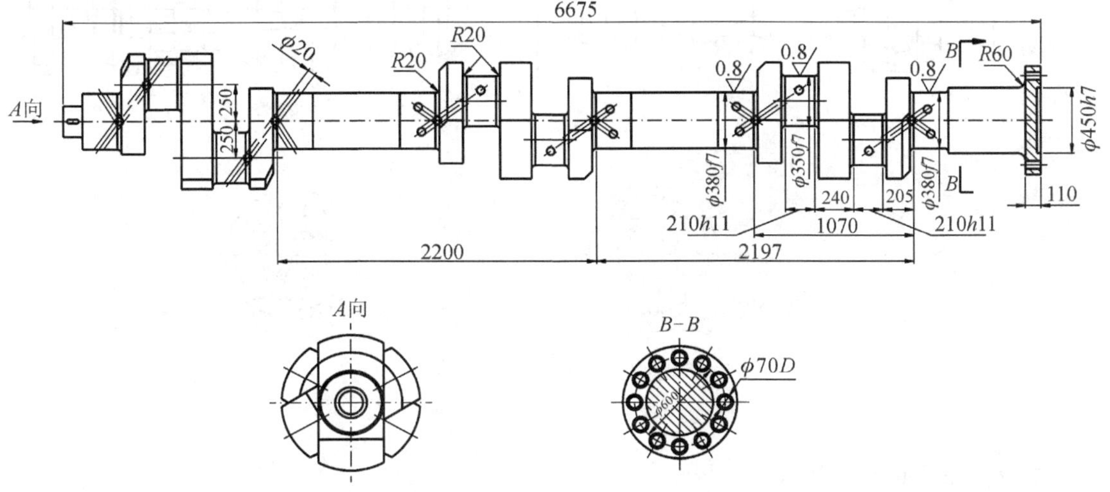

图 4-5　六拐整体锻造曲拐轴实物

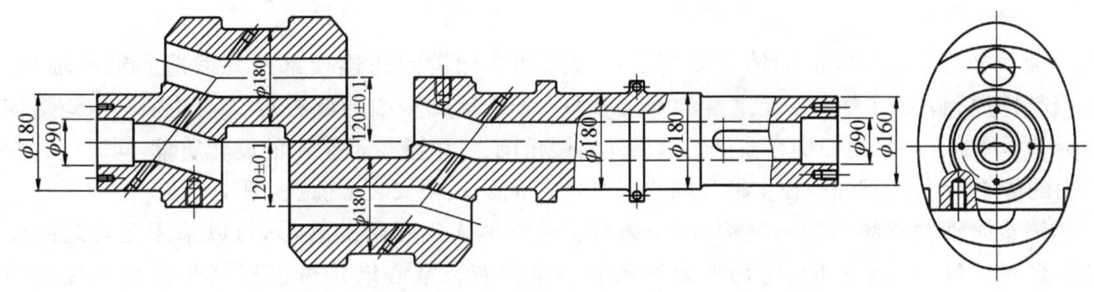

图 4-6　整体铸造曲拐轴结构

压缩机上用得较多，制造工艺较成熟的，是中碳钢自由锻造曲轴。如图 4-5 所示为由自由锻造后经切削加工成型的对动式六列曲轴。虽然自由锻精度低、加工余量大、生产率低，但不会产生缩孔、气孔、砂眼和裂缝等铸造缺陷，所以自由锻是唯一加工的方法。

近年来由于铸造技术的发展，采用稀土镁球墨铸铁铸造曲轴的越来越多，如图 4-6 所示为两拐铸造曲轴。铸造曲轴可以获得最合理的曲柄形状，主轴与主轴销可制成空心，除轴颈、法兰、油孔与平衡重结合面需要加工外，其他部位无需加工，既节省原材料也大大减少了加工工时，并且有条件把曲轴的形状设计得更加合理。

压缩机曲轴通常是设计成整体式，在个别情形，例如在制造和安装方面有要求时，也可把曲轴分成若干部分分别制造，然后用热压配合、法兰、键销等永久或可拆的连接方式组装成一体，构成组合式曲轴，如图 4-7 所示为一个七列组合式曲轴，两端曲轴的同心度由中心销来保证。组合式曲轴可适当提高刚性，以减少出现曲轴扭振的可能性。

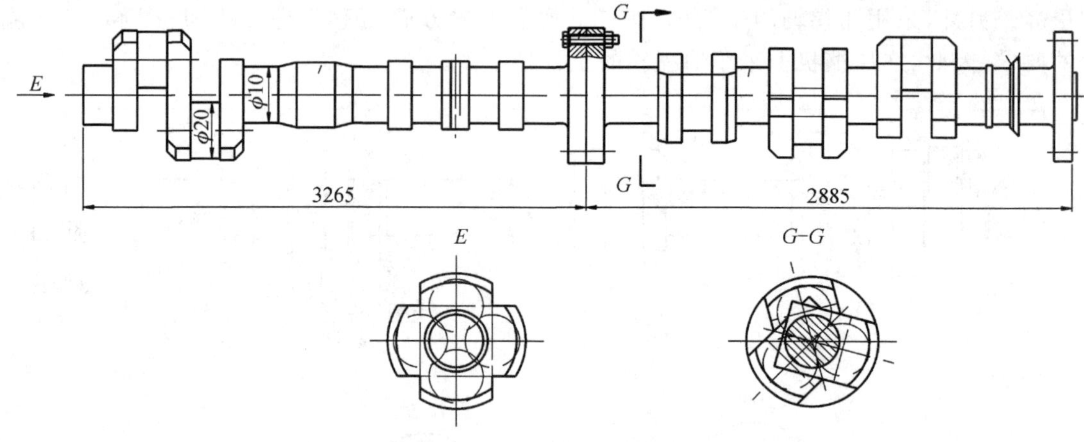

图 4-7　七列组合曲轴结构

4.1.2　曲轴结构设计

1. 轴颈和曲柄

轴颈是指主轴颈和曲柄销。曲柄是主轴颈和曲柄销间的连接部分。锻造曲轴的轴颈，除因特殊原因，例如为了减轻重量和增加强度，都是制成实心的圆柱体。而曲柄则取矩形体作为基本形式。一般把曲柄在曲柄销端靠外的棱角削去，以减少不平衡的旋转质量，同时也有利于力的传递，另外还把曲柄在主轴颈端的端面制成平面，以便安装平衡铁(图 4-5)。

铸造曲轴轴颈和曲柄的结构，由于铸造工艺能够实现复杂的外形，可以采用更合理的设计。轴颈一般铸成空心的，内孔径为外径的一半左右。空心结构可以提高曲轴的抗疲劳强度，减轻曲轴重量，在铸造时也容易保证材质质量。曲柄一般是铸成椭圆形，以提高曲轴的抗疲劳强度(图 4-6)。曲轴内部的铸造空腔，可以作为润滑油路，但型砂一定要清除干净，以免污染润滑油。小型铸造曲轴，为避免下砂芯时的麻烦，可设计成实心结构。

2. 过渡圆角

轴颈与曲柄连接处，应取成圆角圆滑过渡，以避免发生过大的应力集中现象，致使曲轴破坏。常见的过渡圆角形式如图 4-8 所示。图 4-8(a)是最常用的圆角形式，轴颈表面和圆角表面为一次磨出，以保证衔接处平滑；圆角表面粗糙度应不小于 $Ra0.8\ \mu\text{m}$。图 4-8(b)所示圆角形式适合于大型曲轴，是用成型车刀最后加工出来的；圆角应有微量径向沉割，以保证衔接处不出现明显凸台；圆角表面粗糙度应不小于 $Ra1.6\ \mu\text{m}$。图 4-8(c)所示圆角形式便于连杆用大头定位，以减少曲柄销长度，在压缩机轴向长度有要求时可以采用；由于轴向沉割圆角受载情况较好，圆角表面粗糙度可取的略高，但不应小于 $Ra3.2\ \mu\text{m}$。图(a)和图(b)所示圆角的圆角半径 r 推荐取 $r=(0.05\sim0.06)D$，式中 D 为曲柄销直径。图(c)所示圆角的圆角半径 r 可取得略小些，以便不过分削弱曲柄。同一曲轴轴颈上的圆角(包括轴颈突然改变处的过渡圆角)，应尽量取相同半径，以便利于加工。过渡圆角的半径 r 对压力集中系数的影响与曲柄的厚度与轴颈尺寸有关，图 4-9 表示了轴颈与曲柄过渡圆角对弯曲和扭转时的应力集中系数的影响。

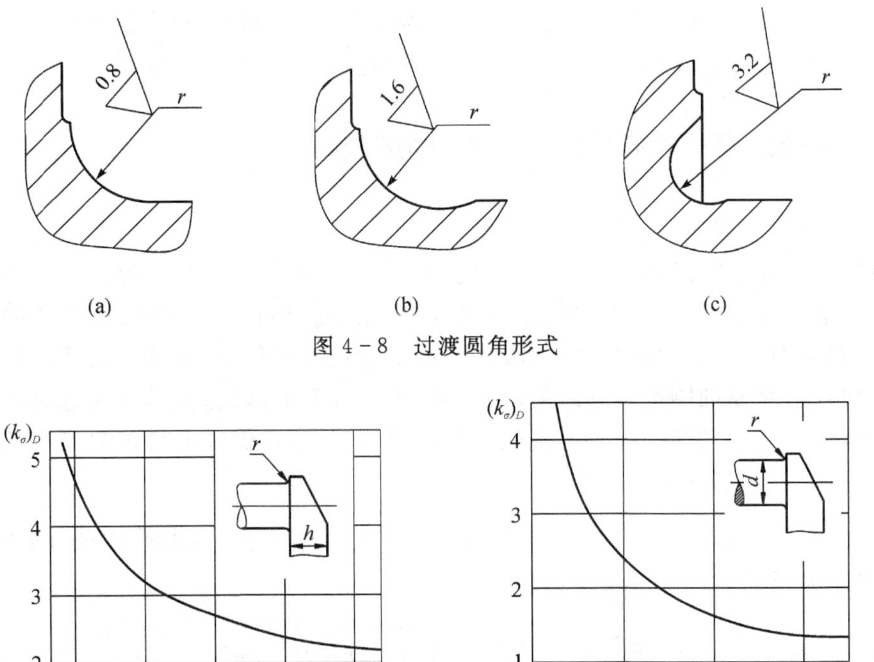

图 4-8 过渡圆角形式

图 4-9 过渡圆角 r/h 和 r/d 对弯曲和扭转应力集中系数的影响

3. 油孔

轴颈上的油孔，一般采取斜油孔或直角油孔形式，视曲轴形状和供油方式而定(参看图 4-5、4-6)。油孔直径约为轴颈直径的 0.05～0.06 倍，但不应小于 3 mm。油孔与轴颈表面相贯处，应倒圆抛光，倒圆圆角半径约为油孔直径的一半，以提高曲轴的疲劳强度。大型空心铸造曲轴，常取斜油孔形式，并在孔中胀以导油管(图 4-5 和 4-6)。

关于油孔位置，轴瓦内壁上有环向油槽时，一般多从加工工艺性出发，沿曲拐平面开油孔。轴瓦内壁上没有环向油槽时，从润滑的观点看，为减弱因油孔破坏油膜而导致的不良影响，油孔应开在轴颈载荷矢量图上载荷量最小的区域。(详细讨论见第 5 章轴承负荷图。)

4. 曲轴的轴向定位

为防止曲轴在运转过程中轴向窜动，要由主轴承对曲轴进行轴向定位。但考虑到曲轴的热膨胀，在定位处要留有热间隙。为使定位处的热间隙尽可能小些，根据曲轴长度取 0.1～0.5 mm，曲轴上的两个定位面要尽量选得彼此近些。其余轴承，根据曲轴长度不同，制造时轴颈长度比轴承长度长 2～5 mm，作为必要的自由膨胀热间隙。

当主轴承为滚动轴承时，一般由两只主轴承从两端对曲轴进行轴向定位。当主轴承为滑动轴承时，曲轴的轴向定位一般由功率输入端端部的一只主轴承来完成；采用厚壁轴瓦的，轴瓦有起止推作用的翻边；采用薄壁轴瓦的，在定位主轴承的两个端面上，镶有由耐磨材料制成的半环状推环，相应于翻边或止推环，在曲轴上布置有定位台肩。

5. 平衡重

平衡重的基本形式是扇形体。平衡重尺寸的确定是在保证压缩机运转时不与十字头(或活塞)和连杆相碰的条件下，尽量增大平衡重外缘半径和厚度，然后调整平衡重的包角，使平衡重重心回转半径 ρ 与平衡重的重量 G 的乘积满足动力计算提出的要求。

平衡重与曲柄的连接，最常见的是用抗拉螺栓连接，如图 4－6 所示。

4.1.3 曲轴结构尺寸的确定与强度、刚度校核

曲轴结构尺寸的确定应遵循以下原则：

(1)曲轴的轴颈要有适当的尺寸，使配用的轴承能有胜任的负荷能力。

(2)曲轴要有足够的强度，以承受交变弯曲与交变扭转的联合作用。曲轴的各危险断面，尤其是有高度应力集中现象存在的轴颈与曲柄间过渡圆角处，要进行强度校核。

(3)曲轴要有足够的刚度。轴颈偏转角不应超过许用值，以保证轴承可靠地运行。在采用悬挂电机结构时，电动转子中心的挠度应不超过许用值，以保证电机正常工作。

1. 曲轴结构尺寸的确定

基于以上几项要求，对于曲拐轴，如图 4－10 和图 4－11 所示，主要尺寸初步确定如下：

1)曲柄销直径 D

$$K_{max} = \frac{N_{max}}{D(l-2r)} \tag{4-1}$$

式中 K_{max}——轴颈所受的最大比压，N/m^2；

l——曲柄销长度，m；

r——曲柄销过渡圆角半径，m；

N_{max}——作用在轴承上的合力的最大反作用力，N。作用力中应包括往复惯性力和未平衡的离心力。

压缩机曲轴各轴颈上的许用最大比压：

曲柄销：90×10^5 N/m^2

主轴颈：$(40\sim50)\times10^5$ N/m^2

高转速压缩机，主轴颈的许用最大比压可提高 25%～30%。

根据现代液体动力润滑理论，无论$[K_{max}]$取何值，都取决于轴颈与轴承的刚性、几何形状的正确性与工作表面加工的程度，所采用的材料、冷却的强度、间隙值及润滑油的品质。随着转速的增高，轴承的工况更接近液体摩擦。

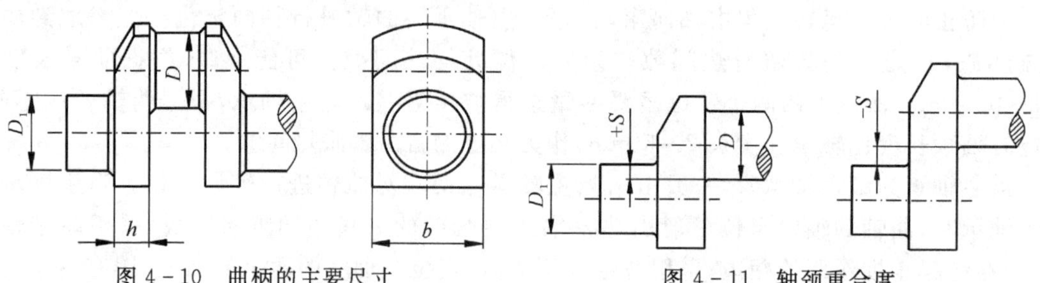

图 4－10 曲柄的主要尺寸

图 4－11 轴颈重合度

2)主轴颈直径 D_1

$$D_1 = (1.0 \sim 1.1)D \tag{4-2}$$

在确定主轴颈直径时，应考虑到轴颈的重叠度 S。轴颈的重叠度为

$$S = (D_1 + D)/2 - r \tag{4-3}$$

图 4－12 表示了轴颈的重叠度对压力集中系数的影响。重叠度越大对应力集中系数影响越小，这是因为曲轴与轴颈连接处应力集中的主要原因是轴的几何中心线的位置发生了突然改变，从而引起过渡角处力线的集中。增加轴颈重合度，能促使力线分布均匀化，从而减小应力集中系数，因此，应尽量避免 S/D 等于或接近于零；或者当微型压缩机要求结构紧凑而不得不将曲柄厚度做的较小时，就一定采用较大的轴颈重叠度和圆角半径。

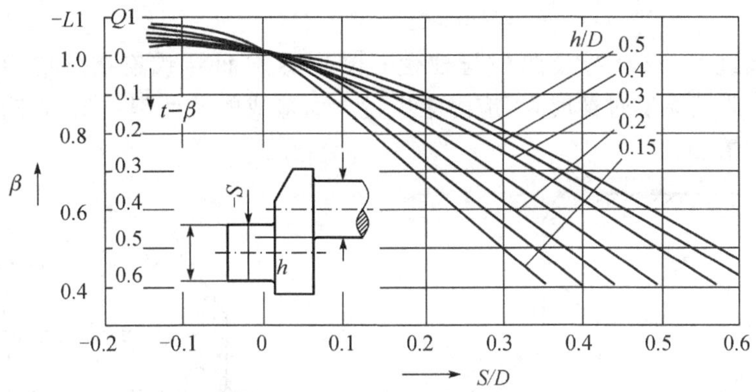

图 4－12　轴颈重叠度对应力系数的影响

曲轴的主轴颈与曲柄销，受工艺的限制，通常都选用相同的直径。但有时，为了减小连杆大头的尺寸与重量，曲柄销的直径可略小 10％～15％。

3)轴颈长度 l

轴颈长度 l 与轴颈直径 D 的比值，对轴颈的工作性能有密切关系，如图 4－13 表示了 l/D 与轴承油膜承载能力的关系。无论油膜厚度 h 大小如何，当 $l/D=0.4$～0.7 时，油膜承载能力最强。当 l/D 增大时，轴颈的挠度增大，轴承的承载能力下降，导致磨损加剧；当 l/D 过小时，则引起润滑油流量增加，导热状况改善，但形成油膜的能力下降，轴承承载能力急剧降低。

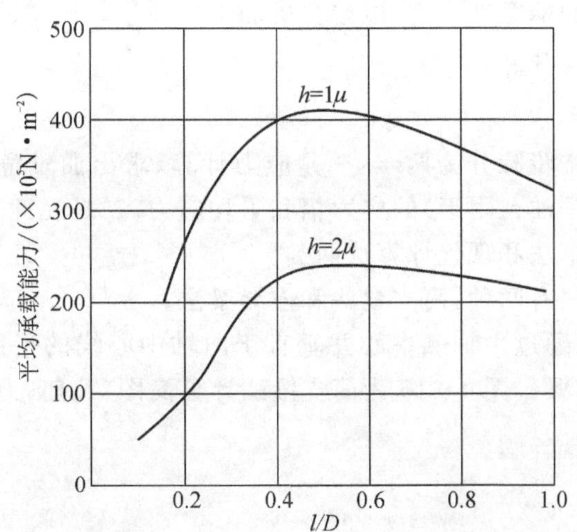

图 4－13　l/D 与轴承油膜承载能力的关系

根据轴颈工作条件的差异，不同轴颈的 l/D 值建议按下列范围采用：

曲柄轴的主轴颈：1.3

曲拐轴的主轴颈:0.55～0.8

曲柄轴的曲柄销:1.0

曲拐轴的曲柄销:0.5～0.7

4)曲柄厚度 h

曲柄厚度一般取

$$h = (0.7 \sim 0.6)D \tag{4-4}$$

曲柄过厚或过薄,都会造成曲柄与轴颈间刚度悬殊而导致连接处应力集中恶化。图 4-14(a)表示了曲柄厚度过薄时,因应力集中过大而造成的疲劳裂纹走向,图 4-14(b)为曲柄厚度过厚时的情形。

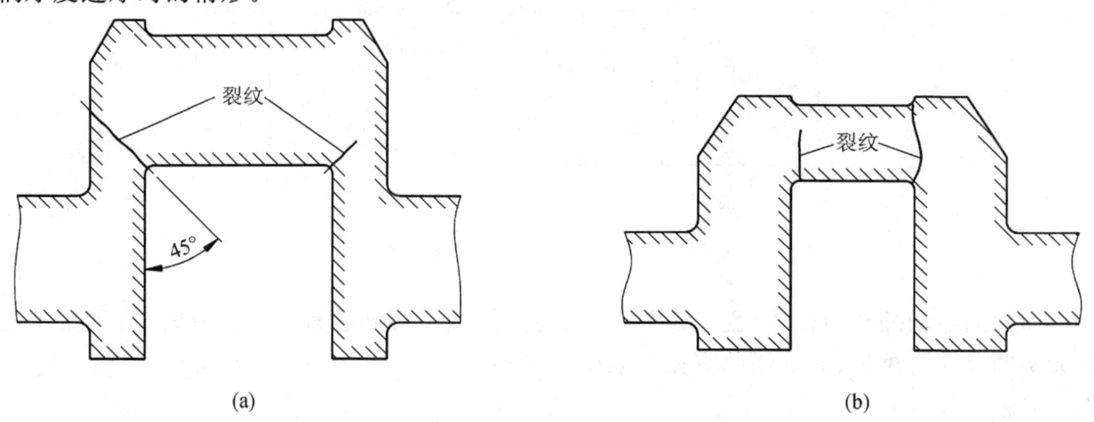

图 4-14 曲柄厚度不同时由应力集中而引起的开裂现象

5)曲柄宽度 b

曲柄宽度一般取

$$b = (1.2 \sim 1.6)D \tag{4-5}$$

锻造曲轴以取小的曲柄宽度为宜,以减少机加工切削量。铸造曲轴应取大的曲柄宽度。

2.曲轴的强度与刚度计算

1)曲轴的强度计算

曲轴强度计算的基本步骤分为两步:一是应力计算,求出曲轴危险部位(如曲轴轴颈与曲柄的过渡圆角处和轴颈油孔附近)的应力幅和平均应力;二是在此基础上进行强度计算。

应力计算有传统计算法和现代计算法两类。

常用的传统计算方法有两种:简支梁法和连续梁法。

简支梁法:该方法以通过主轴颈中心并垂直于曲轴中心线的平面将曲轴分成若干个曲拐,每个曲拐视为一简支梁。图 4-15 为简支梁法计算简图(几何-力学模型)。

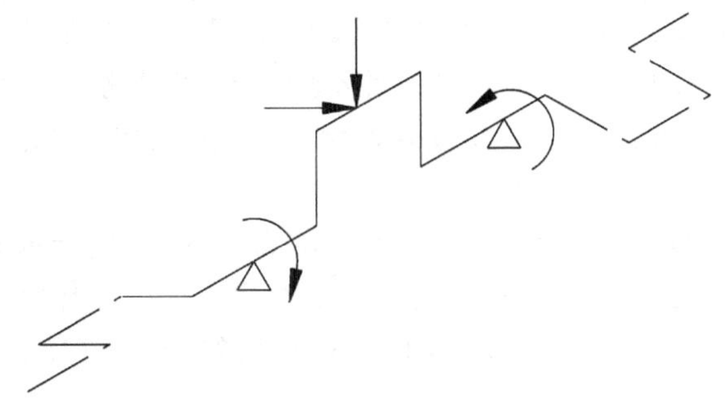

图 4-15　简支梁法计算简图

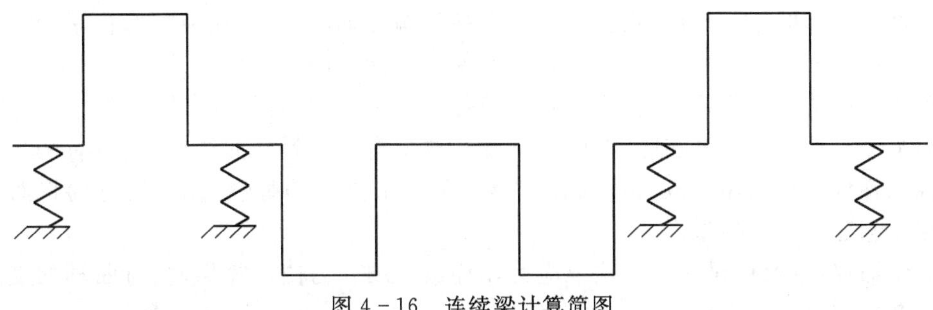

图 4-16　连续梁计算简图

连续梁法:连续梁法把曲轴简化为多支承的静不定连续梁,如图 4-16 所示。应用三弯矩或五弯矩方程求解。由于假设的几何-力学模型不同,连续梁法主要有以下 3 种:①曲轴简化为多支承圆柱形连续直梁,其直径与轴颈直径相同或相当;②轴作为支承在弹性支承上变截面的静不定直梁;③曲轴作为支承在弹性支承上的静不定曲梁。

传统方法根据名义应力和应力集中系数计算曲轴危险部分的应力,然而,由于曲轴的形状复杂,名义应力的准确计算存在较大困难,而应力集中系数通常由单拐平面模型计算或由有限量数量的曲轴实验数据推算得到,再加上名义应力和应力集中系数很难结合一致地反映实际最大应力,因此传统方法有相当的不准确性。

现代计算法以有限元理论的发展为基础,为精确而全面地计算曲轴应力提供了条件。曲轴是空间构件,从对实际形状的逼近和整个应力分布规律的求解来说,三维有限元分析最为理想。平面分析方法不能求出曲轴沿圆周方向的应力分布,因此,除在确定应力集中系数时还有所应用外,目前已基本不采用二维有限元模型。

计算模型:三维有限元分析所采用的计算模型一般有两种。

(1)单个曲拐模型。单个曲拐模型用于分析曲轴上受载最严重的曲拐,优点在于计算量小。但很难正确确定主轴颈剖分面处的边界条件,剖分面距离过渡圆角很近也会影响计算精度。为了考虑相邻曲拐、支承变形等影响因素,常将单拐模型与曲轴的整体梁元模型联合起来使用,先用梁元模型计算曲轴各拐的约束力和支反力,然后将计算所得的约束力和支反力与单拐受到的气体压力和惯性力一并作为单拐模型的力边界条件。

(2)整体曲轴模型。整体曲轴模型是实际情况最为接近的有限元模型,因此是进行曲轴有限元分析最合理的模型,计算精度最高。虽然其计算规模较大,但随着计算机性能的提高,借助于大型通用有限元分析软件,整体曲轴模型得到了日益广泛的应用。

现在有很多现成的有限元工程分析软件,只要有了三维实体模型,就很容易得到曲轴的三维有限元模型，但是要得到符合实体的计算结果，关键在于如何处理边界条件，即主要是指曲轴的加载方式和位移约束条件。边界条件不同，会得出差别非常大的结果，这需要详细了解曲轴的工作情况和受力状况。另外，形状变化剧烈的圆角处，要进行网格细化，否则计算结果不准。

载荷边界条件的处理重点是作用在轴颈表面的力处理，早期计算时，作用在轴颈上的支反力由简支梁法确定，并设定为集中力。现在已基本按连续梁法计算，并且理论上作用在轴颈上的应力应为法向分布载荷，沿轴线方向均布或呈抛物线分布，沿圆周方向 120°呈余弦分布。

在位移边界条件处理中，一般根据曲轴结构等方面的实际情况决定处理方法，例如，考虑到曲轴推力轴承的止推作用，在主轴颈中央端面施加轴向约束；在曲拐对称平面内不会产生垂直于曲拐平面方向上的位移，因此在对称面上施加相应的约束。

曲轴的支撑情况很复杂，大多数文献为简化起见把主轴颈视为刚性，对主轴颈施加刚性约束。为了使其处理更符合实际，有的将支撑看成是有一定弹性的线性弹簧；有的将主轴颈所受的轴承弹性支撑作用离散为作用在支撑面每个节点处的弹性边界元；有的将曲轴和机体组装在一起建立计算模型。

考虑到篇幅，本章仅对简支梁法求应力作详细介绍。为使计算简便，对曲轴的受力情况先作如下简化假设：

①对于多支承曲轴，作为在主轴承中点处被切开的分段简支梁考虑；②连杆力集中作用在曲柄销中点处；③略去回转惯性力；④略去曲轴自重。

作了上述简化假设以后，曲拐轴的计算简图可归纳为单拐和双拐两种，如图 4－17 所示。为了后面计算方便，规定了轴颈与轴柄的坐标系，见图 4－18。

F_T 、F'_T 为作用在曲柄销上的切向力；F_{Rx} 、F'_{Rx} 为作用在曲柄销上的法向力；F_y 、F_z 为轴前端载荷沿坐标方向的分量；N_{Ay} 、N_{Az} 、N_{By} 、N_{Bz} 、N_{Cy} 、N_{Cz} 为 A 、B 、C 三个主轴承处支反力沿坐标方向的分量；M 为输入扭矩，M_0 为相邻一跨传来的阻力扭矩。

由于轴承间隙的存在，假定曲柄销载荷只由轴承 B 和轴承 C 支持，轴前端载荷只由轴承 A 和轴承 C 支持，于是，可按静定梁计算各主轴承支反力，并进一步由平衡方程式解出曲轴各个截面上的弯矩、扭矩、轴力。各主轴承支反力的计算公式列在表 4－1 中；曲轴各截面处的弯矩、扭矩、轴力计算公式列在表 4－2 中；内力为正、负号的规定如图 4－18 所示。

由图 4－17 可看出，当尺寸 $l=0$ 或角度 $\alpha=0$，就是对称平衡式的情形；当尺寸 $e=0$，就是只有一个端轴承，并且考虑轴前端载荷的情形；当作用力 $F=0$，就是轴前端载荷较小，可以略去，或者没有轴前端载荷的情形。

轴前端载荷 F，通常是指轴前端悬挂物体的重量，在皮带传动或采用悬挂电机结构时应把皮带拉力或磁拉力也计入。磁拉力的数值 Q，近似也可按下式确定：

$$Q=3DL\times10^4\ \mathrm{N} \tag{4-6}$$

式中 D—电机转子外径，m；

L—电机转子有效铁芯长度，m。

磁拉力的方向，为计算安全计，可假定与重力方向相同。

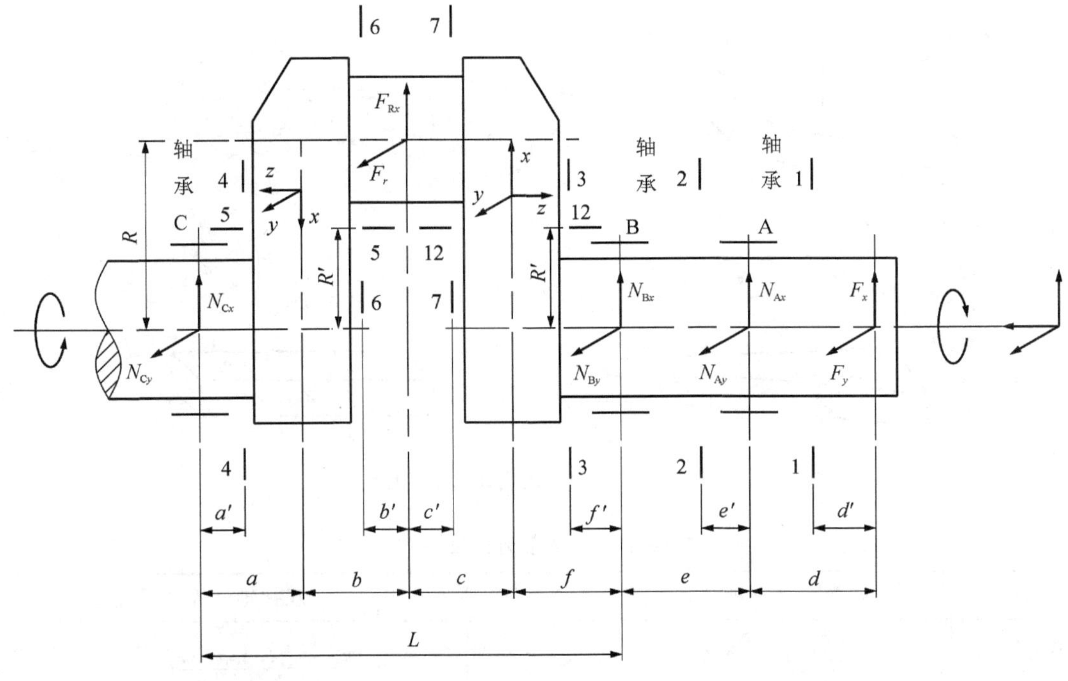

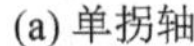

(a) 单拐轴

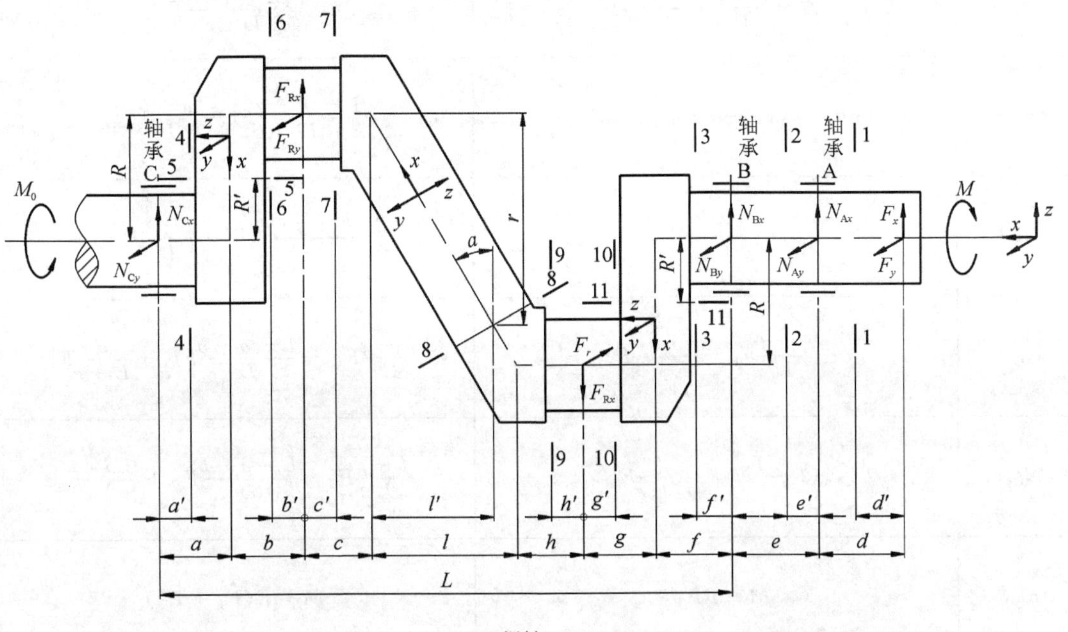

(b) 双拐轴

图 4-17　曲轴计算简图

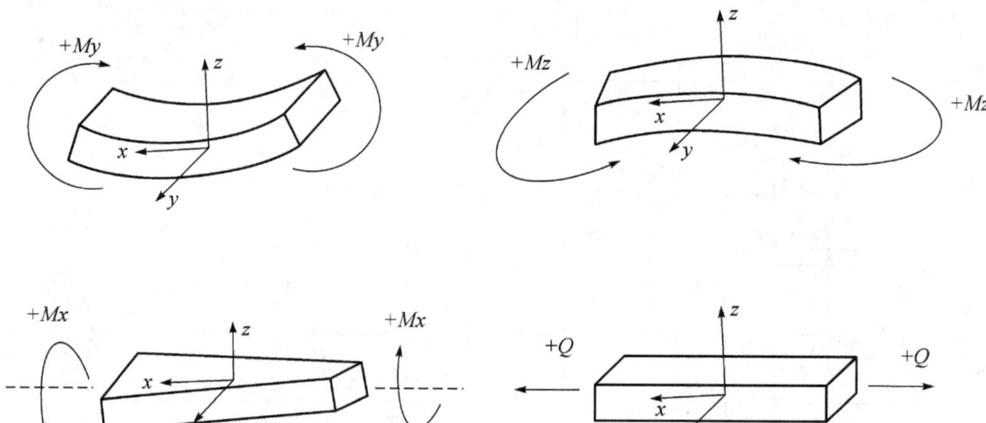

图 4-18　曲轴内力正、负号规定

表 4-1　支反力计算公式

支反力	单拐轴计算公式	双拐轴计算公式
N_{Ay}	$-\frac{L+d+e}{L+e}F_z$	$-\frac{L+d+e}{L+e}F_z$
N_{Az}	$-\frac{L+d+e}{L+e}F_y$	$-\frac{L+d+e}{L+e}F_y$
N_{By}	$-\frac{a+b}{L}F_{Rx}$	$\frac{L-f-g}{L}F'_{Rx}-\frac{a+b}{L}F_{Rx}$
N_{Bz}	$-\frac{a+b}{L}F_T$	$\frac{L-f-g}{L}F'_T-\frac{a+b}{L}F_T$
N_{Cy}	$-\frac{c+f}{L}F_{Rx}+\frac{d}{L+e}F_z$	$\frac{f+g}{L}F'_{Rx}-\frac{L-a-b}{L}F_{Rx}+\frac{d}{L+e}F_z$
N_{Cz}	$-\frac{c+f}{L}F_T+\frac{d}{L+e}F_y$	$\frac{f+g}{L}F'_T-\frac{L-a-b}{L}F_T+\frac{d}{L+e}F_y$
M_0	$M-RF_T$	$M-R(F_T+F'_T)$

注：当曲轴转向与图 4-17 所示方向相反时，表 4-1 中的 M、F_T、F'_T 要用 $-M$、$-F_T$、$-F'_T$ 代替。

表 4-2　曲轴各截面弯矩、扭矩、轴力计算方式

截面号 i	绕 y 轴弯矩 M_{iy}	绕 z 轴弯矩 M_{iz}	绕 x 轴扭矩 M_{ix}	轴力 Q_i
1	$F_z d'$	$F_y d'$	M	—
2	$F_z(d+e')+N_{Az}e'$	$F_y(d+e')+N_{Ay}e'$	M	—
3	$F_z(d+e+f')+N_{Az}(e+f')+N_{Bz}f'$	$F_y(d+e+f')+N_{Ay}(e+f')+N_{By}f$	M	—
4	$N_{Cz}a'$	$N_{Cy}a'$	M_0	—
5	$N_{Cz}a$	$-M_0+N_{Cy}R'$	$N_{Cy}a$	$-N_{Cy}$
6	$N_{Cz}(a+b-b')$	$N_{Cy}(a+b-b')$	$M_0-N_{Cy}R$	—
7	$N_{Cz}(a+b+c')+F_{Rz}c'$	$N_{Cy}(a+b+c')+F_T c'$	$M_0-N_{Cy}R$	—
8	$N_{Cz}(a+b+c+l')+F_{Rz}(c+l')$	$N_{Cy}\left[\left(a+b+c+\frac{l}{2}\right)\times\sin\alpha+\frac{r-R}{\cos\alpha}\right]+F_T\left(c\sin\alpha+\frac{r}{\cos\alpha}\right)+M_0\cos\alpha$	$-N_{Cy}(a+b+c+\frac{l}{2})\cos\alpha-F_T\cos\alpha+M_0\sin\alpha$	$(N_{Cz}+F_{Rz})\cos\alpha$
9	$N_{Cz}(a+b+c+l+h-h')+F_{Rz}(c+l+h-h')$	$N_{Cy}(a+b+c+l+h-h')+F_T(c+l+h-h')$	$M_0+N_{Cy}R+2F_TR$	—
10	$N_{Cz}(a+b+c+l+h+g')+F_{Rz}(c+l+h+g')-F'_{Rz}g'$	$N_{Cy}(a+b+c+l+h+g')+F_T(c+l+h+g')-F'_Tg'$	$M_0+N_{Cy}R+2F_TR$	—
11	$F_z(d+e+f)+N_{Az}(e+f)+N_{Bz}f$	$-M+(F_y+N_{Ay}+N_{By})R'$	$F_y(d+e+f)+N_{Ay}(e+f)+N_{By}f$	$F_z+N_{Az}+N_{Bz}$
12	$F_z(d+e+f)+N_{Az}(e+f)+N_{Bz}f$	$-M+(F_y+N_{Ay}+N_{By})R'$	$-F_y(d+e+f)-N_{Ay}(e+f)-N_{By}f$	$-F_z-N_{Az}-N_{Bz}$

注：当曲轴转向与图 4-17 所示方向相反时，表 4-2 中的 M、F_T、F'_T，要用 $-M$、$-F_T$、$-F'_T$ 代替。

2）静强度校核

由工作负荷引起的曲轴破坏总是疲劳破坏，因此对曲轴要进行疲劳强度校核。但为使计算简便，通常把曲轴所受载荷看成是应力幅度等于最大应力的对称循环载荷，且略去应力集中系数和尺寸系数对计算结果的影响，而代之以选用较大的安全系数，从而使复杂的疲劳强度校核具有静强度校核的简单形式。

一般要校核轴颈和曲柄的如下截面：轴颈与曲柄连接处和轴颈开油孔处。

近似地可取曲轴下述各旋转位置，对曲轴进行静强度校核：被校核一跨的输入扭矩 M 最大时；被校核一跨中，列的综合活塞力绝对值最大时（在角式压缩机情形，是以拐上各列综合活塞力矢量和的绝对值最大时）。

轴颈和曲柄各截面的静强度校核按下式进行

$$n=\frac{\sigma_{-1}}{\sqrt{\sigma^2+4\tau^2}}\geqslant[n] \tag{4-7}$$

式中　σ_{-1}——曲轴材料对称弯曲疲劳极限，N/m²；

σ——危险点上的正应力，N/m²；

τ——危险点上的切应力，N/m²；

$[n]$——许用安全系数。推荐：$[n]=3.5\sim5$。

在曲轴材料的组织均匀程度和机械性能稳定程度较差，以及轴颈曲柄间过渡圆角较小和被校核截面处的表面光洁度较差时，安全系数应取较大数值。

被校核截面危险点应力的计算，对于轴颈为

$$\sigma=\frac{\sqrt{M_y^2+M_z^2}}{W_y} \tag{4-8}$$

$$\tau=\frac{M_x}{W_x} \tag{4-8a}$$

对于曲柄，情形较复杂。在截面为矩形时，要校核：①截面短轴端点；②截面长轴端点；③矩形角点。在截面为椭圆形时，例如两列立式压缩机的长曲臂柄，要校核：①截面短轴端点；②截面长轴端点。

各点的应力按以下各式计算：

①截面短轴端点应力

$$\sigma=\frac{|M_y|}{W_y}+\frac{|Q|}{F} \tag{4-9}$$

$$\tau=-\frac{M_x}{W_x} \tag{4-9a}$$

②截面长轴端点应力

$$\sigma=\frac{|M_z|}{W_z}+\frac{|Q|}{F} \tag{4-10}$$

$$\tau=\gamma\frac{M_x}{W_x} \tag{4-10a}$$

③矩形截面角点的应力

$$\sigma=\frac{|M_y|}{W_y}+\frac{|M_z|}{W_z}+\frac{|Q|}{F} \tag{4-11}$$

$$\tau=0 \tag{4-11a}$$

在式(4-9)～式(4-11)中，M_y、M_z、M_x、Q 为作用在被校核截面处的弯矩、扭矩、轴力，可按表4-2中的公式算出；W_z、W_y、W_x 为被校核截面的截面模数，F 为被校核截面的截面。

可以看出，把轴颈应力计算公式(4-8)代入式(4-7)中，就有：

$$n=\frac{\sigma_{-1}W_y}{\sqrt{M_y^2+M_z^2+M_x^2}}\geqslant[n] \tag{4-12}$$

进行轴颈强度校核时，使用式(4-12)较为方便。

抗弯截面模数 W_y、W_z 的计算较为简单。而抗扭截面模数 W_x 及扭转应力比值系数 γ

的计算简述如下。由于以后在曲轴刚度计算中还要用到抗扭惯性矩，为简便计，也在这里一并叙述。

椭圆形截面的杆在纯扭转时，根据弹性理论分析得到 J_x 、W_x 和 γ 值如下

$$J_x = \frac{\pi}{16} \times \frac{m^3}{m^2+1} \times b^4 \tag{4-13}$$

$$W_x = \frac{\pi}{16} b^2 h \tag{4-14}$$

$$\gamma = \frac{1}{m} \tag{4-15}$$

式中，$m = \frac{h}{b}$，h 与 b 依次代表椭圆长、短轴的长度。

矩形截面的杆在纯扭转时，根据弹性理论中的近似解可得到如下形式的 J_x 与 W_x 两常数值。

$$J_x = \alpha b^4 \tag{4-16}$$

$$W_x = \beta b^3 \tag{4-17}$$

上式中的 α 、β 系数及应力比值系数 γ 随矩形截面长边的长度 h 与短边的长度 b 之比值 $m = \frac{h}{b}$ 的大小而变，其具体数值可由表 4－3 查出。

表 4－3　矩形截面杆纯扭转时的系数 α、β、γ

$m = \frac{h}{b}$	1.0	1.2	1.5	2.0	2.5	3.0	4.0	6.0	8.0	10.0
α	0.140	0.199	0.294	0.457	0.622	0.790	1.123	1.789	2.456	3.123
β	0.208	0.263	0.346	0.493	0.645	0.801	1.150	1.789	2.456	3.123
γ	1.000	—	0.858	0.796	—	0.753	0.745	0.743	0.743	0.743

3)疲劳强度校核

轴颈与曲柄间的过渡圆角处，由于有高度应力集中现象存在，是曲轴最易发生破坏的地方，有时要按考虑了应力集中系数和尺寸系数的疲劳强度计算方法，进行进一步的强度校核。

疲劳强度校核方法如下

$$n_1 = \frac{n_\sigma n_\tau}{\sqrt{n_\sigma^2 + n_\tau^2}} \geqslant [n_1] \tag{4-18}$$

式中　n_1——弯、扭交变应力综合作用下，曲轴的工作安全系数；

n_σ——弯曲交变应力作用下，曲轴的工作安全系数；

n_τ——扭转交变应力作用下，曲轴的工作安全系数；

$[n_1]$——许用工作安全系数。

n_σ 和 n_τ 按下式确定：

$$n_\sigma = \frac{\sigma_{-1}}{\sigma_\alpha \frac{K_\sigma}{\varepsilon} + \sigma_m \psi_\sigma} \tag{4-19}$$

$$n_\tau = \frac{\tau_{-1}}{\tau_\alpha \frac{K_\tau}{\varepsilon} + \tau_m \psi_\tau} \tag{4-20}$$

式中 σ_m，τ_m ——弯曲和扭转的平均应力，N/m²；

σ_α，τ_α ——弯曲和扭转的应力幅度，N/m²；

σ_{-1}，τ_{-1} ——材料的弯曲和扭转疲劳极限，N/m²；

K_σ，K_τ ——弯曲和扭转时曲轴的有效应力集中系数；

ε ——曲轴的尺寸系数；

ψ_σ，ψ_τ ——决定于材料的系数，见表 4-4。

表 4-4　应力循环对称系数与抗拉强度的关系

应力循环对称系数 ψ	抗拉强度 σ_b /（$\times 10^5$ N·m^{-2}）			
	3500～5500	5500～7500	7500～10000	10000～12000
ψ_σ（弯曲和拉伸）	0	0.05	0.1	0.20
ψ_τ（扭转）	0	0	0.05	0.1

在大多数情况下，曲轴过渡圆角处的疲劳强度的具体计算中，式(4-19)和式(4-20)分母中的第二项远小于第一项，故可略去。于是，将式(4-19)和式(4-20)代入式(4-18)中得

$$n_1 = \frac{\sigma_{-1}\varepsilon}{\sqrt{(\sigma_\alpha k_\sigma)^2 + \left(\frac{\sigma_{-1}}{\tau_{-1}}\right)^2 (\tau_\alpha K_\tau)^2}} \geqslant [n_1] \tag{4-21}$$

对曲轴过渡圆角作疲劳强度校核时，使用式(4-21)较为方便。推荐 $[n_1]$ = 1.8～2.5。式(4-19)和式(4-20)中的 σ_α 和 τ_α，按以下公式计算

$$\sigma_\alpha = \frac{M_{ymax} - M_{ymin}}{2W_y} \tag{4-22}$$

$$\tau_\alpha = \frac{M_{xmax} - M_{xmin}}{2W_x} \tag{4-23}$$

式中 M_{ymax}，M_{ymin} ——曲轴旋转一周过程中，作用在曲柄过渡圆角所在截面处最大和最小绕 Y 轴弯矩，可按表 4-2 算出；

M_{xmax}，M_{xmin} ——曲轴旋转一周过程中，作用在轴颈过渡圆角所在截面处的最大和最小绕 X 轴弯矩，可按表 4-2 算出；

W_y ——曲柄抗弯截面模数；

W_x ——轴颈抗扭截面模数。

为使计算不过分麻烦，近似地，在被校核一跨中，可在作用于一拐上的法向力 F_{Rx} 为最大和最小时，计算 M_{ymax} 和 M_{ymin}；在被校核一跨的输入扭矩 M 为最大和最小时，计算 M_{xmax} 和 M_{xmin}。在轴颈有重合时，例如当 $S/D > 0.3$，曲柄一般要取得薄些，这时曲柄抗弯截面模数 W_y 可按式(4-24)计算

$$W_y = \frac{b(h^2 + s^2)}{6} \tag{4-24}$$

式中 b ——曲柄宽度；

h ——曲柄厚度；

s ——轴颈重合度。

式(4-21)中的 K_σ、K_τ、ε，可从图 4-9 和图 4-19 中查取。在使用图 4-9 时，图中给

出的是 $(K_\sigma)_D$ 和 $(K_\tau)_D$，它们与 K_σ 和 K_τ 有如下关系：$K_\sigma=(K_\sigma)_D\varepsilon_0$，$K_\tau=(K_\tau)_D\varepsilon_0$；$\varepsilon_0$ 是40～70 mm直径试件的尺寸系数，ε_0 约等于 0.8。

曲轴常用材料的疲劳极限：对 45 和 40 优质碳素钢：$\sigma_{-1}=(25\sim34)\times10^7\ \mathrm{N/m^2}$，$\tau_{-1}=(15\sim20)\times10^7\ \mathrm{N/m^2}$；QT600－2 稀土镁球墨铸铁：$\sigma_{-1}=(25\sim26)\times10^7\ \mathrm{N/m^2}$；$\tau_{-1}=(15\sim16)\times10^7\ \mathrm{N/m^2}$。

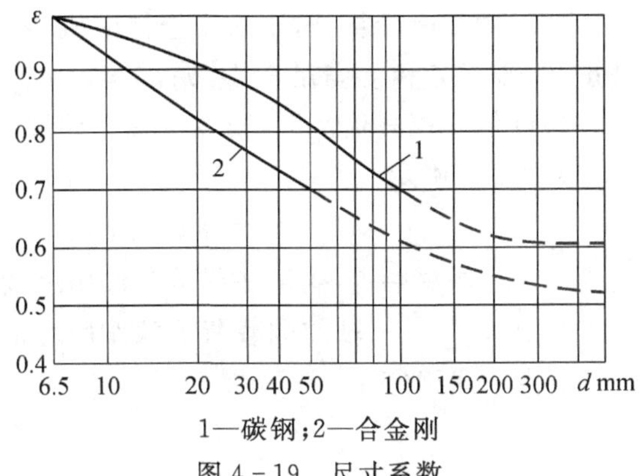

1—碳钢；2—合金刚

图 4－19　尺寸系数

4)曲轴刚度校核

曲轴的刚度计算实质上是限制曲轴的弯曲变形和扭转变形必须在一定的允许范围内，以免影响曲轴和轴上零件的正常工作。润滑轴承中压力沿长度分布不均匀并可能发生边缘接触，造成过度发热和加剧磨损；滚动轴承发生内外圈相互倾斜或导致滚动体被外圈卡住，使轴承寿命降低，此外，还会影响电动机转子与定子间间隙的变化。

在做刚度校核时，要把曲轴转化为变截面直梁，要求转化梁与曲轴有同样的抗弯刚度。转化梁与曲轴轴颈有同样的坐标系。

转化梁在长度方向上的尺寸，按图 4－20 所示方法确定；转化梁各段的截面惯性矩，按表 4－5 所示转化关系确定。

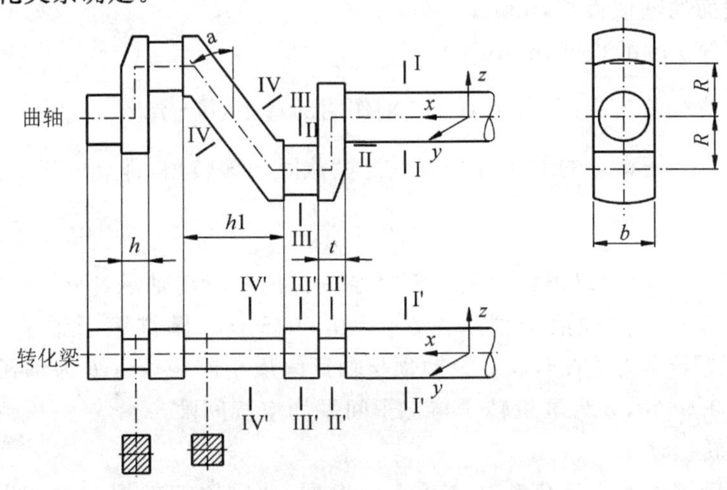

图 4－20　转化梁长度尺寸的确定

表 4－5　转化梁与曲轴间刚度转化关系

转化梁截面 $i-i$	转化梁截面绕 y 轴惯性矩 J_{iy}	转化梁截面绕 z 轴惯性矩 J_{iz}
Ⅰ′－Ⅰ′	$J'_{\mathrm{I}y}=J_{\mathrm{I}y}$	$J'_{\mathrm{I}z}=J_{\mathrm{I}z}$
Ⅱ′－Ⅱ′	$J'_{\mathrm{II}y}=\dfrac{t}{R}J_{\mathrm{II}y}$	$J'_{\mathrm{II}z}=\dfrac{t}{R}\dfrac{G}{E}J_{\mathrm{II}z}$
Ⅲ′－Ⅲ′	$J'_{\mathrm{III}y}=J_{\mathrm{III}y}$	$J'_{\mathrm{III}z}=J_{\mathrm{III}z}$
Ⅳ′－Ⅳ′	$J'_{\mathrm{IV}y}=\dfrac{t_1\cos\alpha}{2R}J_{\mathrm{IV}y}$	$J'_{\mathrm{IV}z}=\dfrac{t_1\cos\alpha}{2R}\Big/\left(\dfrac{\sin^2\alpha}{J_{\mathrm{IV}z}}+\dfrac{E}{G}\dfrac{\cos^2\alpha}{J_{\mathrm{IV}z}}\right)$

可近似地取曲轴的下述旋转位置，对曲轴进行刚度校核，即被校核一跨中，列的综合活塞力绝对值为最大时(在角度式压缩机，是以拐上各列综合活塞力矢量和的绝对值最大时)。

曲轴的刚度计算，对于采用悬挂电机结构的情形，要计算轴颈偏转角 θ 和电机转子中心挠度 f，要求 θ 和 f 满足 $\theta \leqslant [\theta]$，$f \leqslant [f]$；式中，$[\theta]$为轴承的许用偏转角，$[f]$为电机的允许挠度值。在其他情形，则只对轴颈偏转角 θ 进行计算。

θ 由下式确定

$$\theta = \sqrt{(\theta'_z+\theta''_z)^2 + (\theta'_y+\theta''_y)^2} \tag{4-25}$$

式中　θ'_z，θ'_y——曲柄销载荷单独作用时轴颈偏转角；

θ''_z，θ''_y——轴前端载荷单独作用时轴颈偏转角。

f 由下式确定

$$f = \sqrt{(f'_z+f''_z)^2 + (f'_y+f''_y)^2} \tag{4-26}$$

式中　f'_z，f'_y——曲柄销载荷单独作用时电机转子中心的挠度；

f''_z，f''_y——轴前端载荷单独作用时电机转子中心的挠度。

采用式(4-27)计算任意位置的挠度

$$f = \sum \int_0^{l_i} \frac{M\overline{R}}{EJ}\mathrm{d}l \tag{4-27}$$

式中　E——材料的弹性模量，N；

J——截面的轴惯性矩，mm^4；

l_i——轴第 i 段的长度，mm；

$\overline{R}$、M——单位载荷($\dfrac{M}{J}$)和外力对第 i 轴作用的弯矩，N·mm。

而梁扰度曲线上任意点的斜率等于该点处横截面的偏转角，即

$$\tan\theta = \frac{\mathrm{d}f}{\mathrm{d}x} \tag{4-28}$$

对于$[\theta]$和$[f]$，给出以下数据供计算时参考。径向滚动轴承：$[\theta]=0.008$ rad；球面轴承：$[\theta]=0.05$ rad；圆柱滚子轴承：$[\theta]=0.0025$ rad；圆锥滚子轴承：$[\theta]=0.0017$ rad；滑动轴承：$[\theta]=\delta_{\min}/b$ rad，$\delta_{\min}$ 为轴颈与轴瓦间最小间隙，cm，b 为轴瓦轴向宽度，cm；$[f]=(0.05\sim 0.06)\delta$，$\delta$ 为电机转子与定子间平均空气间隙。

5)曲轴的扭转振动

随着往复式压缩机向大型化和高速化方向发展，曲轴因扭转振动而产生破坏的可能性迅速增加，所以大型、高速压缩机曲轴的扭转振动不可忽视。

在大型多曲拐的压缩机中，由于列数增多和曲轴增长，导致曲轴的刚性下降，同时，曲轴的质量却大大增加。于是，一个由驱动机转子和压缩机曲轴所构成的多质量弹性系统的固有频率大大降低，很容易以较低阶次与阻力矩的作用频率相近或相等，即进入共振状态。共振时的转速称共振转速。如果没有摩擦力，此时受了阻力矩作用后系统内的能量不断增大，其振幅会无限增大，作用在曲轴危险截面上的应力也会急剧增大。实际上是存在摩擦力，干扰力矩的部分能量被吸收，所以振幅是个有限值。

对大型曲轴扭转振动研究的结果表明：两列和四列压缩机曲轴的固有频率在 60 Hz 以上，额定转速下的共振谐次约在 12～13 左右。此时，由共振而造成的曲轴危险截面上所产

生的动应力不超过 4～6 MPa，考虑到两列和四列压缩机曲轴的扭转安全系数足够高，可以认为扭转振动对它们并不构成危险。

六列和八列的压缩机曲轴，固有频率约为 30～40 Hz，共振谐次约为 6～8，比两列和四列压缩机曲轴低得多。共振时曲轴危险截面上附加的动应力可达 10～12 MPa，它对曲轴总的安全系数的影响要大的多。所以，在确定六列和八列压缩机曲轴尺寸时应考虑由扭转振动所产生的动应力的影响。

曲轴的扭转计算比较复杂，本节仅简略给予论述，详细算法请参阅有关文献。

曲轴扭振计算的一般计算步骤如下：

当量系统计算：将复杂的实际轴系，换算成扭振特性与之相同的简化系统——当量系统。

自由振动计算：确定当量系统的固有频率及振型。

强迫振动计算：确定轴系的振幅及扭转应力。

扭转消减措施的设计：当计算的振幅或扭振应力超过相应的允许值时，则需要采取措施，例如修改轴系设计或加装减振器等，使轴系扭振得以改善。

目前，扭振计算方法有很多种，并且可借助计算机编程计算。按任何一种方法计算，特别是在作强迫振动计算和减振器设计计算时，主要还得依靠试验统计的经验系数来进行。由于经验系数具有局限性，因此，轴系扭振特性经过理论计算后，一般还需在轴系上进行实际测量，以核证计算结果的准确性。

4.1.4 曲轴材料与基本技术要求

1. 曲轴的材料

压缩机曲轴一般是用 45 和 40 优质碳素钢锻造，或用 QT600－3 稀土镁球墨铸铁铸造。锻造曲轴的锻造比，在以钢锭为原材料时，在轴颈处应不小于 3，在曲柄处应不小于 2；在以钢坯为原材料时，在轴颈处应不小于 2，在曲柄处应不小于 1.3。铸造曲轴的冒口，应设在负荷最轻的轴后端，以保证曲轴主要受力部位的材质质量。

2. 曲轴毛坯的热处理

曲轴毛坯应进行正火处理，以改善材料组织，提高材料机械性能，消除内应力。小件工件应调质处理，以期得到更好的机械性能。粗加工后进行回火或人工时效，消除内应力，保证精加工精度。

3. 材料性能的检查

曲轴毛坯热处理后，作低倍检查、金相检查、化学成分分析和机械性能实验，粗加工后进行超声波探伤，精加工后进行磁力探伤。锻件中不得有裂纹、白点、魏氏组织和明显的气孔、夹层、皱叠、疏松等缺陷。锻件的化学成分和锻件的机械性能应符合相关的规定。铸件中石墨应成球状或团状，基体中珠光体应占 85％以上，并且不得有裂纹、冷隔和明显的缩松、夹渣、白口、气孔、石墨漂浮等缺陷。铸件的机械性能，应符合 JB/T 7240—94 的规定。

4. 加工精度及表面粗糙度

主轴颈、曲柄销的圆度与圆柱度，不低于 7 级精度。各主轴颈中心线对两端主轴颈公共轴线的同轴度不低于 8 级。各曲柄销在 100 mm 长度上不大于 0.02 mm。在采用滑动轴承时，轴颈表面要有低的粗糙度和高的硬度。轴颈表面粗糙度应达 *Ra*0.4，对大型曲轴也不得高于 *Ra*0.8。45 钢锻造曲轴，轴颈经表面淬火，推荐表面硬度：HRC50～63；40 钢大型锻造曲轴，经正火处理，推荐表面硬度：HB167～207；XQT600 - 3 铸铁曲轴，经正火处理，推荐表面硬度：HB220～260。

4.2 连杆组件

连杆组件的作用是把曲轴的旋转运动变为活塞在气缸内的往复直线运动，并把由曲轴从驱动机接受的扭矩以活塞力的方式传递给活塞，从而使被压缩气体在气缸压缩容积内受到压缩。连杆组件包括连杆体(小头、杆身、连杆大头)、连杆大头盖、连杆轴瓦、连杆螺栓等零件。

连杆小头与活塞销或十字头销相连接，与活塞或十字头一起作往复运动；连杆大头与曲柄销相连并与曲轴一起作旋转运动。因此，连杆体除了有上下运动外，还有左右摆动，呈现复杂的平面运动。压缩机气体作用力与往复运动质量引起的往复惯性力形成纵向载荷，摆动力矩引起横向载荷。载荷的大小和方向都不断地变化，但纵向载荷要比横向载荷大得多。此外，由于连杆是细长杆件，在压缩载荷作用下，会引起平行于曲轴中心线与垂直曲轴中心线两个平面内的弯曲，造成杆身产生附加弯曲应力。

根据连杆的受载情况，设计的连杆首先应保证有足够的疲劳强度与结构刚度。如果强度不够，就会发生连杆螺栓、大头盖或杆身的断裂，造成严重事故。连杆组的刚度不够，也会造成严重后果，例如，连杆大头的变形会使连杆螺栓承受附加弯曲力；大头盖的失圆使连杆轴承的润滑受到影响；杆身在曲轴中心线平面内的弯曲，使活塞在气缸内倾斜或十字头在滑道内倾斜，造成活塞与气缸及连杆轴承与曲柄销，十字头滑板与滑道偏磨。

为了增加连杆的强度和刚度，不能简单依靠加大结构尺寸来达到，因为连杆重量的增加导致惯性力相应增加，所以，连杆的设计要在尽可能轻巧的结构下保证具有足够的强度和刚度。

4.2.1 连杆的基本结构

连杆体包括杆身、大头、小头三部分，如图 4 - 21 所示。杆身截面有圆形(图 4 - 21)、矩形(图 4 - 22)、工字形(图 4 - 23)等。圆形截面的杆身，机械加工最方便，但在同样强度时，具有最大的运动质量，适用于低速、大型以及小批量生产的压缩机。工字形截面的杆身在同样强度时，具有最小的运动质量，但其毛坯必须用模锻或铸造，适用于高速及大批量生产的压缩机。

连杆一般分为开式和闭式两种。开式连杆指连杆的大头部分是剖分的，大头盖用连杆螺栓和螺母与另一半紧固，如图 4 - 21～图 4 - 23 所示，开式连杆是压缩机中最常用的结构形式。闭式连杆指连杆大头为整体结构形式，过去通常使用在大型压缩机上，如图 4 - 24 所示。由于大头是不剖分的，所以连杆的刚性较高，适应于大功率和低转速的压缩机，现在这种型式的连杆已经比较少见。另一类闭式连杆指大头采用滚动轴承的连杆，如图 4 - 25 所示。这种连杆不适应曲拐轴，仅在微型压缩机上采用。

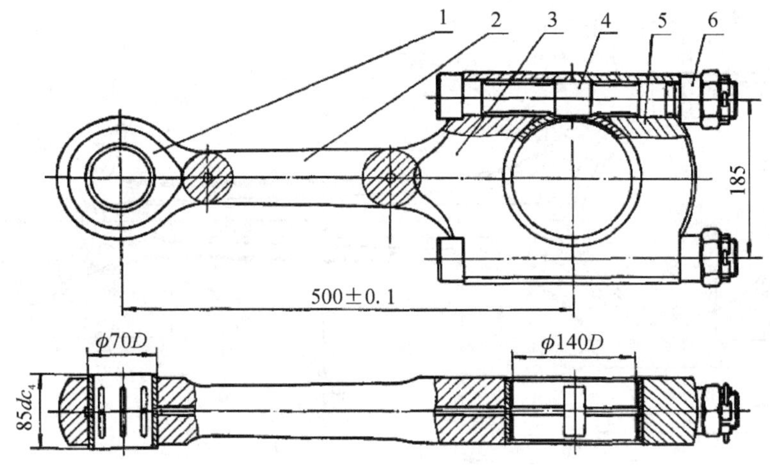

1—小头；2—杆身；3—大头；4—连杆螺栓；5—大头盖；6—连杆螺母

图 4-21 连杆

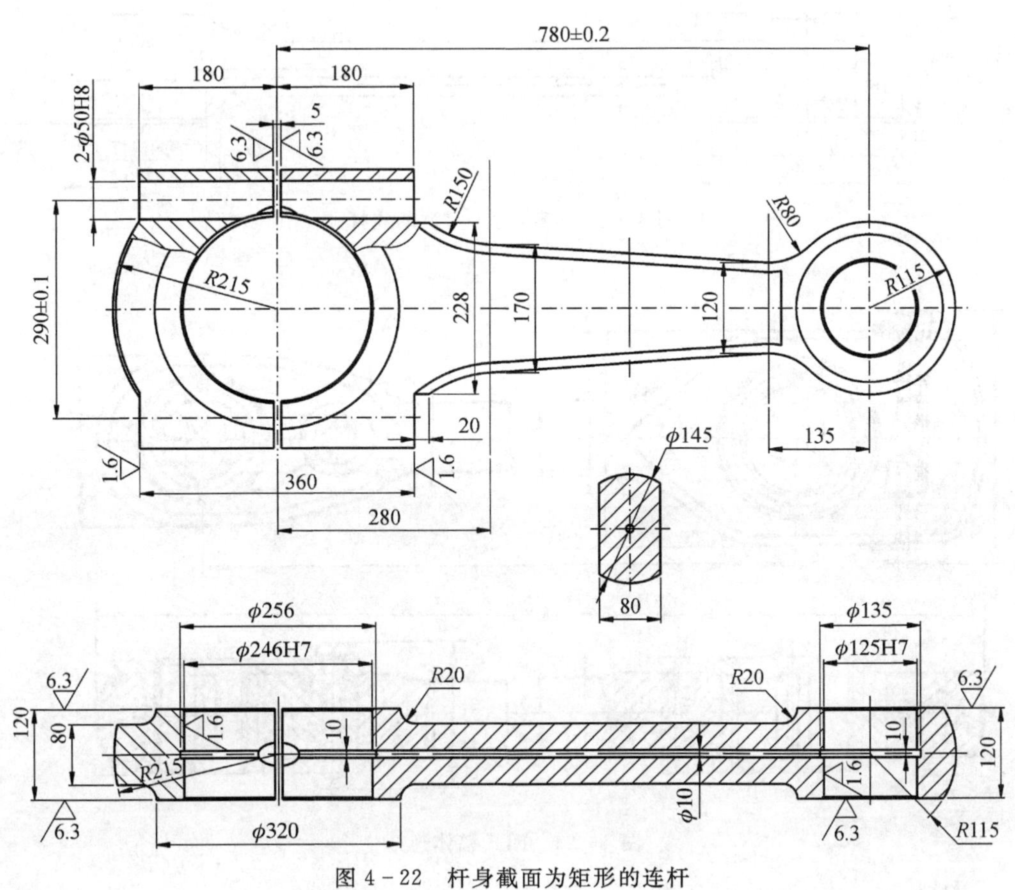

图 4-22 杆身截面为矩形的连杆

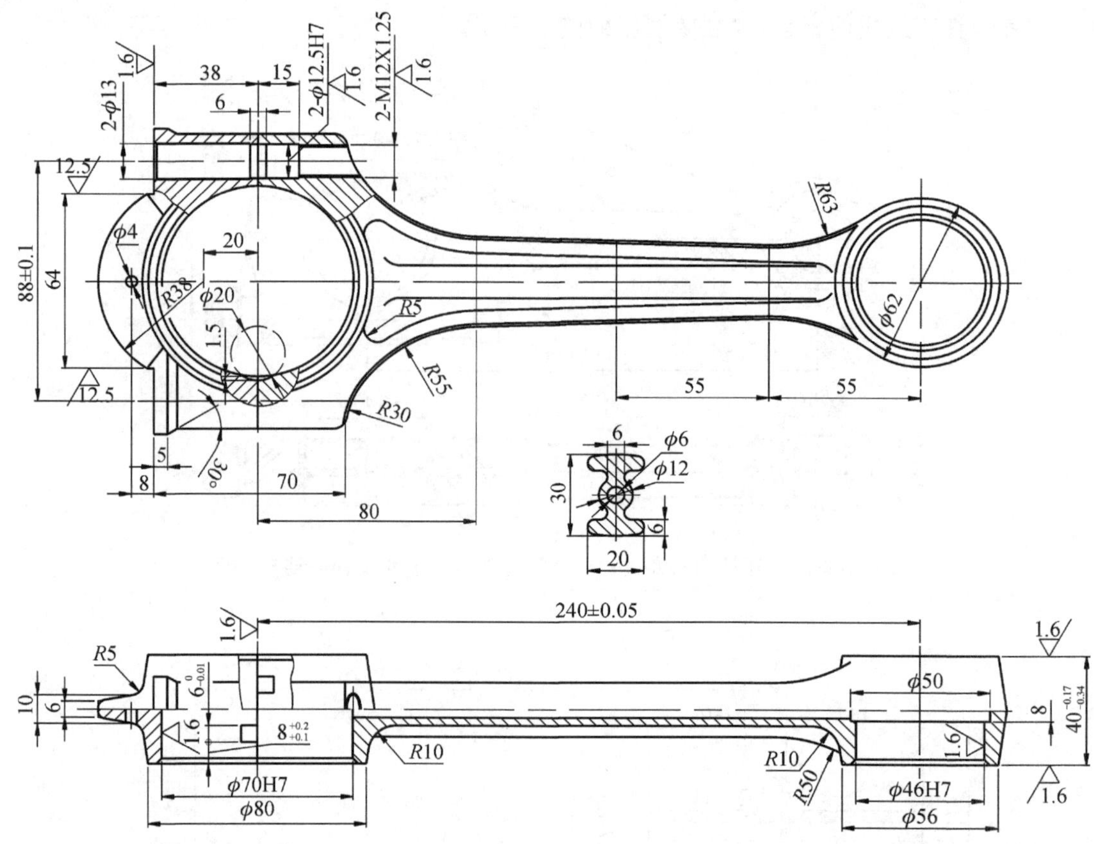

图 4-23　杆身为工字型的连杆

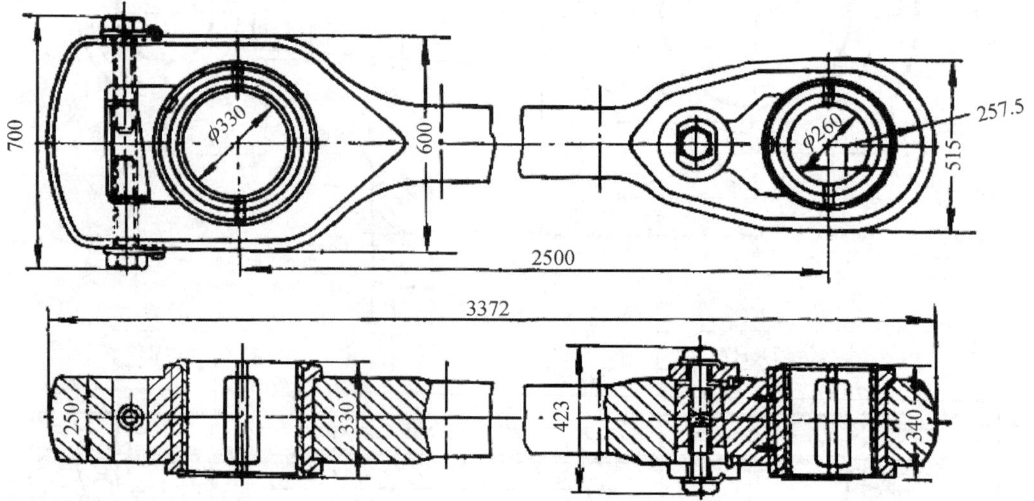

图 4-24　闭式整体连杆

1. 连杆小头

连杆小头不可分。图 4 - 26 表示了受拉伸时小头应力的分布，图中外缘的应力以外缘向外作的矢量为正值，外缘向内作的矢量为负值；内缘的应力以内缘向内作的矢量为正值，向外作的矢量为负值。从图中右侧可以看出，连杆小头外缘 1～3 处及与杆身连接 5～6 处的拉伸应力比较严重，小头孔中 4′ 处（图左侧）的拉伸应力也比较严重，而在 3、2 点处出现压应力。因此，小头的设计相应于 5、6 处也就是小头与杆身的过渡部位应适当加强。图 4 - 27 表示了模锻的和自由锻的连杆小头的各种型式，其中图(a)与(c)的形式，从减轻重量上看较图(b)与图(d)稍好，但恰在外侧拉应力最大处消弱了强度，可用于单作用机器中，双作用时，其结构欠妥。(b)、(d)方案是根据图 4 - 26 应力图予以加强。图(d)的形式是鉴于大型双作用时拉伸载荷较大，考虑到截面受力情况而特地制成椭圆形。

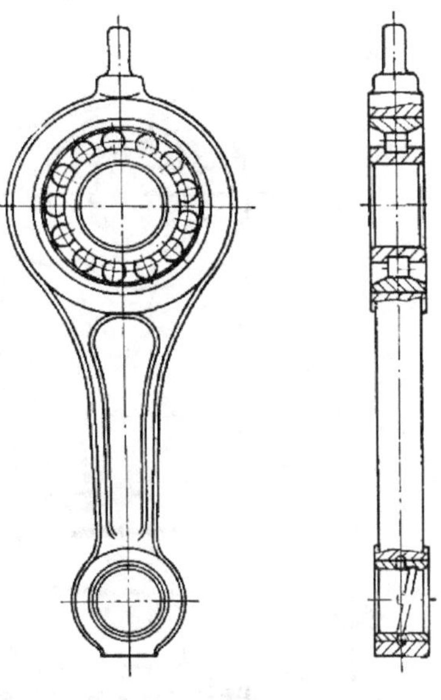

图 4 - 25　采用滚动轴承的闭式连杆

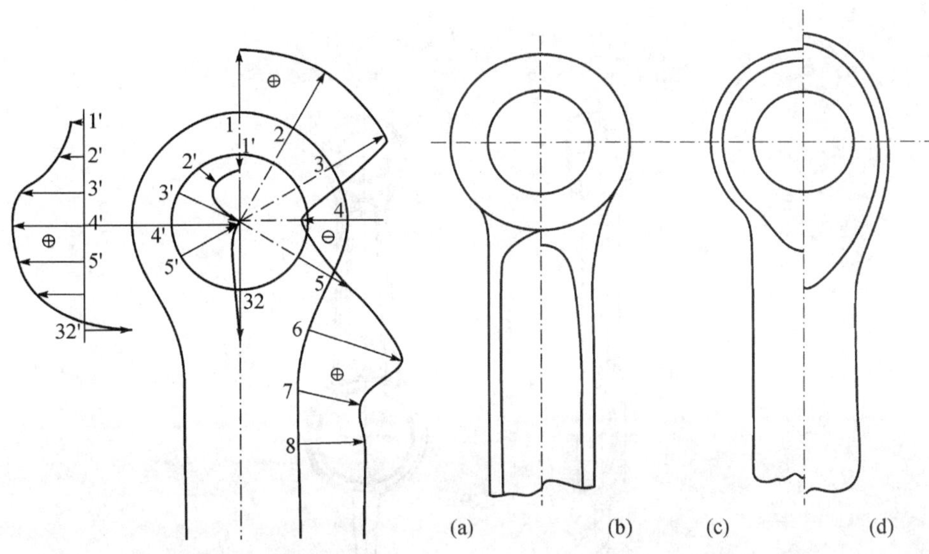

图 4 - 26　连杆小头内外应力分布　　图 4 - 27　连杆小头型式

小头孔内都压入整体的磷青铜轴套，使小头的结构大为简化。有些压缩机考虑到降低机器的高度，也有把小头制成叉形的结构，如图 4 - 28 所示。它的特点是装配调整方便，十字头与活塞杆连接紧凑，但是工艺性不好。

对于微型压缩机，因连杆多采用锻铝材料，通常不用小头衬套，而直接在小头孔内做出油槽代替小头瓦，如图 4 - 29 所示。

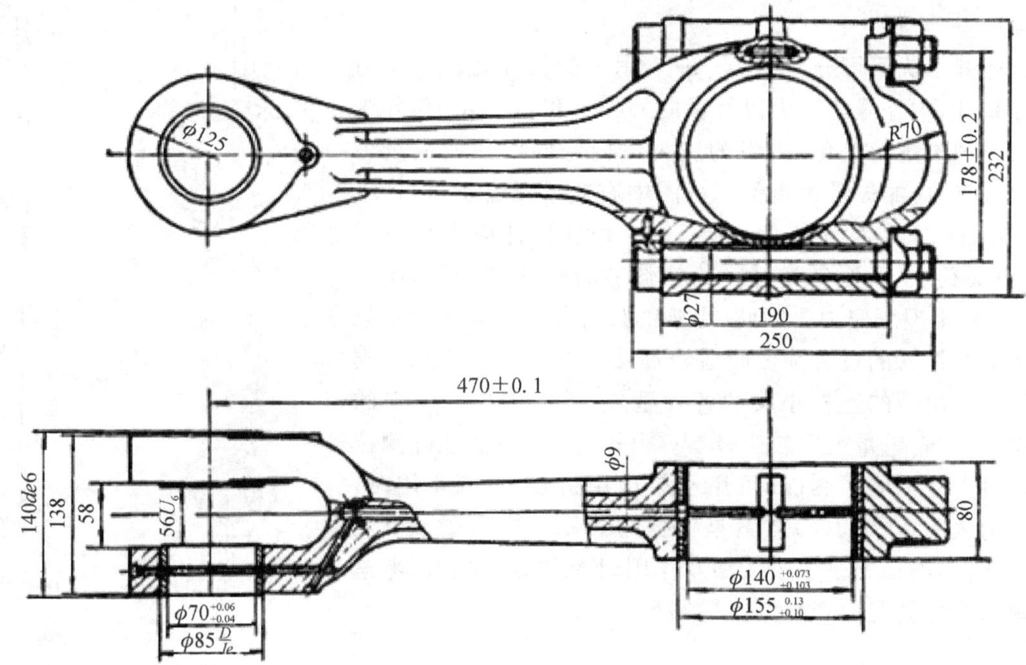

图 4-28 小头为叉形的连杆

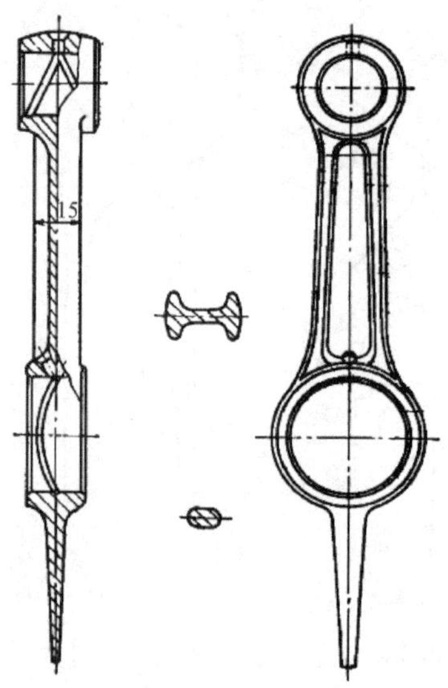

图 4-29 锻铝连杆

2.连杆大头

对于大头的结构，使用曲拐轴时，都采用与连杆中心线相垂直的方向剖分的结构，如图 4-21所示。大头盖与连杆体用螺栓连接。连杆螺母锁紧后，必须加上防松装置，防止在工作时松动。为了采用滚动轴承，也有把大头制成闭式的，如图 4-25 所示。大头孔内镶入滚动轴承，装配时必须从曲轴的特定端装入。

有些压缩机的连杆从材料合理利用的角度出发，把大小头的外形制成偏心圆，如图 4－30 所示。这种形状适于铸造的连杆。微型压缩机连杆在材料为锻铝或球墨铸铁时，通常不用大小头轴瓦，直接在连杆大小头孔内作出油槽，连杆大头顶端带有打油杆，实现飞溅润滑，如图 4－29 所示。

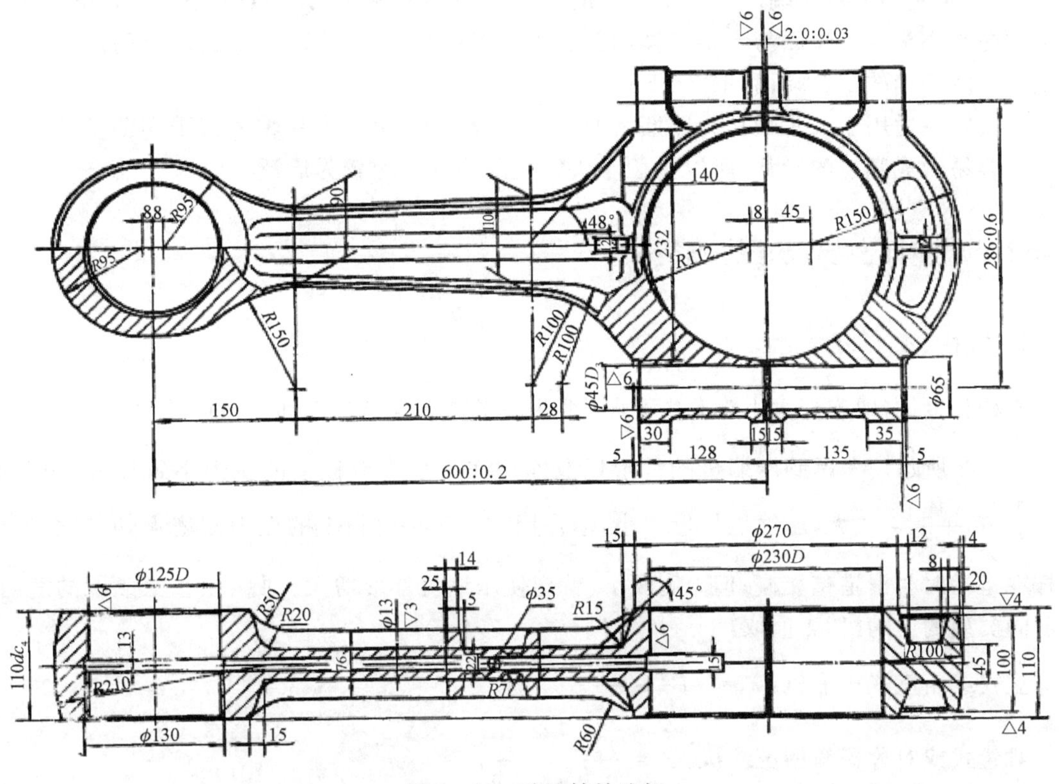

图 4－30　球墨铸铁连杆

连杆大头盖可认为是受弯曲的梁，如图 4－31 所示。因此截面形状最好也是工字形的，或差些的用丁字形的，但自由锻造的连杆为加工简单起见都做成矩形的，以确保大头盖具有足够的刚度和强度。

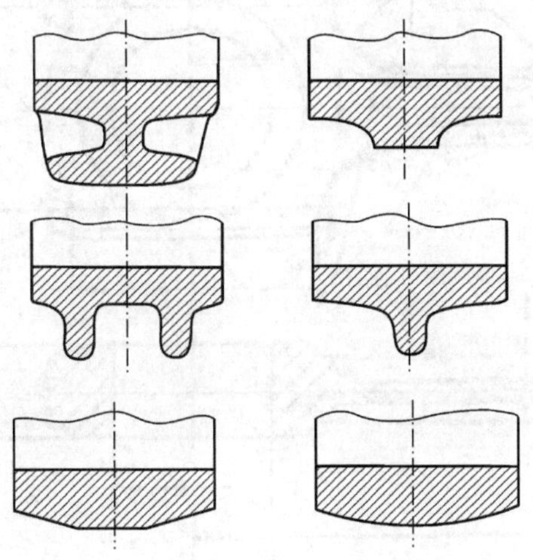

图 4－31　连杆大头截面形状

为了防止连杆在运动时的左右摆动，以及考虑曲轴的热膨胀引起的轴向移动对连杆的影响，连杆必须加以定位，定位的方法有大头定位与小头定位两种。

大头定位是在连杆大头轴瓦两端面与曲柄销的配合端面采用较小的配合间隙(0.2～0.5 mm)；而在小头衬套端面与十字头体的配合端面则取较大的间隙(约为 2～5 mm)。小头定位是在小头衬套端面与十字头体的配合端面采用 0.20～0.50 mm 的配合间隙；而在大头端面与曲柄销的配合端面，取 2～5 mm 的间隙。

大头定位适用于大头轴瓦为厚壁瓦的情况。近年来，由于大头轴瓦都采用薄壁瓦，而薄壁瓦不容易做成翻边的形状，所以采用小头定位的连杆应用较为广泛。

4.2.2 连杆主要尺寸的确定

1. 连杆长度 L 的确定

连杆长度 L，即连杆大小头孔中心距，由曲柄半径 R 与连杆长度 L 的比值 $\lambda=\frac{R}{L}$ 决定，如图 4-32 所示。考虑到压缩机的外形以及作用在十字头滑板上的压力不致过大，一般取 $\lambda=\frac{1}{6}\sim\frac{1}{3.5}$。$\lambda$ 愈大，压缩机外形愈小，但作用在十字头滑板上的压力则增大，同时容易使连杆在运动时与滑道壁相碰；但 λ 值取小，就会使压缩机外形增大。所以 λ 值必须取的适当。对不同类型的压缩机，λ 值取：

立式或角度式压缩机：$\lambda=\frac{1}{4.5}\sim\frac{1}{4}$；

对置式或对称平衡型压缩机：$\lambda=\frac{1}{5.5}\sim\frac{1}{4.5}$；

卧式压缩机：$\lambda=\frac{1}{6}\sim\frac{1}{5}$。

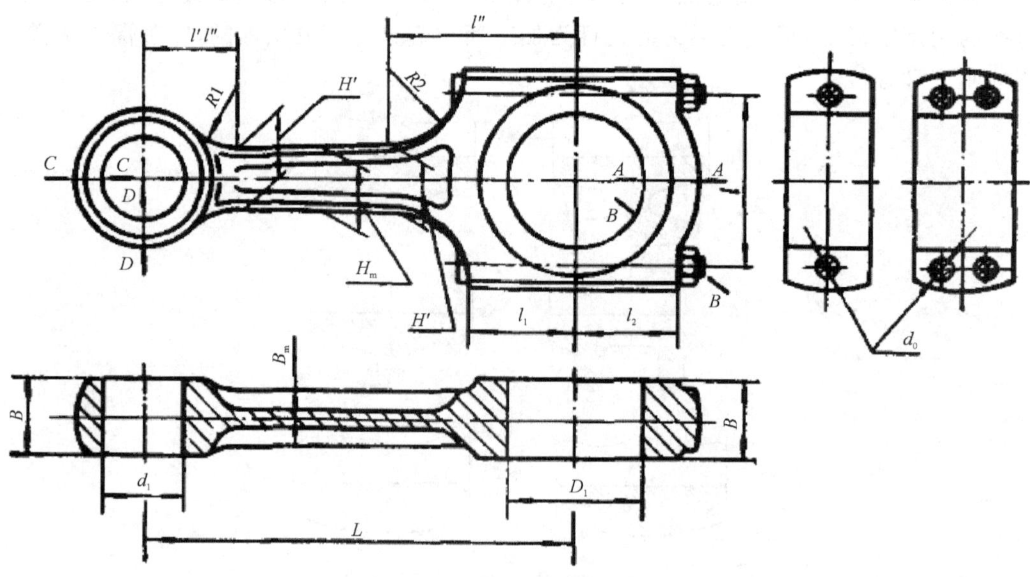

图 4-32 连杆杆体主要结构尺寸

2.连杆大头瓦尺寸的确定

目前大多数压缩机考虑到制造、维修的便利，把曲柄销直径设计成与主轴颈一样，所以大头瓦的设计与主轴瓦设计一样。

3.连杆小头衬套尺寸的确定

连杆小头轴瓦内径按十字头销或活塞销决定，参看本章第 3 节“十字头”。小头轴瓦近年广泛采用衬套结构，如图 4-33 和图 4-34 所示。

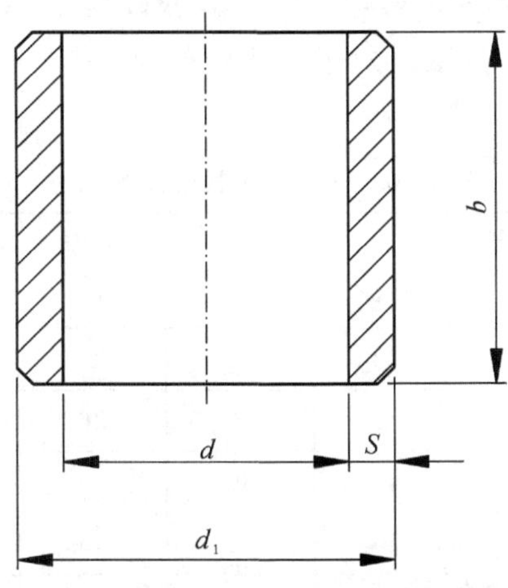

图 4-33　连杆小头衬套

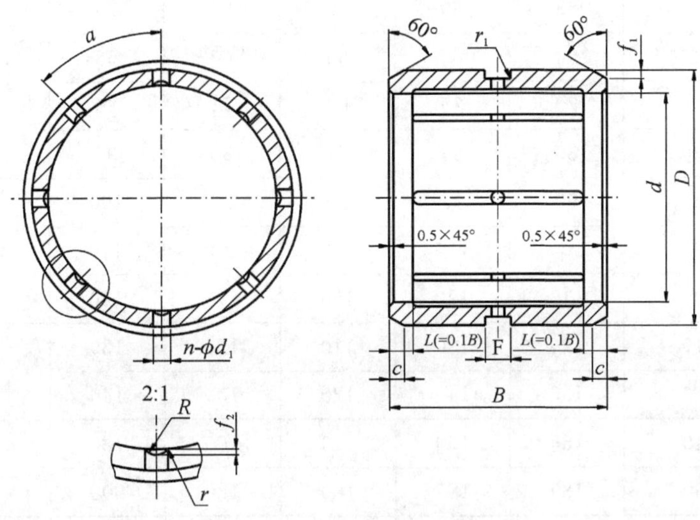

图 4-34　连杆小头衬套结构

衬套的厚度 S 及宽度 b 取

$$S=(0.06\sim0.08)d \text{ mm} \tag{4-29}$$

$$b=(1\sim1.4)d \text{ mm} \tag{4-30}$$

式中　d——十字头销或活塞销直径，mm。

小头衬套与十字头销的间隙

$$\delta=(0.0007\sim0.0012)d \text{ mm} \tag{4-31}$$

活塞式压缩机连杆小头衬套主要尺寸及油槽尺寸，也可按照表 4－6 所示确定结构尺寸。

小头衬套材料多采用铜合金。当用钢轴瓦浇铸巴氏合金作小头衬套时，衬套的结构尺寸可参照表 4－6 选定。此时衬套与十字头销的间隙为

$$\delta = (0.0004 \sim 0.0006)d \text{ mm} \tag{4-32}$$

4. 连杆的宽度 B

从工艺上考虑连杆大、小头宽度取相等。连杆宽度取 $B = 0.9b$，mm，式中 b 为轴瓦的宽度，mm；也可以参考表 4－6 选取。对于大头定位时，为大头瓦宽度；对于小头定位时，则为小头衬套宽度。

表 4－6　连杆小头衬套主要尺寸　　单位：mm

内径 d	外径 D		宽度 B			倒角 c
	薄壁	厚壁				
25	30	32	25	26	28	1.6
30	36	38	30	36	40	
35	42	45	30	36	40	
40	48	50	40	45	50	
45	53	55	45	50	56	2.0
50	58	60	50	56	63	
55	63	65	56	60	63	
60	70	75	63	71	80	
70	80	85	71	80	90	
80	90	95	80	90	100	2.5
90	105	110	90	100	110	
100	115	120	100	110	120	
110	125	130	110	120	130	3.0
120	135	140	120	130	140	
140	155	160	140	160	180	
160	180	185	160	180	200	
180	200	210	180	200	220	4.0
200	220	230	200	220	240	

5. 连杆杆身结构尺寸的确定

根据对各种类型连杆进行的统计表明，如图 4－32 所示的各主要尺寸与活塞力之间有如下的关系。

1）杆身中间截面的尺寸

$$d_m = (1.65 \sim 2.45)\sqrt{F_p} \times 10^{-4} \tag{4-33}$$

式中　d_m ——杆身中间截面面积的当量直径，m；

F_p ——活塞力，N。

其中，式(4-33)中系数的取值为：

(1)对于活塞力 $F_p \leqslant 10 \sim 20$ kN 的高速、短行程连杆，相对杆身截面较小，为了增强刚性，都应制成工字形截面的杆身。式(4-33)中系数取 1.65～2.15；

(2)当 $F_p > 20$ kN 时，杆身为工字形截面，系数取 2.14～2.20；杆身为圆形截面，系数取 2.30～2.45；

(3)当量直径 d_m，对圆形截面的杆身，即为杆身中间截面的直径。对于非圆形截面的杆身，从式(4-33)求得 d_m 后，必须再计算成面积 $F_m = \frac{\pi d_m^2}{4}$，以 F_m 为杆身的中间截面面积，再求得工字形或矩形的尺寸。工字形截面与矩形截面的尺寸，如图 4-35 所示。工字形取 $H_m = \sqrt{2.5F_m}$，矩形取 $H_m = \sqrt{1.7F_m}$。

杆身的中间截面，即为 H' 与 H'' 的平均值处截面，如图 4-32 所示。

2)杆身截面变化尺寸

杆身截面沿长度通常是直线变化的，并根据受力情况愈接近大头的截面尺寸愈大。

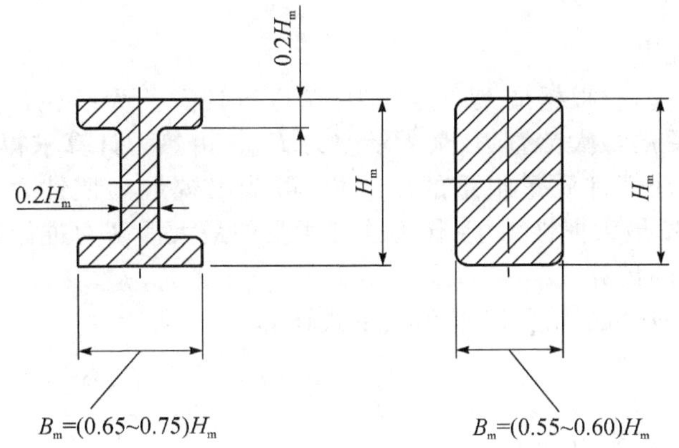

图 4-35　工字形、矩形的截面尺寸

对于圆形截面：

在 $l' = 1.25 \sim 1.35d_1$ 处

$$d' = 0.9d_m \tag{4-34}$$

在 $l'' = 1.25 \sim 1.35D_1$ 处

$$d'' = 1.1d_m \tag{4-35}$$

对于工字形、矩形的截面宽度 B_m 是不变的，其高度变化一般取

在 $l' = (1.1 \sim 1.2)d_1$ 处

$$H' = 0.8H_m \tag{4-36}$$

在 $l'' = (1.1 \sim 1.2)D_1$ 处

$$H'' = 1.2H_m \tag{4-37}$$

式(4-34)～式(4-37)中的符号见图 4-32。d_m 表示杆身中间截面圆直径；H_m 表示杆身中间截面为工字形或矩形截面的高度。

3)连杆大头盖尺寸的确定

连杆大头盖尺寸为

截面 $A-A$ 面积：

$$F_A = (1.38 \sim 1.60)F_m \quad (4-38)$$

截面 $B-B$ 面积：

$$F_B = (1.30 \sim 1.40)F_m \quad (4-39)$$

F_m 为杆身中间截面面积，式中系数当杆身为圆形截面时取最小值或中间值，为工字形截面时取大值。

4)连杆小头最小截面的确定

连杆小头尺寸为

截面 $C-C$ 面积：

$$F_C = (0.85 \sim 1.00)F_m \quad (4-40)$$

截面 $D-D$ 面积与截面 $C-C$ 取值相同。

式中的系数当为圆形截面时取小值或中间值，为工字形截面时取大值。当活塞力 $F_p \leqslant$ 20 kN 时，因活塞销比压要求，尺寸可稍大一些。

6. 连杆的强度与刚度校核

1)连杆力 F_l 的确定

计算连杆力的强度，应根据最大的连杆力 F_l 进行计算。为简化计算，均以最大气体作用力 F_g 作为连杆所受的最大活塞力；最大活塞力 F_{pmax} 由热力计算求得。有的压缩机，例如高速的压缩机以及运动部件质量很重的压缩机，可能出现最大惯性力 F_I 大于最大活塞力 F_{pmax} 的情况，这时应按最大惯性力 F_I 作为连杆所受的最大活塞力进行计算。

2)连杆小头衬套的计算

主要是校核小头衬套的比压 k，其值按下式计算

$$k = \frac{F_{pmax}}{db} \leqslant [k] \quad (4-41)$$

式中 F_{pmax} ——最大活塞力，N；

d ——小头衬套内径，m；

b ——小头衬套宽度，m。

许用的最大比压值 $k \leqslant (1.3 \sim 1.5) \times 10^7$ N/m²。

3)连杆杆身的强度校核

(1)连杆杆身的强度校核主要是计算靠近连杆小头处的最小截面，此截面可认为是承受单纯的压缩与拉伸作用力，其应力按下式计算

$$\sigma_p = \frac{F_{pmax}}{F'} \leqslant [\sigma_p] \quad (4-42)$$

式中 F_{pmax} ——最大活塞力，N；

F' ——杆体小头处最小截面积，m²，即图 4-32 中 l' 处的截面积。

许用应力 $[\sigma_p]$：对于碳素钢和球墨铸铁取 $[\sigma_p] \leqslant 10 \times 10^7$，N/m²。

(2)连杆杆身的稳定性计算，由于杆体截面沿长度变化，计算时均以杆体中间截面为计算截面。

连杆长度 L 与杆身的回转半径 i 的比值 $\frac{L}{i}$ 称为连杆体的柔度。各种杆身截面的回转

半径 i 值见表 4－7。

表 4－7　截面几何力学特性

截面形状	面积 A	惯性矩 J	截面模型 $W=\frac{J}{e}$	重心到相应边的距离 e	回转半径 $i=\sqrt{\frac{J}{F}}$
(矩形截面)	ab	$J_x=\frac{ab^3}{12}$ $J_y=\frac{a^3b}{12}$	$W_x=\frac{ab^2}{6}$ $W_x=\frac{a^2b}{6}$	$e_x=\frac{b}{2}$ $e_y=\frac{a}{2}$	$i_x=0.289b$ $i_y=0.289a$
(圆环截面)	$\frac{x}{4}(D^2-d^2)$ 注：对于实心圆截面 $d=0$	$J=\frac{x}{64}(D^4-d^4)$	$W=\frac{x(D^4-d^4)}{32D}$	$e_x=\frac{D}{2}$	$i=\frac{1}{4}\sqrt{D^2+d^2}$
(工字形截面)	$BH-bh$	$J_X=\frac{BH^3-bh^3}{12}$	$W_x=\frac{BH^3-bh^3}{6H}$	$e_x=\frac{H}{2}$	$i=\sqrt{\frac{I_x}{A}}$

现有压缩机的连杆，$\frac{L}{i}$ 值绝大多数都在 50 之内，而大于 100 者很少见。由于 $\frac{L}{i}$ 值对连杆在承受负载时的稳定性有很大的影响，所以在进行杆身的强度校核时，应根据不同的 $\frac{L}{i}$ 值，采用不同的计算方法。

当 $\frac{L}{i}>100$ 时用式(3－18)进行计算。

当 $100\geqslant\frac{L}{i}>50$ 时用式(3－18a)进行计算。

当 $\frac{L}{i}\leqslant 50$ 时，在最大活塞力 F_{pmax} 的作用下，杆身按压应力公式(3－18b)进行计算。

(3)杆身所受的压应力 σ_c 可按下式计算

$$\sigma_c=\frac{F_{pmax}}{F_m} \tag{4-43}$$

式中　F_{pmax} ——最大活塞力，N；

F_m ——杆身中间截面面积，m^2。

(4)杆体在连杆摆动平面的纵向弯曲应力，如图 4－36(a)所示，其应力值 σ'_{CB} 可按下式计算

$$\sigma'_{CB}=F_{pmax}C\frac{L^2}{J_x}\ \text{N/m}^2 \tag{4-44}$$

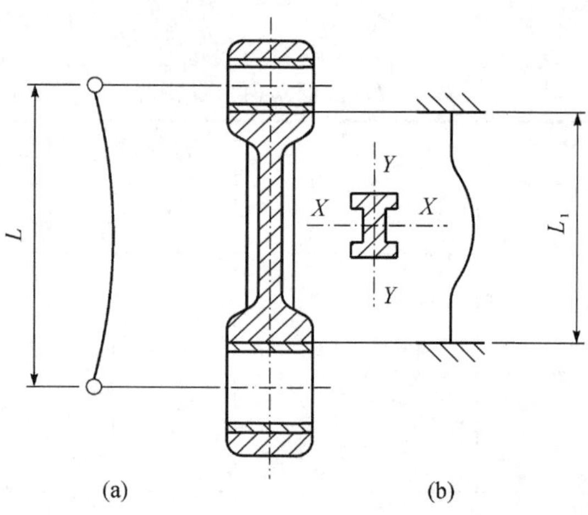

(a)在连杆摆动平面上；(b)在垂直连杆摆动平面上

图 4－36　连杆杆身计算简图

式中　F_{pmax}——最大活塞力，N；

L——连杆长度，m；

J_x——以垂直于摆动平面的 $X-X$ 为轴线的连杆体中间截面的惯性矩，m^4，由表 4－7 求出；

C——系数，见表 4－8，$C=\frac{\sigma_s}{\pi^2 E}$，其中 σ_s 为材料的屈服强度，N，E 为材料的弹性模数，N/m^2。

表 4－8　常用连杆材料的 C 值

材料	35	40	45	40Cr
C	1.37×10^{-4}	1.42×10^{-4}	1.52×10^{-4}	3.85×10^{-4}
材料	30CrMo	QT40—10	QT60—2	锻铝
C	3.85×10^{-4}	1.95×10^{-4}	2.75×10^{-4}	6.50×10^{-4}

(5)杆体在垂直于连杆摆动平面上的纵向弯曲应力，如图 4－36(b)所示。其应力值 σ''_{CB} 可按下式计算

$$\sigma''_{CB}=F_{pmax}C\frac{L_1^2}{4J_y}\ \ N/m^2 \tag{4-45}$$

式中　L_1——杆身的长度，m；

J_y——以平行于摆动平面 $Y-Y$ 为轴线的杆身中间截面的惯性矩，m^4。

其余符号与式(4－44)相同。

连杆杆体所受纵弯-压的总应力 σ_1 和 σ_2，其公式如下

$$\sigma_1=\sigma_c+\sigma'_{CB}\ N/m^2 \tag{4-46}$$

$$\sigma_2=\sigma_c+\sigma''_{CB}\ N/m^2 \tag{4-47}$$

许用的总应力值：碳素钢 $[\sigma]\leqslant(8\sim12)\times10^7\ N/m^2$；

合金钢 $[\sigma]\leqslant(12\sim18)\times10^7\ N/m^2$。

(6)对于转速较高的压缩机，应考虑杆体在摆动时由于惯性力引起的横向弯曲应力，此时还应按横弯-压应力公式进行计算。在计算时取假设：连杆杆体为等截面的杆体；不计连杆大头和小头质量的影响；连杆与曲柄成 90°时惯性力最大；最大弯矩处截面值取中间截面值。

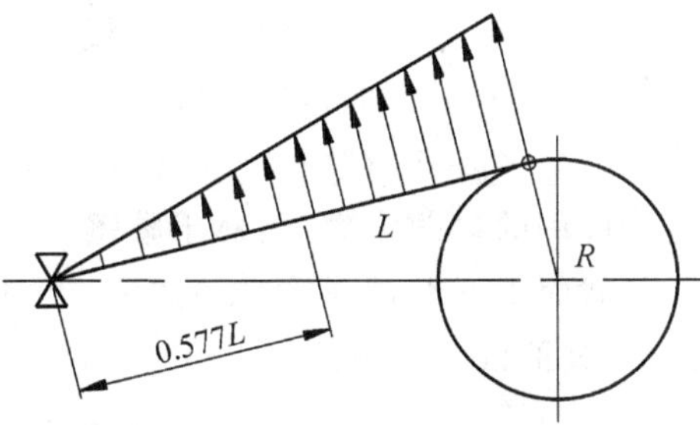

图 4－37　连杆所受惯性力

杆体所受的惯性力 F_I，由于惯性力沿杆体长度直线变化，载荷呈三角形，如图 4－37 所示，其值可按下式计算

$$F_I = \frac{1}{2} \times \frac{F_m L \rho}{g} R\omega^2 \text{ N} \tag{4-48}$$

式中　F_m ——连杆中间截面面积，m^2；

L ——连杆长度，m；

ρ ——杆体材料密度，kg/m^3；

g ——重力加速度，m/s^2；

R ——曲柄半径，m；

ω ——曲轴角速度。

杆体上所受的弯曲力矩 M 可按下式计算

$$M = \frac{1}{3} F_I x \left(1 - \frac{x^2}{L^2}\right) \tag{4-49}$$

式中　x ——所受弯曲力矩的截面到小头孔中心的距离，m。

其余符号与式(4－48)相同。

当 $x = 0.577L$ 处，截面受的弯曲力矩最大，从式(4－49)中可求得

$$M_{max} = 0.128 F_I L \text{ N} \cdot \text{m} \tag{4-50}$$

杆体上所受的拉压与横向弯曲的总应力

$$\sigma = \frac{F_{pmax}}{F_m} + \frac{M_{max}}{W_m} \text{ N/m}^2 \tag{4-51}$$

式中　F_{pmax} ——最大活塞力，N；

F_m ——杆体中间截面面积，m^2；

M_{max} ——由于惯性力引起的最大弯曲力矩，N·m；

W_m ——杆体中间截面的抗弯截面模数，m^3。

许用应力值：$[\sigma] \leqslant (3.5 \sim 5) \times 10^7$ N·m^2。

4)连杆大头的强度与刚度校核

(1)大头盖的强度与刚度校核：大头盖按自由支承在连杆螺栓轴线上受到均匀载荷的梁来计算，如图 4－38 所示。

截面 $A-A$：只承受弯曲应力

$$\sigma_B = \frac{F_{pmax}\left(l - \frac{D}{2}\right)}{4W_A} \text{ N/m}^2 \tag{4-52}$$

式中　F_{pmax} ——最大活塞力，N；

l ——连杆螺栓中心线间距离,m;

D ——曲柄销直径,m;

W_A——截面 $A-A$ 的抗弯截面模数,m^3。

许用的弯曲应力值:对于碳钢 $[\sigma_B]\leqslant(6\sim8)\times10^7\ N/m^2$。

截面 $B-B$:除了弯曲应力 σ_B 外,还受拉压应力 σ_p 及剪切应力 τ,其值按下列各式计算

$$\sigma_B=\frac{F_{pmax}b}{2W_B}\ N/m^2 \tag{4-53}$$

式中 F_{pmax} ——最大活塞力,N;

b ——截面 $B-B$ 的重心到连杆螺栓轴线的距离,m;

W_B ——截面 $B-B$ 的抗弯截面模数,m^3。

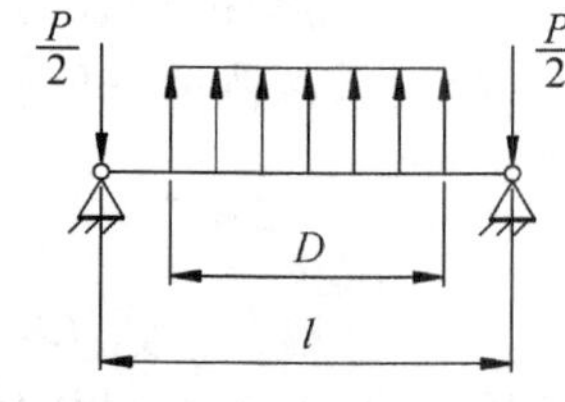

图 4-38 开式连杆大头盖

$$\sigma_p=\frac{F_{pmax}\sin\alpha}{2F_B}\ N/m^2 \tag{4-54}$$

式中 F_{pmax} ——最大活塞力,N;

α ——截面 $B-B$ 与连杆螺栓轴线的夹角;

F_B——截面 $B-B$ 面积,m^2。

$$\tau=\frac{F_{pmax}\cos\alpha}{2F_B}\ N/m^2 \tag{4-55}$$

式中全部符号与式(4-54)相同。

截面 $B-B$ 受的总应力:

$$\sigma=\sqrt{(\sigma_P+\sigma_B)^2+4\tau^2}\ N/m^2 \tag{4-56}$$

许用的总应力值:对于碳钢 $[\sigma]\leqslant(6\sim8)\times10^7\ N/m^2$。

(2)大头与杆身相接部分。截面 $A'-A'$,如果大头与杆身为一体,不必进行计算。对于大头与杆身分开的形式,如图 4-39 所示,截面 $A'-A'$ 校核的公式与式(4-52)相同。截面 $B'-B'$,当它比截面 $B-B$ 面积小时,应按校核截面 $B-B$ 的公式进行计算。

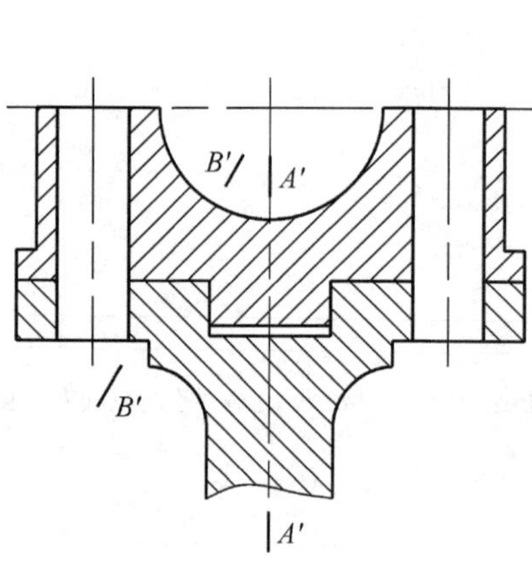

图 4-39 连杆大头与杆体相接部分

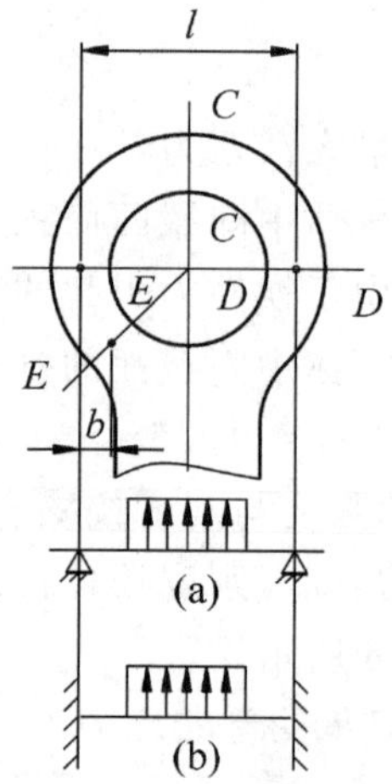

(a)两端为自由支撑梁;(b)两端为固定支撑梁

图 4-40 连杆厚壁小头

(3)大头的刚度校核。连杆大头受拉伸载荷时要产生失圆现象，发生横向收缩，为了保证连杆大头轴孔不会因变形而抱死曲柄销，所以径向收缩量 ε 应该小于等于轴承间隙 δ 的一半，即

$$\varepsilon = \frac{0.00024pL}{E(J+J')} \leqslant \frac{\delta}{2} \tag{4-57}$$

式中 p ——最大拉伸载荷，N；

J、J' ——分别为连杆大头盖和轴瓦截面的惯性矩，m^4；

L ——螺栓中心距，m；

E ——连杆材料的弹性模量，N/m^2。

轴承的径向间隙按表 4-9 选取，表中 d 为轴瓦内径。

表 4-9 轴瓦径向间隙选择

轴瓦材料	铅基合金和锡基合金	铅铜合金	铅合金
δ/d	0.0005～0.00075	0.00075～0.001	0.001～0.00125

5)连杆小头的强度与刚度校核

(1)连杆小头的强度校核。

对于截面 $C-C$：承受弯曲应力 σ_B 是按自由支承梁与固定支承梁的平均值来计算，如图 4-40 所示。其值按下式计算

$$\sigma_B = \frac{F_{pmax}\left(l-\dfrac{d}{3}\right)}{8W_C}\ N/m^2 \tag{4-58}$$

式中 F_{pmax} ——最大活塞力，N；

l——两侧臂部中心间距离，m；

d——十字头销或活塞销直径，m；

W_C——截面 $C-C$ 的抗弯截面模数，m^3。

许用的弯曲应力值：对于碳钢 $[\sigma_B] \leqslant (6\sim 8)\times 10^7\ N/m^2$。

对于截面 $D-D$：承受弯曲应力 σ_B 与拉压应力 σ_p，其值按下列各式计算

$$\sigma_B = \frac{F_{pmax}l}{8W_D}\ N/m^2 \tag{4-59}$$

式中 W_D ——截面 $D-D$ 的抗弯截面模数，m^3；

其余符号与式(4-58)相同。

$$\sigma_p = \frac{F_{pmax}}{2F_D}\ N/m^2 \tag{4-60}$$

式中 F_{pmax} ——最大活塞力，N；

F_D ——截面 $D-D$ 面积，m^2。

截面 $D-D$ 的总应力值

$$\sigma = \sigma_p + \sigma_B\ N/m^2 \tag{4-61}$$

许用的总应力值：对于碳钢 $\sigma \leqslant (8\sim 10)\times 10^7\ N/m^2$。

对于截面 $E-E$：一般取小头与杆体的连接处截面，其受力情况与大头盖截面 $B-B$ 相同，其值可按下列各式计算

$$\sigma_B = \frac{F_{pmax}b}{2W_E}\ N/m^2 \tag{4-62}$$

$$\sigma_p = \frac{F_{pmax}\sin\alpha}{2F_E} \ \mathrm{N/m^2} \tag{4-63}$$

$$\tau = \frac{F_{pmax}\cos\alpha}{2F_E} \ \mathrm{N/m^2} \tag{4-64}$$

式中 F_{pmax}——最大活塞力,N;

b——截面 $E-E$ 的重心到侧臂中心的距离,m;

W_E——截面 $E-E$ 的抗弯截面模数,m^3;

α——截面 $E-E$ 与侧臂中心线的夹角;

F_E——截面 $E-E$ 面积,m^2。

截面 $E-E$ 的总应力

$$\sigma = \sqrt{(\sigma_p + \sigma_B)^2 + 4\tau^2} \ \mathrm{N/m^2} \tag{4-65}$$

许用的总应力值:对碳钢 $[\sigma] \leqslant (6 \sim 8) \times 10^7 \ \mathrm{N/m^2}$。

小头压的衬套系过盈配合,由此使小头受有附加的应力。设衬套过盈量 Δ,并由于小头和衬套材料不同因而受热膨胀时产生附加过盈量 Δ_t,此两过盈使衬套和小头间产生均匀的压力,其值可由下式求取,如图 4-41 所示。

$$p = \frac{\Delta + \Delta_t}{d\left[\dfrac{\dfrac{d_2^2 + d^2}{d_2^2 - d^2} + \mu}{E} + \dfrac{\dfrac{d^2 + d_1^2}{d^2 - d_1^2} - \mu}{E'}\right]} \tag{4-66}$$

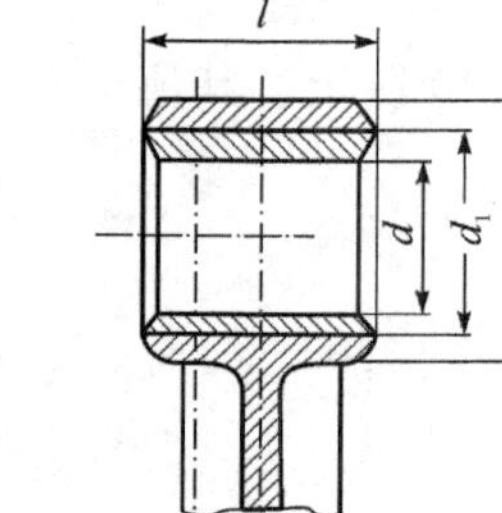

图 4-41 连杆小头衬套形式

式中 E——小头材料的弹性模数,$\mathrm{N/m^2}$;

E'——衬套材料的弹性模数,$\mathrm{N/m^2}$;

μ——泊桑比。

热膨胀的过盈量 Δ_t 可按下式计算

$$\Delta_t = (a - a')\Delta t d \tag{4-67}$$

式中 a——连杆材料的线膨胀系数,1/℃ ;

a'——衬套材料的线膨胀系数,1/℃;

Δt——压缩机工作后小头的温升,$\Delta t = 60 \sim 100$ ℃。

由于均布压力引起的小头应力,可按厚壁圆筒计算:

在内表面
$$\sigma'_s = \frac{d_2^2 + d^2}{d_2^2 - d^2} p \tag{4-68}$$

在外表面
$$\sigma'_a = \frac{2d}{d_2^2 - d^2} p \tag{4-69}$$

(2)连杆小头的变形校核。由拉伸载荷引起的小头横向直径收缩量 ε 造成与大头收缩一样的后果,其值也应小于等于配合间隙的一半,即

$$\varepsilon = \frac{p d_m^3 (90^\circ - \alpha)}{EJ} \ \mathrm{m} \tag{4-70}$$

式中 p——小头承受的最大拉伸载荷,N;

d_m——小头平均直径,m

J——小头计算截面的惯性矩,m^4;

E ——小头材料弹性模量，N/m^2；

α ——截面 $E-E$ 侧臂中心线的夹角。

7. 连杆材料与基本技术要求

1）连杆材料的选择

连杆材料是要在结构轻巧的条件下保证具有足够的强度、刚度以及必要的冲击韧性。一般采用 30 钢、40 钢、45 钢等优质碳素钢，30CrMo、40Cr 等合金结构钢以及 QT500－2、QT700－2 球墨铸铁，微型压缩机的连杆采用 LD4、LD8、LD10 等锻铝材料。

2）对毛坯的要求

对于锻造的连杆，其锻造比应不小于 3，并应进行金相检查、低倍检查、化学成分与机械性能等试验。对于铸造的连杆，除做以上各项实验外，铸铁表面应十分光洁，不得有严重的铸造缺陷，例如黏砂、冷隔等存在。

3）对热处理要求

一般锻造连杆多采用正火处理或调质处理；铸造连杆多采用正火处理；对于有特殊需要的连杆，如要求有较高的机械性能时，则可采用等温淬火处理。

4）对机械加工的要求

(1)连杆大头孔的精度与光洁度，薄壁瓦：当曲柄销直径 $D\leqslant 220$mm 时，大头孔按 H6 级精度，粗糙度不高于 $Ra0.8$；当 $D>220$mm 时，大头孔按 H7 级精度，粗糙度不高于 $Ra0.8$。厚壁瓦：大头孔按 H7 级精度，粗糙度不高于 $Ra1.6$。

(2)连杆小头孔按 H7 级精度，粗糙度不高于 $Ra0.8$～1.6。

(3)连杆大头剖分面粗糙度不高于 $Ra1.6$，连杆螺栓支承面不高于 $Ra3.2$。

(4)连杆大小头孔的中心线平行度不低于 6 级。

(5)连杆大头孔或小头孔(定位端)中心线对端面的垂直度不低于 6 级。

(6)两个连杆螺栓中心线的平行度不低于 9 级。

5）其他

连杆体应进行超声波探伤和磁粉探伤，以检查材质情况。

4.2.3 连杆螺栓

连杆螺栓工作时受到交变载荷的作用，处于疲劳应力状态，它的尺寸受到空间限制，又存在严重的应力集中，它的破坏又会引起整机重大事故。因此，连杆螺栓设计和加工时就要对一些细节倍加注意，要从这些细节考虑提高连杆螺栓的疲劳强度。通过以下措施来改善螺纹牙上载荷分布不均匀的现象，设法减少螺栓螺母螺距变化差；减少应力幅 σ_a；在总拉力 F 一定时，减少螺栓刚度 C_1 或增大被连杆件刚度 C_2；减少应力集中和附和应力，增大预紧力 F' 等。

1. 连杆螺栓的基本结构

连杆螺栓应按弹性螺栓的原则设计。中、小型压缩机为如图 4－42(a)所示的形式，螺栓头部削去一部分是供旋螺母时定位之用；中部Ⅰ处略粗，它与大头螺孔成滑动配合，供大头盖定位之用。如图 4－42(b)所示的形式一般用于大型压缩机，它的设计考虑更完善：首先螺栓头只铣一缺口，以此和大头上的销钉相配，防止螺栓转动，这样的螺钉头就不会像图(a)那样，因削去一部分使承压面不均匀而产生偏心负载，从而使螺栓过渡圆角处造成附加的弯曲应力；其次除用来定位的配合面Ⅰ外，又增加了两处配合面Ⅱ，它的作用是当大头产生变形时，两个配合面Ⅱ跟着大头转过一微小的角度，使螺栓头的承压面及螺母的承压面保持和螺栓中心线垂直，并和大头的平台面仍旧很好贴合，从而不会因贴合面局部接触而出现偏心负荷。大头的变形使螺栓直径较小的部分受弯曲，由此产生的附加应力相对偏心负荷危害减小；此外，在螺母一端的配合面Ⅱ还能抵抗拧紧螺母时扳手的作用力，因为这一作用力有可能使螺栓偏离自己的中心线而弯曲，并且由于螺母和平台之间的摩擦，使螺钉拧紧后仍处于弯曲状态，由此使螺母纹根部出现附加应力。

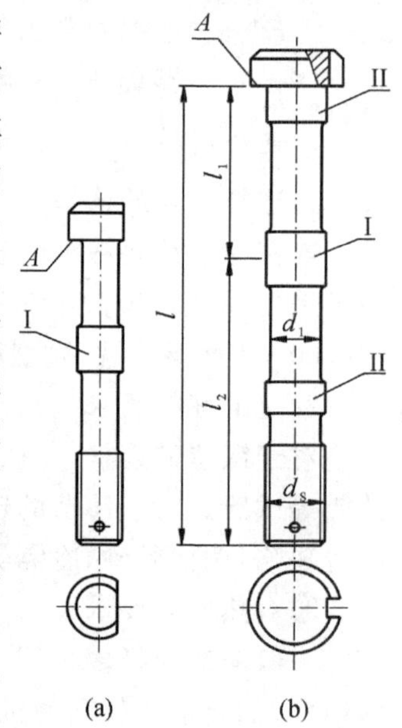

图 4-42　连杆螺栓结构

小型和微型压缩机的连杆可采用如图 4-43 所示的螺钉结构，这种结构省去了螺母，使连杆的结构简化，但使受力状况变差，所以只在小型和微型压缩机中可以采用。

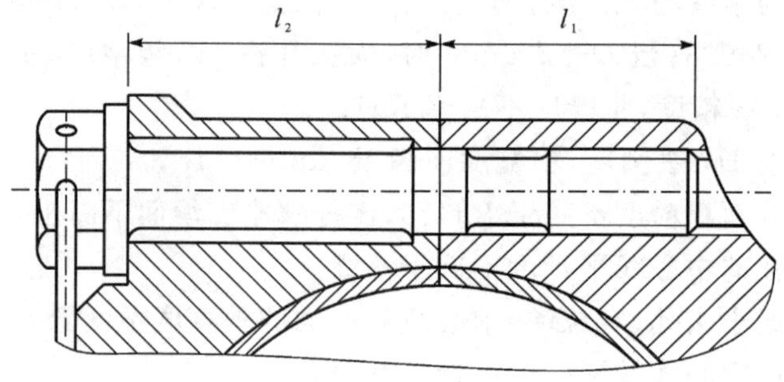

图 4-43　小型连杆的连杆螺钉

2. 连杆螺栓的尺寸确定

图 4-44 表示连杆螺栓各结构尺寸的关系。螺栓的外径

$$d_0 = (0.18 \sim 0.25)D \tag{4-71}$$

式中　D——曲柄销的直径，mm。

当活塞力 $F_p \leqslant 220$ kN 时，连杆螺栓用两个；当 $F_p > 220$ kN 时，可考虑取用四个螺栓。

螺栓之间的距离 $l_0 = (1.2 \sim 1.3)D$，螺钉结构的螺栓长度由下列关系确定，如图 4-43 所示。

螺栓处于杆体中长度：　$l_1 = (0.55 \sim 0.65)D$

螺栓处于大头盖中长度：　$l_2 = (0.5 \sim 0.65)D$

螺栓总长度(图 4-42)：　$l = (1.2 \sim 1.5)D$

一般螺栓的各结构尺寸如图 4-44 所示。

螺栓的螺纹采用带有纹底圆角($r = 0.15s$，此处 s 为螺纹螺距)的细牙螺纹，以利提高螺纹强度。

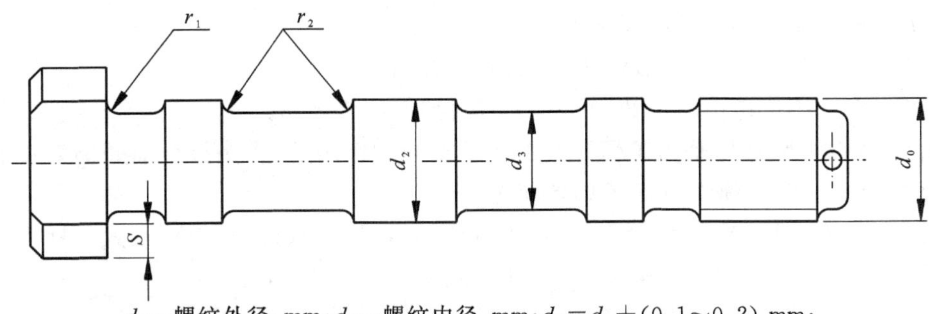

d_0—螺纹外径，mm；d_1—螺纹内径，mm；$d_2 = d_0 + (0.1\sim0.2)$ mm；
$d_3 = (0.9\sim0.92)d_1$ mm；$r_1 = (0.15\sim0.20)d_1$ mm；$r_2 = 0.5d_1$ mm；S＝0.5～3 mm

图 4－44　连杆螺栓各尺寸的关系

3. 连杆螺栓的受力分析与强度校核

1)受力分析

如图 4－45 所示，以载荷为纵坐标，变形为横坐标，Oa 为螺栓的载荷变形曲线，ab 为大头的曲线。在预紧力 T 的作用下，螺栓的拉伸变形为 δ_s，大头的压缩变形为 δ_c，a 点为预紧状态，图中 F_{pa} 为动载部分，其值为 xF_{pmax}。

当连杆预紧后受了最大工作载荷 F_{pmax} 的作用，螺栓被进一步拉长 Δ，而大头的弹性压缩变形相应减小 Δ，于是原来螺栓与大头之间互为反作用的预紧力 T 就被部分卸载，变为残余的预紧力 R。因此螺栓所受的载荷为

$$F_{Qmax} = R + F_{pmax} = T + xF_{pmax} \quad (4-72)$$

式中　xF_{pmax}——动载部分，决定应力幅的大小；

x——基本动载系数。

图 4－45　连杆螺栓受力分析

设螺栓的抗拉刚度为 C_1，大头的抗压刚度为 C_2，则由图 4－45 可见

$$\tan\alpha_s = \frac{xF_{pmax}}{\Delta} = C_1 \quad (4-73)$$

$$\tan\alpha_c = \frac{(1-x)F_{pmax}}{\Delta} = C_2 \quad (4-74)$$

联立式(4－73)和式(4－74)有

$$x = \frac{C_1}{C_1 + C_2} = \frac{1}{1 + C_1/C_2} \quad (4-75)$$

x 值为 0.2～0.25。

从式(4－75)和图 4－44 可看出：螺栓抗拉刚度 C_1 增加或大头抗压刚度 C_2 降低，基本动载系数 x 增加，即动载荷变大，疲劳应力增大。

2)连杆螺栓所受预紧力 T

对于厚壁瓦：$T = KF_{pmax}/Z$ N　(4－76)

对于薄壁瓦 $T = [F_{p1} + KF_{pmax}]\dfrac{1}{Z}$ N　(4－77)

式中　F_{pmax}——最大活塞力，N；

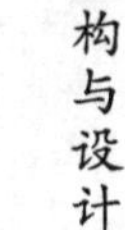

F_{p1} ——薄壁瓦过盈所需之力，N；

K ——预紧系数，一般取 $K = 2.1 \sim 2.5$；

Z ——连杆螺栓的个数，当用 4 个螺栓时，取 $Z = 3$。

连杆螺栓的预紧力 K 是为了保证在最大活塞力的作用下，大头接合面处仍为紧密接合，也即保证螺栓上的残余预紧力 R 不得等于零。

F_{pmax} 是由以下两力中取用较大的：最大的活塞力或在上（外）止点的最大惯性力，即

$$F_{pmax} = r\omega^2[m_s(1+\lambda) + (m''_l - m_k)] \text{ N} \tag{4-78}$$

式中 m_s ——表示往复运动质量；

m''_l ——表示转化到旋转部分的 0.7～0.8 连杆质量；

m_k ——表示连杆盖的质量。

预紧力太大，会使螺栓应力提高而损坏；预紧力太小，易使螺母松动而断裂。所以旋紧连杆螺母一定要保证预紧力，保证的方式有两种：

(1)测量连杆螺栓的伸长量 δ，其值可按下式计算

$$\delta = \frac{Tl}{EF} = \frac{4Tl}{E\pi d_0^2} \text{ m} \tag{4-79}$$

式中 T ——预紧力，N；

l ——螺栓总长度，m；

E ——螺栓材料弹性模数，钢与合金钢取 2.1×10^6，N/m^2；

F ——螺栓面积，m^2；

d_0 ——螺纹外直径，m.

(2)用测力扳手时的扭矩 M，其值可按下式计算

$$M = kTd_0 \tag{4-80}$$

式中 T ——预紧力，N；

d_0 ——螺纹外直径，m；

k ——系数，见表 4-10。

表 4-10 不同摩擦表面情况的系数 k 值

螺母支承端接触面情况及螺纹面情况	有润滑油的精细加工表面	干燥的精细加工表面、有润滑油的粗加工表面	干燥的粗加工表面
k	0.15	0.18	0.27

3)螺栓的轴向力 F_{Qmax}

螺栓在预紧后，由于外力的作用，实际上螺栓轴向力 F_Q 为

对于厚壁瓦：

$$F_{Qmax} = (2.4 \sim 2.8)F_{pmax}/Z \text{ N} \tag{4-81}$$

对于薄壁瓦：

$$F_{Qmax} = [F_{p1} + (2.4 \sim 2.8)F_{pmax}]\frac{1}{Z} \text{ N} \tag{4-82}$$

式中全部符号与式(4-76)及式(4-77)相同。

4)螺栓的静强度校核及疲劳强度校核

(1)静强度校核。螺栓横截面中的正应力：

螺纹部分：

$$\sigma_1 = \frac{F_{Qmax}}{F_1}\ \mathrm{N/m^2} \tag{4-83}$$

式中　F_1——螺纹根部截面积，m^2。

光杆部分：

$$\sigma_c = \frac{F_{Qmax}}{F_c}\ \mathrm{N/m^2} \tag{4-84}$$

式中　F_c——式中光杆部分截面积，m^2。

螺栓螺纹根部截面内剪应力：

$$\tau_1 = \frac{M}{kd_1^3}\ \mathrm{N/m^2} \tag{4-85}$$

式中　d_1——螺栓螺纹根部直径，m；

螺栓光杆部分截面内剪应力：

$$\tau_c = \frac{M}{kd_c^3}\ \mathrm{N/m^2} \tag{4-86}$$

式中　d_c——光杆部分直径，m；

k——系数，其值由表 4－10 给出。

螺栓内螺纹部分和光杆部分的安全系数分别为

$$n_{e1} = \frac{\sigma_s}{\sqrt{\sigma_1^2 + 3\tau_1^2}} \tag{4-87}$$

$$n_{ec} = \frac{\sigma_s}{\sqrt{\sigma_c^2 + 3\tau_c^2}} \tag{4-88}$$

式中　σ_s——连杆螺栓材料的屈服极限，$\mathrm{N/m^2}$；

n_e——安全系数，许用值 $[n_e] \geqslant 1.5 \sim 3$。

(2)疲劳强度校核。以螺栓最小截面 F_i 相除的各应力如下：

预紧时最小应力

$$\sigma_{min} = \frac{KF_{pmax}}{F_i}\ \mathrm{N} \tag{4-89}$$

工作时最大应力

$$\sigma_{max} = \frac{(K+x)F_{pmax}}{F_i}\ \mathrm{N} \tag{4-89a}$$

式中　K、x——分别为预紧系数和基本动载系数，其值由式(4－77)和式(4－75)给出。

螺栓中的交变应力(应力幅度值)为

$$\sigma_a = \frac{\frac{1}{2}F_{pa}}{F_i} = \frac{xF_{pmax}}{2F_i}\ \mathrm{N/m^2} \tag{4-90}$$

所以，以应力幅与这种循环的极限应力幅的安全系数为

$$n_a = \frac{\sigma_{-1} - \psi_\sigma \sigma_{min}}{[(\frac{k_\sigma}{\varepsilon_\sigma}) + \psi_\sigma]\sigma_a} \tag{4-91}$$

以最大的应力与循环的极限应力的安全系数为

$$n=\frac{2\sigma_{-1}+[(\frac{k_\sigma}{\varepsilon_\sigma})+\psi_\sigma]\sigma_{\min}}{[(\frac{k_\sigma}{\varepsilon_\sigma})+\psi_\sigma](\sigma_a+\sigma_m)} \tag{4-92}$$

式中 σ_{-1} ——材料受拉压时的疲劳极限，由表 3－9 查取；

ψ_σ ——应力循环对称系数，各种材料的 ψ_σ 由表 4－4 查取；

k_σ ——应力集中系数，各种强度材料的数值由表 3－4 查取，采用细牙螺纹可采用相应的制螺纹选取；

ε_σ ——尺寸系数按图 3－46 查取。

许用安全系数：$[n_a]\geqslant 2.5\sim 4.0$；$[n]\geqslant 1.3\sim 2.5$。

4.2.4 连杆螺栓的材料与基本技术要求

1. 连杆材料

连杆螺栓要求强度高、塑性好的材料。螺母材料则可以选择与连杆螺栓不同的材料。材料的选取见表 4－11。微型压缩机的连杆，通常选用 LD5、LD8、LD10 等锻铝材料。其他压缩机多采用 30、40、50 号等优质钢材，也有选用 30CrMo 、40 Cr 等合金钢。近年更趋于采用 QT400－18 、QT600－3 以及稀土球墨铸铁。锻件材料应符合《锻件通用材料技术条件》规定，球墨铸铁也应符合有关标准规定。

表 4－11 常用连杆螺栓和螺母材料

螺栓材料	45	40Cr	30CrMo	35CrMoA
螺母材料	35	35,35Mn,20Cr	20Cr	30Mn
螺栓材料	25Cr2MoV	38CrMoAl	$40Cr_2MnV$	
螺母材料	30Mn,30CrMo	30Mn,30CrMo	30Mn,30CrMo	

2. 连杆强度计算的有限元方法简介

现在连杆的强度都是采用有限元方法计算。简单计算时可以根据连杆的对称性采用二维模型，利用连杆的对称性只计算连杆的一半。如果想得到比较详细的连杆应力分布情况，可以采用三维实体单元，如图 4－46 所示，最大限度地逼近连杆实物形状，在正确设定位移边界、载荷边界条件后，可以得到令人满意的结果。如果采用有限元软件里面的非线性功能，还可以计算连杆大头盖与连杆大头之间、连杆大头与曲柄销之间的接触应力，以及模拟预测拉载荷作用下的最小螺栓预紧力等。

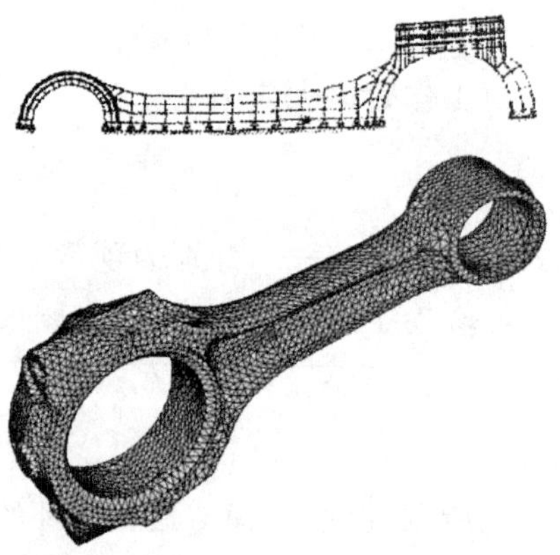

图 4－46 连杆有限元计算模型

有限元方法现在是比较普遍应用的强度计算方法，已经有成熟的商业软件。值得注意的是，上面的两个模型中，为了计算连杆小头和杆身的应力，连杆大头盖都是与杆身成为一体了。在实际结构中,连杆大头盖与杆身大多数是两个零件,在结合面处不应该出现拉伸应力。所以用这类模型时,结合面处的拉伸应力就不应该分析了。

4.3 十字头组件

十字头是连接连杆和活塞杆的组件,如图 4-47 所示。它通常由十字头体(1)、滑板(2)、十字头销(3)、垫片组(4)和连接器(5)等零件组成。它把连杆的平面运动转化为活塞的往复运动。十字头承受脉动的气体力、惯性力、侧向力及摩擦力的作用。由于受力状态和结构形状复杂,故在十字头设计时,首先应保证其具有足够的强度。十字头对活塞组件起导向作用。设计、制造和安装精良的十字头,应使活塞杆及活塞在运动过程中,其中心线与气缸中心线重合良好,保证填料和活塞环有良好的工作条件,既可减少或避免气体泄漏和偏磨,还可大大提高填料和活塞环的使用寿命。为此,除要求十字头的几何尺寸、配合间隙应符合要求之外,还应使十字头具有良好的刚度和耐磨性。

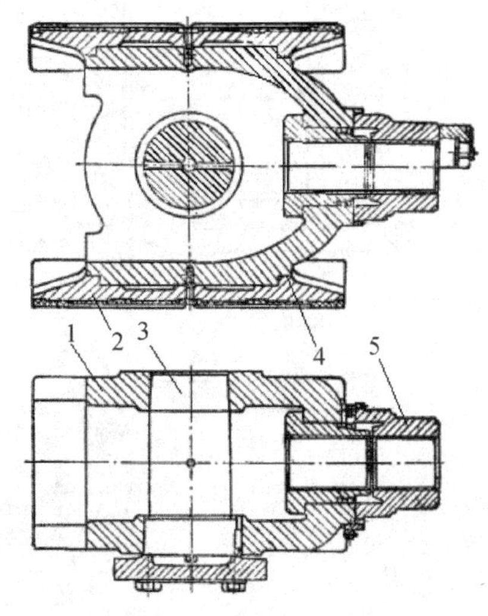

1—十字头体;2—滑板;3—十字头销;
4—垫片组;5—连接器

图 4-47 十字头结构图

十字头和活塞杆的连接方式,应使调节气缸的余隙容积方便可靠,同时,十字头体与滑板的连接结构,还应使调整滑动间隙和更换滑板方便。十字头又是往复运动质量的重要组成部分,所以在保证足够强度和刚度的前提下,应力求十字头体轻巧,以便减少往复惯性力。

4.3.1 十字头体

1. 十字头体的基本结构

十字头体按连接连杆的形式分为开式和闭式两种。

开式结构,连杆小头处于十字头体外,如图 4-48 所示。叉形连杆(图 4-28)的两叉放在十字头体的两侧,故叉形部分较宽,连杆重量较大。这种开式十字头制造比较复杂,只在少数立式和 V 型压缩机中为降低高度而采用。

闭式十字头,如图 4-47 所示,连杆设在十字头体内,十字头刚性较大,与连杆和活塞杆的连接较简单,所以应用广泛。

十字头按十字头体与滑板的连接方式可分为整体式与分开式两种。对于中、小型压缩机的十字头常作为整体式,如图 4-49 所示。近年来在高速大型压缩机上为了减轻运动部件的质量,也有采用在滑板上镶有巴氏合金的整体十字头,如图 4-50 所示。对于大、中型压缩机的十字头则常采用十字头体与滑履分开式结构,以利于调整滑板与导轨间隙,或在十字头磨损后仅需要更换滑板。整体式十字头结构轻巧、制造方便,其缺点是磨损后十字头与活塞杆不同轴度增大,不能调整。而分开式的特点恰与整体式相反,故特别适用于大型压缩机。

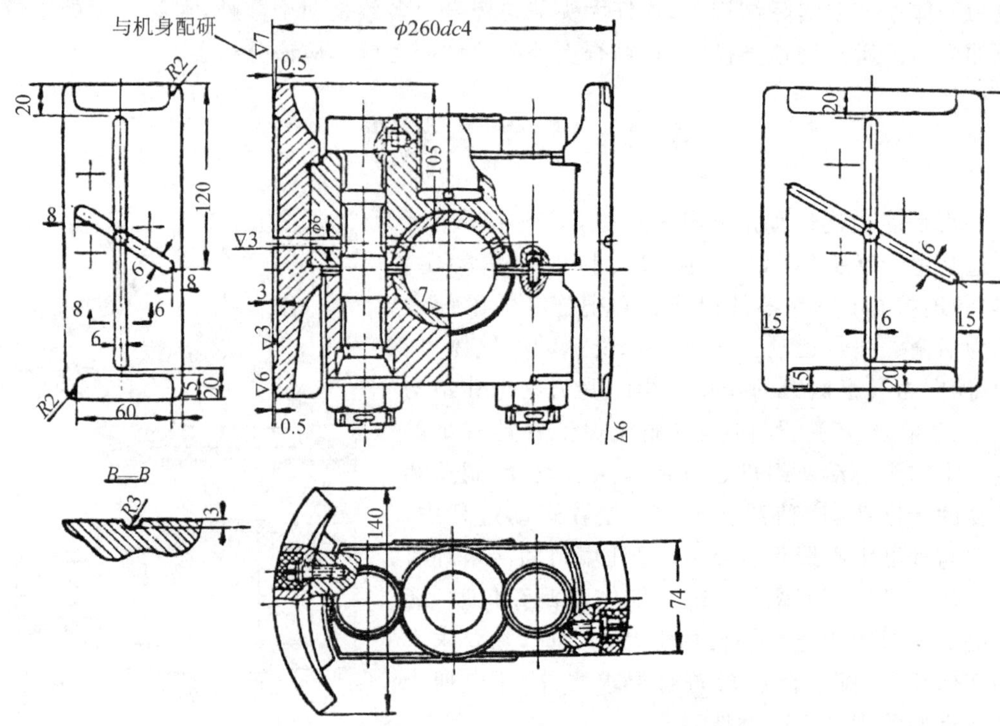

图 4-48　连杆叉形头在连杆体外的开式十字头

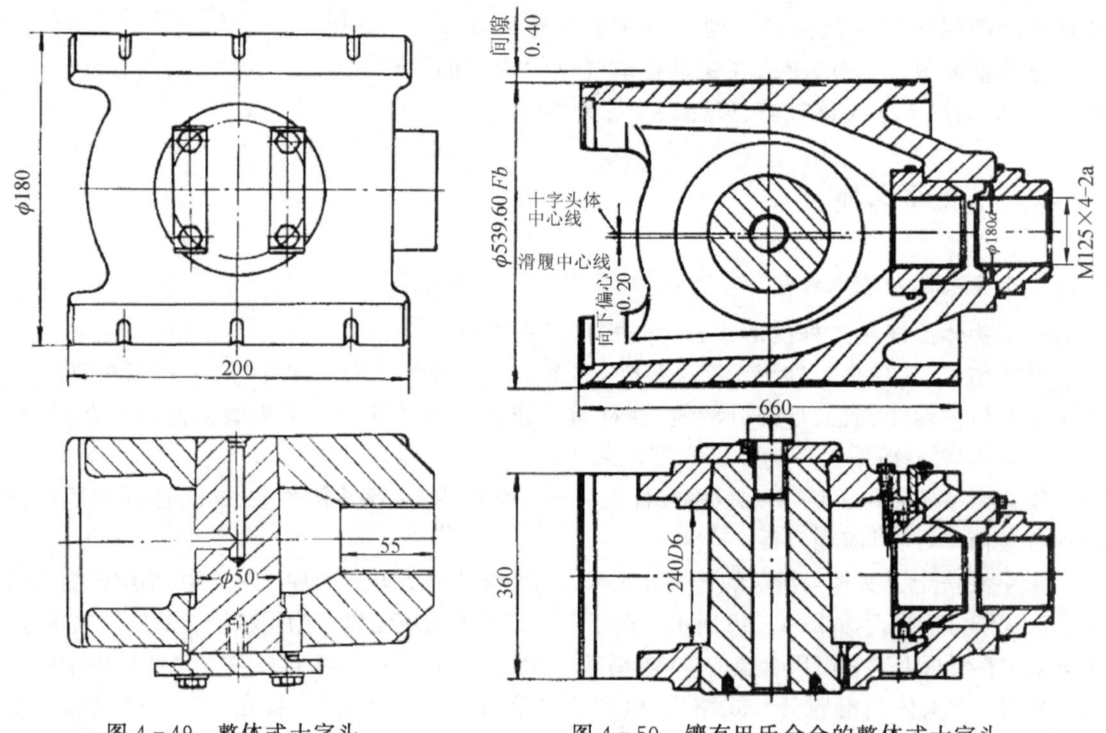

图 4-49　整体式十字头

图 4-50　镶有巴氏合金的整体式十字头

十字头按与活塞杆连接形式又分为螺纹连接、联接器连接、法兰连接和楔连接四种。螺纹连接结构简单、重量轻、使用可靠，但每次检修后要重新调整气缸与活塞的余隙容积。图4-51是目前常采用的几种螺纹连接结构形式，大都采用双螺母并紧后，用防松装置锁紧。图(f)与(g)结构具有调整垫片，在每次检修后，不必调整气缸余隙容积，弥补了螺纹连接的缺点。图(h)结构常用于中、小型压缩机上，结构简单，但当十字头体上的螺纹损坏后，必须调换十字头，而图(a)、(b)、(c)、(d)、(e)、(i) 结构则避免了这个缺点。图 4-52 为联接器连接和法兰连接结构。这两种结构使用可靠，调整方便，使活塞杆与十字头容易对中，不受螺纹中心线与活塞杆中心线偏移的影响，而直接由两者的圆柱面的配合公差来保证；其缺点是结构笨重，故多用在大型压缩机上。图 4-52 中(a)、(b)为联接器连接型式；(c)、(d)为法兰连接型式。图 4-53 是楔连接的结构形式，其特点是结构简单，可以利用楔(用比活塞杆软的材料如 20 钢制作)容易变形的特点，把楔作为整个运动系统的安全销使用，防止过载时损坏其他机件，它的缺点也是不能调整气缸余隙容积；这种结构型式常用于小型压缩机上。

2. 十字头体主要尺寸的确定

(1)十字头体滑板的直径 D、长度 L 与宽度 B 的确定。直径 D 的确定通常从两个方面考虑：一方面为了减少往复运动质量以及装拆方便，希望 D 取得小一些；另一方面考虑到连杆的摆动，滑道直径要给予一定的空间，滑板直径 D 又要足够大，长度 L 也要尽量短。所以，曲柄半径与连杆长度比($\lambda = \frac{R}{L}$)大的机器，要求有足够大的直径 D。直径 D 的确定要经多方面考虑并在图上试画后，才能获得合理的尺寸。十字头滑板直径 D 的数值可参考表4-12选取。

十字头滑板长度取 $L = (0.8 \sim 1.1)D$，十字头滑板宽度取 $B = (0.5 \sim 0.65)D$。

滑板工作面浇有巴氏合金时，合金层厚度一般为 $t=4\sim5\text{mm}$。

滑板长度 L 的确定，还应该考虑滑板在工作时必须能将中体滑道上的润滑油孔盖住，以免油向外喷出。滑板长度 L 一般按十字头销中心线对称布置，有时为了给连杆留出摆动的空间而将靠曲轴端的长度减少。

(2)十字头滑板与机体滑道的间隙 δ 的确定。为了消除十字头滑板与滑道之间产生强烈的冲击，应严格控制 δ 值，一般取 $\delta=(0.004\sim0.005)D$。根据十字头主要是一侧受力的特点，间隙值应该在不受力或受力小的一侧，而主要受力侧的滑板工作面应保证十字头体与活塞杆对中。对于如图 4-47 所示的闭式十字头，在非受力侧抽去垫片(垫片厚度等于间隙值)，便可调整间隙值。对于整体式十字头的间隙，则须依靠加工来保证，使滑履中心线和十字头与活塞杆连接中心线有一个偏心值，根据所留间隙在上(或在下)，使滑履中心线在下(或在上)，以保证对中。有的十字头在非受力侧的滑履长度可取短些，以便区别。十字头受侧向力的方向与曲轴旋转方向相同，在对称平衡式压缩机中为一侧向上，一侧向下。侧向力向上的一侧由于与重力相反，在压缩机起动和停车时就将发生跳动。所以在总体设计时，应把这一侧放在活塞力较小的一列。

(3)十字头体主要尺寸。十字头体的主要尺寸见图 4-54。

十字头销孔座壁厚

$$S = 0.347F_{\text{pmax}} \times 10^{-5}\ \text{m} \qquad \text{(球墨铸铁或铸钢)}$$

$$S = 1.183F_{\text{pmax}} \times 10^{-5}\ \text{m} \qquad \text{(灰铸铁)}$$

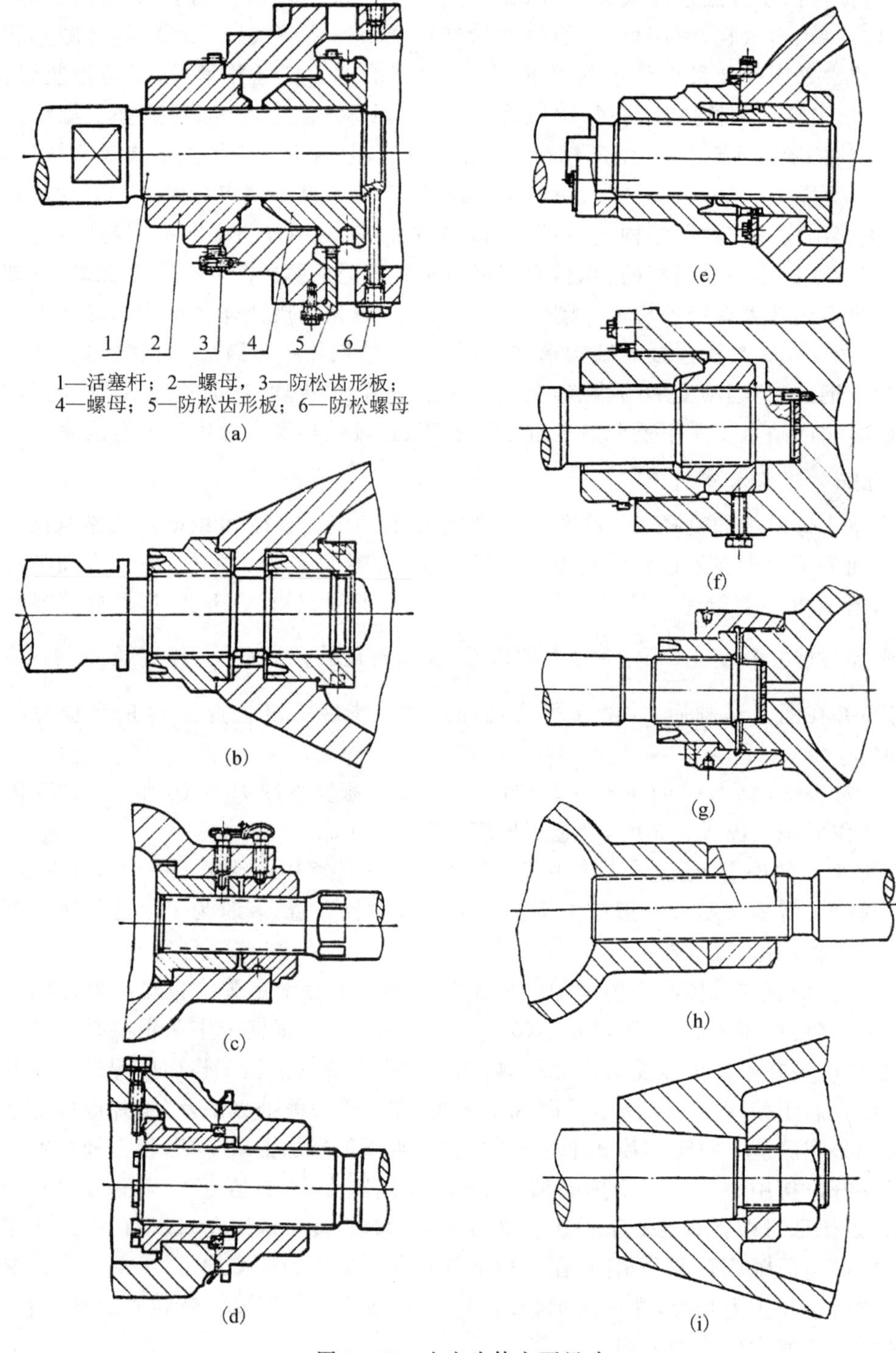

图 4－51　十字头体主要尺寸

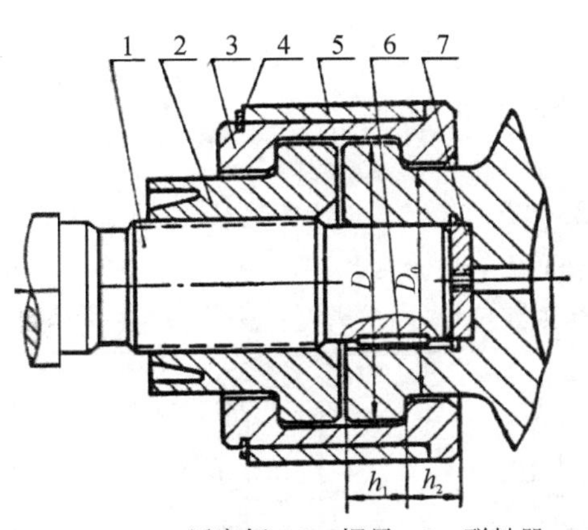

1—活塞杆；2—螺母，3—联轴器；
4—弹簧卡环；5—套筒；6—键；7—调整垫片

(a)

(b)

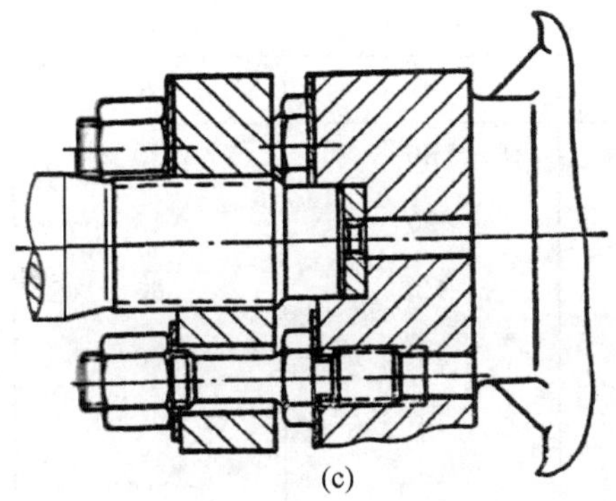

(c)

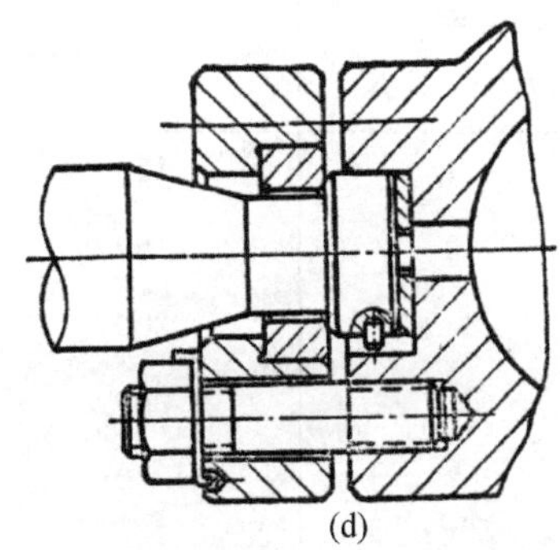

(d)

图 4-52　十字头与活塞杆用连接器或法兰连接的结构型式

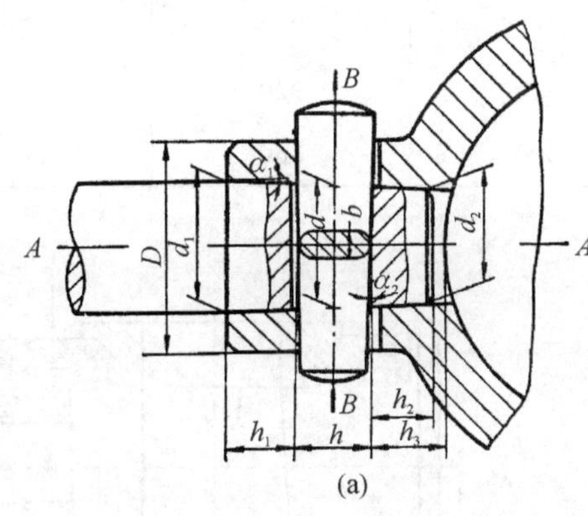

(a)

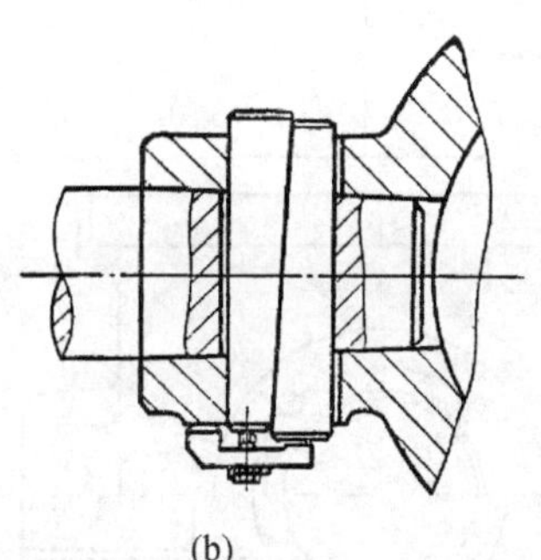

(b)

$\tan\alpha_1=\frac{1}{40}\sim\frac{1}{20}$，$\tan\alpha_2=\frac{1}{30}\sim\frac{1}{12}$，铸钢 $D=1.8d$，整体楔 $h=d$，铸铁 $D=2.1d$，

组合楔 $h=(1\sim1.3)d$，$h_1=0.6d$，$b=(0.25\sim0.35)d$，$h_2=0.7d$

图 4-53　十字头与活塞杆用楔连接的结构型式

式中　F_{pmax}——最大活塞力，N。

十字头体壁厚 S_1 为

$$S_1 = (0.8 \sim 0.85)S \text{ m}$$

$A-A$ 截面的面积为

$$F_a = (1.8 \sim 2.0)F \qquad (4-93)$$

式中　F——十字头与活塞杆连接处活塞杆的截面积，m^2。

表 4-12　十字头体主要尺寸

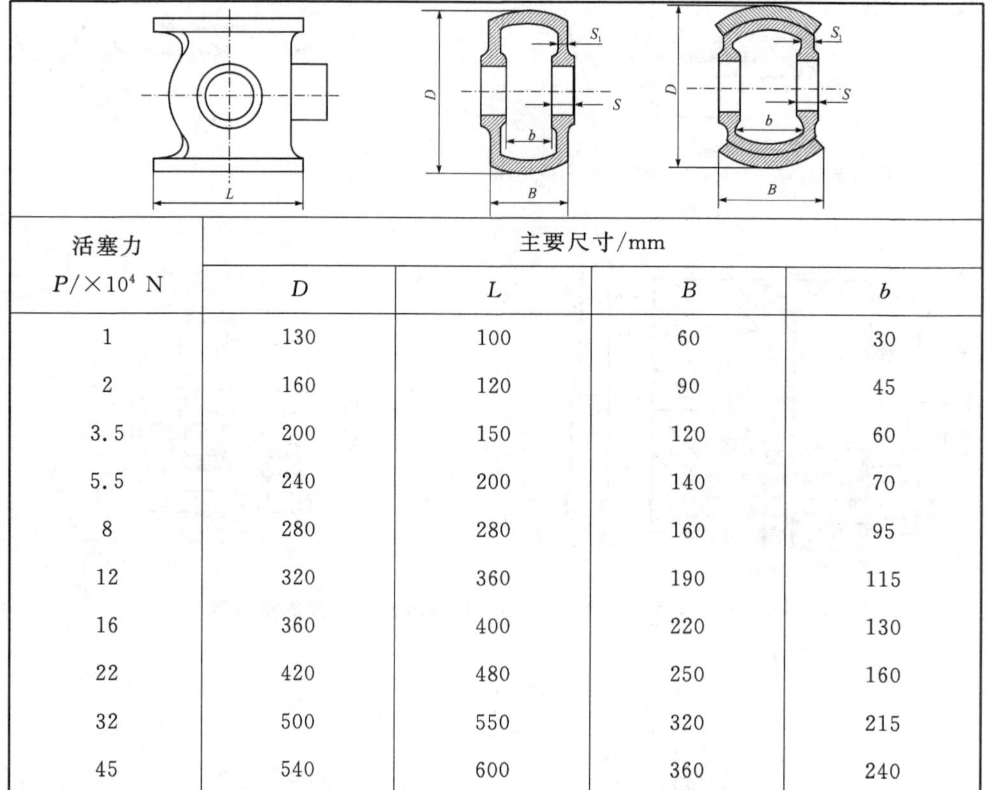

活塞力 $P/\times10^4$ N	主要尺寸/mm			
	D	L	B	b
1	130	100	60	30
2	160	120	90	45
3.5	200	150	120	60
5.5	240	200	140	70
8	280	280	160	95
12	320	360	190	115
16	360	400	220	130
22	420	480	250	160
32	500	550	320	215
45	540	600	360	240

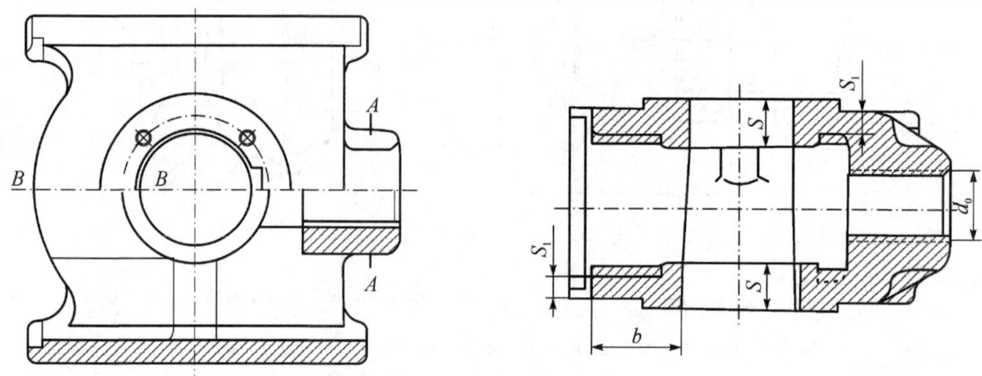

图 4-54　十字头体主要尺寸

式(4-93)仅适用于活塞杆与十字头体直接连接的结构(图 4-52)；在采用双螺母连接时(图 4-51)，可由 $S_1 = 0.36d_0$（d_0—活塞杆与十字头连接处直径)确定十字头体壁厚，而

颈部真正的面积 F_a 应由螺母的外径与壁厚的关系确定后再最后计算。

$B-B$ 截面的截面积 F_b 为

$$F_b \approx (1.67 \sim 2.5) F_{pmax} \times 10^{-8}\ \mathrm{m}^2 \quad \text{（球墨铸铁或铸钢）}$$

$$F_b \approx (3.85 \sim 5) F_{pmax} \times 10^{-8}\ \mathrm{m}^2 \quad \text{（灰铸铁）}$$

式中　F_{pmax} ——最大活塞力，N。

4.3.2　十字头销的结构与主要尺寸

十字头销用以连接十字头与连杆。十字头销有圆锥形（图 4－55），圆柱形（图 4－56），以及一端为圆柱而另一端为圆锥形的十字头销（图 4－57）。

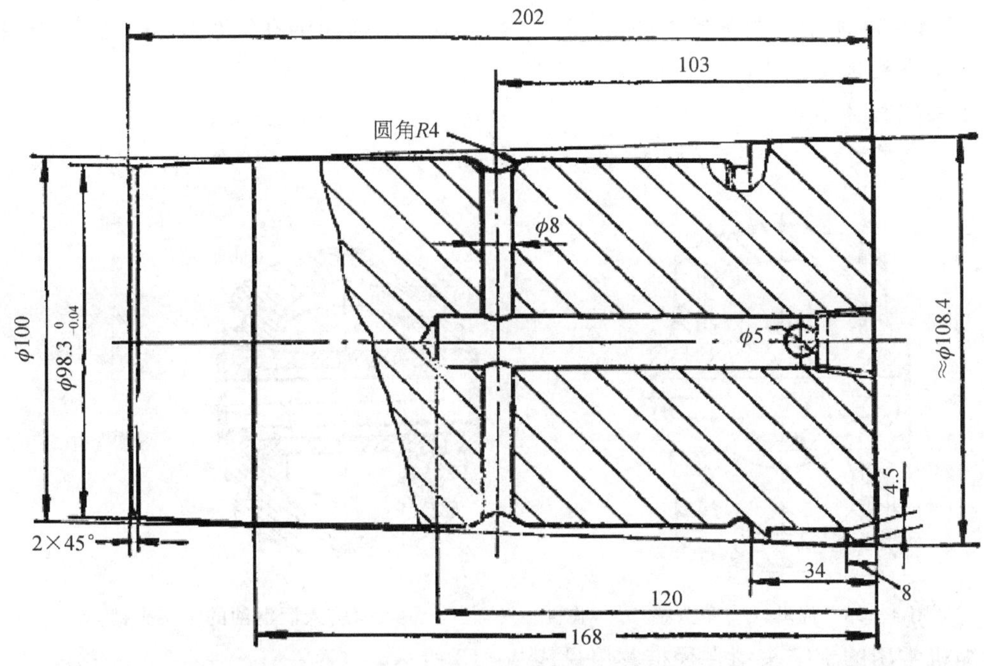

图 4－55　圆锥形十字头销

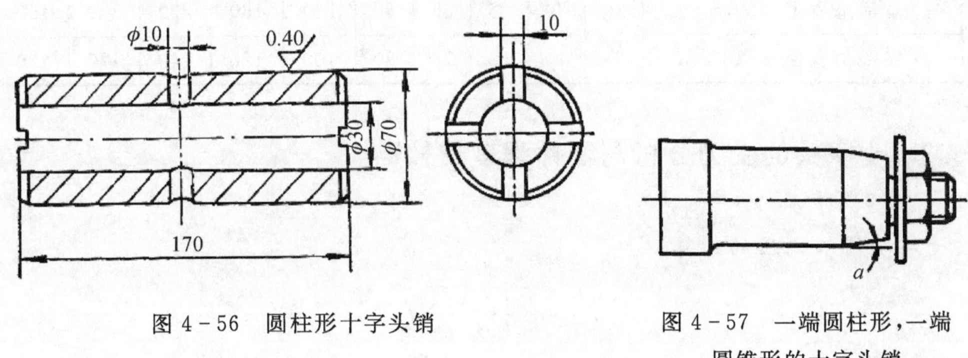

图 4－56　圆柱形十字头销

图 4－57　一端圆柱形，一端圆锥形的十字头销

十字头销按其与十字头体的固定方式可分为浮动销和固定销两种。浮动销制成具有同一直径的圆柱体，它与销孔和连杆小头孔间，均能相对转动，从而减少了磨损。销的轴向定位可以用弹簧卡圈扣在孔座的凹槽内，或者将弹簧卡圈扣在十字头销两端的槽中，如图 4-58 所示。也可以在两侧用压板盖住销孔来进行轴向定位。浮动销重量轻，制造简单，但浮动销间隙大，在往复运动中冲击较大，故一般适用于活塞力小于 55 kN 的中、小型压缩机。活塞力大于 55 kN 的压缩机，一般都将十字头销固定在十字头销座上。这时十字头销采用圆锥销，锥度一般取 $\frac{1}{30}\sim\frac{1}{10}$；锥度大，装拆方便，但过大的锥度将使十字头销孔座尺寸加大，从而会削弱十字头体的强度。圆锥销的压紧是通过压板与螺钉产生的轴向力来使销子与座孔锥面贴合的。图 4-49 所示的整体式十字头使销子受压力；图 4-50 所示的整体式十字头使销子受拉力。十字头销中的润滑油可以沿连杆引入，或由滑履表面上的油槽经十字头中的钻孔引入，如图 4-59 所示。圆锥销上的键主要是防止销上的径向油孔错位而起定位作用，其次也可防止十字头销在孔座内的转动。

十字头销直径 d：

$$d=(2.8\sim3.0)\sqrt{F_p}\times10^{-4}\ \text{m}\tag{4-94}$$

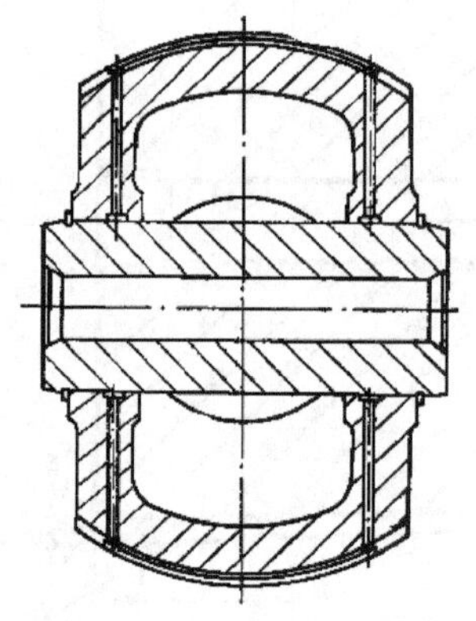

图 4-58 浮动式十字头销

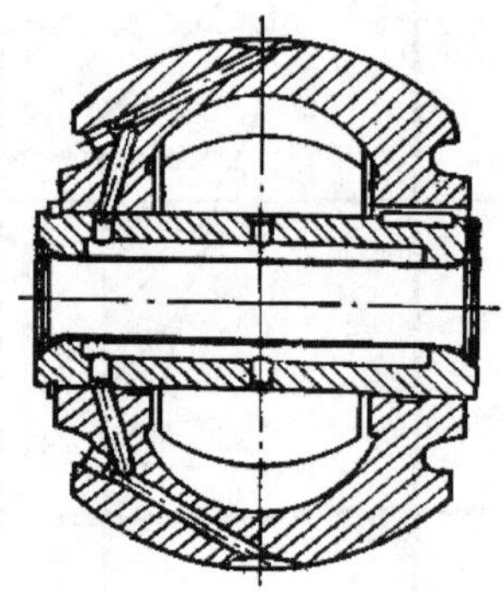

图 4-59 由滑履表面引入润滑油的十字头销

压缩机常用的十字头销直径推荐值见表 4-13 所示。

表 4-13 常用十字头销直径

活塞力 F_p /kN	10	20	35	55	80	120	160	220	320	450
十字头销直径 d /10^{-3}m	35	40	55	70	80	100	120	140	170	220

4.3.3 十字头的受力分析与零件强度校核

1. 十字头滑板比压的计算

$$q_1=\frac{F_N+Q}{LB}\ \text{N/m}^2\tag{4-95}$$

式中 F_N ——最大侧向力，N，$F_N=F_p\tan\beta$；

Q ——十字头总重，N，立式压缩机中 Q 值不计，角度压缩机应计算其压向滑道的分力；

L ——十字头滑板长度，m；

B ——十字头滑板宽度，m。

许用的比压值：当为铸铁与铸钢时，$[q_1] = (2 \sim 3) \times 10^5\ \text{N/m}^2$；

当为铸铁与巴氏合金时，$[q_1] \leqslant 6 \times 10^5\ \text{N/m}^2$。

十字头滑板和与导轨间隙 δ 与十字头直径 D 成正比，一般取为 $\delta = (0.004 \sim 0.005)D$ 以便保证受热后不发生咬合擦伤与发生强烈冲击等问题。

2. 十字头销与连杆小头配合处的比压

十字头销与连杆小头配合处的比压参照连杆小头衬套比压的计算式(4－41)计算。

3. 十字头销与十字头体配合处的比压

十字头销与十字头体配合处的比压，参照活塞销座比压的计算式(3－5)和式(3－6)计算。

4. 十字头销的强度

十字头销的强度可参照活塞销的计算公式(3－8)～式(3－10)进行计算。

5. 十字头与活塞杆连接部分的计算

1)用螺纹连接时的强度计算

(1)十字头螺母的螺纹强度计算可参照活塞杆螺纹强度计算。

(2)十字头螺母(图 4－60)的拉伸应力

$$\sigma_{\text{pmax}} = \frac{KF_{\text{pmax}}}{f}\ \text{N/m}^2 \tag{4-96}$$

式中 K ——预紧系数，一般取 $K = 2$；

F_{pmax} ——最大活塞力，N；

f——螺母面积，m^2，$f = \frac{\pi}{4}(d_1^2 - d_2^2)$。

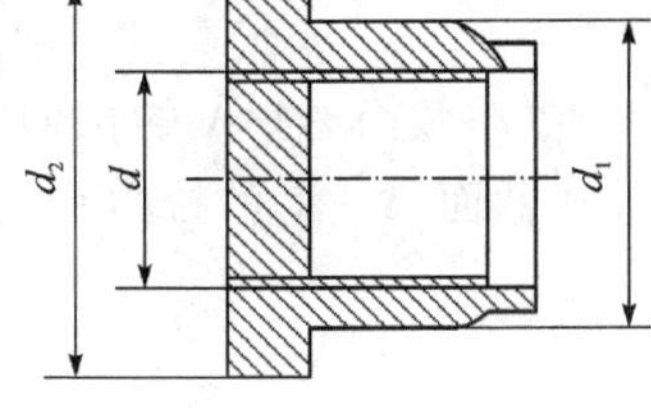

图 4－60　十字头螺母

许用拉伸应力 $[\sigma_p]$：对于钢 $[\sigma_p] \leqslant 10 \times 10^7\ \text{N/m}^2$。

(3)十字头螺母与十字头体接触面的压碎应力

$$\sigma_c = \frac{T + xF_{\text{pmax}}}{\frac{\pi}{4}(d_2^2 - d_1^2)}\ \text{N/m}^2 \tag{4-97}$$

式中 T ——预紧力，N，其值参照式(4－76)或式(4－77)选取；

x ——载荷系数，其值参照式(3－22b)选取；

d_2 ——螺母支承面外径，m；

d_1 ——螺母支承面内径，m；

许用压碎应力 $[\sigma_c]$：对于铸铁和钢的接触，取 $[\sigma_c] \leqslant (470 \sim 520) \times 10^5\ \text{N/m}^2$

对于钢和钢的接触，取 $[\sigma_c] \leqslant (700 \sim 1000) \times 10^5\ \text{N/m}^2$

2)用联接器连接时的强度计算(图 4－53)

(1)十字头颈部与联接器接触面的压碎应力

$$\sigma_c = \frac{F_{pmax}}{\frac{\pi}{4}(D^2 - D_0^2)} \text{ N/m}^2 \quad (4-98)$$

式中　D ——十字头颈部与联接器接触面外径，m；

D_0 ——十字头颈部与联接器接触面内径，m；

许用压碎应力 $[\sigma_c]$ 值与式(4－97)相同。

(2)十字头颈部与联接器接触面的剪切应力

$$\tau = \frac{F_{pmax}}{\pi D_m h} \text{ N/m}^2 \quad (4-99)$$

式中　D_m ——接触面的平均直径，m，$D_m = \frac{D + D_0}{2}$；

h ——接触面的厚度，m，当校核十字头体时取 h_1 值，当校核联接器时取 h_2。

许用剪切应力 $[\tau]$：对于铸铁 $[\tau] \leqslant 20 \times 10^7$ N/m²

对于铸钢、球铁 $[\tau] \leqslant 60 \times 10^7$ N/m²

3)用楔连接时的强度计算(图 4－53)

(1)十字头体与活塞杆配合锥面的比压 q 为

$$q = \frac{F_{pmax}}{\frac{\pi}{4}(d_1^2 - d_2^2)} \text{ N/m}^2 \quad (4-100)$$

式中　d_1，d_2 ——配合锥面最大和最小直径，m。

许用的比压值 $[q]$：对于铸铁 $[q] \leqslant 250 \times 10^5$ N/m²；

对于铸钢、球铁 $[q] \leqslant 700 \times 10^5$ N/m²。

(2)截面 $A-A$ 的拉伸应力。

截面 $A-A$ 的拉力 Q 为

$$Q = \frac{F_{pmax}}{2\pi \tan(\alpha_1 + \rho)} \text{ N} \quad (4-101)$$

式中　α_1 ——配合锥面的斜角；

ρ ——配合锥面的摩擦角，一般取 $\rho = 9°$。

截面 $A-A$ 的一侧面积 f 为

$$f = \frac{1}{2}\left(D - \frac{d_1 + d_2}{2}\right) \times (h_1 + h_3) \text{ m}^2 \quad (4-102)$$

如果配合尺寸是按图 4－53(a)的关系选取，则 f 可近似地取 $f = ad^2$，m²。系数 a 可按表4－14选取。

表 4－14　系数 a 值

铸　铁		铸　钢	
整体楔	组合楔	整体楔	组合楔
1.27	1.27～1.43	0.92	0.9～1.04

截面 $A-A$ 的拉伸应力 σ_p 为

$$\sigma_p = \frac{Q}{f} \text{ N/m}^2 \quad (4-103)$$

许用拉伸应力 $[\sigma_p]$：对于铸铁 $[\sigma_p]\leqslant 200\times10^5\ \text{N/m}^2$；

对于铸钢、球铁 $[\sigma_p]\leqslant 600\times10^5\ \text{N/m}^2$

(3)截面 $B-B$(与活塞杆中心线垂直的平面)的拉伸应力。

对十字头体

$$\sigma_{pmax}=\frac{F_{pmax}}{(D-d)\left[\frac{\pi}{4}(D+d)-b\right]}\ \text{N/m}^2 \tag{4-104}$$

许用拉伸应力 $[\sigma_p]$ 值与式(4-103)相同。

对于活塞杆

$$\sigma_p=\frac{F_{pmax}}{\frac{\pi}{4}d^2-bd}\ \text{N/m}^2 \tag{4-105}$$

许用拉伸应力 $[\sigma_p]$：对于碳素钢 $[\sigma_p]\leqslant 700\times10^5$，$\text{N/m}^2$；

对于合金钢 $[\sigma_p]\leqslant 1000\times10^5$，$\text{N/m}^2$。

(4)楔与活塞杆接触表面比压 q 为

$$q=\frac{F_{pmax}}{bd}\ \text{N/m}^2 \tag{4-106}$$

许用表面比压 $[q]$：楔的材料是强度限不低于 $(500\sim600)\times10^6\ \text{N/m}^2$ 的碳素钢，其 $[q]\leqslant 200\times10^6$，$\text{N/m}^2$。

(5)楔的强度计算。

楔按两端自由支承的梁，载荷与支承力都为均布的情况来计算。其最大弯曲应力 σ_B 为

$$\sigma_B=\frac{3F_{pmax}D}{4bh^2}\ \text{N/m}^2 \tag{4-107}$$

许用弯曲应力 $[\sigma_B]$：对于楔的材料是强度限不低于 $(500\sim600)\times10^6\ \text{N/m}^2$ 的碳素钢，$[\sigma_B]\leqslant 150\times10^6\ \text{N/m}^2$。

4)十字头体的强度计算(图 4-54)

(1)十字头体颈部截面 $A-A$。主要计算由于最大拉伸力引起的拉伸应力 σ_p：

$$\sigma_p=\frac{Q}{f}\ \text{N/m}^2 \tag{4-108}$$

式中 Q——活塞杆中最大拉伸力，N，当为螺纹连接时，$Q=T+xF_{pmax}$（见式(3-22)），其余连接时 $Q=F_{pmax}$，为最大活塞力；

f——截面 $A-A$ 的面积，m^2。

许用拉伸应力 $[\sigma_p]$ 值与式(4-103)相同。

(2)十字头销座处截面 $B-B$，主要计算活塞杆中最大拉伸力引起的弯曲应力 σ_B。截面 $B-B$ 的弯曲力矩，若按自由支承在长度 $l=2r$ 的梁上，并受长度为 d_1 的均布载荷时(图 4-61)，其弯曲力矩 M_1 为：

$$M_1=\frac{F_{pmax}}{8}\left(l-\frac{d_1}{2}\right)\ \text{N}\cdot\text{m} \tag{4-109}$$

式中 l——当量长度，m，$l=2r$，r 为十字头销中心到截面 $B-B$ 重心的距离，m；

d_1——十字头销孔座直径，m，对于锥孔取平均直径。

若按固定在孔座内侧均匀载荷力的梁计算时，其弯曲力矩 M_2 为：

$$M_2 = \frac{F_{pmax}}{48} d_1 \text{ N·m} \tag{4-110}$$

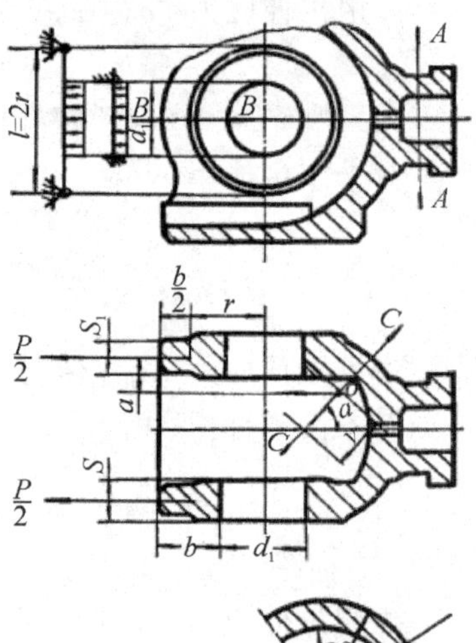

图 4-61　十字头体计算简图

实际的弯曲力矩 M 一般均按平均值计算：

$$M = \frac{1}{2}(M_1 + M_2) = \frac{F_{pmax}}{16}\left(l - \frac{d_1}{3}\right) \text{ N·m} \tag{4-111}$$

截面 $B-B$ 的最大弯曲应力为

$$\sigma_B = \frac{F_p}{16W}\left(l - \frac{d_1}{3}\right) \quad \text{N·m} \tag{4-112}$$

式中　W ——截面 $B-B$ 的抗弯截面模数，m^3，$W = \frac{Sb^2}{6}$，S 为截面 $B-B$ 的厚度，m，b 为宽度，m。

许用弯曲应力 $[\sigma_B]$：对于铸铁 $[\sigma_B] \leqslant 300 \times 10^5\ N/m^2$；

对于铸钢、球铁 $[\sigma_B] \leqslant 1000 \times 10^5$

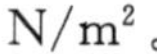
N/m^2。

(3)十字头颈部与本体的过渡部分最小截面 $C-C$。首先作出该截面的重心位置，对于图4-61所示封闭截面可用与其相当的平均厚度和平均半径所作半圆环形来代替，确定重心位置 y 及截面近似面积 f。此时截面 $C-C$ 所受弯曲应力为

$$\sigma_B = \frac{F_{pmax} a}{2W} \text{ N/m}^2 \tag{4-113}$$

式中　a ——截面 $C-C$ 重心到十字头销孔侧壁中心线的距离，m；

W ——截面 $C-C$ 的抗弯截面模数，m^3；半圆环的抗弯截面模数 $W = \frac{\pi d_0^3}{64}\left(1 - \frac{d_0^4}{D_0^4}\right)$ m^3；其中 d_0 为半圆环内径，m，D_0 为外径，m。

截面 $C-C$ 所受拉伸应力为

$$\sigma_P = \frac{F_{pmax} \sin\alpha}{2f} \quad \text{N/m}^2 \tag{4-114}$$

式中　α ——截面 $C-C$ 与活塞杆轴线夹角；

f ——截面 $C-C$ 面积，m^2，对于半圆环面积 $f = \frac{\pi(D_0^2 - d_0^2)}{8}$ m^2。

截面 $C-C$ 处的剪切应力为

$$\tau = \frac{F_{pmax} \cos\alpha}{2f} \text{ N/m}^2 \tag{4-115}$$

截面 $C-C$ 处的总应力为

$$\sigma = \sqrt{(\sigma_B + \sigma_p)^2 + 4\tau^2} \text{ N/m}^2 \tag{4-116}$$

许用总应力 $[\sigma]$：对于铸铁 $[\sigma] \leqslant 200 \times 10^5\ N/m^2$；

对于铸钢、球铁 $[\sigma] \leqslant 600 \times 10^5\ N/m^2$。

4.3.4 十字头材料与基本技术要求

1. 对材质的要求

十字头体的材料一般为铸铁或铸钢。对于小功率的压缩机常用 GB/T 9439—1988 规定的 HT200 铸铁。对于大、中功率的压缩机常采用 ZBJ 72016 规定的 QT500 - 7 球墨铸铁及 GB 979—67 规定的 ZG270 - 500 铸钢。

十字头销的材料，由于对销的表面要求有较高的硬度，内部要有较高的韧性，所以常用 GB 699 规定的 20 钢及 GB 3077 规定的 20Gr 钢，表面要经过渗碳、淬火处理。对于小型压缩机的十字头销也有采用 45 钢的，表面只需进行淬火处理。

2. 对毛坯件的要求

十字头体铸件的质量应符合相关标准的规定。十字头销上不允许有裂纹、毛刺和其他影响质量的缺陷。

3. 对热处理的要求

十字头体铸件应进行时效处理。十字头销用 20 钢制造时外表面必须进行渗碳、淬火处理；用 45 钢制造时，外表面必须淬火处理。处理后的硬度值为 HRC57～67，并要求在同一零件上的硬度偏差不超过 3 个单位。

4. 对机械加工的要求

(1) 十字头摩擦面的粗糙度。摩擦面的粗糙度为 $Ra0.8$；直径 $d \leqslant 150$ mm 的十字头销，粗糙度为 $Ra0.2$；直径 $d > 150$ mm 者，则为 $Ra0.4$。

(2) 十字头摩擦面和十字头销的外表面的圆柱度。其要求圆柱度为 8 级。

(3) 十字头销孔的中心线对十字头摩擦面中心线的垂直度。其垂直度为 6 级。

(4) 活塞杆连接的螺纹孔中心线。螺纹孔中心线与十字头摩擦面中心线的同轴度为 8 级。

(5) 支撑面的垂直度。安装活塞杆紧固螺母的支撑面与十字头摩擦表面中心线的垂直度为 6 级。

5. 十字头的重量必须在机械加工后称重。

第 5 章　压缩机支承部件的结构设计

压缩机的支承部件由机身(曲轴箱)、中体和中间接筒等组件组成,有时又统称为机体。机体支承和连接着传动部件与工作部件,共同形成一台完整的机器,为了保证机器正常工作,机体所支承和连接的各零部件之间,须保证在相互位置和相对运动方面具有足够高的精度。

机身承受传动部件,有时还包括电机(法兰电机驱动时)和电机转子(如悬挂电机驱动时)的重量;有些场合还承受工作部件、级间设备以及其他辅助器件的重量并传给基础;此外,机身还承受未平衡的惯性力、惯性力矩以及倾覆力矩的作用并传递给基础。气体力、摩擦力以及已平衡了的部分惯性力则只作用在机身上而不传给基础。由于机身上所作用的力均呈周期性变化,所以,机体各主要零件遭到的主要是疲劳破坏。

压缩机在工作时,气缸的热量、摩擦副所产生的热量以及环境温度的变化等热量,都会传递给机体,使它产生不均匀的热变形,从而影响到它所支承和连接的零部件间相互位置和相对运动的精度,导致压缩机工作质量下降甚至遭到破坏。

根据以上工作条件,设计支承部件的基本要求如下:

(1)适应压缩机结构型式的要求;

(2)应有足够的刚度和强度;

(3)结构简单,工艺性良好;

(4)机体下部面积应满足运转时稳定性的要求;

(5)由于内应力、温度变化引起的结构变形应最小。

确保机体具有足够的刚度,是设计机体的基本要求。

机体的刚度有静刚度与动刚度之分。

静刚度是指机件在静载荷作用下抵抗变形的能力。要求机件在额定载荷作用下,变形不超过允许值。同时,机件还应具有较大的刚度——质量比,这在很大程度上反映了设计的合理性。

动刚度亦称机件的动态特性,是指机件抵抗受迫振动和自激振动的能力。良好的动态特性是要求机件具有较大的位移阻抗和阻尼,较高的固有频率,以降低受迫振动和自激振动的振幅。

5.1　机体的基本结构型式

根据压缩机所采用的不同的结构型式,压缩机的机体相应地亦有对置式机体、立式机体、角度式机体等。

5.1.1 对置式机体

对称平衡与对置式压缩机采用对置式机体，如图 5－1 所示，机体一般由机身和中体组成，中体配置在曲轴的两侧，用螺栓与机身连接一起，但也有制成整体的，如图 5－2 所示。机体可做成多列的，如两列、四列等，如图 5－3 和图 5－4 所示。

机身为上端开口的匣式结构，具有较高的刚性。机身下部的容积可以贮存润滑油，存油量的多少，按照润滑系统设计的要求而定；如果要求箱体容积能贮存全部润滑油，则机身下部的容积必须按能贮存 5～8 min 油泵的泵油量进行设计。另外应考虑传动机构不应触及最高油面，主轴承安置在与气缸中心线平行的隔板上，隔板可以是双层或单层的，隔板上布置有筋条；根据主轴承数，决定机身中应有的隔板数，并把机身隔成几个小室，以增加刚性，隔板下部开有洞孔，便于润滑油的流动，也减少隔板与侧壁相交处的铸造应力。为了能排出机身中的全部贮油，机身底部内壁制成略向一端倾斜，以使润滑油自动流向排油孔，排油孔设在机身端部的最下方。对于使用悬挂电机的压缩机，考虑减轻电机端主轴承的负载，常增加一个主轴承(图 5－4)。机身上端匣形开口，在能安装传动机构的情况下，开口愈窄，刚性愈好，并用拉杆螺栓将开口两侧壁连接起来(图 5－1)。机身顶部装有呼吸器(图 5－1)，使机身内部与大气相通，降低油温和机身内部压力，不使油从联接面处挤出来。

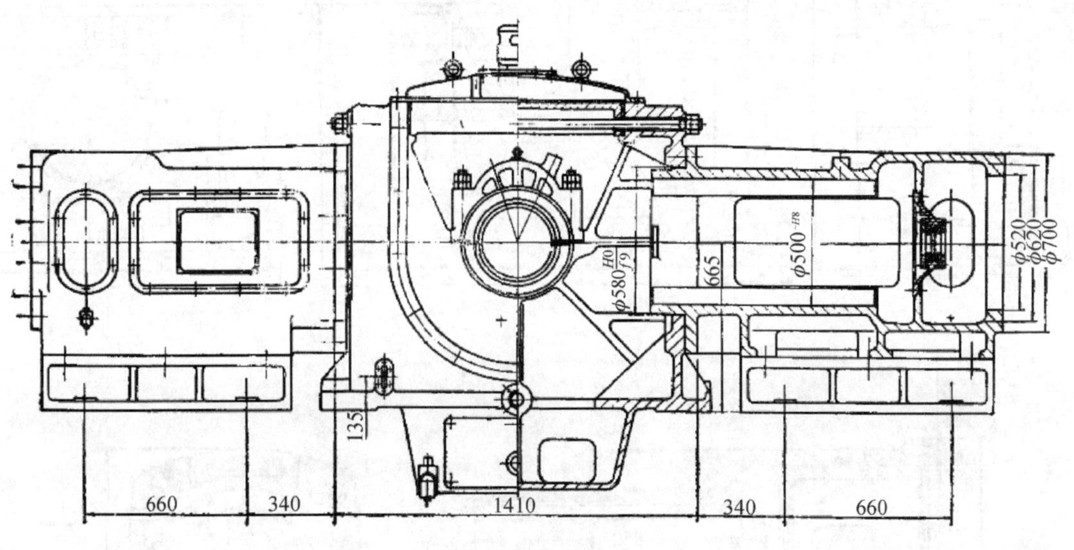

图 5－1 对置式机体

呼吸器应避免安装在连杆的正上方。中体通常为圆筒体；滑道与中体铸在一起，分成上下两块，并有若干纵向和横向的筋条作支承。为了拆装十字头和填料，在中体两侧开有窗口。在滑道前装有刮油器(图 5－1)，使润滑传动部件的机油不与气缸和填料内使用的压缩机油相混，以便分别回收和循环使用。中体根据支承方式的不同，有落地中体与不落地中体之分，不落地中体(图 5－3)，中体与支承分开，使制造方便，但刚性较差；落地中体(图 5－4)是中体与支承铸成一体，刚性好，但工艺性较差。对于小尺寸的对置机体，为了提高机体的刚性，机身与中体也有铸在一起的（图 5－2）。图 5－5 是滑道不与机体铸成一体的结构，磨损后可拆换，并便于磨损铸铁做滑道。

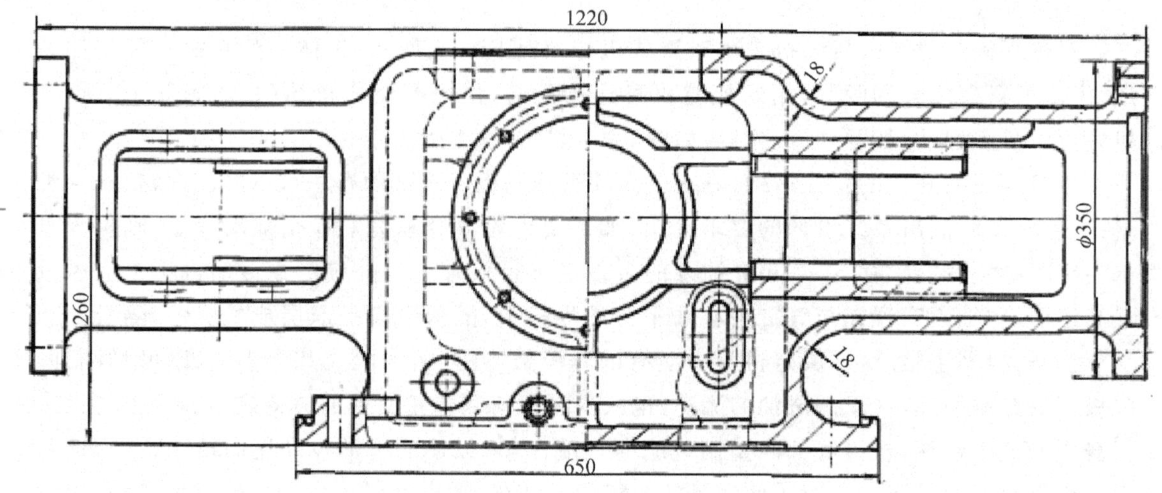

图 5－2　机身与中体铸在一起的整体结构

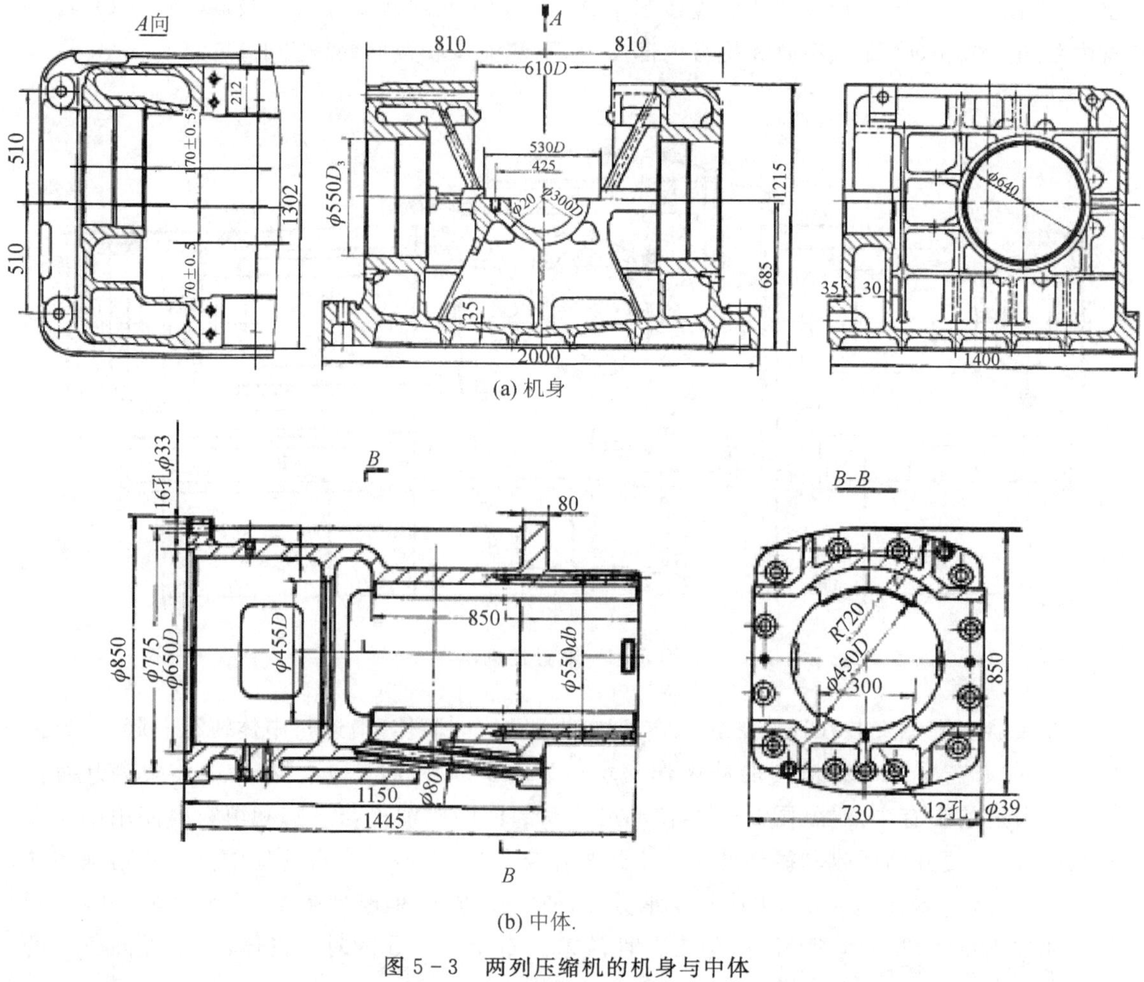

(a) 机身

(b) 中体

图 5－3　两列压缩机的机身与中体

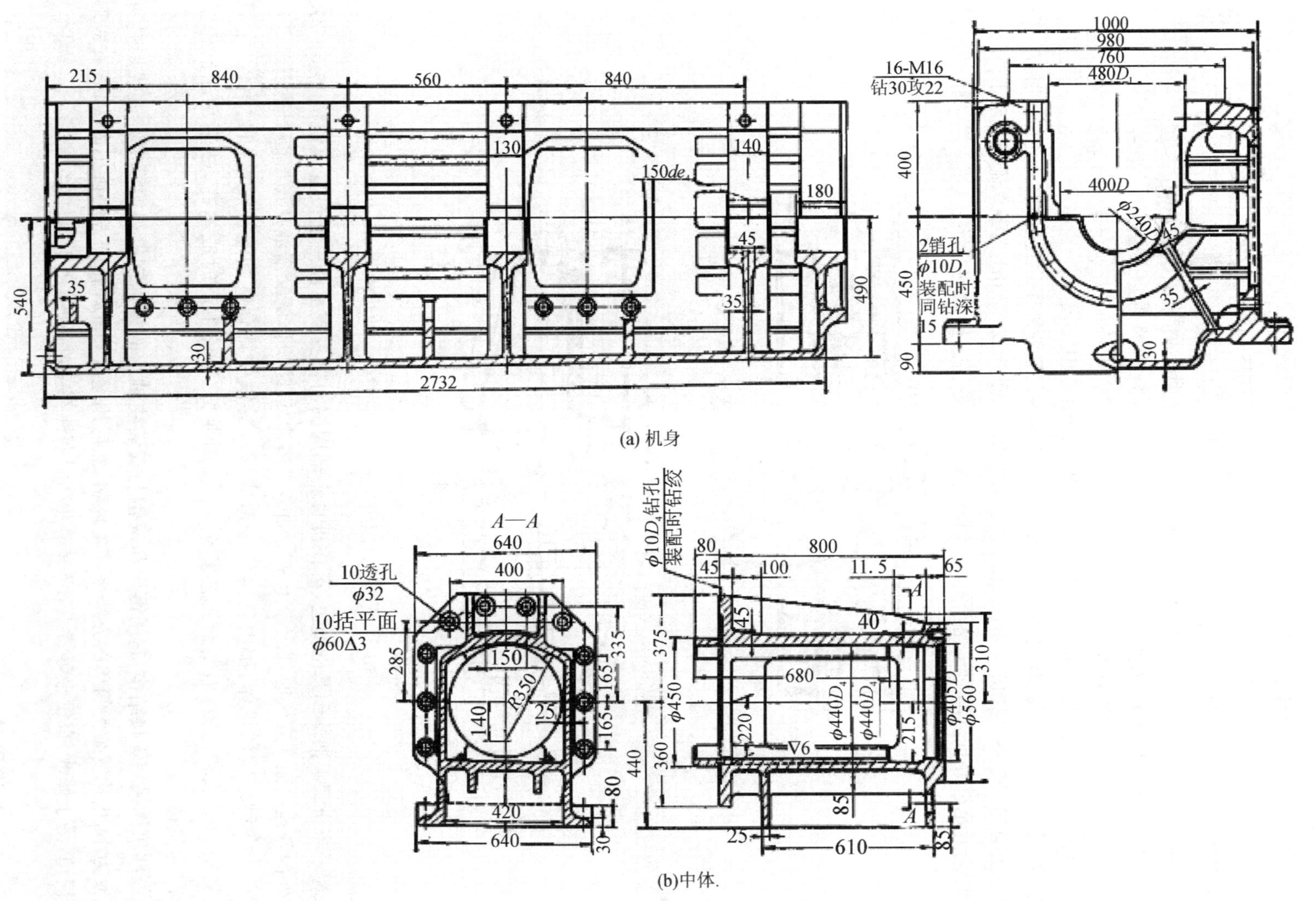

(a) 机身

(b)中体.

图 5-4 四列压缩机的机身与中体

图 5－6 是另一种将机身和中体铸为一体的机体结构，(a)为纵向剖视图，(b)是它的俯视图。多列时，它们用螺栓横向连接，可组成多列。它的特点如下：①减少分合面加工量；②左右中体的抗扭面矩增加；③中体外壁的一边采取与机身轴承板倾斜连接，使弯矩大大减小，避免了一般中体外壁的一边远离轴承板从而使机身侧壁受到较大弯矩的缺点；④上部开口处因中体的一体，使抗弯截面大增，而一般式机身，必须在开口两侧之中安设所谓“拉伸杆”，后者与两侧有很小的间隙配合，并以螺帽在侧壁外予以压紧(图 5－1)。所以，该机身只在上面加一个不厚的机身盖，免除上述繁琐装置；⑤拼接成多列的机身的刚度有所下降，但只要曲轴刚度足够并且运动质量完全平衡，则不会影响机身在拼接处的变形。

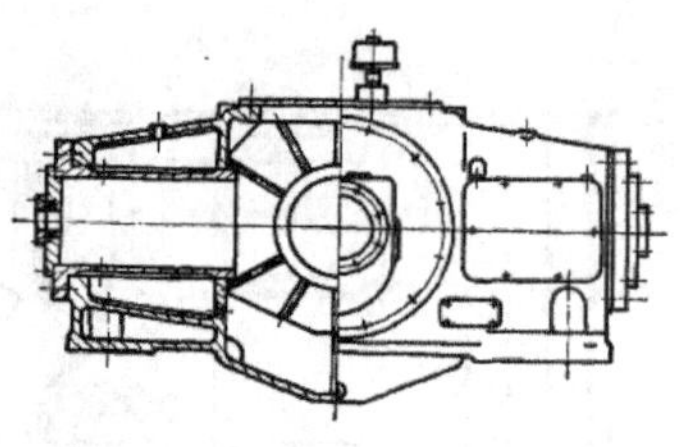

图 5－5　可拆滑道的机身

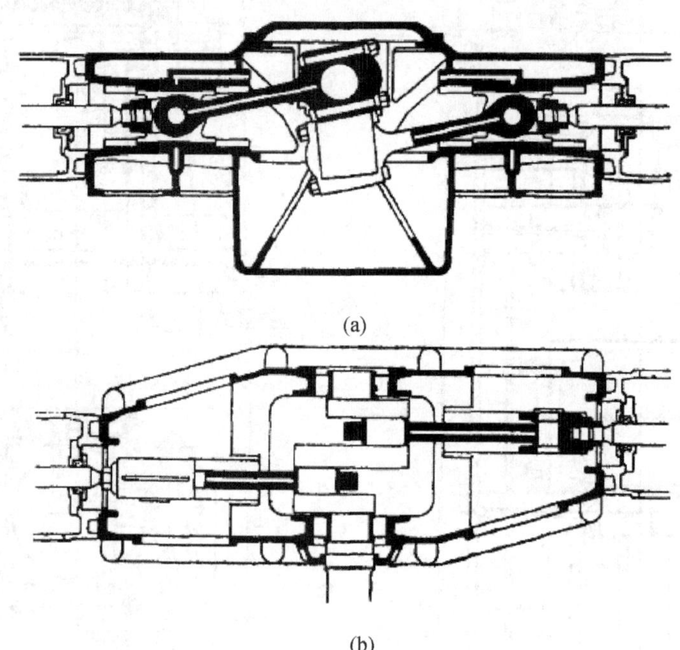

(a)

(b)

图 5－6　机身与中体铸为一体的另一种结构

为了防止润滑油落到基础上去，可在机身底部周围与机身支承面一起设置集油槽(图5－2)，机体外部各连接面在安装时都应涂上密封油膏或垫片，以防机体的润滑油从连接面上露出。

以上各种结构的机体，都由灰铸铁铸造成形。铸铁件具有良好的抗震性和耐磨性，可以制成复杂的形状和内腔，但制造工艺复杂，生产周期长，单件生产时成本高，故适用于制作批量生产的机体。

有些机体采用焊接结构，它用钢板和扁钢与安装主轴承的铸钢钢板焊接而成。其优点是可以化大为小，用化复杂为简单的方法来准备坯料，然后用逐次装配焊接的方法拼小成大，具有成形工艺简单，易于修改，重量轻等特点，但抗震性和耐磨性都差，特别适用于单件生产。

5.1.2　立式机体

立式压缩机采用立式机体，如图 5－7 所示，一般由三部分组成：在曲轴以下的部分称为机座，机座上有主轴承座孔；在机座以上，中间接筒以下的部分称为机身；位于机身与气缸间的部分，称中间接筒。机座的结构，除了它的上端面是与主轴承线处于同一高度外，其余都与对置式机体的主轴承下部结构相仿。立式机体的机身常采用下大上小型式，一般斜角取7°～15°，使之稳固而结实；其中铸有滑道。中间接筒为筒体形，常装有隔板和刮油器。对于中小型的立式机身，为了简化结构，常将机身与中间接筒铸在一起，如图 5-8 所示。大型立式压缩机机身，为了安装与修理的方便，常制成开式（单面）滑道，位于侧向力作用一侧，并另外装上滑道，如图 5-8 所示。对于微型无十字头的立式压缩机，机体常铸成一体，如图 5-9 所示。对于中体、机身、机座铸成一体的机体统称曲轴箱。

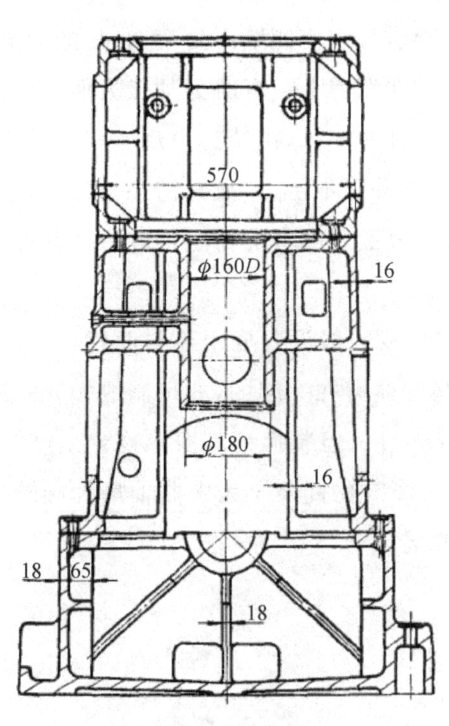

图 5-7　立式机体

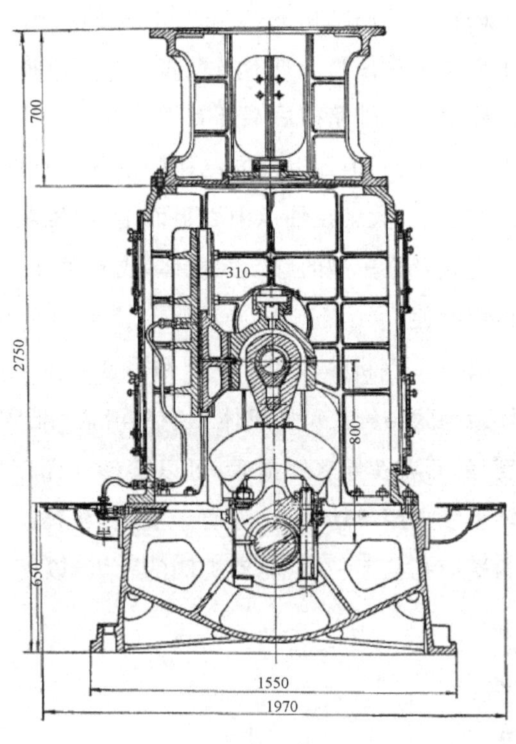

图 5-8　单滑道机身

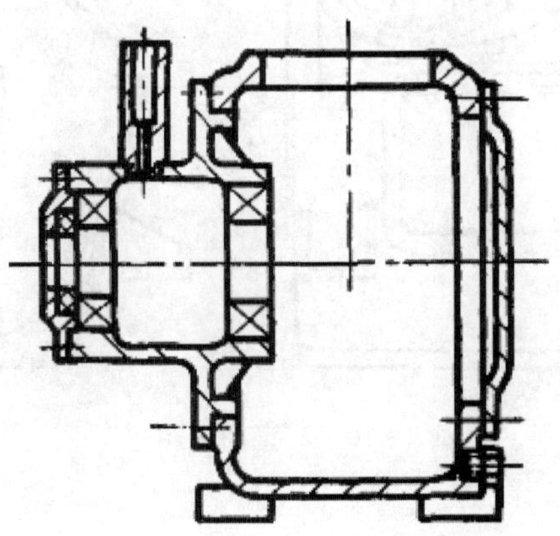
图 5-9　微型立式压缩机曲轴箱

5.1.3 角度式机体

角度式机体按气缸中心线夹角可分为 V 型，如图 5－10 所示；W 型如图 5－11 所示；L 型如图 5－12 所示；扇型及 T 型等。

V 型、W 型及扇形机体多用于微、小型无十字头压缩机，机体也均采用曲轴箱形式，气缸与机体分开。曲轴箱上的斜面供安装气缸用，斜面的宽度取决于低压缸直径，所以低压侧斜面上的法兰和曲轴箱侧壁几乎相切，而高压侧斜面法兰与侧壁距离较远。因此在气体力作用下机体上连接高压缸的斜壁将会被气缸向上拉翘，从而使侧壁产生弯曲，故法兰壁应有足够的刚度。曲轴箱前后端开有端盖孔，主轴承安装在端盖上。有时为加工方便，可将两孔直径设计成相同，但配以不同结构的端盖。在两侧面开有窗孔，供装拆之用。移动式压缩机机体的支承面，大多在轴承中心平面上，曲轴箱下面部分因不受力，故只需一个薄壳，称油底壳。固定式及拖车型的移动式机体，支承平面一般为底面。前者的稳定性较后两种好，但连杆装拆不方便。

L 型和 T 型机体多用于中型和个别大型压缩机，故一般设置成中体与曲轴箱连在一起的整体封闭式结构。L 型机体十字头滑道可制成与中体铸在一起的，亦可制成插入式的，前者刚度好，后者在导轨磨损后，可以旋转一角度重新使用，但装拆精度要求高。角度式机体的主轴承多采用滚动轴承，为便于安装，机体一侧的端盖孔直径应大于曲轴最大旋转直径，所以两端面孔径不一样，驱动机侧的孔大，以便曲轴装入。

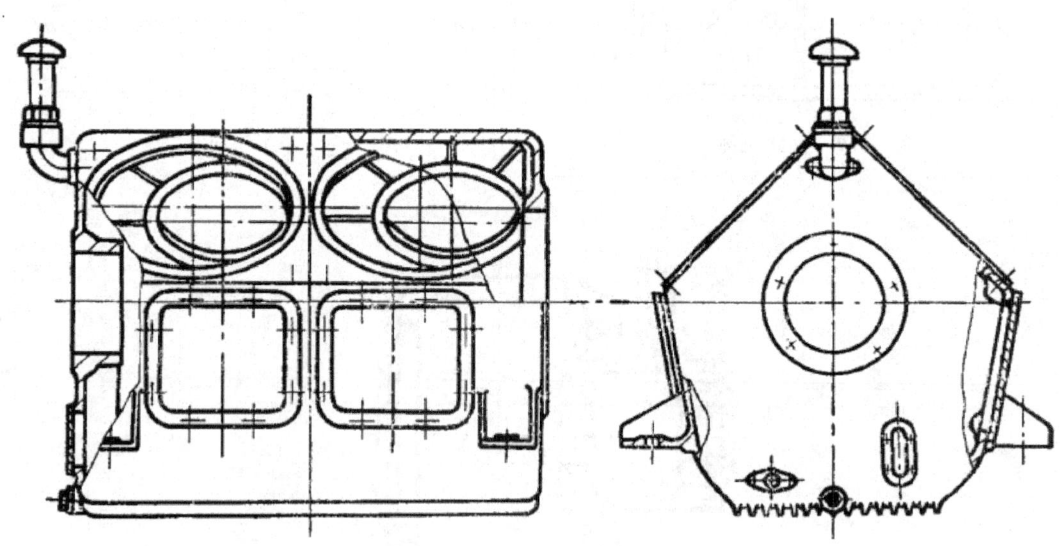

图 5－10 V 型曲轴箱

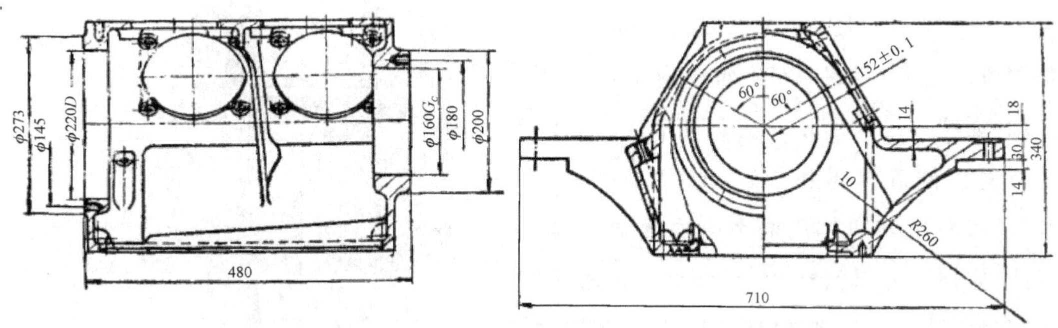

图 5-11 W 型曲轴箱

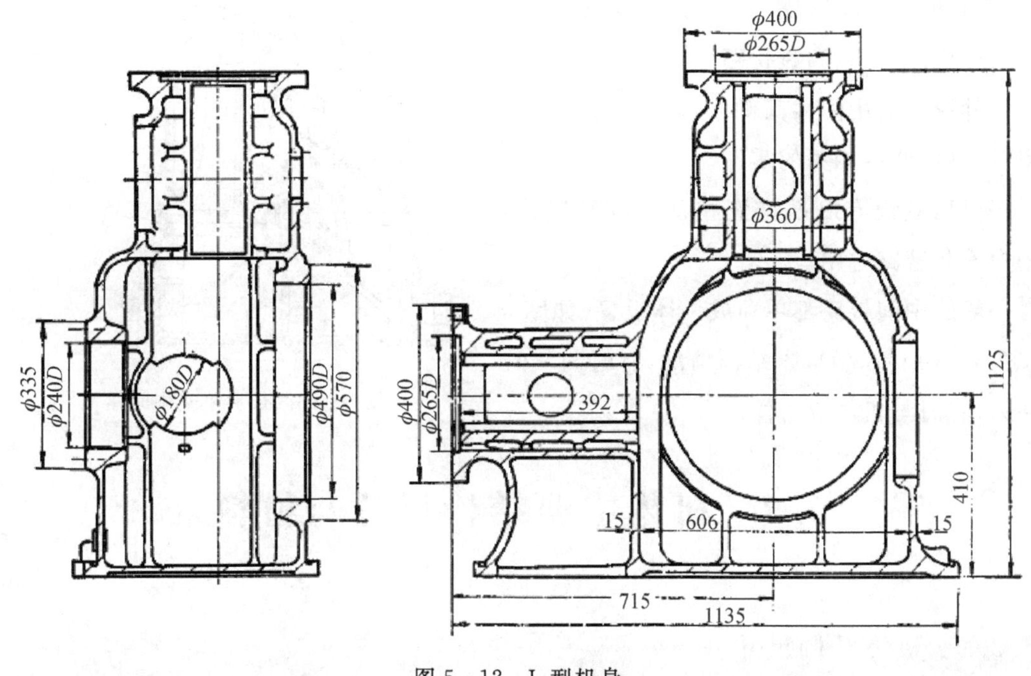

图 5-12 L 型机身

5.1.4 中间接筒

中间接筒是带十字头压缩机列中所具有的组件，它上联气缸，下联中体，主要是在气缸和机体之间起到隔板作用。根据隔板作用的强弱不同，中间接筒常用的有两种结构型式：

(1)短形单室中间接筒。所谓短形是指活塞杆伸入中间接筒的长度不需满足大于活塞行程的要求。该结构仅适用于气缸有油润滑，此时，气缸内和机体内的润滑油可以互串。因此，设在中体侧隔板上的刮油装置只起刮去过量串油的作用，侧面的窗口供拆装检修气缸密封填料函之用。该结构适用于不可燃，无危险的一般工业气体。

(2)长形单室中间接筒。中间接筒的长度要大于活塞行程的长度，在活塞杆上装有防火材料制成的、剖分式的(不致妨碍活塞杆安装)挡油圈，如图 5－13 所示。活塞杆运动时，就不至于有交替伸进机体和气缸密封填料函的部分，于是将气缸和机体的润滑彻底隔离。隔离体密闭，体内可充以氮气、空气或其他合适的气体来密封或吹除由气缸内溅漏出来的气体，防止压缩气体溅入环境或与润滑油接触。适用于无油润滑压缩机或压缩有毒、腐蚀性气体(氯气、氯化氢、碳酰氯、四氯化硼)等。

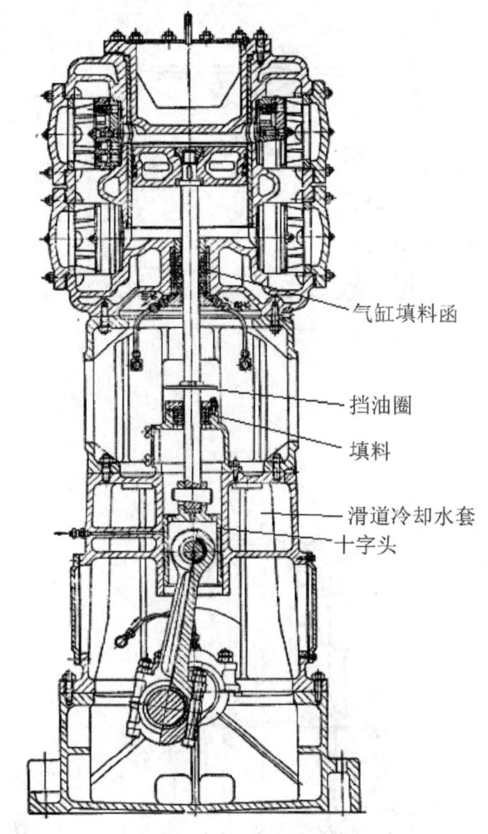

图 5－13　长形单室中间接筒

每种形式的中间接筒侧壁都应设有足够大的窗口，以便装拆相关的零件。

每室均应设有底部排液和顶部放气接孔，供用户安装管路之用。

一般的中间接筒都单独成一体设置，如图 5－3，图 5－6 所示，但根据结构情况，有时与气缸成一体，有时与机体成一体。

5.2　机体主要结构尺寸与材料

5.2.1　机体结构尺寸

1. 滑道尺寸

滑道尺寸主要是根据十字头的尺寸确定。对于 $\lambda = \frac{R}{l}$ 大的压缩机，还应避免连杆在运动时与滑道相撞。

滑道直径按照十字头滑板直径确定。

滑道宽度 B 比十字头滑板宽度略小，上、下滑道多为圆弧表面，一般取中心角 $\alpha = 75^\circ \sim 90^\circ$，如图 5－14 所示。

滑道长度一般比十字头滑板长度与行程之和小 5～10 mm。

2. 主轴承螺栓直径 d_0

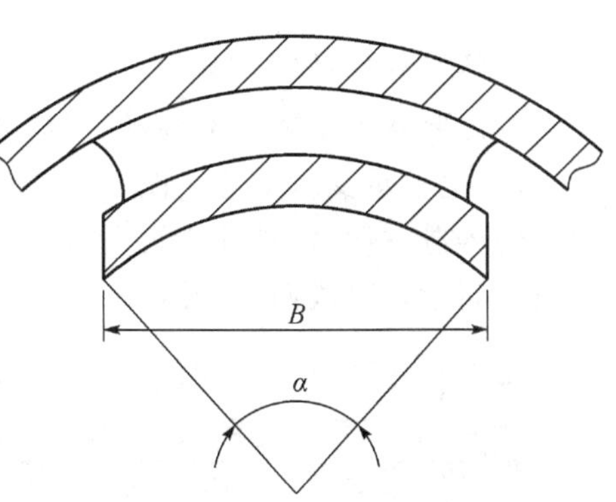

图 5-14　机体滑道尺寸

根据统计，一般按主轴颈直径 d 选取，$d_0 = (0.18 \sim 0.25)d$，用薄壁瓦时取大值，厚壁瓦时取小值。

上式的主轴承螺栓数目为 2 个，若用 4 个，应取小一些。主轴承螺栓在轴承盖内长度一般取 $l = (0.50 \sim 0.65)d$。

3. 相对列距、相邻列距

相对列距 a 由曲轴结构决定，一般希望取的小一些好，可使两曲柄销间力矩减小，外形尺寸紧凑。相邻列距 L 主要是由气缸外径 D 来确定，推荐取 $L = (1.0 \sim 1.4)D$，如图 5-15 所示。

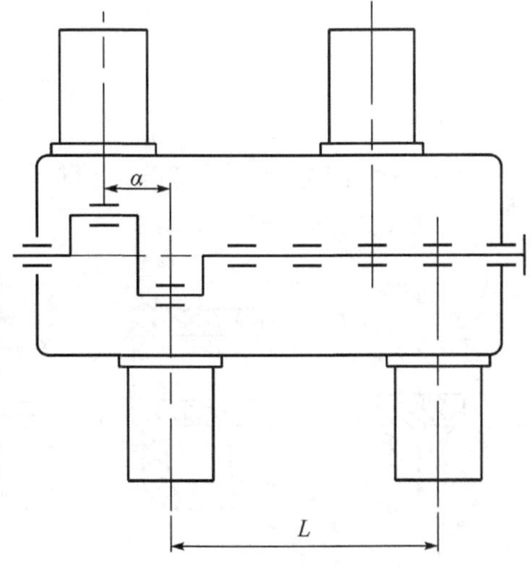

图 5-15　对置式机体相对列和相邻列尺寸

相邻列距 L 的选取，必须使两列气缸间最小间距不小于 400～500 mm。当电机在两列机身中间时，L 的选择必须根据电机的要求来决定。

4. 机体的主轴承轴线高度 H

主轴承轴线高度值的确定，要考虑机体须有足够的刚度、机器对总刚度的要求以及轴线下部机体容积贮油的多少。一般可根据主轴颈直径 d 或机体上主轴承孔座直径 d_1 来确定，推荐对置式机体取 $H = (2 \sim 2.5)d$；卧式及 L 型机体取 $H = (1.15 \sim 2)d_1$。

5. 机体壁厚

(1)铸铁机体的壁厚。在满足使用和工艺要求的情况下，铸铁机体的壁厚应尽量小，以减轻机器的整体重量。按目前的工艺水平，机身、机座及曲轴箱的壁厚可参照表 5-1 选取。

表 5-1　不同活塞力对应铸铁机身、机座、曲轴箱的壁厚

当量尺寸/m	活塞力/$\times 10^3$ kN			
铸铁壁厚 δ/mm	小于 10	10～35	35～80	大于 80
	6～10	10～15	15～25	25～35

中体的壁厚 δ_1：带有滑道的中体取 $\delta_1 = (1.2 \sim 1.5)\delta$；不带滑道的中体取 $\delta_1 = (0.8 \sim 1.2)\delta$，式中，$\delta$ 为机身或机座的壁厚。中体与机身连接法兰厚度 $\delta' = (1.3 \sim 1.8)\delta_1$；同时还应该符合 $\delta' \geqslant 1.2d_0$ 的要求，其中 d_0 为连接螺栓的直径。

(2)焊接机体的壁厚。压缩机中的焊接机体，多属由厚度达 8 mm 以上的隔板焊接形成，是厚壁结构。它的外形和内部结构与铸铁机体相似，但壁厚要比铸铁机体小很多，其值可参考同类铸铁件的壁厚，取其值的 1/3 ～ 1/2。

6. 机体加强筋的布置

机体要获得足够的刚性，除了结构型式、壁厚外，很主要的方面是筋的布置。

(1)主轴承支承部分。图 5－16(a)所示轴承有一个隔板支承，隔板上筋条成辐射状，这种结构铸造方便，但刚性稍比图(b)所示结构差。图 5－16(b)所示轴承有两个隔板支承，两隔板中间用筋隔成两室，并在下面开出砂孔，这种结构铸造工艺复杂，但刚性很好。

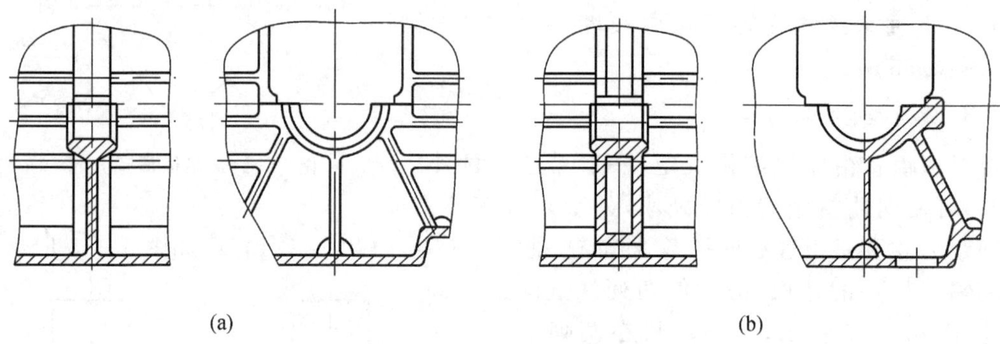

图 5－16　轴承隔板筋的布置

(2)侧壁部分与底层部分。当侧壁面积大于 $400\times400\ \mathrm{mm}^2$ 时，隔板上必须加筋，筋的几种布置方式如图 5－17 所示。

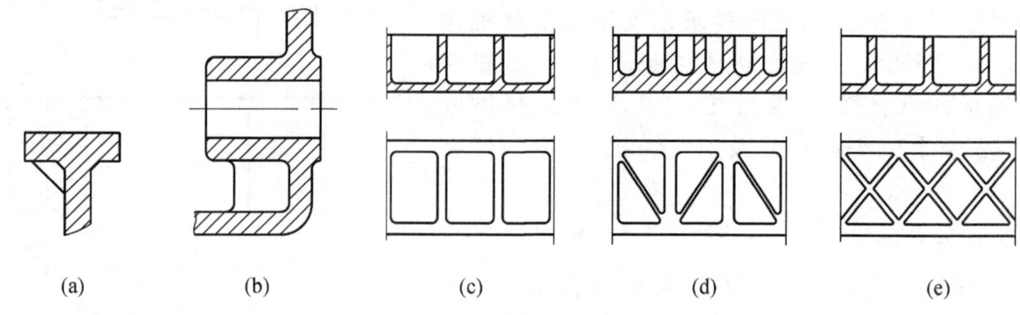

图 5－17　加强筋的常用结构形式

7. 连接螺栓

(1)机体间连接螺栓的间距 t 及法兰厚度 h 值按下列公式确定：$t=(4\sim6)d_0$，$h\geqslant 1.2d_0$，式中 d_0 为基础螺栓直径。

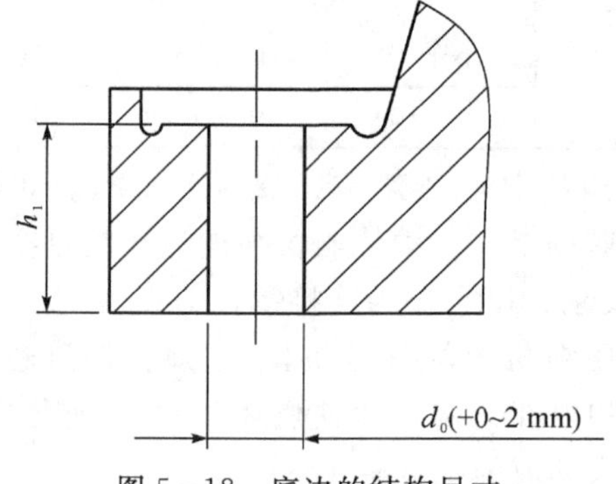

图 5－18　底边的结构尺寸

(2)基础螺栓的布置及基础底边的高度。基础螺栓的布置，根据机身受力情况均布置在轴承中心线上。底边的高度取 $h_1 = (2.0 \sim 5.0)d_0$，式中 d_0 为基础螺栓直径，如图 5－18 所示。基础螺栓的长度取 $L = (30 \sim 40)d_0$。

5.2.2 强度校核

1. 螺栓的强度计算

(1)主轴承螺栓的强度校核。可参照第 4 章连杆螺栓的计算，其中活塞力 F_p 应以轴承支承反力 F_N 代入。

(2)机体间连接螺栓的强度校核。机体间连接包括机座与机身、机身与中体、中体与气缸体等的连接。为了简化计算，仅校核连接螺栓拉应力 σ，其值应按下式计算

$$\sigma = \frac{kF_{pmax}}{zf}\ \mathrm{N/m^2} \tag{5-1}$$

式中 F_{pmax} ——最大活塞力，N；

z ——连接螺栓个数；

f ——连接螺栓最小截面积，m^2；

k ——系数，连接面没有气密性要求时，取 $k = 2.5$。

对于合金钢，许用应力值取 $[\sigma] = (0.5 \sim 0.6)\sigma_s$；对于碳素钢取 $[\sigma] = (0.6 \sim 0.7)\sigma_s$。式中 σ_s 为材料的屈服强度，N/m^2。

(3)基础螺栓的强度校核。基础螺栓上所受的拉应力 σ 为

$$\sigma = \frac{\alpha F_{Imax}}{z\mu f}\ \mathrm{N/m^2} \tag{5-2}$$

式中 F_{Imax} ——使机体移动之力，即最大惯性力，N；

α ——系数，一般 $\alpha = 1.4 \sim 1.7$；

z ——机体一侧的螺栓数量，对称布置时取总数之半；

f ——基础螺栓最小截面积，m^2

μ ——机体对基础的摩擦系数，一般取 $\mu = 0.4$。

许用应力 $[\sigma]$：对于碳素钢取 $[\sigma] = (0.6 \sim 0.7)\sigma_s$。

2. 主轴承盖强度校核

主轴承盖的强度校核可参照第 4 章开式连杆大头盖的计算。计算式中的最大活塞力 F_{pmax} 应以最大支承反力 F_{Nmax} 代替。

3. 机体对基础承压计算

基础承受总重量为

$$G = G_1 + G_2 + G_3\ \mathrm{N}$$

式中 G_1 ——机体与气缸总重量，N；

G_2 ——运动部件总重量，N；

G_3 ——机体上附件重量，N，包括润滑系统、冷却系统等附于机体上的部件的重量。

基础螺栓对基础的应力 N 为

$$N = \frac{kF_{\text{Imax}}}{\mu}\ \text{N} \tag{5-3}$$

式中　F_{Imax}——D 使机体移动的力，即最大惯性力，N；

——k 系数，一般 $k = 0.4$；

——μ 机体对基础的摩擦系数，一般 $\mu = 0.4$。

机体对基础的压应力 σ_c 为

$$\sigma_c = \frac{G + N}{F}\ \text{N/m}^2 \tag{5-4}$$

式中　G——基础承受总重量，N；

N——基础螺栓对基础的压力，N；

F——机体与基础的接触面积，m^2。

许用的压应力值 $[\sigma_c]$：当基础为混凝土时取 $[\sigma_c] = (8 \sim 16) \times 10^5\ \text{N/m}^2$。

4. 机体的强度校核

1)机身

对于多列机身的计算，可以用分段法，即计算其中两轴承间的一段机身，如图 5－19 所示，其结果是足够安全的。各种机身强度校核的方法类似，现以卧式机身为例予以说明。

机身的强度校核主要是校核主轴承下部隔板的中间截面，因其受力最大。

作用于机身上的力：一方面是由气缸、中体传到机身上的气体力 F_g；另一方面是由活塞、曲轴传到机身上的活塞力 F_p，且 $F_p = F_g + F_I$，其中惯性力 F_I 是外力，它使机身对基础产生位移。

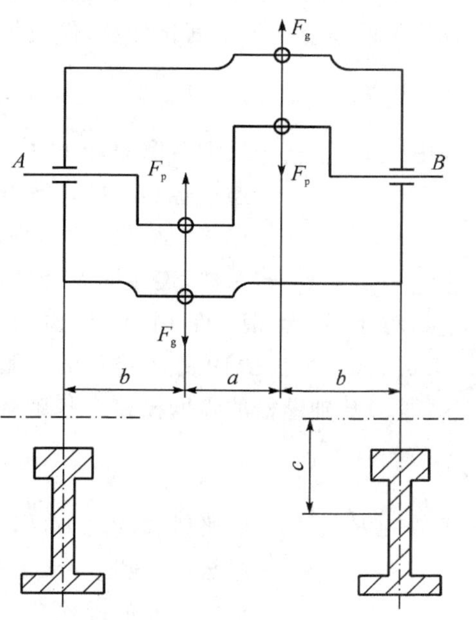

图 5－19　机身受力简图

机身的强度校核，主要是计算主轴承下部截面的应力，由于机身截面主要受的是内力，所以不考虑惯性力的影响。

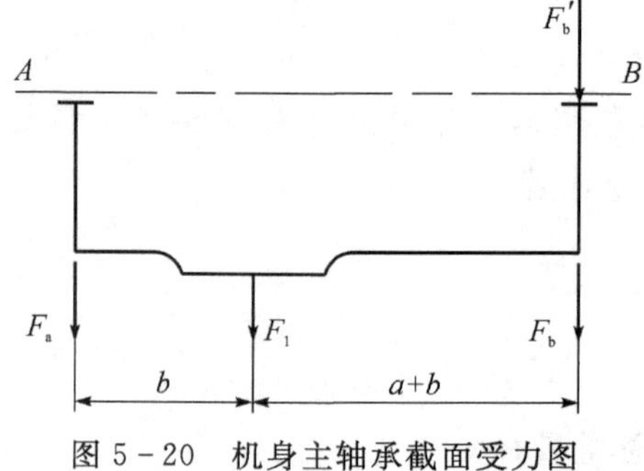

图 5－20　机身主轴承截面受力图

主轴承 A 和 B 所受的内力：取一半机身(图 5－19)，其结果是偏于安全的。此时作用在机身上有两个力，一个是由气缸、中体传来的气体力 F_g，另一个是曲轴给主轴承 B 的作用力

(曲轴给主轴承 A 的作用力在另一半机身上)，如图 5－20 所示。气体力 F_g 使主轴承 A 和 B 所受的力为：

主轴承下部截面所受的总的作用力 $F_a = F_b$，如图 5－20 所示。

$$F_a = F_b = \frac{F_{pmax}(a+b)}{a+2b} \tag{5-5}$$

式中 F_{pmax} ——最大的活塞力，N；

a ——对动列距，m；

b ——曲柄销中间截面到主轴承中间截面的距离，m。

当二轴承之间只有一个曲拐时，其作用力为

$$F_a = F_b = \frac{F_{pmax}}{2} \tag{5-6}$$

主轴承截面 $A-A$ 与 $B-B$ 的应力

$$\sigma = \frac{F_c C}{W} + \frac{F_c}{f}\ \mathrm{N/m^2} \tag{5-7}$$

式中 F_c ——轴承撑板截面所受作用力，N；

C ——作用力的作用点到截面重心的距离，m；

W ——主轴承下撑板中间截面的抗弯截面模数，m^3；

f ——主轴承下撑板中间截面面积，m^2。

复合的许用应力 $[\sigma]$：对于铸铁 $[\sigma] \leqslant (200 \sim 300) \times 10^5\ \mathrm{N/m^2}$。

2)中体

中体的强度校核主要是校核几个截面，如图 5－21 所示。

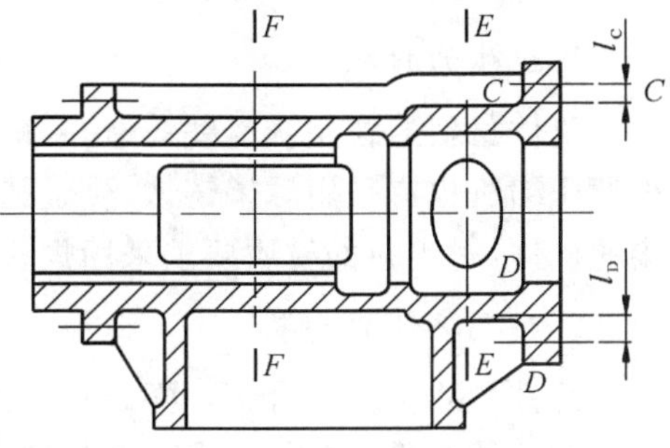

图 5－21　中体强度计算图

(1)截面 $C-C$。此截面主要是受法兰上螺栓预紧力的作用产生弯曲应力

$$\sigma = \frac{kF_{gmax}l_c}{W_c}\ \mathrm{N/m^2} \tag{5-8}$$

式中 F_{gmax} ——最大气体力，N；

k ——系数，$k = 2.5$；

l_c ——截面 $C-C$ 到螺栓中心线距离，m；

W_cV ——截面 $C-C$ 的抗弯截面模数，m^3。

许用应力 $[\sigma]$：对于铸铁 $[\sigma] = (200 \sim 300) \times 10^5\ \mathrm{N/m^2}$。

(2)截面 $D-D$。此截面除了受法兰连接螺栓的预紧力外，还受由气缸传来的最大气体力的作用，所以复合应力

$$\sigma = \frac{0.4kF_{gmax}l_D}{W_D} + \frac{F_{gmax}}{f_D}\ \mathrm{N/m^2} \tag{5-9}$$

式中 l_D ——截面 $D-D$ 中心到螺栓中心线距离，m；

W_D——截面 $D-D$ 抗弯截面模数，m^3；

f_D ——截面 $D-D$ 的面积，m^2；

其余符号与上式相同。

许用应力 $[\sigma]$：对于铸铁 $[\sigma] = (200 \sim 300) \times 10^5\ \mathrm{N/m^2}$。

(3)截面 $E-E$。此截面处于窗孔位置，主要是受气缸传来的气体力的影响，都是变载荷。由于截面对称，气体力通过截面重心，不产生弯矩，仅考虑拉压的情况，虽然气体力在变化，为简化计算，仅以静强度进行校核计算。截面所受应力 σ，可按下式计算

$$\sigma = \frac{F_{\mathrm{gmax}}}{f_{\mathrm{E}}} \ \mathrm{N/m^2} \tag{5-10}$$

式中　f_E ——截面 $E-E$ 的面积，m^2。

许用的应力值 $[\sigma]$ 与式(5-9)相同。

(4)截面 $F-F$。此截面除与截面 $E-E$ 一样受气体力产生的应力外，还受十字头传来的最大反力矩产生的弯曲应力。此时截面所受总的应力 σ 应按下式计算

$$\sigma = \frac{F_{\mathrm{gmax}}}{f_{\mathrm{F}}} + \frac{F_{\mathrm{Tmax}} R}{W_{\mathrm{F}}} \ \mathrm{N/m^2} \tag{5-11}$$

式中　f_F ——截面 $F-F$ 的面积，m^2。

F_{Tmax} ——最大切向力，N；

R ——曲柄半径，m；

W_F ——截面 $F-F$ 的抗弯截面模数，m^3。

许用的应力值 $[\sigma]$ 与上式相同。

5.2.3　机体的材料与基本要求

1. 机体的材料

机体材料通常用灰铸铁铸造，一般选用 HT150、HT200、HT250 等材料。对于高压和微小型压缩机也有采用球墨铸铁、合金铸铁和合金铝；对于单件生产的压缩机也有采用钢板焊接的机体，对钢板的材质要求采用焊接良好的优质低碳钢板。

2. 对毛坯件的要求

铸件的质量应符合 JB/T6431 的规定。

在铸件承受主要作用力的不加工部分(如主轴承凹窝部分，主要加强筋部分，与中体及气缸连接的端平面及法兰部分，以及两侧开有窗孔的横截面上)，不允许有裂纹等影响强度的缺陷存在。

铸件的重要加工面(如主轴承座孔、十字头滑道工作表面)，经最后加工后，允许有少数单个、分散、清净的气孔存在，但不得用焊补和其他方法修补，以防工作时脱下。机体零件焊接后必须进行煤油渗漏试验。

3. 对热处理的要求

机体的铸件必须进行自然时效或退火处理。焊接件必须在焊接后进行退火处理。

4. 对机械加工的要求

(1)各轴承孔、定位孔、滑道的圆柱度为 8 级；

(2)各轴承孔的中心线对公共中心线的同轴度为 8 级；

(3)安装时中体和气缸用的贴合面对轴承中心线的平行度为 7 级；

(4)安装中体和气缸用的贴合面，对十字头滑道中心线的垂直度为 6 级；

(5)十字头滑道中心线对安装气缸或中体用的定位止口中心线的同轴度为 8 级。

5. 其他

渗漏试验：由于贮存机油，机体必须进行渗漏试验。

5.3 轴承的设计与选用

轴承是支承机器转动或摆动零部件的重要组件。根据轴承工作时摩擦的性质不同，轴承可分为滑动轴承和滚动轴承两大类。滚动轴承虽比滑动轴承应用广泛，但滑动轴承却具有一些独特的优点，因此在某些场合还必须采用滑动轴承，这是滚动轴承无法取代的。例如下述情形就不宜采用滚动轴承，应当采用滑动轴承。

(1)当要求轴承径向尺寸很小时，不宜采用滚动轴承；

(2)当轴承受很大振动和冲击载荷时，滚动轴承不适用；

(3)某些轴承必须做成剖分轴承(如压缩机和连杆大头轴承)时，只能采用滑动轴承；

(4)对重载、单件或批量很少的轴承，如定制滚动轴承，成本高、不经济；

(5)轴承转速特别高或轴的回转精度要求特别高时，滚动轴承无法满足要求，只能采用液体或气体润滑的高精度动压或静压滑动轴承。

5.3.1 滑动轴承

1. 几种润滑状态

由于滑动轴承的润滑条件和工作条件不同，相对运动工作表面之间可能处于如图 5-22 所示 4 种润滑状态。

1)无润滑状态为干摩擦

如图 5-22(a)所示，摩擦表面间无任何润滑剂存在，两表面发生相对运动时，摩擦表面直接摩擦，因此干摩擦的摩擦因数 f 比较大，约为 0.1～0.5。

2)边界润滑状态为边界摩擦

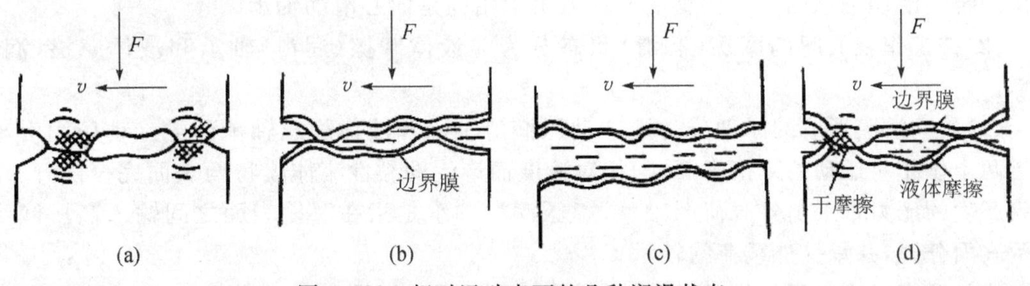

图 5-22　相对运动表面的几种润滑状态

如图 5-22(b)和图 5-23 所示，当摩擦表面间加入少量润滑油，润滑油中与边界亲和力强的极性分子，即油性剂(图 5-23 中，小圈表示极性基)的极性基一端因物理吸附作用吸附在界面上形成边界油膜，其厚度约为 0.1 ～ 0.4 μm。在边界油膜内，由于分子间的引力，吸附在边界上的分子形成定向排列的分子栅(图 5-23)。由于分子定向紧密排列，分子之间的内聚力使边界油膜具有一定的承载能力。离界面愈远,吸引力愈弱,因此当摩擦副运动时,第一层吸附分子牢固地吸附在边界面上随边界移动,外层分子之间则发生相对位移,这就取代了边界直接摩擦,即降低了摩擦因数。边界润滑时的摩擦因数 f 约为 0.05～0.5。

物理吸附是不稳定的,当温度、压力很高时,边界油膜将发生破裂。如果在润滑剂中添加适量的极压添加剂,使之在边界上形成化学吸附膜(极压润滑膜),则可在高温的条件下保持润滑状态。但是,由于边界面微观的凹凸不平,在载荷的作用下,接触凸峰处的压力很大。当两界面相互滑动时,接触点的温度也很高,导致边界油膜部分破裂,使摩擦表面某些凸点直接接触。因此纯粹的边界油膜实际上是很难单独存在的。

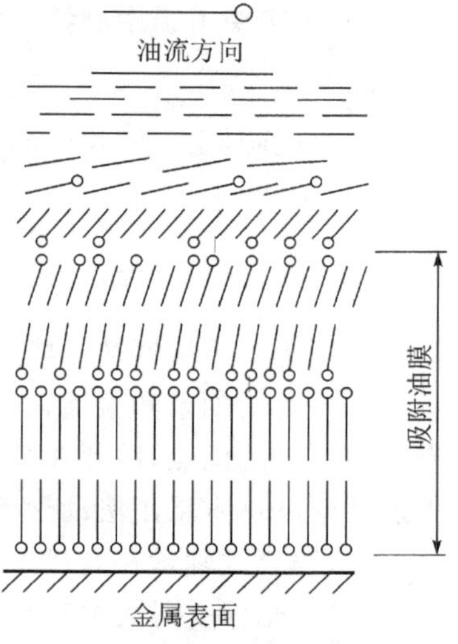

图 5-23　边界油膜的形成

3)流体润滑状态为液体摩擦

如图 5-22(c)所示,当摩擦表面被边界膜和流体膜组成的润滑剂完全隔开时,界面之间的摩擦被流动膜内的流体分子间的内摩擦所取代,因而摩擦因数显著降低。其中流体动压润滑也是利用表面相对运动使流体自然产生内压来隔开接触表面;而流体静压,润滑是利用压力油来隔开液体静压润滑的摩擦因数 $f < 0.001$。

4)混合润滑状态为混合摩擦

半干摩擦与半流体摩擦都属于混合摩擦。如图 5-22(d)所示,摩擦表面间同时存在流体摩擦和边界摩擦状态,就是混合摩擦。

对于滑动轴承,摩擦表面之间最低限度应维持边界润滑或混合润滑状态。根据需要,有的应实现液体润滑,特殊情况下才会存在无润滑状态。

2. 压缩机用滑动轴承的结构类型

滑动轴承依据分类特征的不同,有以下不同的类型:

(1)按承受载荷的方向分为经受径向载荷的向心滑动轴承(又称径向轴承)和经受轴向载荷的推力滑动轴承两类。往复活塞压缩机中用的是向心滑动轴承。

(2)按工作表面间的摩擦(润滑)状态分为非液体摩擦(润滑)轴承和液体摩擦(润滑)轴承。

(3)按润滑膜形成的原理分为液体动压润滑轴承和液体静压轴承两类。动压润滑轴承是指两个作相对运动的摩擦表面,因相对速度而产生的黏性流体膜将两表面完全隔开,用流体膜产生的压力来平衡外载荷的轴承;静压润滑轴承是指在摩擦表面之间输入高压润滑油使两表面分开,并承受外载荷的轴承。

往复活塞压缩机用的是径向、混合型动压润滑滑动轴承。

径向滑动轴承有整体式(图 5-24(a))和剖分式(图 5-24(b))两种。

整体式径向滑动轴承由嵌入轴承座中与轴颈作相对转动的轴套和轴承座构成。它的优点是结构简单,缺点是轴套磨损后,轴承间隙过大时无法调整。压缩机中的活塞销和十字头销用的就是这种轴承。

剖分式径向滑动轴承由轴承座,轴承盖、剖分轴瓦和双头螺栓等组成。它可以在剖分面上装调整垫片，当轴瓦磨损后，可以通过减小垫片厚度来调整轴承径向间隙。

非液体摩擦滑动轴承的轴承套孔与配合轴颈间的间隙必须由结构严格保证。

液体动压滑动轴承，应根据液体动压原理计算出轴承孔与轴颈表面间所需的径向间隙，保证轴承在工作状态时能建立楔形油楔，从而获得所需的最小油膜厚度 h_{min}。

3. 轴瓦结构

轴瓦是滑动轴承中的重要零件，它是与轴颈相配的零件，其结构设计是否合理，直接影响到轴承的工作性能。

1）轴瓦的类型与结构

常用的轴瓦有整体式和剖分式两种结构，整体式轴瓦通常称为轴套。滑动轴承的轴瓦大都制成可分的。立式压缩机主轴承的轴瓦一般分为两半，如图5－25所示。对称平衡型压缩中，曲轴轴承在水平方向所受的载荷不大，与立式压缩机一样，轴瓦也由水平剖分的两部分组成。连杆大头轴瓦都采用两半的。

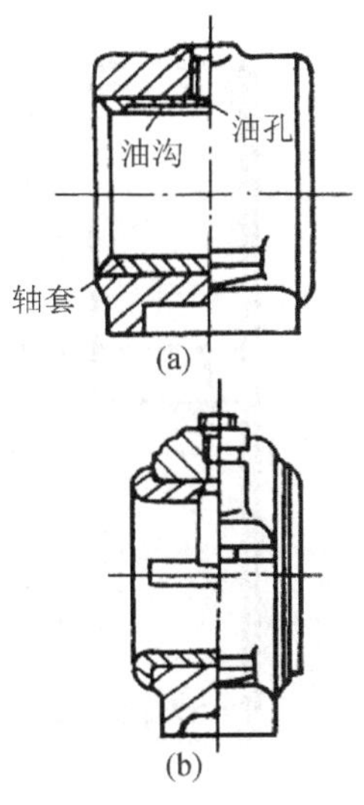

(a)整体式；(b)剖分式

图 5－24　径向滑动轴承结构

滑动轴承按壁厚的不同，可分为厚壁瓦和薄壁瓦，如图 5－25 和图 5－26 所示。当壁厚 t 与轴瓦内径 d 之比 $\frac{t}{d} \leqslant 0.05$ 时为薄壁瓦，其合金层厚度 t_1 一般为 0.3～1.0 mm。当 $\frac{t}{d} > 0.05$ 时为厚壁瓦，$t_1 = 0.01d + (1 \sim 2)$ mm。一般厚壁瓦都带有垫片，轴承磨损后可以进行调整。薄壁瓦一般都不带垫片，轴承磨损后不能调整。但薄壁瓦贴合面积大、导热性能好，承载能力大，因此现在都趋向于使用薄壁瓦轴承。

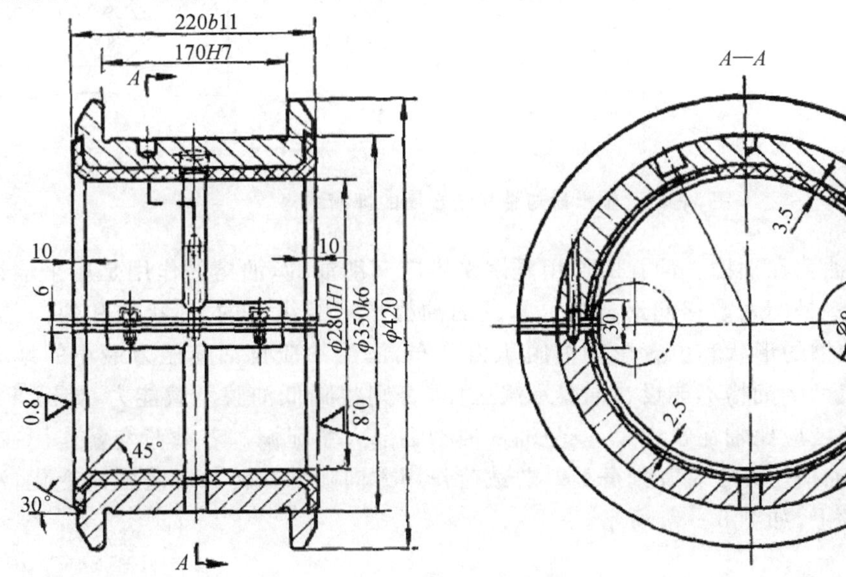

图 5－25　厚壁轴瓦

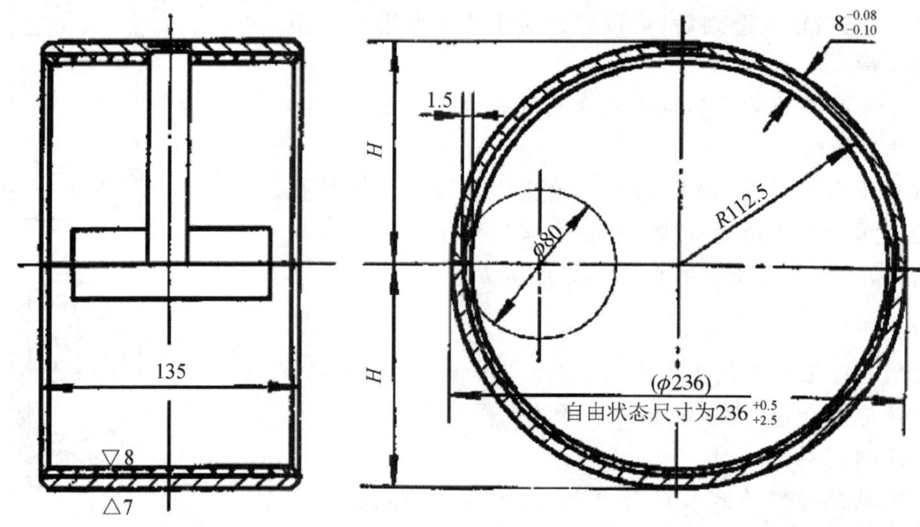

图 5-26　薄壁轴瓦

2)轴瓦结构满足的基本要求

(1)轴承衬与轴瓦背面结合要牢固。多层金属轴瓦,除采用轧制和烧结的方法制造外,还采用将轴承合金离心浇铸在轴瓦上。为了使轴衬与轴瓦结合牢固,常在轴承衬与轴瓦结合面上做出燕尾形式或螺纹榫槽,如图 5-27 所示,其结构尺寸符合(JB/ZQ4259—1997)标准。

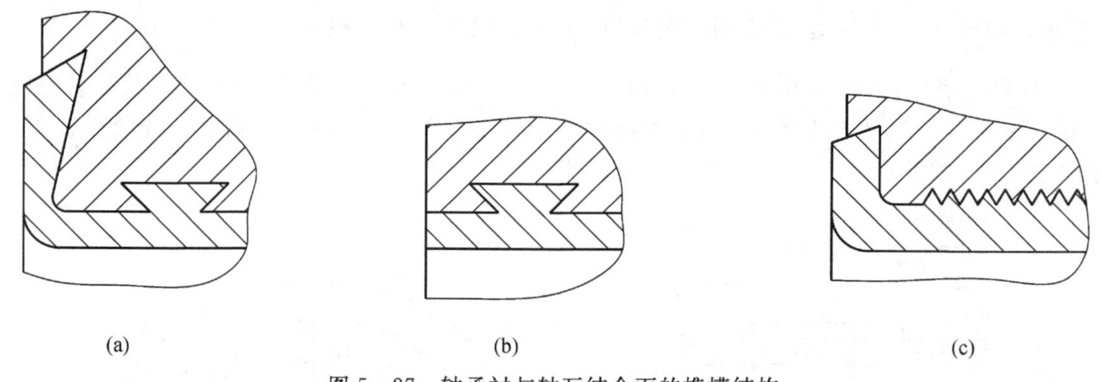

图 5-27　轴承衬与轴瓦结合面的榫槽结构

(2)合理设置油孔和油槽。油孔的作用是用来供应润滑油的,油槽的作用是用来输送和分布润滑油的,油室是用来贮存润滑油的。常见的油槽形式有纵向的、环状的和斜向的,如图 5-28 所示。油槽的形状和位置影响油膜压力分布,润滑油应自油膜压力最小的地方流入轴承相对转动表面。油槽不能设在油膜承载区内,否则将降低油膜承载能力,如图 5-29 所示。轴向油槽长度应比轴瓦长度短,避免油从油槽端部大量泄漏。若载荷交替作用在上、下轴瓦时,油孔与油槽应开在轴瓦剖分处。若载荷作用方向随轴回转 360°范围内变化,油孔与油槽应开在轴颈上,如图 5-30 所示。

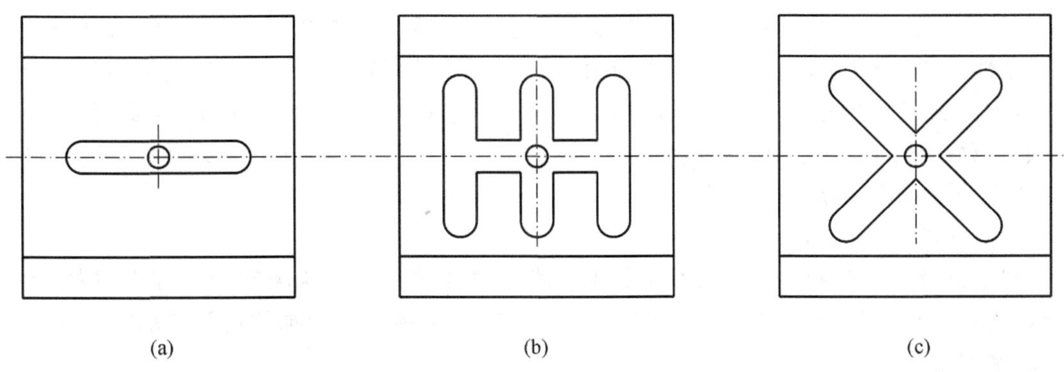

(a)纵向式;(b)环状式;(c)斜向式

图 5－28　油槽形状

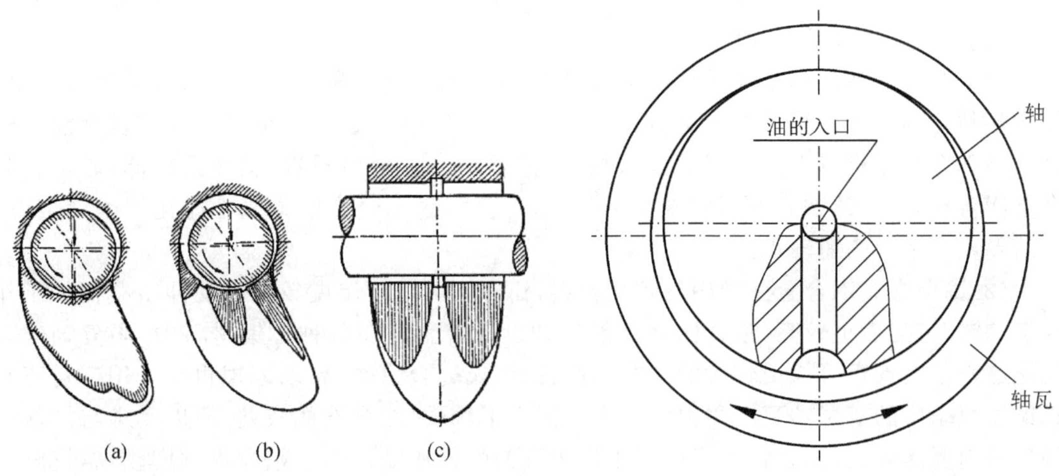

(a)不通的纵向油槽;(b) 贯通的纵向油槽;(c)环形油槽

图 5－29　油槽对轴承承载能力的影响

图 5－30　油孔与油沟在轴颈上

(3)可靠的定位。轴瓦和轴承座之间不允许有相对移动。为了防止轴瓦沿轴向和周向移动,可将其两端做出凸缘来作轴向定位(图 5－25),也可用紧定螺钉或销钉将其固定在轴承座上,或在轴瓦剖分面上冲出定位唇(凸耳)以供定位。

薄壁轴瓦像厚壁轴瓦那样可制成翻边,参见标准 GB/T7308—1987,否则,当薄壁轴瓦遇到需控制轴向位移时,可采用止推圈来实现轴向定位。

4.滑动轴承的材料

1)对滑动轴承材料的主要要求

滑动轴承的失效形式主要有:强度不够而出现的疲劳剥落;工艺原因而造成的耐磨层脱落;润滑不足而造成的磨粒磨损、咬黏(胶合)以及刮伤和腐蚀等。

根据失效的主要形式,对滑动轴承材料的主要要求为:

(1)应具有良好的减摩性和耐磨性,这是轴瓦材料应具有的基本要求。减摩性是指材料摩擦阻力大小的性质;耐磨性是指材料抵抗磨粒磨损和胶合磨损的性质。

(2)跑合性、顺应性和嵌藏性好。跑合性是指材料消除表面不平度而使轴瓦表面与轴颈表面相啮合的性质。顺应性是指材料补偿对中误差和顺应其他几何误差的能力，弹性模量E小、塑性大的材料顺应性好。嵌藏性是指材料嵌藏污物和外来微粒以防止刮伤和磨损轴颈的能力。顺应性好的材料，一般嵌藏性也好。非金属材料则不然，如碳-石墨，弹性模量小，顺应虽好，但质硬，嵌藏性却不好。

(3)耐腐蚀，热传导性好，热膨胀小。

(4)对润滑油的吸附性好。

(5)应具有一定的抗冲击强度、抗压强和疲劳强度。有一些减摩性能很好的材料，如巴氏合金，但其强度却是很低的。因此应采用多层轴瓦，由钢或铜的轴承衬背来承受载荷。

2)常用轴瓦材料

(1)轴承合金(通常称为巴氏合金或白合金)。轴承合金主要分为锡基(如 ZChSnSb10－6 等)和铅基(如 ZChPbSb16－16－2 等)两大类，是以锡或铅为基体，夹着锑锡(Sb－Sn)及铜锡(Cu－Sn)的硬晶粒。硬晶粒起抗磨作用，软基体则增加材料的塑性。硬晶粒受重载时可以嵌入基体内，增大承载面积。

轴承合金的弹性模量和弹性极限都很小，在所有轴瓦材料中它的顺应性和嵌藏性最好，很容易与轴颈跑合。轴承合金又有良好的减摩性，锡基合金还有很好的抗胶合性能。轴承合金是现有轴承材料中最理想的减摩材料，但轴承合金价格昂贵，机械强度低，通常将轴承合金浇铸在软钢、铸铁或青铜的轴瓦上使用。此外，锡基合金的膨胀性能比铝基合金好，所以前者更适用于高速轴承。

(2)铜合金。铜合金是常用的轴瓦材料，锡青铜可用于温度较高和受冲击载荷的工作条件下，其疲劳强度也较高，但其跑合性能不如巴氏合金。在各种青铜材料中，锡青铜的减摩性能最好。铅青铜可承受较大的冲击载荷，比巴氏合金耐磨，启动摩擦也小。用钢衬背和铅青铜作减摩层的双层轴瓦应用很广。铅青铜由于较硬，跑合性能较差，所以要求与之匹配的轴颈表面要淬硬、磨光。铝青铜可以用作锡青铜的代用品。由于铝青铜硬度较高，抗胶合能力较差，对边缘压力与外来磨料的影响较敏感，所以要求轴瓦与轴颈配合间隙较大。

(3)铝合金。铝合金强度高，导热性好，耐腐蚀。但跑合性、顺应性和嵌藏性较差。

(4)粉末合金材料。粉末合金材料是将合金粉末加入石墨中经压制、烧结而成的多孔结构轴承材料。使用这种轴瓦前应先在热油中浸渍数小时，使孔隙中充满润滑油。轴承工作时，轴瓦孔隙中的润滑油渗出起润滑作用，不需要在轴承运转中加油。用粉末合金材料做成的轴瓦称为含油轴承，吸油量可达体积的 15%～35%，特别适用于速度 $v \leqslant 0.5$ m/s，平均压强 $P < 10^7$ Pa 的低速、低压轴承。不宜用于受冲击的轴承。

(5)减摩铸铁或灰铸铁。由于石墨本身是一种固体润滑剂，因此铸铁中的片状或球状石墨在一定程度上可起到润滑作用。对于不重要的轻载、低速轴承采用铸铁材料，价廉、简便。

(6)非金属材料。石墨、橡胶、塑料和硬木都可以做轴承材料，其中塑料用的最多。塑料轴承摩擦因数小，功率损耗比金属轴承约小 15%；有足够的抗压和疲劳强度，可承受冲击载荷；耐磨性和跑合性均好，可嵌藏杂质，防止轴颈擦伤；可用油润滑，也可用水润滑。但与金属材料相比，塑料的热传导系数要低得多，又因吸水产生膨胀，因此要求塑料轴承与轴颈有较大的配合间隙。

常用滑动轴承材料，许用值 $[p]$、$[v]$ 和 $[pv]$，性能及应用场合查有关轴承性能。

5. 滑动轴承的设计计算

1)滑动轴承直径间隙 δ

根据动压润滑理论,通常按轴瓦的内径 d 选取,见表 5-2。

表 5-2 轴承径向间隙的选择

轴瓦的材料	铝基合金和锡基合金	铅铜合金	铅合金
δ/d	0.0005～0.00075	0.00075～0.001	0.001～0.00125

滑动轴承轴向定位的轴向间隙通常取 $\delta_1 = 0.2 \sim 0.5$ mm。轴承与轴的配合可取 $H7/f7$。轴承配合间隙的调整,对于水平剖分并采用垫片的厚壁瓦可以进行垂直方向的间隙调整。对于分成四瓣的轴瓦,垂直方向用垫片调整,水平方向用两侧的楔调整间隙。薄壁瓦不能进行间隙调整,依靠本身和连杆体的制造精度来保证间隙。

2)轴承宽度 b

对于曲拐轴 $b = (0.55 \sim 0.80)d$;对于曲柄轴 $b = (0.80 \sim 1.30)d$,其中 d 为轴承的内径。

轴承宽度 b 若取得太宽,由于轴的弯曲及加工装配的误差,将会使轴承的承载能力下降,若取得太窄,则会使润滑油泄漏太快,故应在计算基础上参照有关标准选取。

为了提高轴承的承载能力,常在钢轴瓦上浇注巴氏合金。为使轴承合金层与钢轴瓦紧密贴合,最好采用离心浇注法。

厚壁瓦在轴承中的定位(轴向和径向)可以利用销钉或连杆螺栓。前者使连杆螺栓间距增大,这对于轴承受力不利,后者可以缩短连杆螺栓间距,但轴瓦必须与连杆同时钻孔。

3)轴瓦的校核计算

(1)薄壁瓦须校核检验力和过盈度,其承载力为

$$F_0 = f_0 A_m \tag{5-12}$$

式中 F_0——轴瓦的承载力,N;

f_0——轴瓦横截面单位面积的试验力,N,一般取 $f_0 = (5.0 \sim 7.0) \times 10^7$ N/m^2,当 t/d 较小时取下限,反之取上限,t 为轴瓦的厚度,d 为轴瓦的内径;

A_m——当量截面面积,m^2,其值为

铝镁锑合金:

$$A_m = b\left(t - \frac{t_1}{2}\right) \tag{5-13}$$

巴氏合金:

$$A_m = b(t - t_1) \tag{5-13a}$$

式中 b——轴瓦宽度,m;

t——轴瓦厚度,m;

t_1——轴瓦合金层厚度,m。

轴瓦半圆周过盈度 Δ_Z 与径向过盈度 Δ_J 的关系为

$$\Delta_Z = \frac{\pi}{2}\Delta_J = 1.57\Delta_J \tag{5-14}$$

根据胡克定律,轴承孔座内横截面上由于径向过盈度而产生的压应力 σ_c 为

$$\sigma_c = E\frac{\Delta_J}{D}\ \text{N/m}^2 \tag{5-15}$$

式中　D——轴承孔座的孔径，m；

E——轴瓦材料的弹性模量，对于钢瓦，$E = 20 \times 10^{10}\ \mathrm{N/m^2}$。

对于横截面上的压应力，一般取 $\sigma_c = (5.0 \sim 19.0) \times 10^7\ \mathrm{N/m^2}$，由式(5-14)和式(5-15)有

$$\Delta_Z = \frac{1.57\sigma_c D}{E}\ \mathrm{m} \tag{5-16}$$

(2)余面高度 h_u 的计算。薄壁瓦的径向过盈度 Δ_J 是无法测量的，需要将径向过盈度换算成半圆周向过盈度来测定，即利用测量在试验力 F_0 的作用下，轴瓦一端高出模具平面的数值(余高度 h_u)来进行检验

$$h_u = \Delta_Z - \gamma\ \mathrm{m} \tag{5-17}$$

式中　γ——在试验力作用下轴瓦的半圆周向缩小量，m，$\gamma = 6 \times 10^{-5} f_0 D$。

(3)轴承的最大比压。

$$k_{\max} = \frac{F_{\mathrm{Nmax}}}{db'}\ \mathrm{N/m^2} \tag{5-18}$$

式中　F_{Nmax}——轴承最大支反力，N；

d——轴承内径，m；

b'——轴承宽度，m，对于薄壁瓦 $b' = b - 2r$，r 为轴承两端圆角半径。

许用的比压值 $[k_{\max}]$ 见表 5-3。

表 5-3　压缩机滑动轴承的 $[k_{\max}]$ 值及 $[pv]$ 值

符　号	大、中型压缩机		空气压缩机
	主轴颈	曲柄销	
$[k_{\max}]/(\times 10^6\ \mathrm{N \cdot m^{-2}})$	4～5	9	10
$[pv]/(\times 10^6\ \mathrm{N \cdot m^{-2} \cdot m \cdot s^{-1}})$	30～40		

注：(1)对于高速压缩机，其值可以增加 25%～30%。

(2)表内数值，适用于轴承合金层为巴斯合金。

(3)薄壁瓦的 $[k_{\max}]$ 可适当增大。

对于高速压缩机的轴承，考虑转速对轴承的影响，还应该校核 pv 值。

$$pv = \frac{F'_N n}{1910b'}\ \mathrm{N/m^2 \cdot m \cdot s^{-1}} \tag{5-19}$$

式中　F'_N——轴承的平均支反力，N；

n——转速，r/min。

其 $pv \leqslant [pv]$ 值，$[pv]$ 值由表 5-3 给出。

(4)滑动速度。

$$\text{滑动速度}\ v = \frac{\pi d n}{60 \times 10^3} \leqslant [v]\ \mathrm{m \cdot s^{-1}} \tag{5-20}$$

$[v]$ 取值查轴承性能参数。

(5)轴承的冲击系数 s。轴承的冲击系数由下式确定

$$s = \frac{F_{\mathrm{Nmax}}}{F'_N} \tag{5-21}$$

式中　F'_N——轴承平均支反力，N，其值为 $F'_N = \frac{1}{Z}(F_{Z1} + F_{Z2} + \cdots + F_{Zn})$，$Z$ 为轴承数。

一般情况下，$s \leqslant 1.5 \sim 3$，当轴瓦为青铜时，$s \leqslant 3$。

若工作能力验算条件不满足，则改变宽颈比和轴瓦材料重新设计。一般能满足验算条件的方案不是唯一的，因此，设计时应初步定位出数种方案，经分析、评价，然后确定出一种较好的方案。

5.3.2 滚动轴承

滚动轴承是标准件，由专业工厂生产。设计机械只需根据轴承工作条件选择合适类型和尺寸的滚动轴承进行寿命计算，并对轴承的安装、预紧、润滑、密封等给予合理设计和安排。由于滚动轴承装拆、维护方便，价格也较便宜，所以应用十分广泛。在中小型压缩机设计中也相当广泛地应用着各类滚动轴承。

1. 滚动轴承的结构与类型

1）滚动轴承的结构

滚动轴承一般由外圈、内圈、滚动体和保持架组成，如图 5－31 所示。通常内圈采用过渡配合或过盈配合装在轴颈上与轴一起转动，外圈装在轴承座孔内固定不动。但也有外圈转动，内圈不转动或两者都转动的情况。止推轴承有紧圈和活圈，紧圈与轴颈紧配合随轴转动，活圈固定在轴承座上不转动。

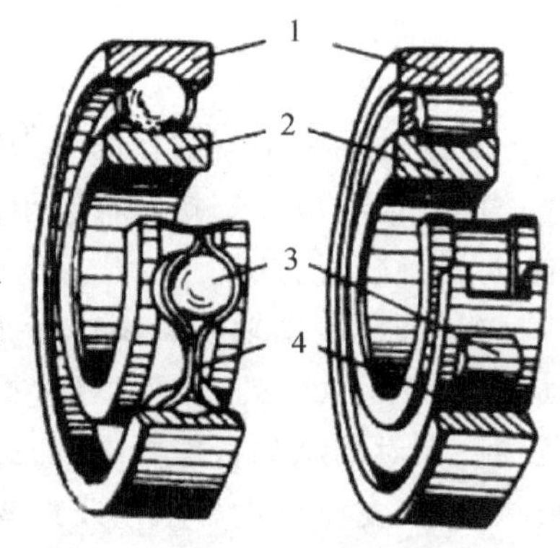

1—外圆；2—内圈；3—滚动体；4—保持架

图 5－31 滚动轴承的结构

滚动体分球和滚子两大类，滚子又分圆柱形、圆锥形、鼓形和针形等，如图 5－32 所示。

保持架的作用是使滚动体等距分布，并减少滚动体间的摩擦与磨损。

保持架的结构型式有冲压式和实体式，如图 5－33 所示。

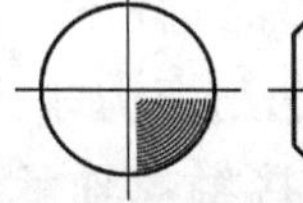 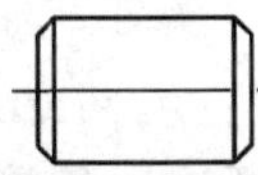  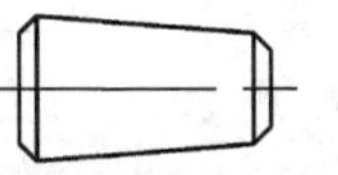 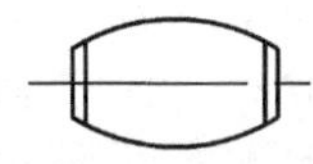 

图 5－32 滚动体形状

有些滚动轴承除必须有滚动体外，其他零件或组件视具体结构要求可有可无，有时还增加其他特殊零件。

内、外圈和滚动体的材料一般采用轴承钢 GCR15，热处理后硬度不低于 HRC60。保持架多数用低碳钢冲压而成，也有用黄铜、塑料做成实体式保持架。

2）滚动轴承的局部类型与特点

国产滚动轴承按能承受的载荷方向或公称接触角、滚动体种类的不同可综合分类。各类轴承的结构型式不同，分别适用于不同的载荷、转速和使用条件。如图 5－34(a)～(h)所示为常用 8 种类型轴承的结构，其主要特性查标准(GB/T 272－1993)。

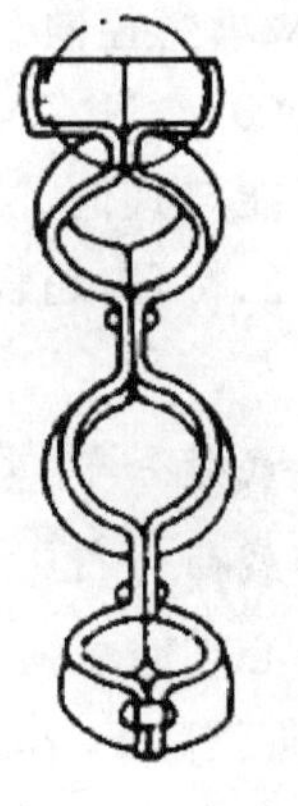 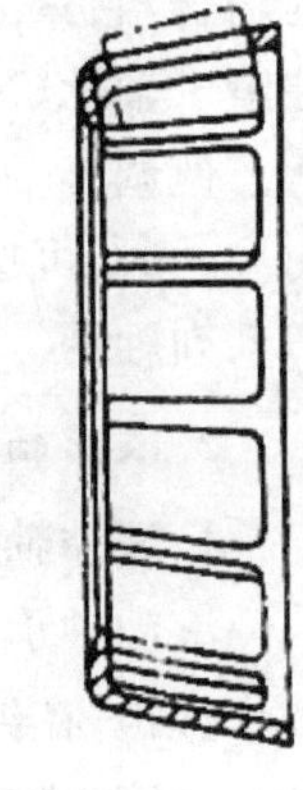

图 5－33 保持架

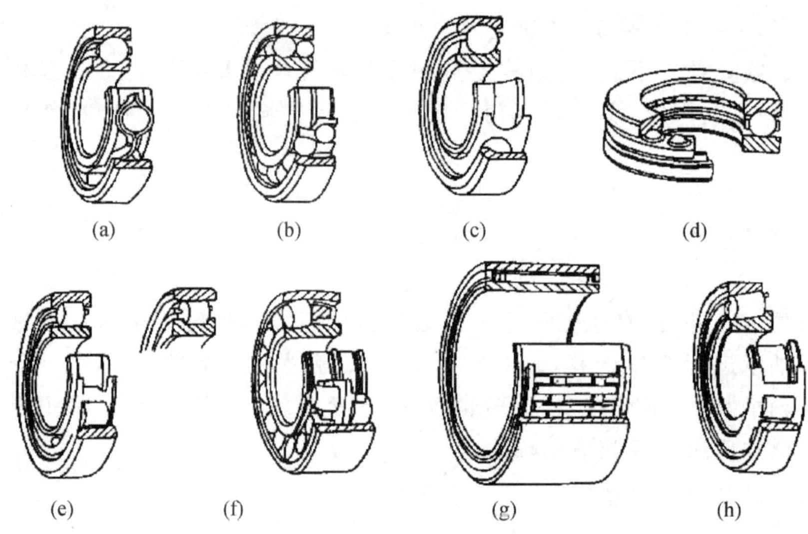

图 5-34　滚动轴承常用类型

3)滚动轴承类型选择的考虑因素与遵守的原则

同一情况可以选择多种轴承类型方案，哪种方案合理，要综合分析比较后，才能做出结论，再选择较优方案。

(1)选择滚动轴承类型应考虑的因素。①轴承载荷大小、方向和性质(恒载或变载、振动、冲击等)。②转速高低，等速或变速。③轴承旋转精度的高低。④安装轴承的空间位置范围。⑤对轴承的特殊要求，如调心要求、游隙调整要求、轴向游隙要求、预紧要求、润滑与密封要求、支座刚度要求以及结构上的其他要求等。⑥在比较轴承类型选择方案时，经济性如何往往是考虑的一个重要因素。

(2)选择滚动轴承类型应遵守的原则。①轴承转速较高，径向载荷较小，旋转精度要求较高时，宜选用球轴承；转速较低，载荷较大或有冲击、振动，且支承刚度要求较高时，宜选用滚子轴承，但后者价格高于前者。②轴承同时承受径向载荷 F_r 和轴向载荷 F_a 时，若 F_r 与 F_a 均较大时，可选用角接触球轴承；若 $F_r \geqslant F_a$，可选用 6000 型；若 $F_r \leqslant F_a$ 可选用深沟球轴承，或圆柱滚子轴承和推力轴承的组合。③当支承刚度要求较大时，可选用角接触球轴承，并通过预紧轴承来提高轴承刚度。④圆柱滚子轴承用于刚度大，且支座孔与轴的同心度高的场合，它只能用来承受径向载荷。⑤需要调整轴承径向游隙时，选用带内锥孔的圆柱的圆柱滚子轴承(NN3000 或 NNV4900)。⑥轴的支点跨距大，轴的弯曲变形大，宜采用调心轴承。但调心轴承不能与其他类型轴承组合使用，以免失去调心作用。⑦当需要减小轴承径向尺寸时，可选择轻、特轻、超轻系列轴承或滚针轴承；当需要减小轴承轴向尺寸时，可选用窄系列轴承。

2. 滚动轴承的载荷分布、失效形式以及计算准则

1)滚动轴承的载荷分布

滚动轴承在中心轴向载荷 F_a(通过轴心线的轴向载荷)作用下，可认为载荷由各滚动体平均分担；在纯径向载荷 F_r 作用下的滚动轴承则不然，它最多只有半圈滚动体受载，且各接触点上滚动体的受载大小也不同。处于载荷作用线最下位置的滚动体受载最大，如图 5-35

所示。根据力的平衡条件可求出受载最大的滚动体所受的载荷为

$$F_0=\begin{cases}\dfrac{4.37}{z}F_r\approx\dfrac{4.4}{z}F_r\\[2ex]\dfrac{4.55}{z}F_r\approx\dfrac{4.6}{z}F_r\end{cases}\tag{5-22}$$

式中　F_r——轴承所受的径向载荷，N；

z——滚动体个数。

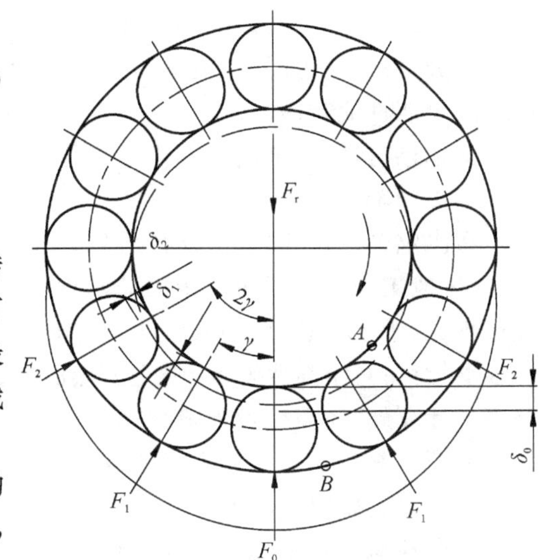

图 5-35　向心轴承径向载荷的分布

对承受径向载荷 F_r，外圈固定，内圈随轴转动的滚动轴承，工作时，由滚动轴承的载荷分布可知，各滚动体所受的载荷将由小逐渐增大，直到最大值 F_0，然后再逐渐减小，因此，滚动体承受的载荷是变化的，受到脉动循环的接触应力作用。

转动内圈上各点受载情况，类似于滚动体的受载情况。它的任一点 A 在开始进入承载区后，当该点与某一滚动体接触时，载荷由零变到某一数值，继而变到零。当该点下次与另一滚动体接触时，载荷就由零变到另一数值，故同一点上的载荷及应力是周期性不稳定变化的，如图 5-36(a)所示。

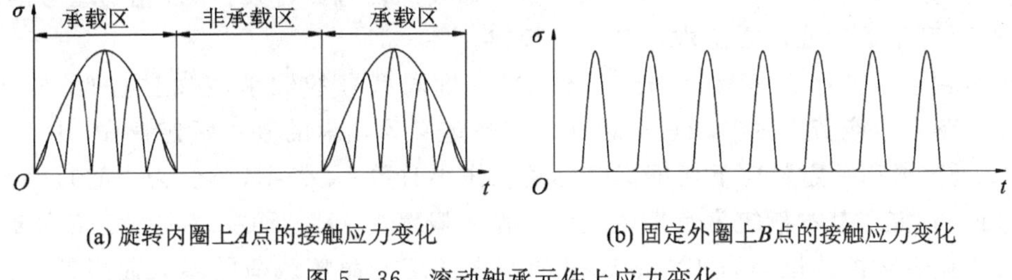

(a) 旋转内圈上A点的接触应力变化　　(b) 固定外圈上B点的接触应力变化

图 5-36　滚动轴承元件上应力变化

对于固定外圈上处在承载区内的一个具体的点 B，每当一个滚动体滚过时，便承受一次载荷，其大小是不变的，也就是承受稳定的脉动循环载荷的作用，如图 5-36(b)所示。载荷变动的频率快慢取决于滚动体中心的圆周速度。

2)滚动轴承的失效形式

根据工作情况，滚动轴承的失效形式主要有如下几种。

(1)疲劳点蚀。滚动轴承工作时，由于它的内圈、外圈和滚动体上任意点的接触应力都是变化的，工作一定时间后，其接触表面就可能发生疲劳点蚀。点蚀发生后，噪声和振动加剧，致使轴承失效。一般在安装、润滑和密封正常的情况下，疲劳点蚀是滚动轴承的主要失效形式。

(2)塑性变形。转速很低或间歇往复摆动的轴承，一般不发生疲劳点蚀，但在很大的静载荷或冲击载荷作用下，会使套圈滚道和滚动体接触处的局部应力超过材料的屈服极限，以致表面出现塑性变形，运转精度降低，并会出现振动和噪声而不能正常工作。

(3)磨损。在润滑不良和密封不严的情况下，一些金属屑或磨粒性灰尘进入轴承的工作部位，轴承将会发生严重的磨损，转速愈高，磨损愈严重。磨损导致轴承内、外圈与滚动体间

的间隙增大、振动加剧及旋转精度降低而报废。

(4)胶合。通常在滚动体和套圈之间，特别是滚动体和保持架之间有滑动摩擦，如果润滑不充分，发热严重时，可能使滚动体回火，甚至产生胶合现象。转速越高，发热越大，发生胶合的可能性就越高。

其他还有锈蚀、电腐蚀和由于操作、维护不当而引起的元件破裂等失效形式。

3)滚动轴承的寿命计算

在决定轴承尺寸(型号)时，应针对轴承的主要失效形式进行必要的计算。其计算准则是：对一般工作条件下的回转滚动轴承，经常发生点蚀，主要进行寿命计算，必要时进行静强度校核；对于不转动、摆动或转速低(如 $n \leqslant 10$ r/min)的轴承，要求控制塑性变形，只需进行静强度计算；对于高速轴承，由于发热而造成的黏着磨损、烧伤胶合常常是突出的矛盾，除进行寿命计算外，还需校验极限转速。

大部分滚动轴承是由于疲劳点蚀而失效的，轴承寿命计算的目的是防止轴承在预期工作时间内产生疲劳点蚀破坏。

所谓轴承的寿命，是指轴承中任一滚动体或内、外圈滚道上出现疲劳点蚀前所经历的总转数或一定转速下工作的小时数。

大量实验证明，滚动轴承的疲劳寿命是相当离散的。同一批生产的同一型号的轴承，由于材质不均匀和工艺过程中存在差异等原因，即使在完全相同的条件下工作，寿命也不一样，相差可达数十倍。对于一个具体轴承很难预知其确切寿命，但对一批相同型号的轴承进行疲劳试验，可用数理统计方法求出其寿命规律。

为了兼顾轴承工作的可靠性与经济性，将一批同型号的轴承，在相同的条件下运转，90%的轴承不发生疲劳点蚀前轴承运转的总转数定义为轴承的基本额定寿命，用 L_{10} 表示，单位为 10^6 转(或用一定转速下所能运转的总工作小时数 L_h 表示，单位为小时)。对于每一个轴承来说，它能在基本额定寿命期内正常工作的概率为 90%，而在基本额定寿命期未结束之前即发生疲劳点蚀的概率为 10%。轴承的基本额定寿命随载荷的增大而降低。如图 5-37 所示为在大量试验研究基础上得出的轴承载荷-寿命曲线。该曲线表示这类轴承的载荷 P 与基本额定寿命 L 之间的关系。其方程式为

$$P^{\varepsilon}L_{10} = \text{常数} \qquad (5-23)$$

标准规定，基本额定寿命为 10^6 转时轴承能承受的载荷为基本额定动载荷，并以 C 表示，则

$$P^{\varepsilon}L_{10} = C^{\varepsilon} \times 10^6$$

故得

$$L_{10} = 10^6 \left(\frac{C}{P}\right)^{\varepsilon} \qquad (5-24)$$

式中 P ——轴承载荷，N；

L_{10} ——轴承的基本额定寿命，以 10^6 转为单位；

ε ——寿命指数，球轴承 $\varepsilon = 3$；滚子轴承，$\varepsilon = 10/3$。

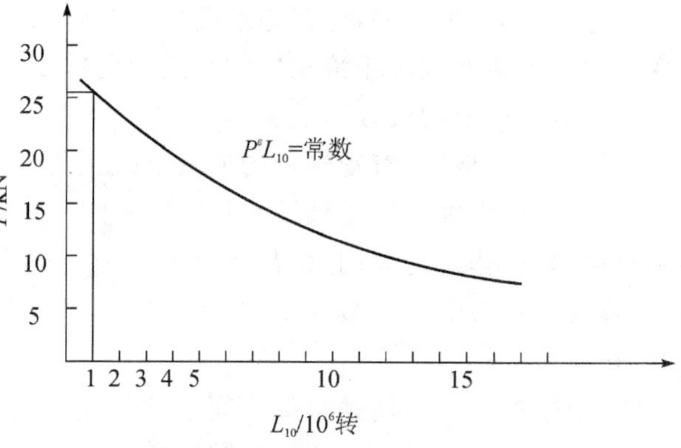

图 5-37 滚动轴承(6208)的载荷-寿命曲线

实际计算时，用小时数表示轴承寿命比较方便。如轴承的转速为 n，r/min，则以小时表示轴承基本额定寿命

$$L_{10h} = \frac{10^6}{60n}\left(\frac{C}{P}\right)^{\varepsilon} \tag{5-25}$$

由于在轴承样本中列出的基本额定动载荷值 C 仅适用于一般工作温度，如果轴承在温度高于 120 ℃的环境下工作时，轴承的基本额定动载荷值有所降低，故引用温度系数 f_t 予以修正，f_t 可查表 5-4。

表 5-4　温度系数

工作温度/℃	≤120	125	150	175	200	225	250	300	350
温度系数	1	0.95	0.90	0.85	0.80	0.75	0.70	0.60	0.50

进行修正后，轴承基本额定寿命计算公式为

$$L_{10h} = \frac{10^6}{60n}\left(\frac{f_t C}{P}\right)^{\varepsilon} \tag{5-26}$$

如果基本动载荷 P 和转速 n 均已知，预期轴承计算寿命 L'_h 也已取定，可将式(5-26)变为求需要的额定动载荷 C'_r 的计算式

$$C'_r = \frac{P}{f_t}\sqrt[\varepsilon]{\frac{60nL'_h}{10^6}} \tag{5-27}$$

根据式(5-27)计算所得的 C'_r 值，从机械设计手册中选择轴承，使所选轴承的 $C_r \geq C'_r$。

设计时，通常取机器的中修或大修期限作为轴承的预期寿命。轴承的预期寿命一般约为 5000～20000h，间歇、短期工作时取小值，表 5-5 的推荐用值可供参考。

表 5-5　常用轴承的预期寿命

机器种类		预期寿命/h
不经常使用的仪器或设备		500
航空发动机		500～2000
间断使用的机器	中断使用不致引起严重后果的手动机械、农业机械等	4000～8000
	中断使用会引起严重后果的机械设备，如升降机、输送机、吊车等	8000～12000
每日工作 8 h 的机器	利用率不高的齿轮传动、电机等	12000～20000
	利用率较高的通风设备、机床等	20000～30000
连续工作 24 h 的机器	一般可靠性的空气压缩机、电机、水泵等	50000～60000
	高可靠性的电站设备，给排水装置等	>100000

4)滚动轴承载荷的计算

(1)计算并绘制曲柄销和主轴颈载荷矢量图，如图 5-38 所示。绘制载荷图的目的，是为了找出各曲柄转角下曲柄载荷 P 的大小及其作用点方向，并由此了解曲柄销和主轴颈各部位实际受力情况，找出压力最小区域，以决定输出滑油孔的合理位置和估计轴颈可能磨损的趋势。所以设计时常须先绘出曲柄销和主轴颈载荷矢量图。

①画出曲轴的曲柄图，O' 点为主轴颈轴心，O_1 点为曲柄销轴心，并用箭头指出曲轴的转向。

②从 O_1 点向上作线段 O_1O''。线段 O_1O'' 以一定比例表示连杆大头旋转惯性力 F_r，F_r 的数值由《往复式压缩机原理》[7] 中式(6－37)给出

$$F_r = 112G_1 rn^2 \text{ N} \quad (5-28)$$

式中　G_1——连杆大头折合重量，N，其值为 $G_1=(0.6—0.7)G$，G 为连杆的总重量，N；

r——曲柄半径长度，m；

n——压缩机转数，r/min。

③以 O'' 为原点作直角坐标系，横坐标是切向力 F_T，逆曲轴旋转方向为正；纵坐标是法向力 F_R，沿曲柄半径方向为正。F_T 和 F_R 的比例尺应与 F_r 的比例尺相同，F_T 和 F_R 的数值由式压缩机热力计算给出。

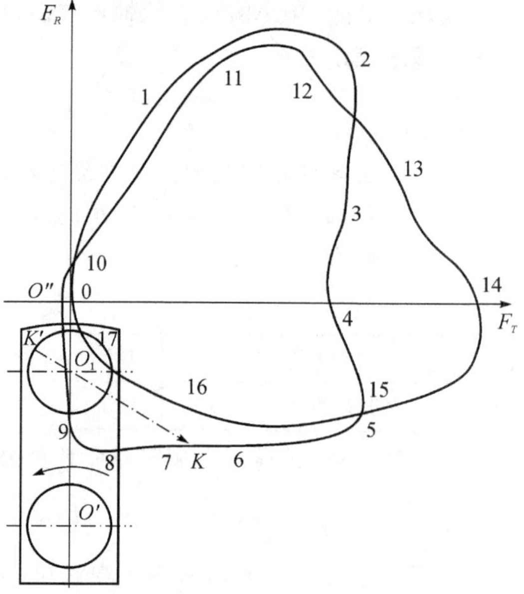

图 5－38　曲柄销载荷矢量图

④对于曲轴的各个旋转位置，先根据动力计算的结果找出各旋转角度下的 F_T 和 F_R 的数值，然后根据这些 F_T 和 F_R 的数值，在坐标系 $F_TO''F_R$ 中标出对应的点 0、1、2、3、…。

⑤依次连接点 0、1、2、3、…各点成一封闭的光滑曲线，这就是曲柄销载荷矢量图。

⑥曲线上的任一点 K 与曲柄销轴的 O_1 点的连线，即表示作用在曲柄销上载荷的大小和方向。连线延长线与曲柄销圆周的交点 K' 是载荷作用点。

由此，曲柄销油孔的位置就由曲柄销载荷图确定，当轴瓦内壁上有环形油槽时，一般多从加工工艺出发，沿曲拐平面开油孔，如图 4－5 和图 4－6 所示。当轴瓦内壁上没有环形油槽时，从润滑的观点，为减弱因油孔破坏油膜而导致的不良影响，油孔应开设在曲柄销载荷矢量图最小的区域。

主轴颈载荷矢量图的绘制方法，与曲柄销载荷矢量图绘制方法相似，由于加装平衡铁，从而认为不存在不平衡旋转惯性力，故取主轴颈轴心 O' 点作为原点。横坐标是切向支反力 N_y，纵坐标是法向支反力 N_z。两坐标的方向根据图 4－17 确定。N_y 和 N_z 的数值，按表 4－1 算出。于是，对于曲轴的各个旋转位置，在坐标系 $N_zO'N_y$ 中找出相应点 0、1、2、3、…把这些点依次连接起来，就是主轴颈的载荷矢量图。两跨公用的主轴颈，先由两跨分别单独找出各点，然后按两跨曲拐间夹角，作矢量叠加，找出点 0、1、2、3、…即可。同样，主轴颈油孔开设的位置应在主轴颈载荷图最小的区域。

从载荷矢量图 5－38 分析看出，曲轴的润滑油口应开在矢量图的最低位置，即 6—7 点位置处开油孔为最佳，此处背压油喷出最为流畅。

(2)滚动轴承的当量动载荷。如果滚动轴承同时承受径向和轴向复合载荷，为了计算轴承寿命时能与基本额定动载荷在相同条件下比较，需要将此复合载荷下的实际工作载荷转化为径向当量动载荷(简称当量动载荷)。在当量动载荷作用下，轴承寿命应与实际复合载荷下轴承的寿命相同。对向心轴承而言，其为一假定的当量径向载荷 P_R^*；对推力轴承而言，其为一假定的当量轴向载荷 P_A^*。

对向心和角接触轴承，在不变的径向和轴向载荷作用下，其径向当量动载荷为

$$P^* = XP_R + YP_A \tag{5-29}$$

式中 X ——径向动载荷系数，其值见表 5-6；

Y ——轴向动载荷系数，其值见表 5-6；

P_R ——轴承所承受的径向载荷；

P_A ——轴承所承受的轴向载荷；

对只能承受纯径向载荷 P_R 的圆柱滚子轴承及滚针轴承，当量动载荷为

$$P^* = P_R \tag{5-30}$$

对只能承受纯轴向载荷 P_A 的推力轴承，当量动载荷为

$$P^* = P_A \tag{5-31}$$

上述当量动载荷 P^* 的计算公式，只是求出了名义值。实际上，考虑到机械在工作中有冲击和振动等影响，引入了冲击载荷系数 f_p，如表 5-7 所示。此时，上述各计算当量动载荷 P^* 的公式为

$$P^* = f_p(XP_R + YP_A) \tag{5-32}$$

承受纯径向载荷 P_R 的圆柱滚子轴承及滚针轴承，当量动载荷为

$$P^* = f_p P_R \tag{5-33}$$

表 5-6 中的 e 为轴向载荷影响系数。当 $P_A/P_R > e$ 时，表示轴向载荷对轴承的寿命影响较大，计算当量动载荷 P^* 时必须考虑 P_A 的影响，此时：$P^* = XP_R + YP_A$。当 $P_A/P_R < e$ 时，表示轴向载荷对轴承寿命的影响可以忽略不计，则计算当量动载荷时可忽略 P_A 的作用，此时：$X = 1$，$Y = 0$。深沟球轴承和角接触球轴承的 e 值将随 P_A/C_{0r} 的增加而增大（C_{0r} 为轴承的径向额定载荷，见下节），P_A/C_{0r} 反映了轴向载荷与径向载荷的相对大小，它通过接触角 α 的变化而影响 e 值。

$$P^* = f_p P_A \tag{5-34}$$

表 5-6 当量动载荷系数 X、Y

轴承类型	相对轴向载荷 F_a/C_{0r}	e	$F_a/F_r > e$		$F_a/F_r \leqslant e$	
			X	Y	X	Y
深沟球轴承	0.014	0.19	0.56	2.30	1	0
	0.028	0.22		1.99		
	0.056	0.26		1.71		
	0.084	0.28		1.55		
	0.11	0.30		1.45		
	0.17	0.34		1.31		
	0.28	0.38		1.15		
	0.42	0.42		1.04		
	0.56	0.44		1.00		

续表 5-6

轴承类型		相对轴向载荷 F_a/C_{0r}	e	$F_a/F_r>e$		$F_a/F_r\leqslant e$	
				X	Y	X	Y
解接触球轴承	$\alpha=15°$	0.015	0.38		1.47		
		0.029	0.40		1.40		
		0.058	0.43		1.30		
		0.087	0.46		1.23		
		0.12	0.47	0.44	1.19	1	0
		0.17	0.50		1.12		
		0.29	0.55		1.02		
		0.44	0.56		1.00		
		0.58	0.56		1.00		
	$\alpha=25°$	—	0.68	0.41	0.87	1	0
	$\alpha=40°$	—	1.14	0.35	0.57	1	0
圆锥滚子轴承		—	轴承手册	0.40	轴承手册	10	0
调心球轴承		—	轴承手册	0.65	轴承手册	1	轴承手册

注：(1)C_{0r}为径向基本额定静载荷，N。

(2)对于表中未列出的相对轴向载荷值，可按线性插值法求出相应的 e、X、Y 值。

表 5-7　冲击载荷系数参考值

载荷性质	f_P	举例
无冲击或轻微冲击	1.0～1.2	电机、汽轮机、通风机等
中等冲击	1.2～1.8	车辆、动力机械、起重机、造纸机、冶金机械、选矿机、卷扬机、木材加工机械、传动装置、机床等
强大冲击	1.8～3.0	破碎机、轧钢机、钻探机、振动筛等

5)不稳定载荷下的轴承寿命计算

当滚动轴承在工作中所受的载荷随时间变化时(压缩机的主轴承)，其当量动载荷为

$$P^* = \sqrt[3.33]{\frac{1}{z}(R_1^{3.33}+R_2^{3.33}+\cdots+R_z^{3.33})} \tag{5-35}$$

式中　$R_1,R_2,\cdots,R_z$——轴颈载荷图 5-38 内各变化的径向载荷绝对值，N；z 为轴颈载荷图内等分的变载荷个数。

将按式(5-35)求得的当量动载荷代入式(5-27)即得变径向载荷作用下的基本额定动载荷 C。

第 6 章　压缩机润滑

压缩机中任何作相互运动的零件接触表面，除采用自润滑材料外，无论是气缸与活塞环、填料与活塞杆、轴颈与轴承、连杆大头瓦、连杆小头衬套及十字头滑道，均会因磨损而逐渐损坏，这就需要注入润滑油进行润滑，以提高压缩机的经济性与可靠性。讨论和研究润滑油的性能以及压缩机的润滑系统和润滑方式，为正确选择润滑油种类、润滑油量等提供理论基础。

6.1　摩擦与磨损

当两种物体接触而产生相对运动时，必然要在接触面产生摩擦，压缩机中摩擦是消耗功率的主要因素之一，第 5 章中已经讨论了几种摩擦状态。摩擦与磨损是相伴而生，磨损起因于相对运动表面间的摩擦。尽管磨损的种类不同，但磨损均会使相对运动过程中两接触表面材料产生变形、性能变化，且物质不断损失，所以磨损是降低机械零件使用寿命，影响压缩机可靠性的主要因素。

所谓润滑，是在具有相对运动的两个物体的接触表面间注入润滑剂，包括液体(润滑油)、气体和固体(润滑脂)(参阅表 3 - 10)，使用润滑剂将两接触表面隔开，用润滑剂的内部摩擦代替两接触表面之间的摩擦。因润滑剂的抗剪强度低，因而可以达到减小摩擦和磨损的目的。润滑不仅可以提高机械零部件的寿命和提高机械效率，同时还能起到冷却、冲洗、减振和防蚀作用。

由于压缩机中的摩擦部位多，要减小摩擦磨损，除了要选择良好的润滑方式、润滑油量，还要选择合适的润滑油。

6.2　润滑油的性能及选择

6.2.1　润滑的基本要求与润滑油的性能

1. 润滑的基本要求

润滑的基本作用与要求如下。

(1)必须最大限度使运动件在液体摩擦条件下工作和避免金属表面的直接接触。为此，要求润滑油有足够的黏度和形成必要的润滑油膜，而又不引起过大的功率损失。实际的零件表面总存在一定的粗糙度，部分较高的凸起之处还可能相互接触，从而引起金属表面直接接触。因此，在充以润滑油的情况下，在狭小的缝隙中，使润滑油层的厚度超过表面不平度的最大高度是十分重要的。这除了从制造上尽可能使摩擦表面达到高的光洁度外，从润滑上要保证有足够的润滑油量和形成一定的润滑油膜强度，以防止在重载荷下润滑油被挤出和油膜破坏。考虑到内摩擦功率损失将随润滑油黏度增大而增大的因素，因此，在保证液体摩擦前提下，选择较低黏度的润滑油是有利的。

(2)必须可靠地保护机件表面不被腐蚀性物质所腐蚀，且不生成对机件材质有害作用的物质。附着于机件表面的润滑油膜虽然具有保护机件表面不受腐蚀的作用，但润滑油中含有的酸、水分、水溶性酸碱，以及因氧化生成的各种氧化产物，又恰恰是产生机件腐蚀的有害物质。为此，必须对这些物质的含量严格控制，同时要求润滑油须具有较高的物理和化学稳定性，在长期使用条件下或贮存时不致发生分解和产生沉淀物质。

(3)必须具有良好的冷却作用，从而保证滑动部位必要的运动间隙。滑动部位由于摩擦会产生摩擦热，被压缩的气体介质也会导致运动部件温度的升高，为防止滑动部位的咬死和烧伤，使用润滑油起到冷却作用。而高黏度的润滑油往往不是良好的冷却剂，为此选择黏度较低的润滑油是必要的。另外润滑油直接与压缩介质接触，易受压缩介质性质的影响而加剧氧化、老化变质，为此还必须要求润滑油理化性能稳定。

2. 润滑油理化性能

压缩机润滑油的理化性能包括黏度、黏度指数、酸值、闪点、凝点、倾点、残炭、水分、机械杂质、水溶性酸或碱、灰分、腐蚀等，各项理化性能的试验评定均按石油产品试验方法各有关规定进行。

(1)黏度、黏度指数。黏度是表示润滑油在规定条件下的黏滞程度，压缩机润滑油的黏度一般用40℃、100℃温度下的运动黏度(m^2/s)或者厘斯(mm^2/s)来表示。为了保证压缩机的正常润滑，减少机械摩擦与磨损，应选择合适黏度的压缩机油。润滑油黏度过低，油在摩擦表面上的分布可能较好，但形成的油膜强度不够，易使磨损加剧；若润滑油黏度过高，则油的分布不能均匀，内摩擦阻力大，并容易在排气阀和排气通道内生成积炭。一般认为，当润滑油的黏度变化超过15%时，应该更换新油。

润滑油的黏度还受到压力的影响，压力对润滑油的黏度影响由式(6－1)表示

$$\eta_p = \eta_0 e^{\beta p} \tag{6-1}$$

式中 η_p ——润滑油在压力 p 下的黏度；

η_0 ——润滑油在常压下的黏度；

e ——自然对数的底；

β ——黏度压力系数。

黏度压力系数与温度有关，随着温度升高，黏度压力系数降低。这是因为温度升高后，促进了油分子运动加剧，使其抗剪切性能减弱，其黏度也随之降低。提高压力可使润滑油黏度增大(这与油的分子变形无关，而与分子间的自由空间被压缩的因素有关)。润滑油在压力为 50×10^5 N/m^2 以下时变化较小，但超出此值时变化较大。黏度随压力的变化如表6－1所示，因此，压缩机气缸内的润滑油的实际黏度将比常压下大。

表6－1 润滑油黏度随压力的变化

压力/($\times10^5$N·m^{-2})	70	150	200	400
黏度增加率/%	20～25	35～40	50～60	120～160

压缩机润滑油的黏温性能可用黏度指数来表示。黏度指数对于压缩机的工作具有实际意义。特别对于利用润滑油进行密封的部位，采用黏度指数较高的润滑油能使机内的密封

性能随温度变化较小，从而保证压缩机在冷态和热态时性能不致有较大的差异。

(2)酸值。润滑油酸值是润滑油中酸的总含量，它是用中和1克试油中的酸所消耗的氢氧化钾毫克数(mgKOH/g)来表示。酸值是一项控制润滑油精制深度和评定油品中有机酸含量的重要指标。润滑油中若含低分子有机酸，就会对机械产生腐蚀作用，若有水分存在时，其腐蚀性会增大，在使用过程中，由于受氧化和分解作用，酸值也会不断增大。一般情况下，其润滑油更换时的酸值为2 mgKOH/g。压缩机换油时，应将机内老油清除干净，否则残留在机内的老油会使加入的新油酸值增加。

(3)闪点。润滑油的闪点是表征其挥发性与安全性的质量指标。压缩机润滑油要求在压缩机最高排气温度下不致蒸发到引起闪火的现象。因此，不允许使用低闪点的油品。但是，润滑油闪点过高同样是不安全的。因为闪点过高的油必然黏度大，含胶质、沥青质多，容易产生积炭。合适的闪点应比最高排气温度高30～40 ℃。润滑油的闪点随压力的增加而升高，如在常压下，油的闪点为216 ℃，而在压力8×10^{5} N/m^{2}时会升高到243 ℃。润滑油闪点随压力增加而升高的特性，对压缩机内处在一定压力下的润滑油的使用，实际上是附加了一个安全系数。压缩机润滑油在使用过程中会因混入轻质油或低沸点馏分等因素使闪点下降，当闪点低于新油8℃时，应更换新油。

(4)凝点、倾点。凝点是将油品在一定试验条件下冷却到失去流动性的最高温度，它是表征油在低温条件下流动和泵送性能的一个重要指标，对于确定油品在低温下使用和贮运条件特别重要。润滑油品的凝点与其烃类组成有关，石蜡基油因含蜡量较高，其凝点也较高；环烷基油凝点则较低。当润滑油品中含胶质和沥青质增多时，其凝点也随之增高。目前，国际标准中均以倾点代替凝点。倾点是指油品在试验条件下能够连续流动的最低温度。倾点一般较凝点高2～3℃。

(5)残炭。油品在规定试验条件下，受热蒸发而形成的焦黑色残留物，称为残炭，其结果以重量百分数表示。残炭是表征润滑油在高温使用时积炭倾向的重要质量指标。润滑油中含有的沥青质、胶质和多环芳烃的叠合物是形成残炭的主要物质。一般低黏度和精制深度较高的压缩机润滑油残炭较低。若油中含有硫、氮、氧化物较多时，其残炭值较高，而且质地也硬。环烷基油的残炭值比石蜡基油或沥青基油的残炭值小，故其积炭倾向性也小，即使生成积炭也比较松软，容易除去。

(6)机械杂质、水分。压缩机润滑油中的机械杂质和水分主要是由加工过程或贮运容器不洁和保管不善而混入的，压缩机在运转中产生的金属磨屑和含湿空气压缩时产生的冷凝水，也是润滑油中机械杂质和水分的主要来源。当压缩机润滑油中含有机械杂质时，可能使滤油器和润滑管路阻塞，使摩擦表面产生磨料磨损。同时，这些机械杂质又可能是一种强烈的氧化催化剂，促使润滑油氧化变质。压缩机润滑油新油中的机械杂质含量一般规定应不大于0.007%～0.01%。当润滑油在使用中其机械杂质含量增大到一定程度时应予以更换。

压缩机润滑油中的水分，会使润滑油膜强度降低，产生乳化变质和泡沫现象，使润滑条件变差，磨损加剧。同时，水分还使添加剂分解，产生沉淀而失去作用，从而促使油的氧化和油中有机酸与金属氧化生成盐类，并形成沉积物腐蚀设备。因此，对压缩机润滑油新油，应严格规定不允许含水。

(7)水溶性酸或碱。在压缩机润滑油中不允许有水溶性酸或碱出现。由于在有水分存在的情况下，水溶性无机酸或碱，以及低分子的有机酸或碱性氮化物等物质会强烈地腐蚀金属部件,并降低润滑油的抗乳化性能,因此,在油品生产过程中应严格控制酸精制和碱中和操作。同时,在油品的贮运和使用过程中,也应严格防止污染和乳化。

压缩机润滑油中有的含有某些多效添加剂,由于这些添加剂多是呈碱性的,故在测定水溶性酸或碱时,允许呈碱性反应。

(8)抗氧化安定性。抗氧化安定性是压缩机润滑油最重要的使用性能。压缩机润滑油在使用中,由于受高温、高氧分压作用和金属催化作用,容易氧化老化和变质,生成各种酸类和氧化沉淀物。因此,润滑油抗氧化安定性的高低,不仅影响油品的使用寿命,还最终影响压缩机的安全可靠使用。

(9)灰分。灰分是润滑油中有机物质在燃烧后生成的固体残余物,这种残余物来源于石油中的微量金属盐类与加入的添加剂,以及在加工、贮运等过程中混入的金属或其他盐类。对压缩机润滑油中灰分含量的分析,可以判断润滑油中基础油和添加剂的品种、质量和数量。深度精制的矿物油基压缩机油,其灰分含量几乎接近于零。合成油基压缩机油灰分含量更少。

(10)腐蚀、腐蚀度。腐蚀与腐蚀度都是表示油品对金属腐蚀情况的重要质量指标。腐蚀试验为定性试验,腐蚀度试验为定量试验。压缩机润滑油应具有良好的抗腐蚀性能。润滑油中烃类对金属并没有腐蚀作用,引起腐蚀的主要原因是由于润滑油中存在有机酸、氧化产物、硫、硫的化合物以及无机酸和水分。润滑油中的硫及硫化物只对个别金属(如铜)有腐蚀作用。无机酸对金属有强烈的腐蚀作用,一般经过加工精制的润滑油中很少含有无机酸,但是在使用过程中由于高温条件下润滑油的加剧氧化和空气中的冷凝水会在润滑油中产生无机酸和水分。

6.2.2 润滑油的选择

对压缩机润滑油黏度选择的基本原则,概括来说,是在保证一定的油膜厚度、使摩擦部件处在良好润滑状态的前提下,尽可能选用较低黏度的,以减少压缩机摩擦功能消耗和减少漆膜与积炭形成,以最终确保压缩机高效、安全、可靠运行。

1. 我国压缩机润滑油规格

我国的矿物油基压缩机油是从20世纪60年代开始研制和生产的。当时主要为活塞式压缩机提供润滑用油,其大部分采用石蜡基油(如大庆原油)作为基础油,少量采用环烷基油(如克拉玛依原油)作为基础油。产品牌号仅有HS-13和HS-19两种。其规格标准SY 1216—60是参照苏联标准ΓOCT 1861—54制定的。HS-13空气压缩机油为无剂油,基本性能可满足轻载荷活塞式压缩机的润滑要求。其黏度适当,能起减摩和密封作用,具有较好的抗氧化安定性,且无腐蚀作用,对内外部润滑系统兼用的活塞式压缩机,还可作为曲轴、轴承等运动部件的润滑。HS-19空气压缩机油采用减压四线组分及残渣油组分调制而成,并加有抗氧化剂、抗磨防腐剂。它比HS-13空气压缩机油具有更高的黏度、较好的抗氧化安定性和较高的油膜强度,适合于在条件苛刻,温度较高和承载较大的压缩机中使用。但在高温条件下,易在活塞顶部和排气阀处生成积炭。此外,由于这种油品的黏度较大,导致压缩机功能损耗相对较大。

上述两种牌号的压缩机油规格,虽经多次修订,但由于品种牌号少,标准系列不完善,故不能满足压缩机品种和规格发展的需要。而且还由于当时压缩机油规格质量指标较低，不能反映出产品的实际质量水平。如规格中黏度偏高，不仅对实际使用中的积炭问题不利，而且与节能要求不相适应。此外，规格中没有氧化后残炭值和倾点的要求，也缺乏抗磨性能等指标。

自 1980 年以来，我国参照国际标准化组织(ISO)的有关规定和要求，开展了压缩机油标准化、系列化的工作。按照国际标准建议，将压缩机油分为往复压缩机油和回转压缩机油两大类，并将往复压缩机油划分为 N68、N100、N150 三个牌号，取代 HS－13 和 HS－19 压缩机油；将回转压缩机油划分为 N32、N68、N100 三个牌号，取代原 5 号、9 号、13 号回转压缩机油。新系列的压缩机油采用石蜡基中性油中的低黏度均质窄馏分油作为基础油，并加入多种添加剂(尽可能不用有灰添加剂)调制而成。其质量指标和试验评定方法参照德国标准(DIN)，并向国际标准(ISO)靠拢。表 6－2 为新系列压缩机油的实际质量水平。

1989 年制定出空气压缩机油国家标准 GB12691—90。规定 L－DAA 和 L－DAB 矿物油基空气压缩机油的技术条件，标准中产品适用于有油润滑的活塞式压缩机润滑，L－DAA 用于轻负荷空气压缩机，L－DAB 用于中负荷空气压缩机的润滑。

表 6－2　空气压缩机油国家标准(GB 12691—90)

项　目	质　量　指　标										试验方法
品　种	L－DAA					L－DAB					
黏度等级(按 GB 3141)	32	46	68	100	150	32	46	68	100	150	GB3143
运动黏度/($mm^2 \cdot s^{-1}$) 40 ℃	28.8～35.2	41.6～50.6	61.2～74.8	90.0～110	135～165	28.8～35.2	41.6～50.6	61.2～74.8	90.0～110	135～165	GB/T265
100℃	报告					报告					
倾点/℃　不高于	−9				−3	−9				−3	GB/T3535
闪点(开口)/℃不低于	175	185	195	205	215	175	185	195	205	215	GB/T3536
腐蚀试验(铜片、100℃、3h)，级不大于	1					1					GB/T5096
抗乳化性(40−37−3)/min											GB/T17305
54℃　不大于	—					30			—		
82℃　不大于						—			30		
液相锈蚀试验(蒸馏水)	—					无锈					GB/T11143
硫酸盐灰份/%						报告					GB/T2433
老化特性											SH/T0192
(a)200 ℃，空气											
蒸发损失/%　不大于	15					—					
康式残炭增值/%不大于	1.5			2.0		—					
(b)200 ℃，Fe_2O_3											
蒸发损失/%　不大于	—					20					
康式残炭增值/%不大于	—					2.5			3.0		

续表 6-2

项　　目	质　量　指　标		试验方法
品　　种	L-DAA	L-DAB	
减压蒸馏蒸 80%后残油 (a)残留物康式残炭/% 不大于 (b)新旧油 40 ℃运动黏度之比 不大于	— —	0.3　0.6 5	GB/T9168
中和值/(mgKOH·g^{-1}) 未加剂 加剂后	报告 报告	报告 报告	GB/T4945
水溶性酸或碱	无	无	GB/T259
水分/% 不大于	痕迹	痕迹	GB/T260
机械杂质/% 不大于	0.01	0.01	GB/T511

2. 润滑油的选择

压缩机一般采用矿物型润滑油。选择压缩机润滑油时，应考虑与压缩气体和压缩机工况相适应的润滑油种类，黏度、抗氧化积炭的能力、以及闪点等多种因素。压缩介质和磨滑面的温升也是选择压缩机润滑油的基本工况条件。

(1)适当的黏度。在对润滑油的主要性能指标选择时，应以黏度作为主要指标。虽然高黏度润滑油有较高油膜承载强度和密封性能，但易生成积炭，同时由于流体剪切应力增加，使摩擦功也增加。低黏度的油比高黏度的油容易蒸发，因而有利于防止积炭的生成。油的黏度还将对压缩气流中油液的馏分移动发生作用。在油液的馏分移动过程中，压缩机润滑油中的轻馏分很快蒸发而残留重馏分。润滑油黏度越大，蒸发温度也越高，从而在压缩机气缸、排气阀、排气管等热区段中形成积炭的程度越严重。

对一般动力用空气压缩机，如果采用一级压缩、风冷的可选用 DAA100 号或 DAA150 号往复压缩油；对两级压缩、水冷的可选用 DAA68 号或 DAA100 号往复压缩机油。采用这些润滑油品，不仅能使活塞环与气缸之间保持良好的润滑状态，而且对减少摩擦功能消耗和减少积炭有利。

大型活塞式压缩机润滑油要求残炭含量较低的优质环烷基油，加有防锈、抗氧化等添加剂，其黏度级别可按环境温度确定。这种油与同黏度的石蜡基油相比，更易挥发，在气缸、排气阀等热表面上不易沉积和生成积炭，即使形成积炭也比较松软，容易除去。对于这类压缩机可推荐采用 DAA100 或 DAA150 号往复压缩机油，或同等黏度的合成油。

带十字头的压缩机和大型压缩机的曲轴箱是和气缸内部润滑相分隔的，对一般负荷较轻、工作温度较低的压缩机，其曲轴箱用油可选择黏度等级为 40～50 mm^2/s(50 ℃)的机械油；而对负荷大、工作温度又相对较高的中，大型压缩机，其曲轴箱用油最好采用加有防锈、抗氧化、抗泡沫等添加剂的高黏度指数油。这种油应不含脂肪质，倾点应比环境温度低 5.5 ℃以上，并对一般轴承材料无腐蚀作用。其黏度通常为 75～90 mm^2/s(40 ℃)。

对天然气压缩机的润滑，考虑到干天然气对润滑油具有稀释作用，使油黏度降低，故应选用高黏度的空气压缩机油。湿天然气会在压缩过程中产生凝析油，凝析油会冲洗润滑油膜，并使润滑油稀释。因此，对湿天然气的压缩应采用油性好、黏度较高的复合型混脂压缩机油。

焦炉气的主要组成是氢和甲烷，它们对油无稀释作用，但这些气体纯净度较差。可选用 DAA100 号或 150 号往复压缩机油。

二氧化碳、一氧化碳均与矿物油有互溶性，会降低润滑油黏度。如有水分存在时，会产生腐蚀性碳酸。所以，应尽量保持这些气体干燥。压缩这些气体一般采用较高黏度的空气压缩机油。

(2)合适的闪点。为了保证压缩机的安全使用，选择较高的润滑油闪点是需要的。但是并非闪点越高越安全，闪点过高的润滑油必然黏度大，含胶质、沥青质多，热稳定性差，容易产生积炭，所以过高的闪点恰恰是导致润滑油使用不安全的因素之一。合适的闪点应比最高排气温度高 30～40 ℃。

压缩机润滑油在选择时，还应该考虑到结构型式、工作压力及所压缩的介质等，表 6-3 和表 6-4 列出了不同类型和不同介质的润滑油选用参考。

表 6-3　不同类型空气压缩机润滑油选用参考

压缩机类型	排气压力/MPa	压缩级数	润滑部位	润滑方式	合适黏度/($mm^2\cdot s^{-1}$)		推荐油品牌号
					40℃	100℃	往复压缩机润滑油
活塞压缩机	0.7～1	1	气缸及运动部件	飞溅或压力强制润滑	61.2～74.8	7～10	68
	0.7～1	2			61.2～74.8	7～10	68
	1～5	2～3			90～110	10～12	100
	5～20	3～5	气缸内部	压力强制或压力注油	110～198	12～18	100 或 150
	20～100	5～7			198	18	150 或合成油
	>100	多级			198～242	18～22	合成油

表 6-4　不同压缩介质压缩机润滑油选用参考

介质类别	介质对润滑油的影响和要求	推荐润滑油
空 气	要有较好的抗氧化性能，闪点比最高排气温度高 30～40℃	抗氧、防锈空气压缩机专用油
氢、氮	对润滑油无特殊影响，其要求与压缩空气时相同	空气压缩机油曲轴可用 50 号机械油代用
氩，氖，氦	不应被润滑油所污染	采用膜片式压缩机(油腔内用 20 号汽轮机油或 20 号机械油

续表 6-4

介质类别	介质对润滑油的影响和要求	推荐润滑油
氧	不应与矿物油接触,否则会造成剧烈氧化而爆炸	采用含 60 9g6 工业甘油的蒸馏水;最好使用无油润滑压缩机氯
氯(氯化氢)	氯在一定条件下与烃起作用生成氯化氢	合成油采用石墨环式无油润滑压缩机
硫化氢 二氧化碳 一氧化碳	润滑系统要求干燥,水分溶解气体后生成酸会破坏润滑油性能	防锈抗氧汽轮机油或压缩机油
氧化氮 二氧化硫	能与油互溶,故要求高黏度油并要求润滑系统干燥,防止生成腐蚀性酸	防锈抗氧汽轮机油
氨	如有水分会与油的酸性氧化物生成沉淀,还会与酸性防锈剂生成不溶性皂	防锈抗氧汽轮机油
天然气	干气对润滑油具有稀释作用:湿气会在压缩过程中产生凝析油,从而会冲洗润滑油膜	干气用压缩机油,湿气用复合压缩机油
石油气	会产生冷凝液,稀释润滑油	空气压缩机油
乙 烯	用于高压聚乙烯合成时,为避免油进入不应该用矿物油	压缩机白油或液体石蜡
丙烷	易于油混合而稀释	乙醇肥皂润滑剂,防锈抗氧汽轮机油
焦炉气 水煤气	对润滑油无特殊破坏作用,但比较脏,含硫多时会有破坏作用	压缩机油
煤 气	杂质较多,易污染润滑油	压缩机油或Ⅱ号气缸油,曲轴箱用30～50号机械油

6.3 气缸润滑

6.3.1 气缸的润滑方式及润滑油量

1. 气缸润滑方式

按润滑油到达气缸镜面的方式,气缸润滑可分为飞溅润滑、压力润滑和喷雾润滑三种。

(1)飞溅润滑。飞溅润滑是借助于连杆上的溅油器将曲轴箱中的油飞溅到气缸镜面,如图 6-1 所示。或者利用装在主轴上的溅油环,将油池中的润滑油带至主轴,再在离心力作用下飞溅至气缸镜面和进入传动机构摩擦面,如图 6-2 所示。溅油环产生旋转运动的力是主轴与溅油环接触处的摩擦力。很显然,采用上述润滑方式能使气缸和传动机构同时得到润滑。但二者的润滑油只能相同。另外，在低压的第一级，在吸气过程中气缸里会产生负压，故润滑油很易被吸入气缸内，并在压缩气体高温作用下挥发，然后和被压缩气体一起排出压缩机。所以，飞溅润滑往往容易出现耗油量过多的现象。飞溅润滑的优点是简单，缺点是耗油量较难控制。通常仅用于单作用式压缩机。

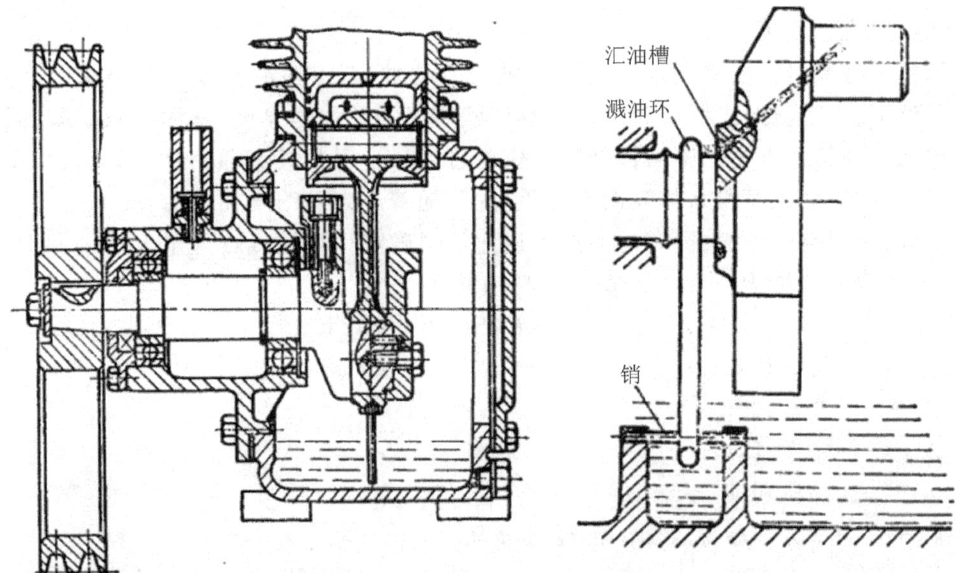

图 6-1　利用连杆上溅油器飞溅润滑　　图 6-2　带溅油环的飞溅润滑

(2)压力润滑。压力润滑是采用专门的注油器在压力下将润滑油注入气缸，多用于具有十字头的压缩机。注油点和注油量可以控制，而且气缸的润滑系统与传动机构的润滑系统完全分开，气缸的润滑油完全可以根据被压缩介质进行选用，因此它是应用最为广泛的一种润滑方式。图 6-3 表示了压力润滑系统图，每一注油点由单独的油管供油。

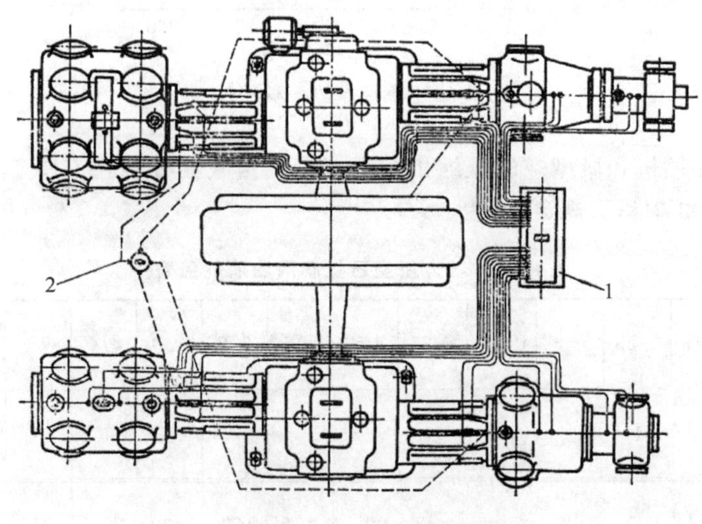

1—注油器；2—废油收集箱

图 6-3　气缸和填料压力润滑系统

(3)喷雾润滑。在压缩机气缸进气接管处，喷入一定量的润滑油，油和气体混合一起进入气缸，然后一部分粘附在气缸镜面上供气缸润滑。喷雾润滑结构也很简单，且第一级进气阀可得到润滑。但油雾仅与气缸接触的一部分能粘附在缸壁上，其他部分仍和气体一起被排出气缸而得不到利用。此外，油和空气密切混合容易氧化和积炭。所以喷雾润滑目前应用不多。

2. 气缸润滑油耗量

压缩机气缸润滑油的消耗量应恰当。供油不足时，即使在油黏度符合要求和存在产生油楔的条件下，也不能形成所希望的流体润滑状态必需的油膜厚度，从而导致磨损加剧和摩擦功耗增加。油量过少还使密封性降低。供油过量又易引起气流通路积碳，况且也不经济。一般情况下，按照摩擦面积来估算润滑油量，并且随着压力差的增加而上升。

对于低、中压空气压缩机，润滑油按下述建议值确定。卧式气缸每平方米的润滑表面积为 0.0025 g，立式气缸为 0.002 g，每小时耗油量为

$$m = 120\pi D(S + l_1)nk \ \mathrm{g/h}$$

式中 D ——气缸直径，m；

S ——活塞行程，m；

l_1 ——活塞厚度，m；

n ——压缩机转速，r/min；

k ——每平方米摩擦表面的油耗量，g/m²。

对于高压级，k 值按图 6-4 确定。

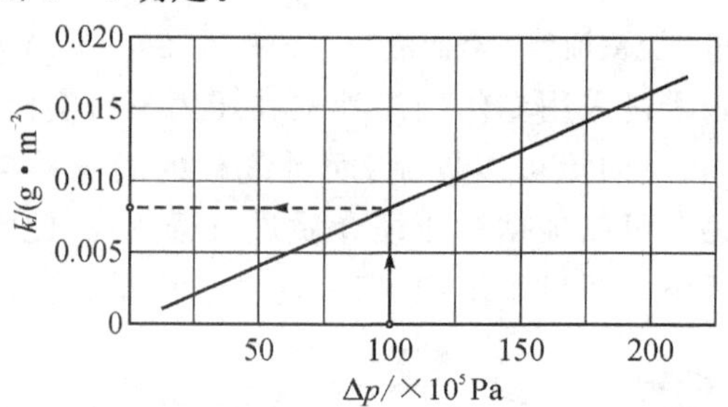

图 6-4 单位摩擦面积的油

固定式空气压缩机和微型空气压缩机润滑油消耗量限额分别在 GB/T 13279—2002 和 GB/T 13928—2002 中作了规定，见表 6-5。

表 6-5 动力用空压机润滑油消耗量表

驱动电机功率/kW	0.18	0.25	0.37	0.55	0.75	1.1	1.5	2.2	3.0	4.0	5.5	7.5	11	15
润滑油总耗量/(g·h⁻¹)	1			2		3		4	5	6	8	12	16	24

驱动电机功率/kW	18.5	22～37	45～90	110～160	200～250	315～400	450～560
润滑油总耗量/(g·h⁻¹)	40	70		105	150	195	225

煤气压缩机的润滑油耗量可适当增加，有时可增加 50%。对于未经充分清理的焦炉气压缩机可增至 2～3 倍。

新制造的大型压缩机，活塞与气缸的跑合时期可延续两星期，此时润滑油供给量应加倍使用。

填函润滑油耗量按每平方米活塞杆润滑表面积 0.01～0.03 g/m² 确定，其中较大值用于高压填函。

6.3.2 注油器及注油接管

1.注油器

压力润滑注油系统包括注油器、输油管和监控器件，其中注油器是系统的关键部分，如图 6-5 所示。当柱塞 2 下行时，泵体 9 的柱塞套 3 腔内产生真空度，润滑油从罩壳 6 内，经泵体中的通道 A 和通道 B 内开启的球阀沿通道 C 进入柱塞套腔。此时，罩壳 6 内的润滑油被吸走后也产生真空度，注油器箱体内的润滑油在大气压力作用下，沿吸油管 1 和滴油管 5 吸进罩壳内以补充之。柱塞 2 上行时，通道 B 中球阀关闭，吸油通路被截断，润滑油只能通过注油阀 4 压向润滑点。旋转调节螺套 7 可改变柱塞行程，以调节柱塞泵的注油量，调节范围为 0～100%。柱塞 2 上下往复运动是利用偏心轴或凸轮旋转顶压驱动。若透明罩壳中滴油管无油下滴，则表明无油泵送，润滑点断油。真空滴油式单柱塞注油器的型式和注油器的头数(单元泵个数)见表 6-6。注油器可由压缩机主轴通过棘轮减速机构或蜗轮蜗杆减速机构驱动，亦可用单独的电动机通过减速器驱动。表 6-7 为各种型式注油器的基本参数。

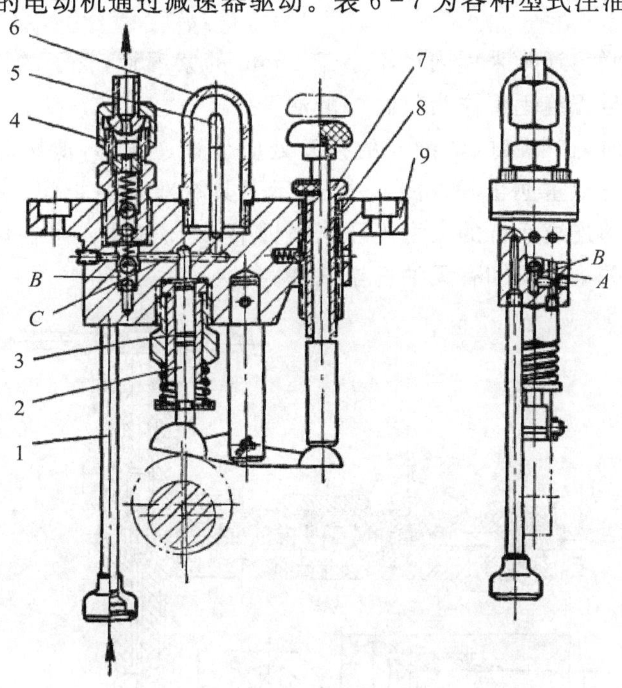

1—吸油管；2—柱塞；3—柱塞套；4—注油阀；5—滴油管；
6—罩壳；7—调节螺套；8—调节杆；9—泵体

图 6-5 真空滴油式单柱塞注油器的单元柱塞泵

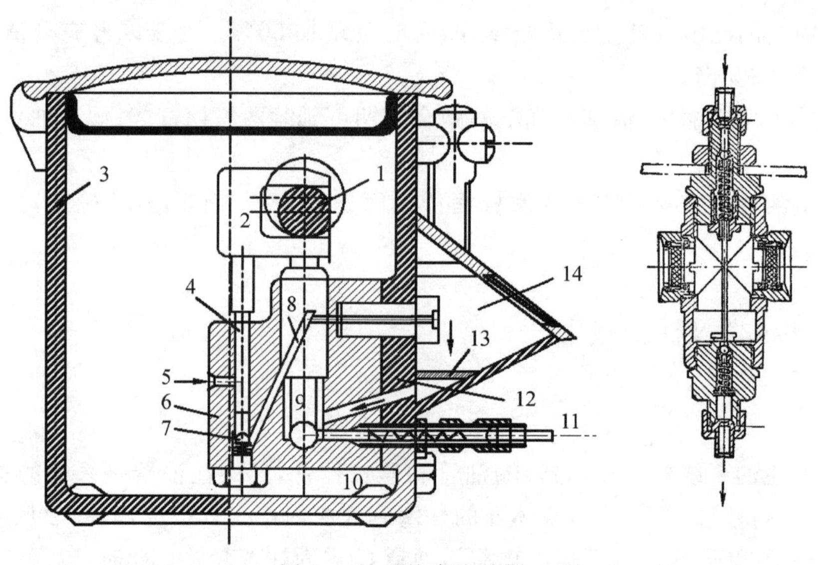

图 6-6　双柱塞注油器

图 6-6 为双柱塞注油器，吸油是借助于柱塞 4，而柱塞 9 是起到压送油的作用。当凸轮轴 1 旋转时，叉形零件 2 上升，柱塞 4 抬起并从容器 3 通过吸油孔 5 吸油。柱塞 4 下降时，阀 7 开启，润滑油经过缸体 6 中的通道 8 进入视窗 14，视窗可以观察油下落情况。油穿过油筛网 13 进入通道 12 并进入柱塞 9。当柱塞 9 继续下降时，阀 10 开启，润滑油便由注油管 11 进入润滑点。双柱塞注油器结构完善，主要用于高压压缩机的润滑系统中。

2. 注油管

气缸润滑的注油管，通常采用内径不小于 4 mm 的紫铜管，管子的许用压力应大于注油压力。有些采用 20 号无缝钢管作为气缸润滑油管。

另外，压力润滑时，在气缸的注油点的接管处应设置逆止阀，低压时设置一道逆止阀即可，而高压时必须设置双重逆止阀。图 6-7 表示了具有双重逆止阀、关闭阀和检验开关的结构，它用于要求高的连续运行的大型高压压缩机中，关闭阀门 4 可在压缩机运行状态更换逆止阀，打开检验开关 1 便可知有无油送至气缸。

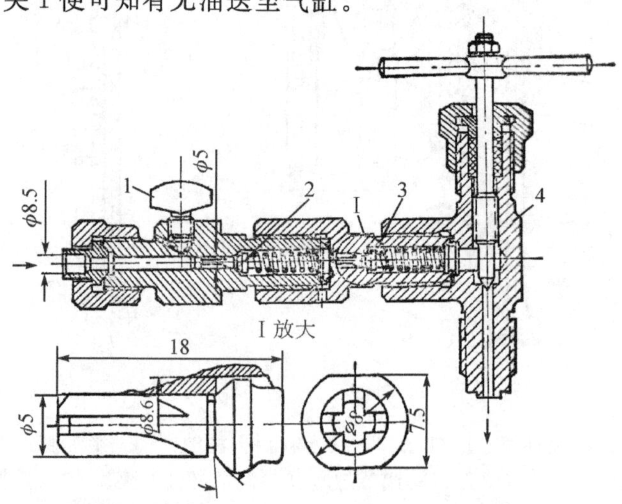

图 6-7　具有双重逆止阀(2、3)、关闭阀(4)和检验开关(1)的接管装置

气缸及填料的注油管的布置应尽量缩短管线并力求整齐、美观。注油管应适当加管箍固定，防止由于振动磨损管壁而破裂。

3. 注油器的规格及性能参数

真空滴油式单柱塞注油器及注油头数和其基本参数分别如表 6－6 和表 6－7 所示。

表 6－6　真空滴油式单柱塞注油器及注油头数

<table>
<tr><th>型式</th><th>代号</th><th>驱动方式</th><th colspan="5">注油头数</th><th>简　图</th></tr>
<tr><td>摆杆式</td><td>B</td><td rowspan="2">主轴驱动</td><td rowspan="2">2</td><td rowspan="2">4</td><td rowspan="2">8</td><td rowspan="2">12</td><td rowspan="2">16</td><td></td></tr>
<tr><td>联轴节式</td><td>L</td><td></td></tr>
<tr><td>单联式</td><td>D</td><td rowspan="2">单轴驱动</td><td></td><td>8</td><td>12</td><td>16</td><td>18</td><td></td></tr>
<tr><td>双联式</td><td>S</td><td></td><td></td><td>24</td><td>32</td><td>36</td><td></td></tr>
</table>

注：(1)根据需要，在不改变尺寸规格的情况下，允许采用不超过 36 头的其他非标准注油头数。

(2)B 型的传动部分为摆杆离合器机构，其动力输入为往复运动；

L 型的传动部分为联轴节离合器机构，其动力输入应为旋转运动；

D 型与 S 型均应由单独电动机驱动工作。

表 6－7　各种型式注油器的基本参数

<table>
<tr><th rowspan="2">类别</th><th rowspan="2">代号</th><th rowspan="2">注油压力 /×10^5 Pa</th><th rowspan="2">每头最大注油量 /(cm^3/双行程)</th><th rowspan="2">油量调节范围 /(cm^3/双行程)</th><th rowspan="2">柱塞直径 /mm</th><th rowspan="2">活塞行程 /mm</th><th colspan="4">输入功率 /kW</th><th colspan="4">主轴转数 /(r·min^{-1})</th></tr>
<tr><th>B</th><th>L</th><th>D</th><th>S</th><th>B</th><th>L</th><th>D</th><th>S</th></tr>
<tr><td>高压</td><td>G</td><td>320</td><td>0.18</td><td>0～0.18</td><td>ϕ6</td><td rowspan="2">8</td><td rowspan="2" colspan="2">主轴驱动</td><td rowspan="2">0.35</td><td rowspan="2">0.55</td><td rowspan="2" colspan="2">10～30</td><td rowspan="2" colspan="2">10</td></tr>
<tr><td>中压</td><td>Z</td><td>160</td><td>0.32</td><td>0～0.32</td><td>ϕ8</td></tr>
</table>

6.4　传动机构的润滑

6.4.1　传动机构的润滑方式

传动机构的润滑主要是主轴承和主轴颈，连杆大头瓦和曲柄销，活塞销或十字头销和连杆小头铜套，以及十字头和滑道等。在这些润滑部位中，除了用于微小型压缩机的飞溅润滑方式外，主要润滑方式为压力润滑。

压力润滑是借助容积式油泵，将润滑油输至各磨滑面。按驱动油泵的形式，压力润滑又分为由压缩机主机直接驱动和单独电机驱动两种。前者用于中、小型压缩机，后者用于大型压缩机。传动机构压力润滑的润滑油为循环使用，典型的润滑油循环系统如图 6－8 和图 6－9 所示。

在图 6－8 中，曲轴箱兼作集油箱之用。对于在气温较高地区使用的中型压缩机，如同大型机器一样，须加设油冷却器。工作时油泵由曲轴端部驱动，润滑油通过导入曲轴油孔，再送至各磨滑面。

图 6－9 是一较完善的由单独电机驱动的循环油路系统。润滑油由油泵 2 从集油箱 4 内经粗滤器吸出，通过精滤器 6 进入油冷却器 1 冷却，再由安置在机身内的总油管分配至各注油点。另一路从精滤器 6 旁通出较少部分的油量，经离心式过滤器 5 分离出细小的金属磨屑后回流至集油箱。各注油点使用后的润滑油，分别由机身和中体底部的排油孔最后返回集油箱。

采用由单独电机驱动的循环油路系统，可在压缩机起动之前使油泵开始工作，待系统中达到规定油压时再起动压缩机，保证压缩机启动时的充分润滑，从而能防止在无油情况下起动压缩机烧坏轴瓦的危险。

循环润滑系统的油压为 $(2\sim4)\times10^{5}$ Pa，且不低于 1.5×10^{5} Pa，高转速压缩机取较大值。

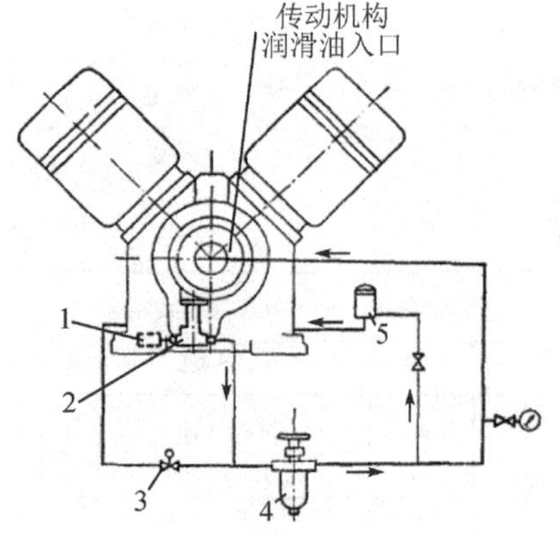

1—过滤盘；2—齿轮油泵；3—旁通阀；
4—粗滤器；5—精滤器

图 6－8　压缩机主轴驱动的润滑系统

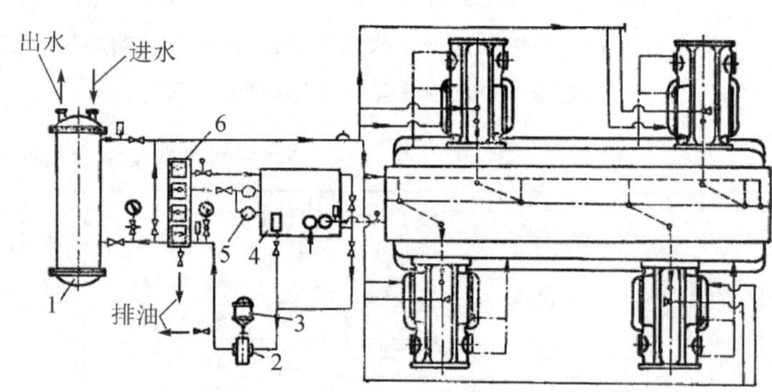

1—油冷却器；2—油泵；3—电机；
4—集油箱；5—离心式滤器；6—精滤器

图 6－9　单独电机驱动的润滑系统

6.4.2 循环油量的确定与供油系统

1. 压缩机循环油量

压力润滑方式的循环润滑油量按导去磨滑面的热量确定。在有十字头的压缩机中，曲轴连杆机构耗去的摩擦功率约占压缩机总摩擦功率的 30%，无十字头压缩机约占 20%。由此，按照下式计算导去摩擦表面热量所需要的循环油量 q_1 为

$$q_1 = \frac{(0.2 \sim 0.3)P_{sh}(1-\eta_m)}{1000\rho c(t_2 - t_1)} \times 60\ \mathrm{m^3/min} \tag{6-2}$$

式中 P_{sh}——压缩机轴功率，kW；

ρ——润滑油密度，kg/L，一般取 $\rho=0.9$ kg/L；

c——润滑油的比热容，J/(kg·K)，一般取 $c=1.9$ J/(kg·K)；

t_1——润滑油初温，℃；

t_2——由摩擦副返回油箱的油温，℃；

η_m——机械效率。

润滑油温度的取值，要考虑到压缩机的结构，对于有十字头的压缩机 $t_2 \approx 60$ ℃，无十字头压缩机和摩托压缩机 $t_2 \approx 70$ ℃。机械效率为 $\eta_m = 0.82 \sim 0.92$，无十字头压缩机取下限。

考虑到油泵磨损后容积效率降低，实际选择的油泵排油量应取循环润滑油量的 1.5～2 倍。多余的油量可通过系统中的压力调节阀释放回油箱。

油箱贮油量约为 3～5 min 油泵流量。贮油箱是不密封的，过多的贮油暴露在空气中会吸收水分而乳化和氧化。

2. 供油系统

压缩机的循环供油系统具有以下几种方式，各种常见的供油线路及优缺点见表 6-8。

表 6-8 压缩机循环油供油方式

序号	供油路线	优点	缺点	备注
1	油泵→曲轴中心孔→连杆大头瓦→连杆小头衬套→十字头滑道→贮油箱	油路无管道连接	曲轴、连杆需钻油孔；启动时油输至滑道面迟后	适应小型压缩机，主轴承为滚动轴承
2	油泵→主轴承→连杆大头瓦→连杆小头衬套→十字头滑道→贮油箱	仅需要通至主轴承供油管路	曲轴、连杆需钻油孔；启动时油输至滑道面迟后	适用多列、多拐中型压缩机
3	油泵→十字头滑道→连杆小头衬套→连杆大头瓦→贮油箱	供油管仅先通到滑道，曲轴无需钻油孔	连杆需钻油孔，启动时大头瓦供油迟后	适用于单拐主轴承为滚动轴承的中型压缩机

续表 6－8

序号	供油路线	优点	缺点	备注
4	①油泵→十字头滑道→连杆小头衬套→连杆大头瓦→贮油箱 ②油泵→各主轴承→贮油箱	供油充分，曲轴无需钻油孔	管路较复杂，连杆需钻油孔	适用于大型压缩机
5	①油泵→十字头滑道→连杆小头衬套→贮油箱 ②油泵油泵→各主轴承→连杆大头瓦→贮油箱	供油充分，连杆无需钻油孔	管路较复杂，曲轴需钻油孔	适用于大型压缩机

6.4.3 润滑油泵

润滑油泵主要采用容积式，普遍使用的是齿轮油泵和转子式油泵两种。

1. 齿轮泵

一对互相啮合的齿轮置于泵体中，齿轮旋转时，齿轮在进油腔由于容积扩大而产生吸油作用，润滑油由入口 1 吸进，在排油腔进入啮合时，由于容积的缩小而产生压油作用，润滑油自排油口 2 排出。为使啮合的齿隙中被封闭的润滑油不产生高压，在泵体上开设有卸荷槽 3。齿轮泵的结构简图如图 6－10 表示。

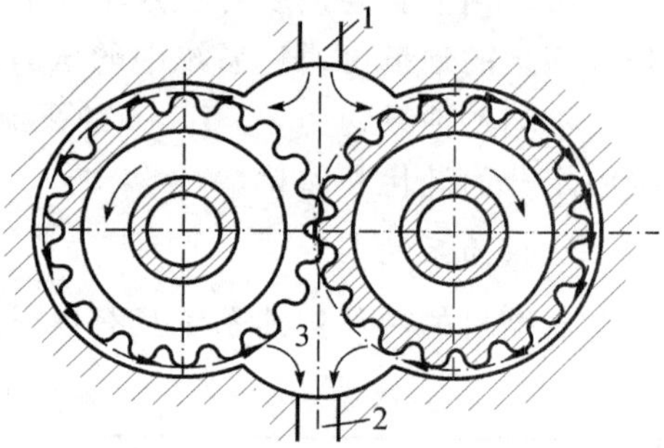

1—入口；2—排油口；3—卸荷槽

图 6－10　齿轮泵的结构简图

齿轮泵每转的排量为两个齿轮所有齿间槽的工作容积总和。为简化起见，可以假设齿轮各牙齿的体积近似等于齿间槽的容积，齿轮泵每转的理论排量为

$$V_0 = \pi D h b = 2\pi Z m^2 b \qquad (6-3)$$

式中　D——齿轮节圆直径，mm；

b——齿轮的宽度 mm；

Z——齿数；

h——齿高，mm，$h=2$ mm；

m——齿轮的模数，mm。

实际上齿间槽的容积比牙齿的体积稍大，并且齿数越少时两者的差值越大。考虑到这个因素，一般可以用系数 3.33～3.5 代替 π，齿数少时可取大值。如果以 3.33 代替 π，则齿轮油泵的实际排油量为

$$q_0 = 6.66 Z m^2 b n \eta_0 \times 10^{-6}\ \text{L/min} \qquad (6-4)$$

式中　n——齿轮的转速，r/min；

η_0——齿轮泵的容积效率，一般取 $\eta_0 = 0.75 \sim 0.9$。

齿轮泵所消耗的功率为

$$P = \frac{\Delta p q_0}{\eta_m} \times 10^2\ \text{kW} \qquad (6-5)$$

式中　Δp——润滑进出口的油压差，N/m²，一般在选配电机时取 $\Delta p = 6 \times 10^5\ \text{N/m}^2$；

q_0——齿轮泵的排油量，m³/s；

η_m——泵的机械效率，一般取 $\eta_m = 0.7 \sim 0.8$，制造和装配质量精良的泵取上限。

齿轮油泵的结构有各种形状，图 6－11 表示了直接由曲轴传动的油泵，油泵送出去的油，经油泵上部的滤油器座 2，流入滤油器芯的外部，然后由空心的滤油器芯轴 3 的内孔流出。手柄 4 是作为手动使用。图 6－12 表示的齿轮油泵，也是由曲轴直接带动的，但其手动部分在压缩机运行时可以脱开。用于由电机带动的齿轮油泵，其中 2CY 系列的齿轮油泵规格及性能参数如表 6－9 表示。

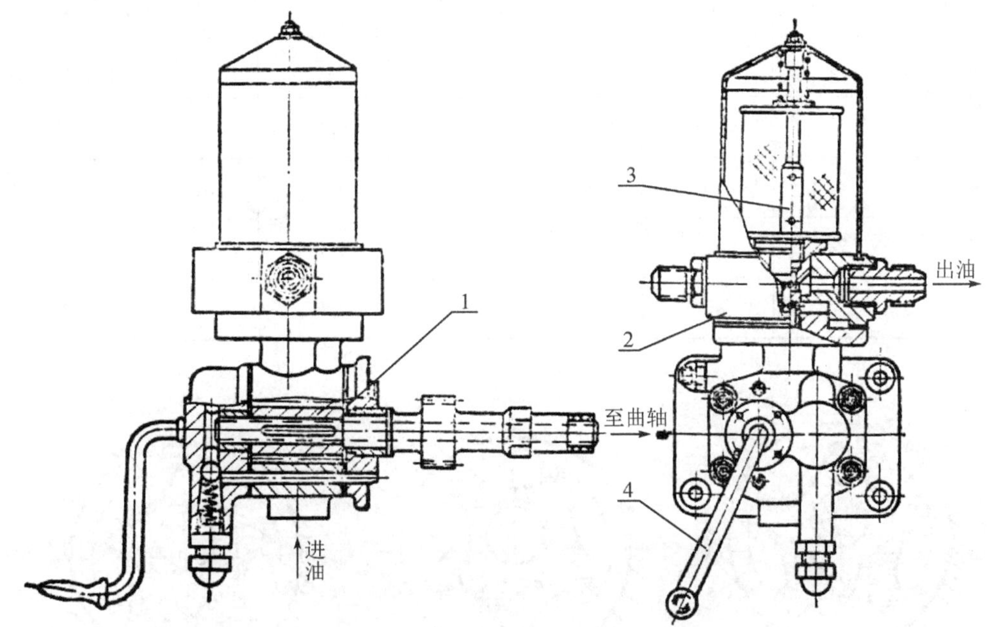

1—进油口；2—滤油器座；3—芯轴；4—手柄

图 6－11　直接由曲轴驱动的齿轮油泵

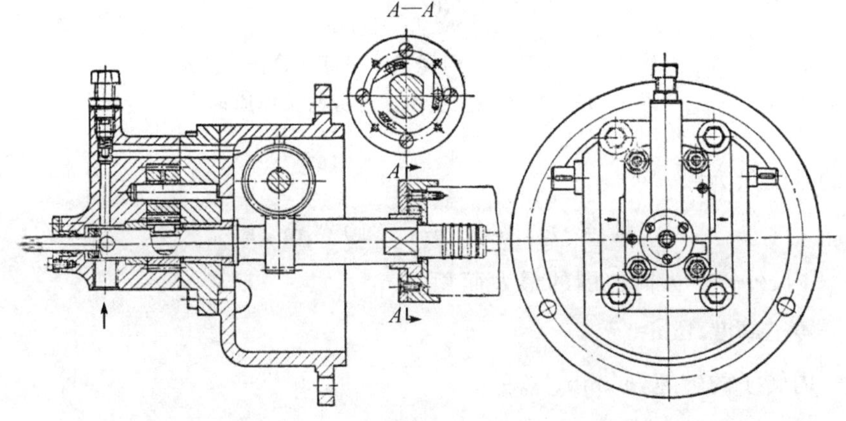

图 6－12　手动部分可脱开的齿轮油泵

2. 转子泵

转子泵由内转子、外转子和壳体三个主要部分组成，如图 6－13 所示。工作时内转子由驱动机带着绕其自己的中心 O 转动，其齿与外转子的内齿槽相啮合，带动外转子绕其自身的中心 O' 转动。常见的内转子为四个齿，而外转子为五个齿槽。内转子每个齿形曲线在任何时候都与外转子上某个点相切，因此每个齿都形成一个封闭的容积。由于内、外转子偏心，故齿间的容积就发生周期性扩大和缩小，实现了吸油和压油的功能。

表 6-9　2CY 系列齿轮泵规格及性能参数

型　号	流　量		转 速 /(r·min⁻¹)	排出压力 /MPa	必需汽蚀余量/m	效 率/%	电机	
	m^3/h	L/min					功率 /kW	型号
2CY—1.08/2.5	1.08	18	1420	2.5	9.5	58	2.2	Y100L1—4
2CY—2.1/2.5	2.1	35	1420	2.5	9.5	58	3	Y100L2—4
2CY—3/2.5	3	50	1440	2.5	9.5	59	4	Y112M—4
2CY—4.2/2.5	4.2	70	1440	2.5	9.5	59	5.5	Y132S—4
2CY—7.5/2.5	7.5	125	1440	2.5	9.5	63	7.5	Y132M—4
2CY—12/2.5	12	200	1460	2.5	9.5	63	15	Y160L—4

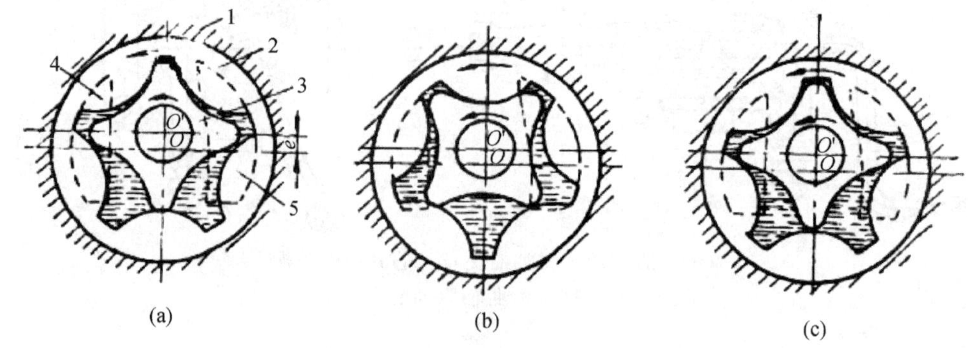

1—壳体;2—外转子;3—内转子;4—进油口;5—油出口

图 6-13　转子泵主要组成部分与工作原理

转子泵的排油量为

$$q_0 = 0.167Azbn\eta_0 \times 10^{-10}\ \mathrm{m^3/s} \tag{6-6}$$

式中　A——内、外转子齿面包围的最大面积,mm^2;

b——转子厚度,mm;

n——内转子的转速,r/min;

z——内转子齿数;

η_0——转子油泵效率,一般取 $\eta_0=0.8\sim0.85$。

转子油泵结构较齿轮泵复杂,精度要求较高,所以用一般的加工方法很难达到要求,目前均以粉末冶金工艺成型。图 6-14 为转子油泵的结构简图,图中内转子由锥销 1 和轴 2 固定,阀芯 3 用来调节压力。

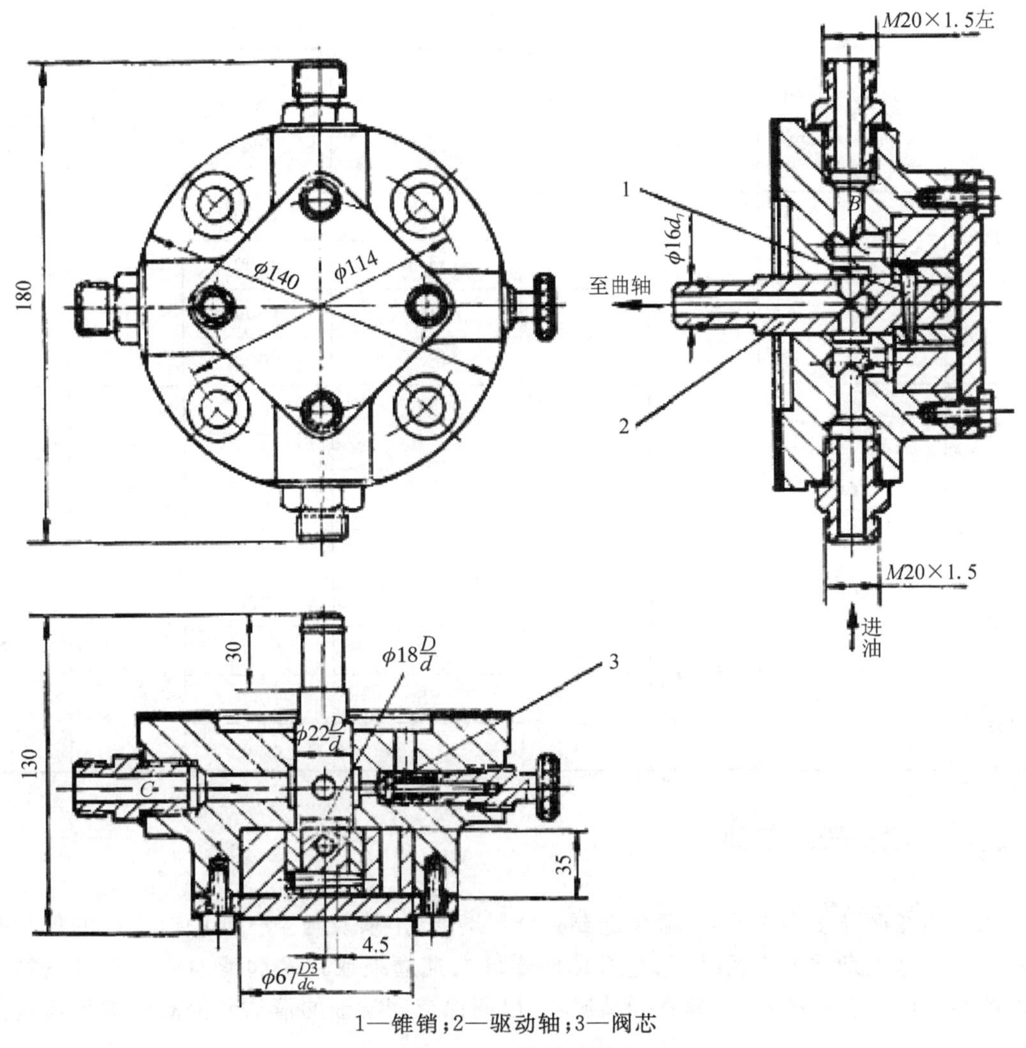

1—锥销；2—驱动轴；3—阀芯

图 6-14　转子油泵

转子油泵系列规格及参数如表 6-10 所示。

表 6-10　转子油泵系列型号及参数

型　号	内外转子齿最大面积 A/cm^2	偏心距 e/mm	转子厚度 b/mm	排油量 q_0/(L·min^{-1})	转速 n/(r·min^{-1})	外转子外径 D/mm	内转子轴孔径 d_0/mm
JZX0515	0.5	2.2	15	4	1500	29	8
				6.5	2500		
JZX1018	1.0	2.8	18	6	1000	41	13
				18	3000		
JZX1025		3.5	25	8.25	1000		
				24.5	3000		

续表 6-10

型　号	内外转子齿最大面积 A/cm^2	偏心距 e/mm	转子厚度 b/mm	排油量 q_0 /(L·min^{-1})	转速 n/(r·min^{-1})	外转子外径 D /mm	内转子轴孔径 d_0 /mm
JZX1425	1.4	3.5	25	11.5	1000	50	14
				34.5	3000		
JZX1435			35	16	1000		
				48.5	3000		
JZX2525	2.5	4.5	25	21	1000	67	18
				62.5	3000		
JZX2535			35	29	1000		
				87	3000		
JZX4030	4.0	6.0	30	41.5	1000	85	20
				24	3000		
JZX4040			40	55	1000		
				166	3000		

6.4.4　滤油器及集油箱

润滑油在循环使用中，不可避免地要被金属磨屑、尘埃及与空气接触时产生的氧化胶状物所污染。这些杂质如不及时滤掉，必然使零件快速磨损或堵塞润滑油路。所以完善的循环油路系统应备有粗滤器、细滤器和精滤器，以便保持润滑油的清洁和提高压缩机运转的经济性与可靠性。

滤油器的种类很多，但是按照滤清的效果分为粗滤器、细滤器和精滤器，三种滤油器的特性如表 6-11 所示。

表 6-11　滤油器特性比较

类别	型　式	过滤精度	压力差/MPa	特　性
粗滤器	粗网式滤油器	只能过滤大于 0.8 mm 以上的颗粒		制造容易，结构简单
细滤器	网式滤油器	网孔为 120 目以上时，可过滤 0.13～0.4 mm 的颗粒		制造容易，结构简单，但过滤效果较差
	线隙式滤油器	线隙为 0.1 mm，过滤后的正常颗粒为 0.02 mm	不超过 0.03～0.06	结构较简单，过滤效果较好，但不易清洗
	片式滤油器	过滤后的颗粒为 0.15～0.6 mm	不超过 0.03～0.07	清洗方便，强度大，不易损坏，但制造困难

续表 6-11

类别	型　式	过滤精度	压力差/MPa	特　性
粗滤器	粗网式滤油器	只能过滤大于 0.8 mm 以上的颗粒		制造容易，结构简单
精滤器	纸质滤油器	孔径约为 0.03～0.07 mm，过滤后精度达 0.005～0.03 mm	不超过 0.01～0.04	过滤效果好，精度高，易制造，但易阻塞，纸芯易损坏。
	离心式滤油器	效果良好，可分离 0.002 mm 以下的颗粒	不超过 0.03～0.07	主要分离磨蚀后的极细小的金属颗粒，制造困难。

1. 粗滤器

粗滤器一般用网目尺寸为 0.6×0.6 mm 的铜丝网作为滤网制作而成，并置于曲轴箱或集油箱中泵的吸入管处。主要防止粗糙杂质及纤维物被油泵吸入后，损坏和磨蚀油泵的齿轮而影响油泵的正常工作，它可滤去大于 0.8 mm 的颗粒。其结构型式有盒状和筒状两种，图 6-15 为筒状粗滤器。

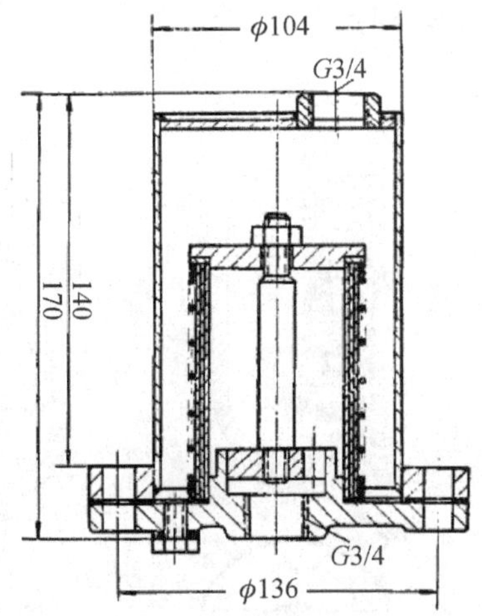

图 6-15　筒状粗滤器

2. 细滤器

细滤器安装于油泵之后，细滤器主要有网式、片式和线隙式三种。

(1) 网式滤油器。网式滤油器的滤芯以铜网为过滤材料，在周围开有很多孔的塑料或金属筒形骨架上，包着一层或两层铜丝网，其过滤精度取决于铜网层数和网孔的大小。这种滤油器结构简单，通流能力大，清洗方便，但过滤精度低。图 6-16 为空压机常用的网式过滤器。润滑油从进油口流到滤芯的外侧，经过滤后的油从中间出油口流出，在滤网堵塞油压升高过大时，可以顶开阀 2，使油形成通路。国产网式滤油器有 0.8 mm、0.1 mm、0.18 mm 等 3 种过滤精度和多种过滤能力的规格。

网式过滤器所需要的过滤面积 A_1 可按下式进行计算

$$A_1 = 16.6\,\frac{q_0}{kv_1} \times 10^{-4}\ \mathrm{m}^2 \qquad (6-7)$$

$$k = \left(\frac{a}{a+d}\right)^2 \qquad (6-8)$$

式中　q_0 ——过滤的油量，L/min；

v_1 ——通过过滤器有效通流面积的流速，m/s，一般取 $v_1 = 0.02 \sim 0.04$ m/s；

k ——通流能力系数；

a ——网的方孔边长，mm；

d ——金属丝直径，mm。

网孔边长 a 和金属丝直径由表 6-12 给出。

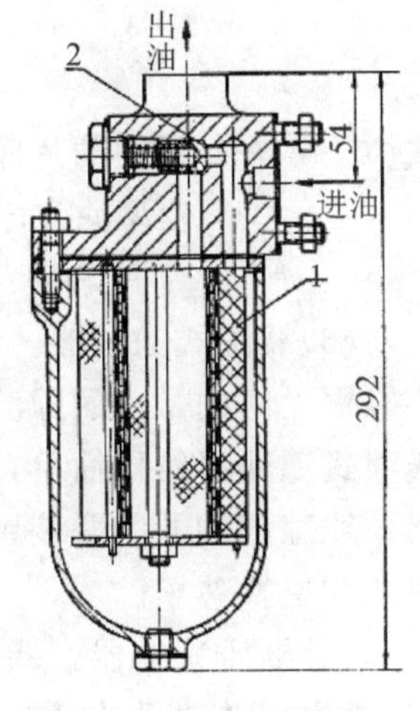

图 6-16　网式过滤器

表 6-12　铜丝网的目数、孔目大小和铜丝直径

目 数/(mesh · in^{-1})	60	70	80	100	110	120	130	140	150
a /mm	0.295	0.245	0.222	0.179	0.156	0.137	0.131	0.118	0.06
d /mm	0.122	0.112	0.091	0.071	0.071	0.071	0.061	0.061	0.061

(2)片式滤油器。片式滤油器主要由金属轮型滤 1 和星型隔片 6 交替叠合在轴上组成，滤片之间的缝隙为油的通道，机械的杂质被阻止于滤片之外或之间。被过滤杂质的大小取决于隔片的厚度，我国轮型滤片的厚度为 0.25～0.35 mm，星型隔片厚度为 0.07～0.15 mm。在另一根轴上装有刮片 3，当过滤器被堵塞时，只要转动上部的手柄，即能将过滤后的杂质刮下。图 6-17 表示了片式滤油器的简图。这种滤油器制造虽较为复杂，但结构紧凑，使用方便。

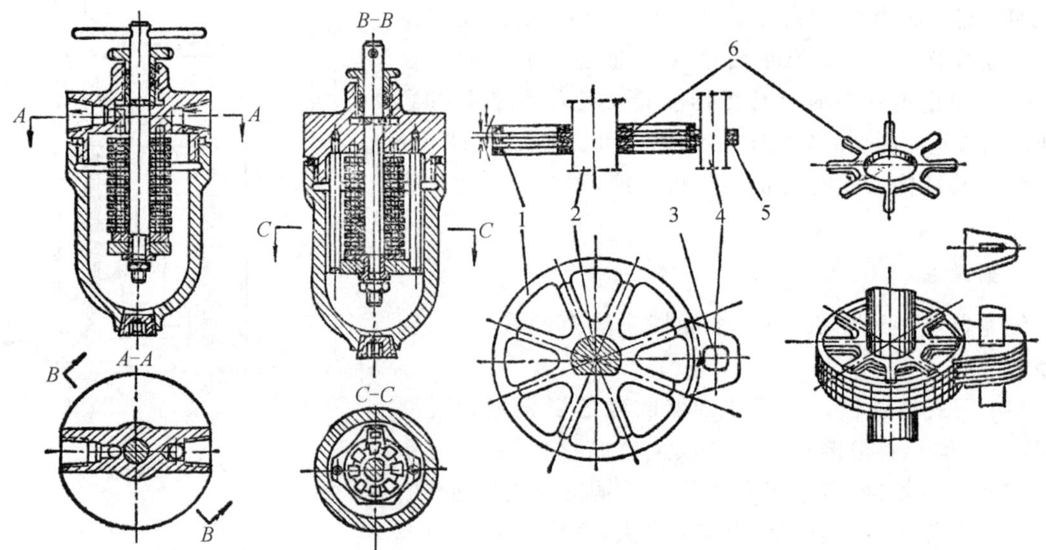

1—轮型滤片；2—芯轴；3—刮片；4—刮片固定轴；5—隔片；6—星型隔片

图 6-17　片式滤油器

片式滤油器所需要的过滤面积 A_1 与式(6-7)相同，但通流能力系数由下式确定

$$k=\frac{\delta}{\delta+s}\left(1-\frac{\psi}{360}\right) \qquad (6-9)$$

式中　δ——星型的片厚度，mm；

s——轮型滤片厚度，mm；

ψ——刮片角度，一般取 $\psi=10\sim12°$。

(3)线隙式滤油器。线隙式滤油器用铜丝或者铝丝密绕在筒形骨架的外部来组成滤芯，依靠铜丝间的微小间隙滤除混入液体中的杂质，图 6-18 表示了线隙式滤油器结构简图。线隙式滤油器结构简单，通流能力大，过滤精度比网式滤油器高，但不易清洗，多为回油滤油器。线隙滤油器并联装置两个芯子，中间设置旋塞，可以切断两条油路中的任意一条，以便清洗和更换芯子。

(4)纸质滤油器。纸质滤油器使用平纹或波纹的酚醛树脂或木浆微孔滤纸制成的纸芯，将纸芯围绕在带孔的镀锡铁做成的骨架上，以增大强度。为增加过滤面积，纸芯一般做成折叠形。

其过滤精度较高，一般用于油液的精过滤，但堵塞后无法清洗，须经常更换滤芯。图 6－19 表示了纸质滤油器。这种滤油器滤纸价格低廉，所以目前应用比较广泛。纸质滤油器能滤去 0.01～0.04 mm 的微小颗粒。

(5)离心式滤油器。离心式滤油器是借助于离心力将杂质与润滑油分离。图 6－20 表示了离心式滤油器的简图。由油泵送出的润滑油自下端的油口进入，经转子轴上的径向孔进入转子 4，从切向喷嘴 A 喷出，使转子高速旋转，其旋转速度可达 5000～7000 r/min，比油密度大的杂质由于离心力的作用被甩到转子的内壁而与油分离，杂质沉积在转子内。喷嘴一般有两个或三个，孔径为 1.8～2 mm。清洗时可拆掉螺母 1 及精滤壳 3，即可取出转子进行清洗，转子清洗后可继续使用。

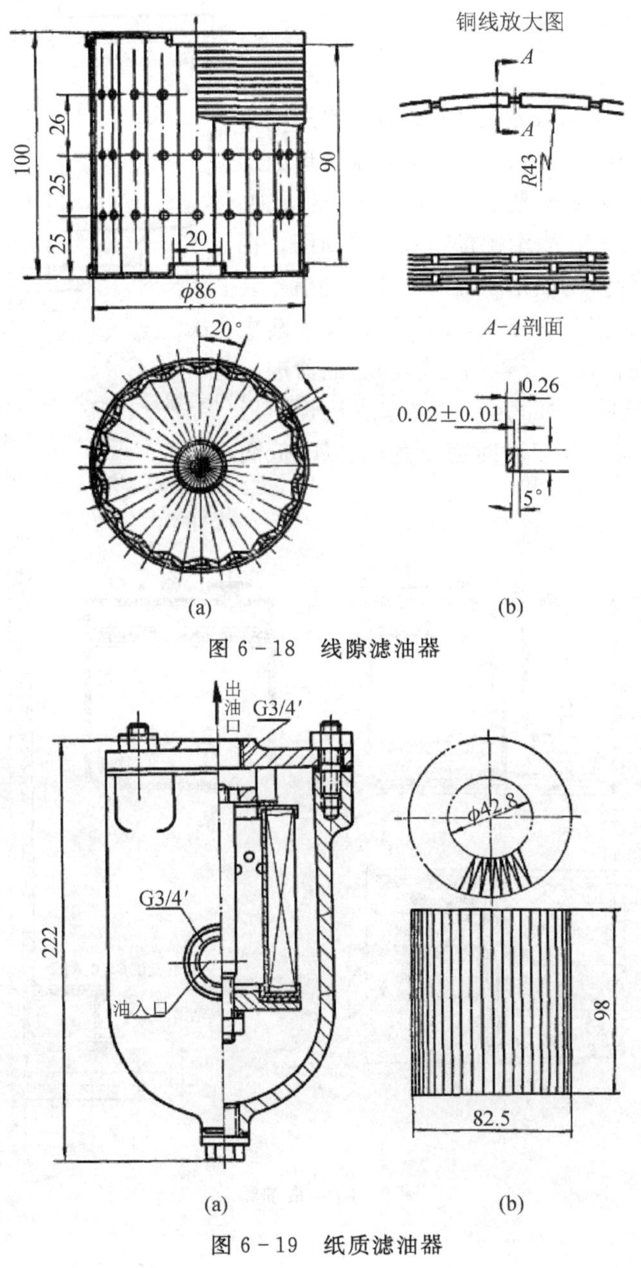

图 6－18　线隙滤油器

图 6－19　纸质滤油器

离心式滤油器在循环油路中，一般装在旁通油路上，每次只允许 15%～25%的油通过，否则会由于体积过大而造成较大的压力损失。

滤油器的种类很多，除上述介绍的外，使用较多的还有烧结式滤油器。烧结式滤油器的滤心分别是由大小不同的青铜、低碳钢或镍铬粉末烧结而成，形状有杯状、管状、蝶状等。其特点是过滤精度较高，可达 0.01～0.1 mm；强度好，耐冲击，允许的压差大；可在高温下工作；抗腐蚀能力强。缺点是容易堵塞，难清洗；工作时烧结颗粒可能脱落而污染油液，工作液体通过时压力损失较大，一般达 0.03～0.2 MPa。

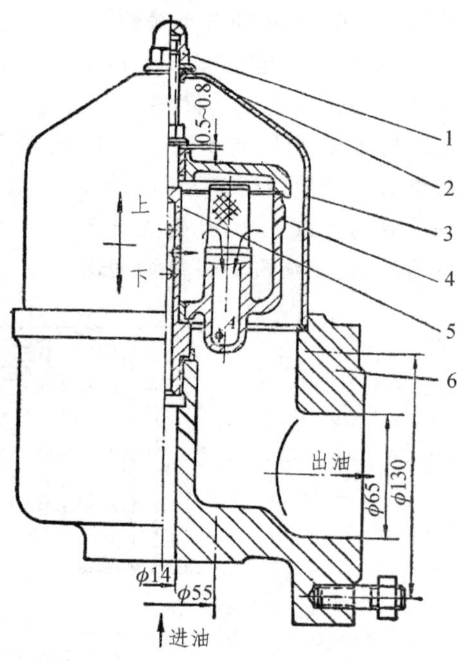

1—螺母；2—封油圈；3—精滤壳；4—转子；5—转子轴；6—壳体

图 6-20　离心式滤油器

3. 集油箱

中、小型压缩机曲轴箱兼做集油箱。而大型压缩机中，由于循环油路系统中的油量大，所以必须配置单独的集油箱，其容量要求至少要能满足油泵抽吸 4～8 分钟。一般作成槽箱式。图 6-21 表示了槽箱式结构简图。在集油箱中必须具备有浮子油面指示器与油面自动信号装置。注入集油箱的油先经过顶部的滤网(筛孔尺寸渐次减小的滤网)过滤。在流出口又经过圆形的滤油器进一步过滤，为了便于清洗圆形过滤网，把它作成长管的形式。箱内的蛇管是为有时在启动时通以蒸汽，以降低润滑油的黏度。

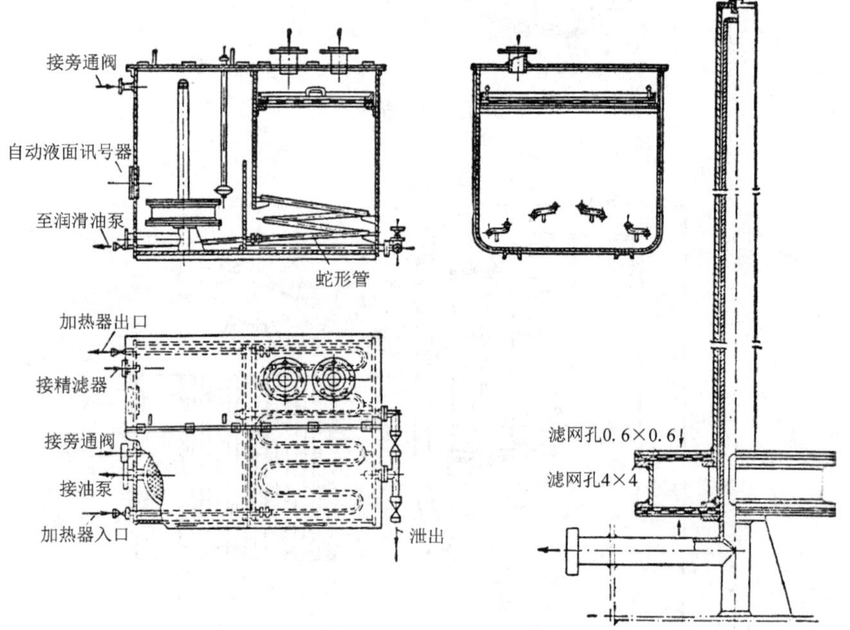

图 6-21　集油箱

第 7 章　冷却系统及冷却器的设计

多级压缩时，被压缩的气体需要进行中间冷却，以达到省功的目的。某些压缩机装置中最后排出的气体还需要进行后冷却，以分离气体中所含的水与油。所以压缩机的冷却系统由中间冷却器、气缸和填料的水套、润滑油冷却器、后冷器水管路及其他一些附件组成。

本章主要讨论压缩机冷却系统及典型冷却器的结构与计算。

7.1　冷却系统

冷却系统的一般设计原则：

(1)在冷却系统中，保证进入中间冷却器的水温最低，气缸和填料水套的进水温度不应过低，以被冷却的气体和气体中的水蒸气不出现凝析为限。对于风冷式压缩机，最冷的空气应先进入中间冷却器，再冷却气缸；

(2)经济性好，即：管路简单、气体通过冷却器的流动阻力小、系统耗水量小；

(3)运行时检测和水量调节方便。

1. 常见的几种冷却系统

(1)串联系统。串联冷却系统如图 7-1 所示。冷却水首先进入中间冷却器，然后依次进入Ⅰ级和Ⅱ级气缸水套，最后经后冷器排出。这是因为气缸的冷却通常只能导走摩擦所产生的热，使缸壁的温度不致过高而影响润滑油的性能，所以对其要求并不高。

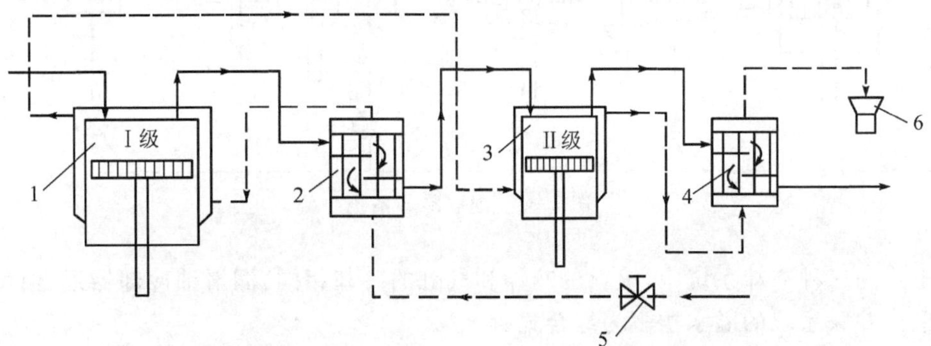

1，3—Ⅰ级和Ⅱ级气缸；2—中间冷却器；4—后冷器；5—供水调节阀；6—溢水槽

图 7-1　两级压缩机串联冷却系统

串联冷却系统适用于两级压缩机，级数较多时，因为后面各级气缸的冷却效果变差而不采用。串联冷却系统的优点是管路简单，耗水量小，检视和调节水量、水温的装置少。但导管截面的尺寸较大，各冷却部分的水量不能单独进行调节，特别是密封性受到破坏时，气体漏入冷却水中的破坏位置无法检视。

(2)并联冷却系统。并联冷却系统如图 7-2 所示。冷却水总管并联若干个支管，冷却水通过各支管进入各冷却部位，然后再通过各自的溢水槽排出。

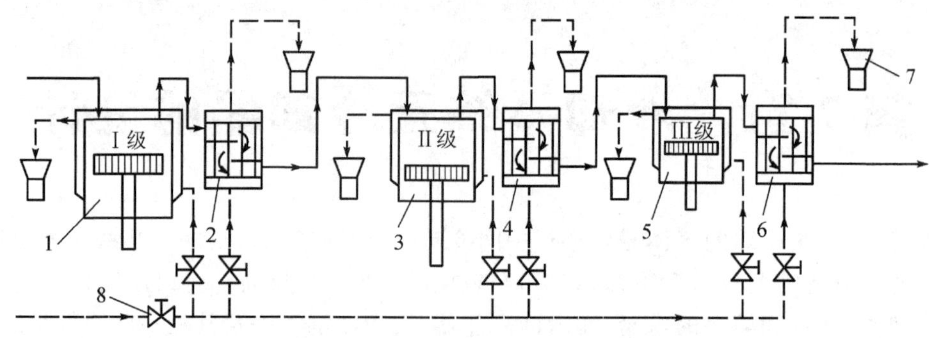

1,3,5—Ⅰ～Ⅲ级气缸;2,4—中间冷却器;6—后冷器;7—溢水槽;8—调节阀

图 7-2　三级压缩机并联冷却系统

并联系统适用于多级压缩机,它的优点是各级冷却器的进水温度最低,能使气体得到最完善的冷却效果;各部分冷却水量能任意调节;系统各部分彼此独立,易于判断损坏的部位。但其管路较为复杂、调节检视装置也较多,耗水量大。

(3)混联冷却系统。混联冷却系统如图 7-3 所示。混联冷却系统适用于两级和多级压缩机,在此系统中,每一个中间冷却器和相应的气缸水套组成一个串联系统,而各级之间又构成了并联形式。它兼有串联和并联系统的优点,不仅冷却水量利用合理,且各级具有相同的回冷完善度。

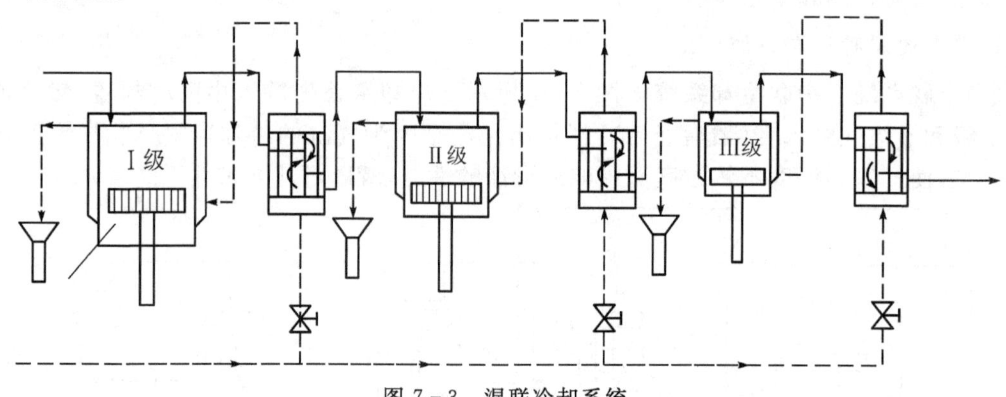

图 7-3　混联冷却系统

在上述的三种冷却系统中,填料的冷却和气缸的冷却相同,润滑油冷却器通常设置在后冷器之前。并联系统的溢水槽多为综合式。

2. *冷却水质及供水参数*

(1)冷却水质。为了防止冷却器中结垢、阻塞、腐蚀,从而影响冷却器的传热效率及使用寿命,对水质必须提出一些要求:冷却水应接近于中性,其 pH 值应在 7.0～9.2 之间;悬浮物的浓度或浊度不应大于 20 mg/L;含油量小于 5 mg/L,防止油附着于冷却器管壁而影响效率;总硬度以碳酸钙计应小于 200 mg/L。

(2)冷却水压和水温。冷却器中给水压力应足以克服系统的总阻力,一般在(0.7～3.0)$\times 10^5$ Pa;缸壁和冷却水温差在 15～25 ℃,进、排水温差小于 10 ℃;冷却水流速,对于气缸部分为 1～1.5 m/s,而中间冷却器为 2.0 m/s。

7.2 冷却器结构与尺寸确定

压缩机常采用的冷却器可以分为两大类，即管式冷却器和板式冷却器。

1. 管式冷却器

管式冷却器主要有三种形式，即蛇管式、套管式和管壳式。

(1)蛇管式冷却器。蛇管式冷却器如图 7-4 所示，是由一至数根绕成螺旋形状的气体导管，沉浸在水槽中，气体在管内流动，无论气体压力高低均可使用。图 7-4 为三级立式氧气压缩机使用的蛇管式冷却器，三根蛇管绕成四圈套在一起，冷却水自水槽下方流入，上方溢出。

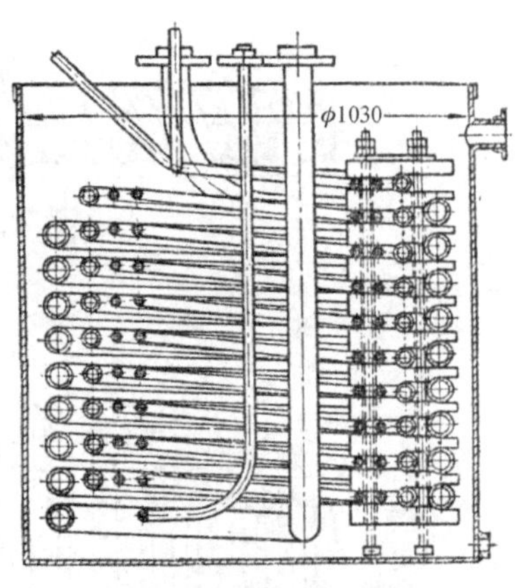

图 7-4 蛇管式冷却器

蛇管冷却器结构简单、紧凑，但导管外侧的热交换在很大程度上取决于水的自然对流换热过程，由于水在水槽中流速较慢，故冷却效果较差。为了弥补这一缺陷，通常蛇管采用导热性能良好的紫铜管。

(2)套管式冷却器。套管式冷却器如图 7-5 所示，在冷却管的外面再套一根管子，当被冷却的气体压力较低时，气体在管间流动，当压力较高时，气体在管内流动。为强化管间的传热、增加换热面积，通常在内管的外侧加装纵向的翅片，因为工作时内外管热膨胀不同，在结构上要考虑到具有补偿性，图 7-5Ⅱ部放大处给出了结构放大图。

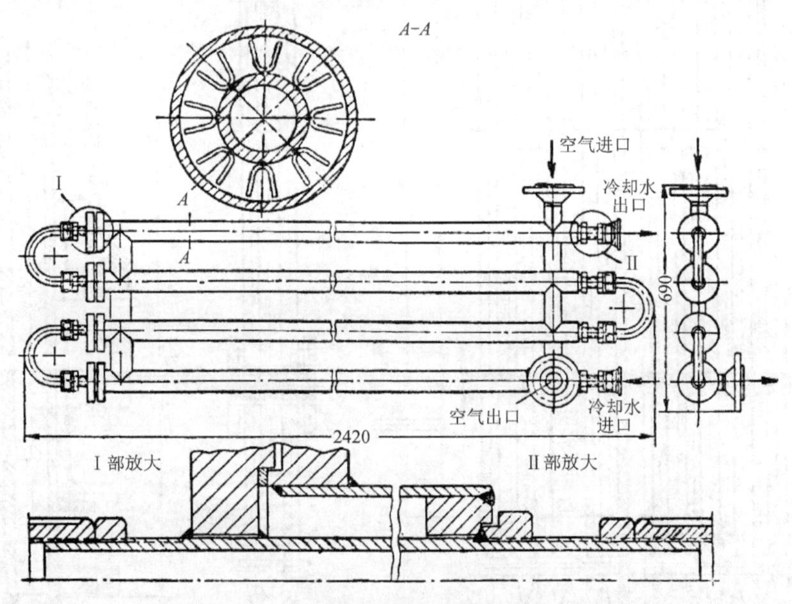

图 7-5 套管式带纵向翅片的冷却器

为便于清除环形截面通道的污垢，内、外管采用可分连接，并用法兰橡皮圈密封。冷却水切向进入，产生螺旋流动，有利于强化传热和防止污垢。图 7-6 为氮氢气压缩机高压级的冷却器。

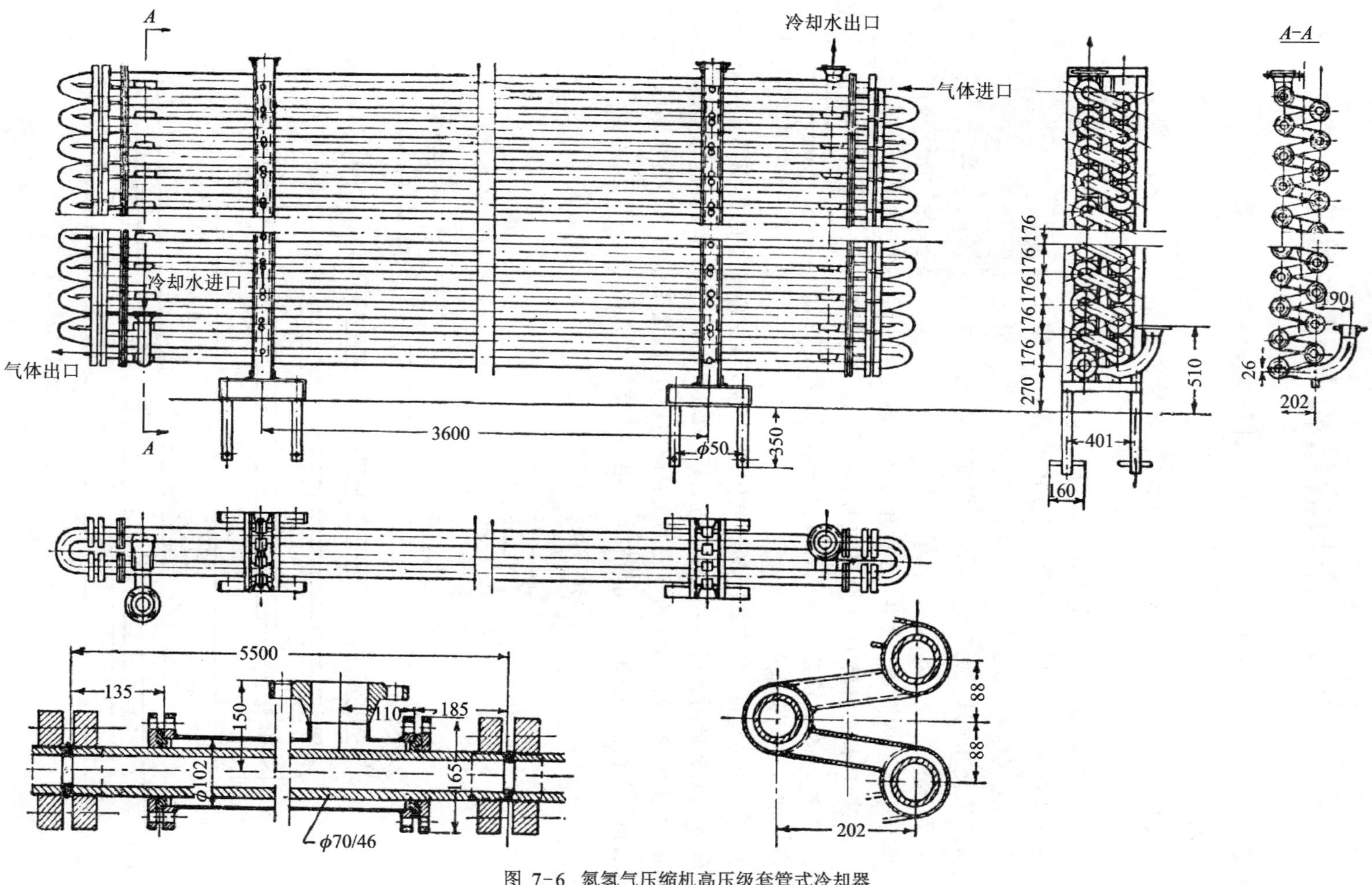

图 7-6 氮氢气压缩机高压级套管式冷却器

为了扩大套管式冷却器的容积流量，采用了多排并连结构，如图 7－7 所示。并联式多排套管式冷却器尽管可以处理较大的容积流量，但由于占地面积与金属消耗量大，现代压缩机冷却器设计已经不常使用。

套管式冷却器由于通流截面小，易于产生高速的流动，有利于换热，且污垢清除较为方便，主要应用于被冷却的气体流量小和压力较高的范围。

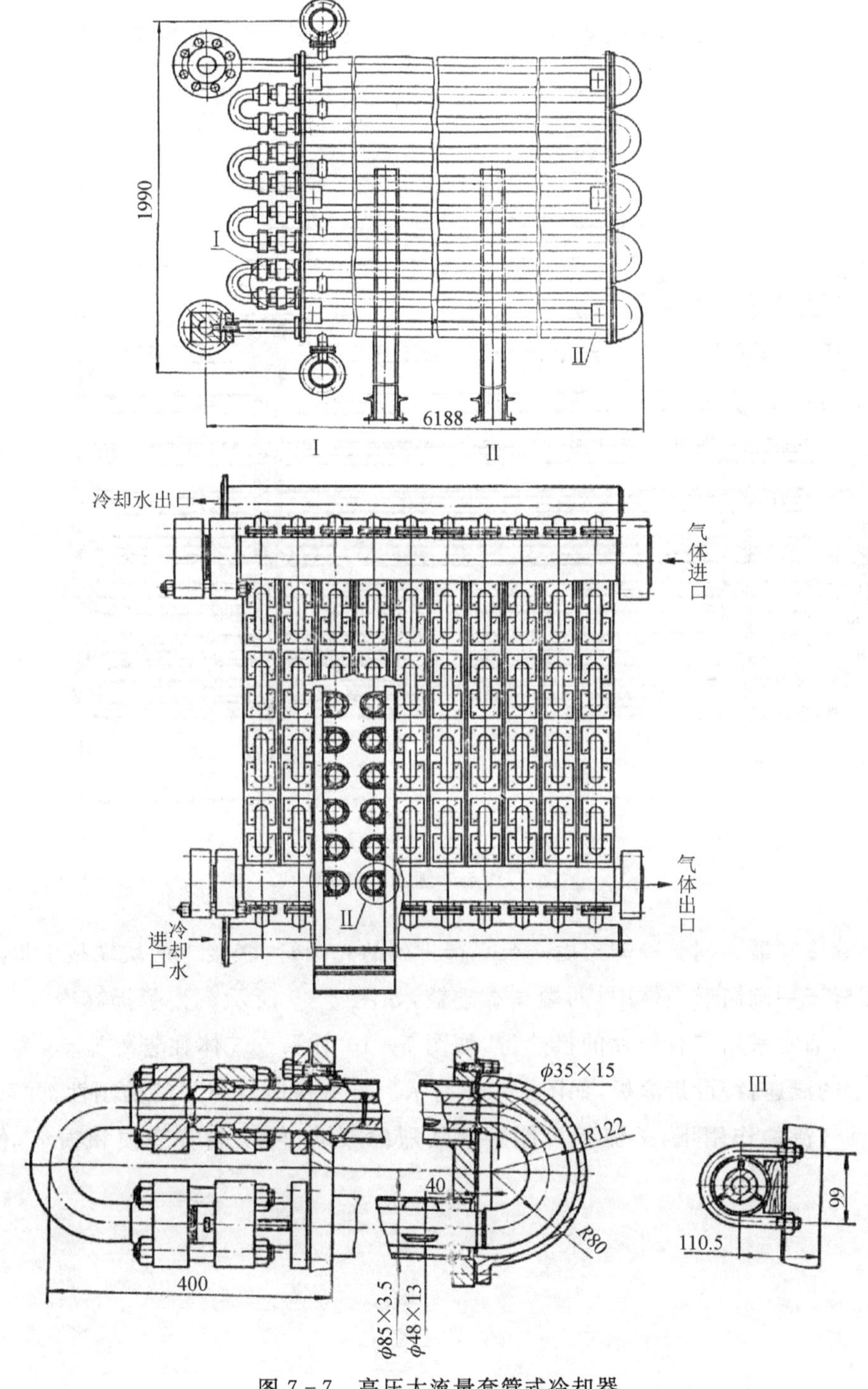

图 7－7　高压大流量套管式冷却器

(3)淋洒式冷却器。淋洒式冷却器属于降膜式换热器，它具有结构简单、冷却水消耗量小和传热系数大等特点。这种冷却器便于清除污垢和检修，且适合任何的压力。但当冷却水供给不均稳时其冷却效果十分敏感，同时在无挡风设施时，冷却效果会受到风速的影响。为使冷却水淋洒均匀，通常在每排水管下部加装齿形檐板。另外空气中的含湿量在一定程度上也会影响冷却效果。

图 7-8 为小型高压压缩机Ⅴ、Ⅵ级冷却器，其Ⅴ级的工作压力为 62×10^5 Pa，而Ⅵ级的工作压力为 150×10^5 Pa。

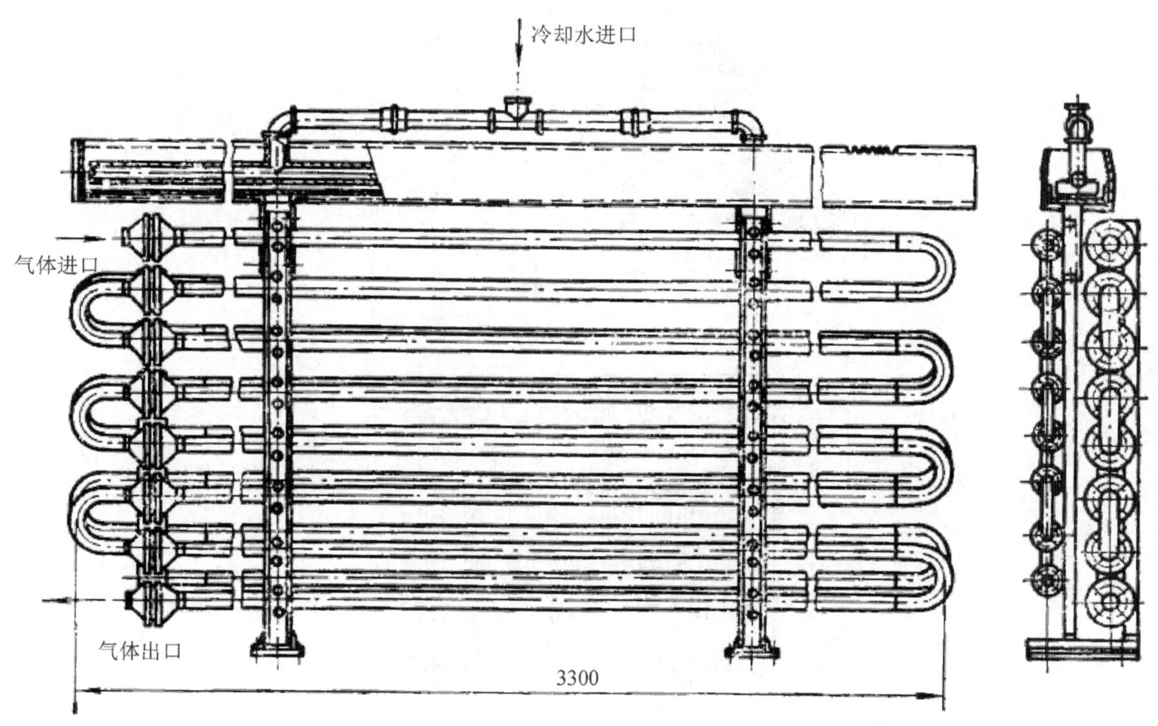

图 7-8　淋洒式冷却器

(4)列管冷却器。列管冷却器由一束平行排列的光圆管，胀接于两块端板上构成冷却器芯子，芯子置于一圆筒形壳体中，两端具有端盖，如图 7-9 所示。为了提高冷却效果，使结构更加紧凑，通常采用带有翅片的换热管，如图 7-10 所示。气体在管外流动，为了提高气体横掠管束的流速，特设折流板，如图 7-11 所示。折流板应具有足够的刚性，并可靠固定，否则在脉动气流的作用下，折流板可能发生强烈的振动，使换热管磨损和损坏，使换热管漏气。

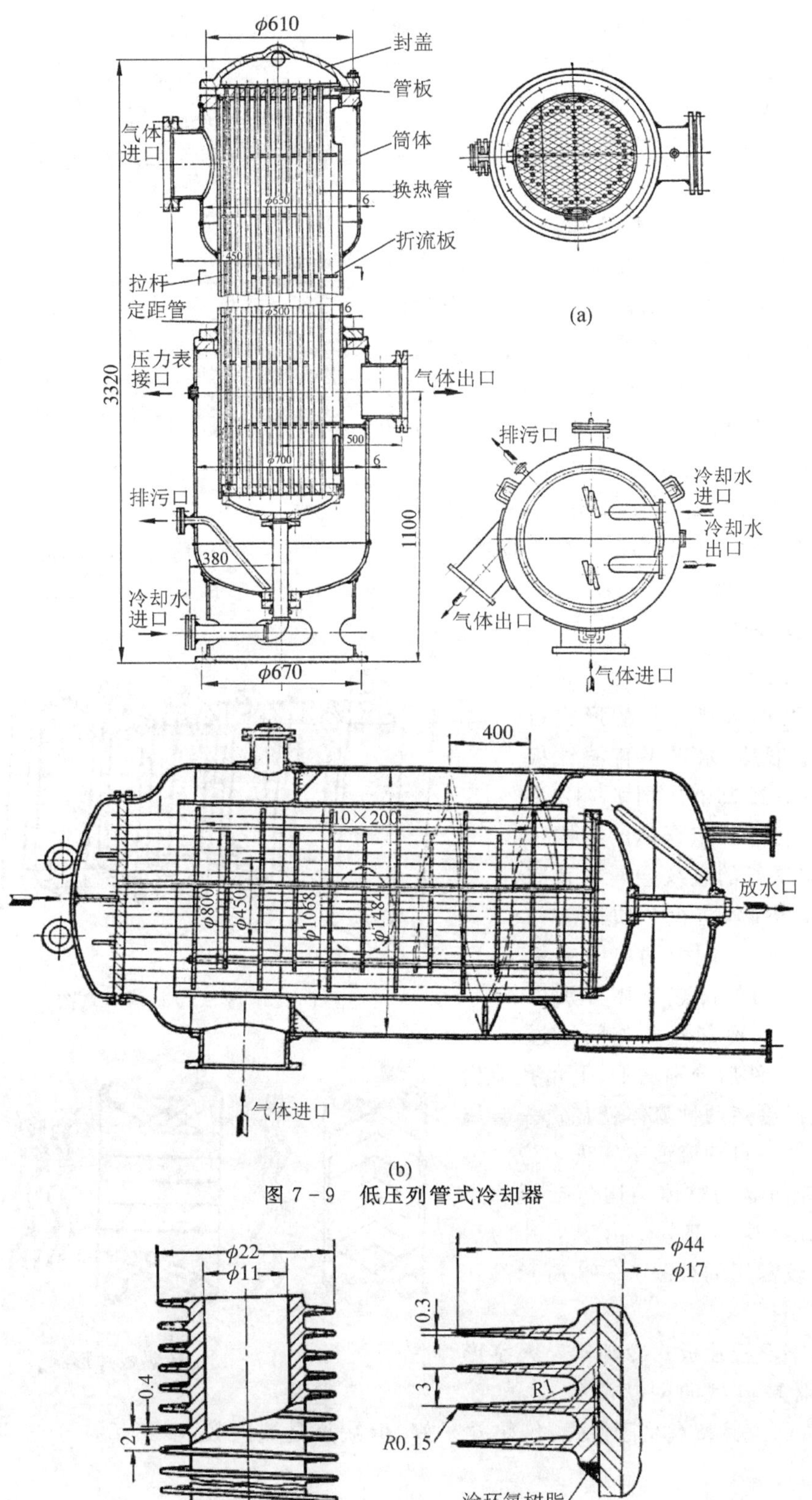

图 7－9　低压列管式冷却器

图 7－10　轧制成型的翅片管

筒体、折流板、折流板圆孔、换热管以及换热管束相互间的间隙，对冷却效果有着明显的影响，间隙每减小 1 mm，则传热效率可以提高 10%～15%。但如果间隙太小，将会对安装造成困难。

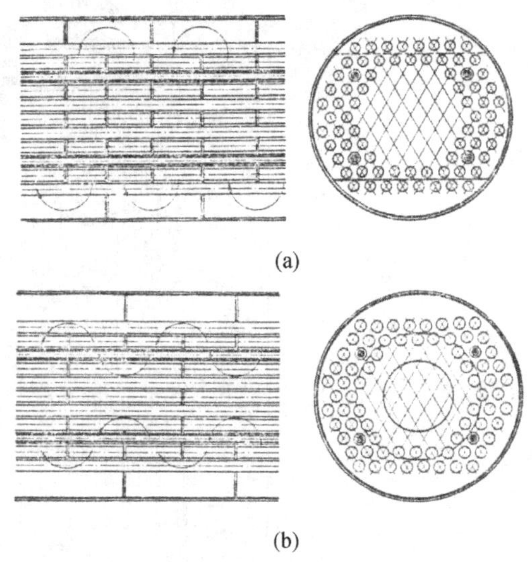
(a)圆缺形；(b)盘环形

图 7-11 折流板

列管式冷却器，气体自冷却器上部进入，随着气体被冷却，气体的密度逐渐增大而顺着流动方向下沉，然后由冷却器下部排出。冷却水自冷却器下部进入，随着冷却水的温度不断提高，逆气体流动方向，最后从冷却器上部排出。冷却水中的污垢积聚在筒体的下部，由专用的排污阀定期排出，以保证冷却效果。

列管式冷却器设计时，也应考虑列管和壳体在工作时，由于温度不同而产生的热膨胀不一致的问题。

2. *板式冷却器*

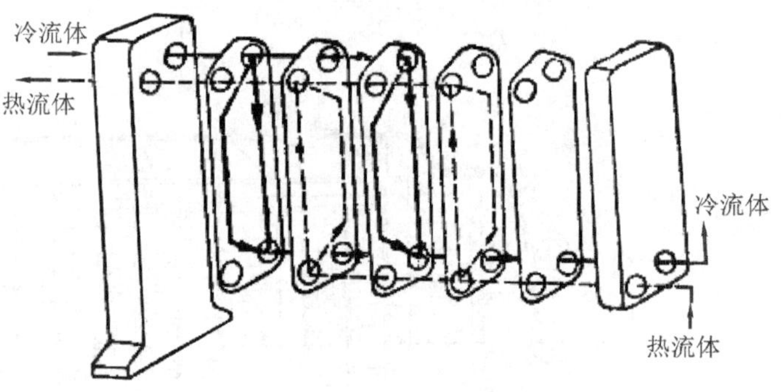

图 7-12 板式冷却器示意图

板式冷却器是一种高效、紧凑的冷却器，根据传热板片的形式可以分为人字形片、水平平直波纹板片和瘤形板片冷却器。图 7-12 为板式冷却器传热片组合体的结构示意图。许多平行的波纹金属板其周边用密封圈垫起，防止介质泄漏并构成板间流道，两端由两块厚夹板固定，两种不同的冷热流体分别由上、下角孔进入冷却器并相间流过偶、奇数流道，然后分别从下、上角孔流出冷却器，这样冷热两种流体就在每一金属板的两侧、在各自的流道中实现了逆流传热。板式冷却器的整体结构包括板片组合体和框架结构两部分。由于板片的型式较多，比较常用的有图 7-13 所示的几种形式。

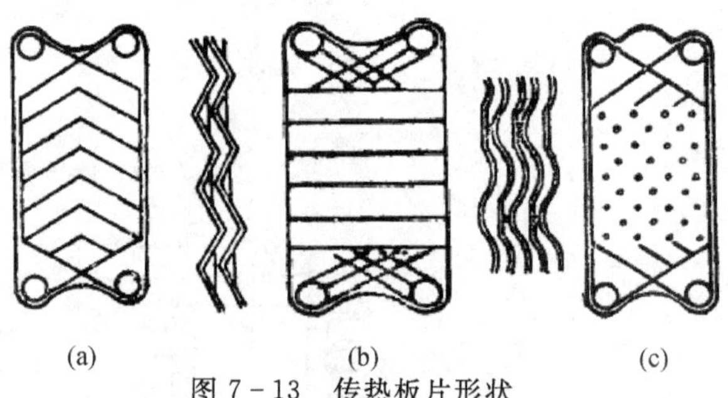
图 7-13 传热板片形状

(1)人字形板片板式冷却器。人字形板片冷却器是典型的网状流板片，如图 7-13(a)所示。其特点是刚性强，传热效果好，但缺点是流阻较大，不适应于含颗粒或纤维的介质。

(2)水平平直波纹板片板式冷却器。水平平直波纹板冷却器的端面形状为等腰三角形或梯形，如图 7－13(b)所示，其特点是传热系数大，可适合不同的流体，但缺点是流阻较大。

(3)瘤形板片板式冷却器。瘤形板片板式冷却器如图 7－13(c)所示，板片上交替排列着许多半球突起或平头突起，其流阻较小，传热系数大，其缺点是工艺较为复杂。

比较上述几种板片形状，一般在被冷却流体温度较高时，使用人字形或瘤形板片较好，在温度较低时使用水平平直波纹板。

板式冷却器总体的优点是在流体低速下可获得较高的对流换热系数，波纹板间流道窄(2～8 mm)，单位空间传热面积大，流向多变，很易激起湍流，传热强，设备紧凑，耗材少且材料适应性广，拆装方便有利于清洗、检修和增减传热面积。缺点是板式冷却器的周边长，密封困难，易于泄漏；金属板薄、刚性差，不能适应高压或高压差的工况，且密封垫片的耐压、耐温和耐腐蚀较难解决。另外，由于角孔和流道狭窄的限制，流体的容积流量不能太大；版本的造型复杂，成本较高；流道狭窄，不易处理特别容易结垢和堵塞的介质。

目前较为先进的板式冷却器的技术性能如表 7－1 所示。

表 7－1　板式冷却器的技术性能

国家	允许压力 10^5/Pa	允许温度/℃	板片换热面积/m^2	设备换热面积/m^2	处理量 /($m^3 \cdot h^{-1}$)	传热系数 W/($m^2 \cdot$℃)
瑞典	25	360	0.03～1.4	1～500	0.3～570	2300～5800
英国	15.8	260	0.11～0.52	3～280	0.45～550	7000
德国	16	360	0.09～0.55	100	1200	2900
美国	21	360	0.17～0.56	743	—	5800
日本	15	150	0.08～0.8	0.12～250	0.1～300	2900～4650

3. 板翅式冷却器

板翅式冷却器是一种紧凑、轻巧和高效的新型冷却器。它是由翅片、隔板和封条三种元件组成的单元体，如图 7－14 所示。波形翅片置于两块平隔板之间，并由侧封条封固，许多单元体进行不同组叠并用钎焊焊牢就可得到常用的逆流、错流和逆错流布置的芯体组装件，如图 7－15 所示。在压力较高和单元尺寸较大时，板束上、下各设置一层假翅层以增加强度。板束上还配有导流片、封头和流体出入口接管。

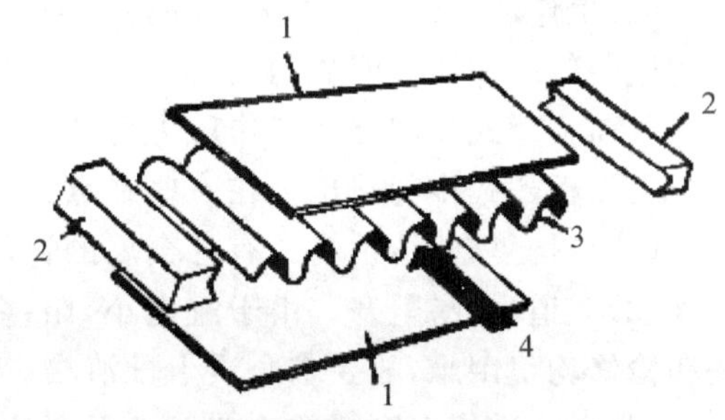

1—平隔板；2—侧角；3—翅片；4—流体

图 7－14　板翅式冷却器示意图

冷热流体分别流过间隔放置的冷流层和热流层实现热量的交换。一般翅片传热面积占总传热面积的 75%～85%，翅与隔板为完善的钎焊，大部分热量由翅片经隔板传出，小部分的热量直接通过隔板传出。由于翅片不是直接传热，故称为二次表面，

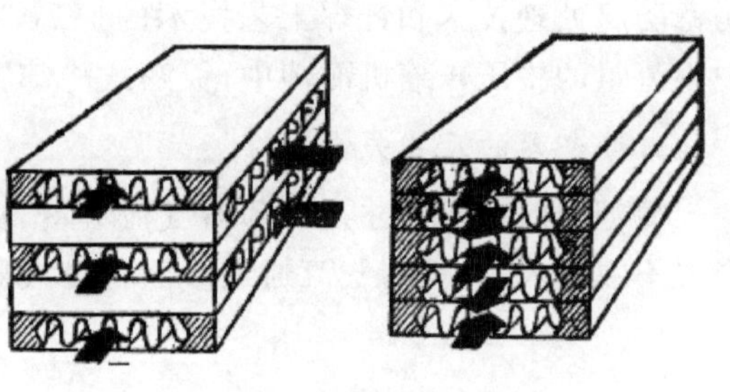

图 7－15　逆流和错流芯体

而隔板则为一次表面。

平面隔板多采用约 0.5～1.0 mm 厚的铝合金板制造，两面热轧覆敷 0.1 mm 厚的钎料层，钎焊时钎料层熔化使隔板和波形翅片连接起来。

翅片除主要承担传热任务外，还在两隔板间起到支撑作用，使薄板单元体结构有较高的强度和承载能力。翅片的型式很多，常用的有三种型式，如图 7－16 所示。

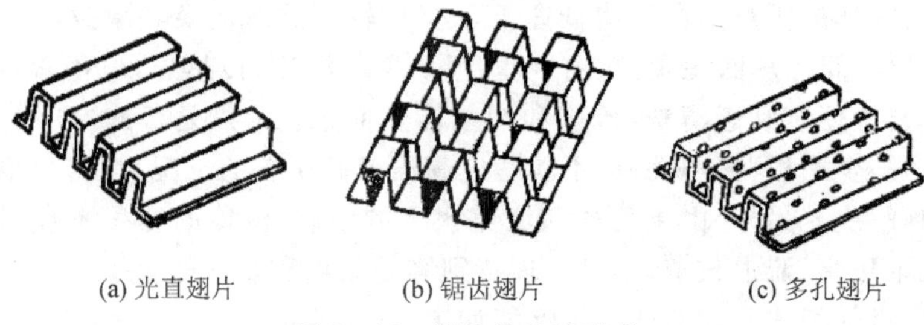

(a) 光直翅片　(b) 锯齿翅片　(c) 多孔翅片

图 7－16　翅片的几种型式

翅片式冷却器的主要优点：

(1)传热能力强。由于翅片表面的孔洞、缝隙、弯折等能促使流体湍流，破坏热阻很大的层流底层，故可使传热强度加大；

(2)结构紧凑。单位体积的传热面积一般达 1500～2500 m^2/m^3，相当于管式冷却器的几十倍；

(3)轻巧牢固。因为结构紧凑，加之都采用薄的铝合金、铜、镍、钛或它们的合金薄片制造，重量轻，又有波形翅片的支撑作用，所以强度较高。如 0.7 mm 的厚的隔板和 0.2 mm 厚的翅片就可以承压 39×10^5 Pa。据统计，同等条件下的翅片式冷却器的重量仅为管式冷却器的 10％～65％；

(4)工作适应性广。可适合各种介质的冷却器，由于两侧均有翅片，对于两侧换热系数低的气一气冷却器有明显的改善。

目前板翅式冷却器的工作压力可达 49×10^5 Pa，工作温度范围为 0～500 K。

当然板翅式冷却器也存在一些缺点：

(1)结构复杂、造价高。有色金属的钎焊技术复杂，成本高。

(2)流道小、易阻塞。由于流道小，阻塞后压降加大，工作能力下降。由于不能拆卸，清洗和检修均很困难，故要求介质十分清洁。

(3)不能进行有腐蚀的冷却。由于翅片多采用薄板铝材制造，一旦腐蚀造成内漏很难发现和检修。

总的看来，板翅式冷却器优点突出，最初用于飞机发动机的散热，但随着有色金属和不锈钢防腐处理技术和钎焊工艺技术的提高，目前已经广泛用于化工和动力机械等领域。在中小流量的中压压缩机冷却中，板翅式冷却器发挥着重要作用。

4. 冷却器的尺寸关系

冷却器的主要尺寸是冷却器气流和冷却水所必需的截面面积，为了使得冷却器中压力损失不致过大，冷却器气流通道截面积可按照下式确定。

$$A_g = \frac{v_m}{v_g} A_p \tag{7-1}$$

式中　A_p——级的活塞的面积，m^2；

A_g——冷却器气流通道截面积，m^2；

v_g、v_m——分别为气流通道截面和活塞平均速度，m/s。

空气或与空气密度相近的气体，当气流沿着冷却管流动（纵掠）时，$v_g = 25 \sim 35$ m/s，当垂直于冷却管流动（横掠）时，$v_g = 18 \sim 30$ m/s。上述取值上限适合于低压级及冷却器前有缓冲器的情况，下限值适合于中压及无缓冲器的情况。

对于套管式和蛇管冷却器，气流允许速度可以参照被冷却的气体压力选择，见表7-2。

表7-2　套管式和蛇管式冷却器气流允许速度

气体压力/$\times 10^5$ Pa	150	250	50
允许速度/($m \cdot s^{-1}$)	20～25	12～16	8～12

对于小型高速压缩机，可将上述数值提高0.5～1倍。对于氮氢气压缩机，许用速度可比空气提高0.5～1.4倍。

气体和蒸汽流经管束时，考虑到分子量和压力的影响，可参照图7-17选取。

对于密度大的液体，阻力消耗与传热速率一般较小，故可适当提高流速。而对于密度小的气体，传热系数低阻力消耗又大，选取流速时更要注意合理性。

冷却水的流速建议在1～2 m/s范围内选取，并不得低于0.2 m/s，以保证良好的导热和防止污垢沉淀。对于翅片管或套管冷却器，因换热管与水之间的热阻在总热阻中起显著的作用，故速度应提高到1.5～3 m/s。

润滑油冷却器油的流速一般为0.2～1.2 m/s。

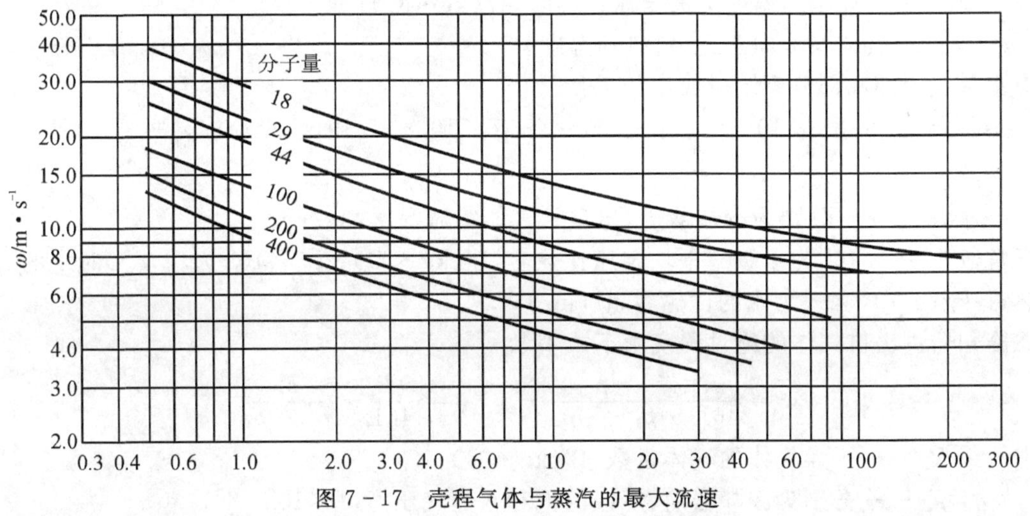

图7-17　壳程气体与蒸汽的最大流速

冷却器换热管的内径一般取 $d_i = 10 \sim 20$ mm。对于在管板上胀接的低翅管，相邻管间中心距为 $s = (1.3 \sim 1.5)d_0$，对于焊接结构 $s = 1.25d_0$，其中 d_0 为换热管外径。对于高翅管，相邻管间中心距为 $s = D_i + (2 \sim 3)$mm，其中 D_i 为翅片直径。

管式冷却器换热管长度 l 与筒体直径 D 之比为 $l/D = 4 \sim 6$。

7.3 冷却器的传热计算

冷却器传热计算就是根据被冷却的容积流量(或润滑油量)和温度要求,计算所需要的传热面积,包括确定冷却器的热负荷、冷却水的耗量、冷却器两侧的给热系数与传热面积。

1. 冷却器的热负荷

压缩机的冷却器均为间壁冷却,依据热交换的原理,热气体将热量通过间壁传给冷却水,冷却过程中所交换的热量取决于换热面积、平均温差和换热系数

$$Q = K\Delta t_{m}A \tag{7-2}$$

式中 AP——参与热交换面积,m^2;

K——换热系数,$W/(m^2 \cdot ℃)$;

Δt_m——气体与冷却水的有效平均温差,℃。

2. 冷却器内传给冷却水的总热量

在压缩机中被冷却的气体含有一定量的水蒸气,因此冷却器内传给冷却水的总热量应为干燥气体放出的热量 Q_g 和水蒸气冷却和凝结所放出的热量 Q_w 的总和,即

$$Q = Q_g + Q_w \tag{7-3}$$

干燥气体放出的热量

$$Q_g = q_v c_p (t_1 - t_2)\ \mathrm{W} \tag{7-4}$$

式中 q_v——气体质量流量,kg/s;

c_p——气体平均温度下的定压比热容,$J/(kg \cdot ℃)$;

t_1、t_2——气体在冷却器进、出口的温度,℃。

水蒸气冷却和部分凝结所放出的热量

$$Q_w = q_v[1.88\times10^3(\chi_1 t_1 - \chi_2 t_2) + (2.5\times10^6 - 4.19\times10^3 t_2)(\chi_1 - \chi_2)]\ \mathrm{W} \tag{7-5}$$

式中 χ_1、χ_2——分别为冷却器进、出口处气体绝对湿度,kg/kg。

常数 1.88×10^3 为水蒸气平均定压比热容,$J/(kg \cdot ℃)$;2.5×10^6 为在 0 ℃时水的气化潜热,J/kg;4.19×10^3 为水的比热容,$J/(kg \cdot ℃)$。

冷却器进出口气体的绝对湿度由下式表示

$$\chi_1 = \frac{R_g}{461.5}\frac{\varphi p_{s1}}{p_1 - \varphi p_{s1}};\quad \chi_2 = \frac{R_g}{461.5}\frac{p_{s2}}{p_1 - p_{s2}}$$

式中 R_g——干燥气体的气体常数,$J/(kg \cdot ℃)$;

p_{s1}、p_{s2}——分别为冷却器前、后级的饱和水蒸气压力,10^5 Pa;

p_1、p_2——分别为冷却器前、后级的气体压力,10^5 Pa;

φ——冷却器前级的气体相对湿度;

常数项 461.5 为水蒸气气体常数,$J/(kg \cdot ℃)$。

湿气体放出的总热量应被冷却水带走,故冷却水的消耗量为

$$q_w = \frac{Q}{4.19\times10^3(t_{w2} - t_{w1})}10^{-3}\ \mathrm{m^3/s} \tag{7-6}$$

式中 t_{w1}、t_{w2}——分别为冷却水在冷却器进、出口处的温度,℃;

常数项 4.19 × 10^3 为水的比热容，J/(kg·℃)。

3.有效平均温差

对于逆流和顺流方案的冷却器，用对数平均温差表示冷却器内冷热流体的实际有效平均温差已经足够准确。对于其他的冷却器，以逆流为基准，再用逆流当量指数予以修正。

冷却器的平均有效温差为

$$\Delta t_m = \frac{\theta_1 - \theta_2}{\ln \dfrac{\theta_1}{\theta_2}} \tag{7-7}$$

式中　θ_1、θ_2——分别为气体与冷却水之间的最大温差和最小温差，℃。

令气体的平均温度和水的平均温度之差为 θ_m，即

$$\theta_m = \frac{t_1 + t_2}{2} - \frac{t_{w1} + t_{w2}}{2} = t_1 - t_{w1} - \frac{1}{2}(\Delta t + \Delta t_w)$$

由此，气体与冷却水之间的最大和最小温差为

$$\theta_1 = \theta_m + \frac{1}{2}\Delta T;\quad \theta_2 = \theta_m - \frac{1}{2}\Delta T \tag{7-8}$$

式中　Δt—气体降低的温度，℃，$\Delta t = t_1 - t_2$；

Δt_w—冷却水升高的温度，℃，$\Delta t_w = t_{w2} - t_{w1}$；

ΔT—冷却器中气流特征温度差，℃，$\Delta T = \sqrt{(\Delta t + \Delta t_w)^2 - 4\zeta\Delta t\Delta t_w}$，其中 ζ 为流动特征系数，其值由下表 7-3 给出。

表 7-3　流动特征系数

流动特性		简　图	ζ值
顺 流		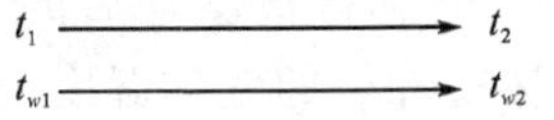 $t_1 \rightarrow t_2$；$t_{w1} \rightarrow t_{w2}$	0
逆 流		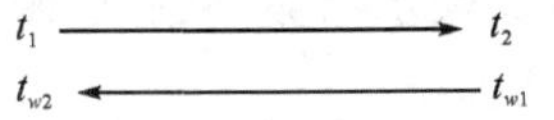 $t_1 \rightarrow t_2$；$t_{w2} \leftarrow t_{w1}$	1.00
顺 逆 流		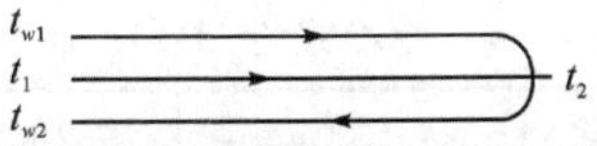 t_{w1}，t_1，t_{w2}，t_2	0.50
错流	单程	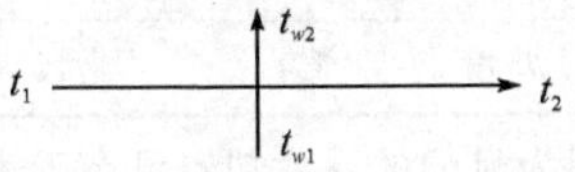 $t_1 \rightarrow t_2$；t_{w1}，t_{w2}	0.56
	双程	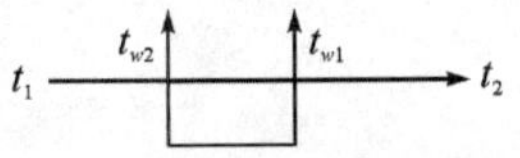 $t_1 \rightarrow t_2$；t_{w2}，t_{w1}	0.88
	三程	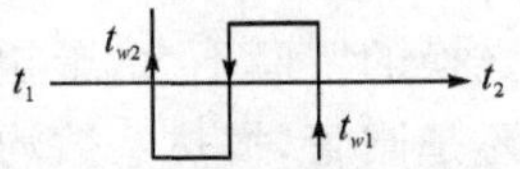 $t_1 \rightarrow t_2$；t_{w2}，t_{w1}	0.95
	四程	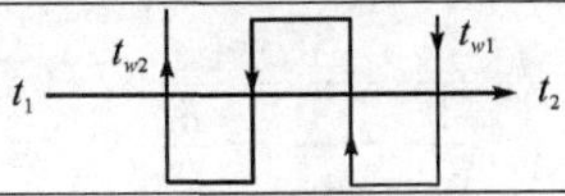 $t_1 \rightarrow t_2$；t_{w2}，t_{w1}	0.98
	五成以上	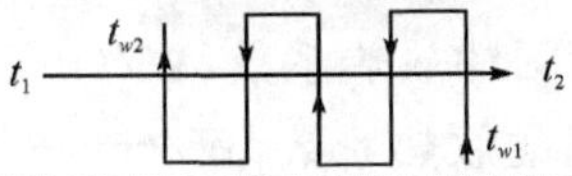 $t_1 \rightarrow t_2$；t_{w2}，t_{w1}	≈1.00

对于流动系数 $\zeta\approx1$ 的冷却器，Δt_m 可由式(7－8)所计算的值通过图 7－18 查出。

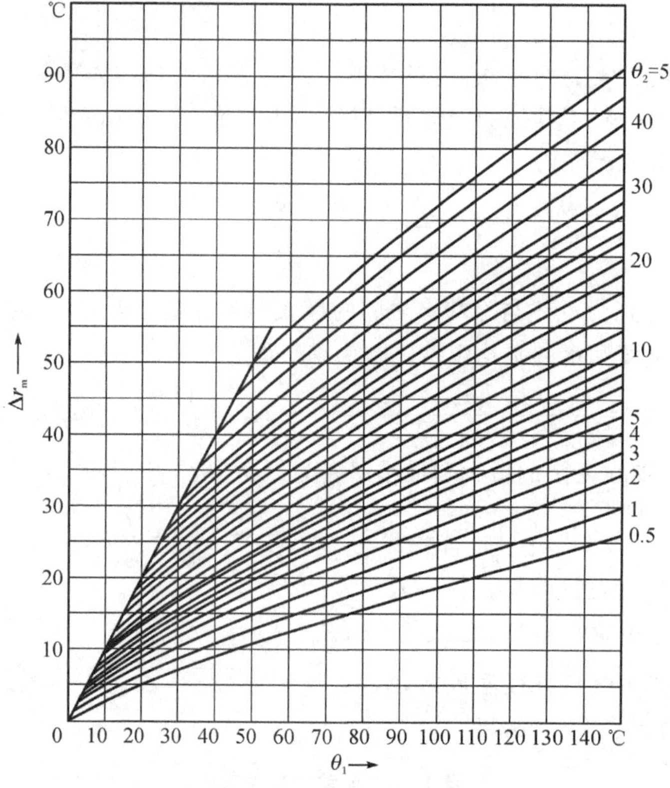

图 7－18　由 θ_1 和 θ_2 确定 Δt_m

对于压缩机水冷式冷却器，一般选择被冷却后的气体温度 t_2 较冷却水进口温度 t_{w1} 高 5～8 ℃；对于风冷式冷却器，被冷却后的气体温度 t_2 一般较环境温度 t_0 高 15～20 ℃。

在水冷式冷却器中，为了避免硬水结垢加剧，应限制冷却水的出口温度 t_{w2}，并根据冷却水的碳酸盐硬度由下表 7－4 选取。

表 7－4　水冷式冷却器冷却水出口温度

碳酸盐硬度/($mg\cdot L^{-1}$)	≤250	300	350	500
冷却水出口温度 t_{w2} / ℃	45	40	35	30

注：以废热利用为目的的后冷却器可高于表中数值

4. 换热系数

1)换热系数

低压压缩机冷却器，参与热交换的壁厚不大，影响热交换的主要是气体及水与金属壁面间的放热系数，所以不管是平板还是圆管，换热系数均按平板来考虑，即

$$K=\frac{1}{\dfrac{1}{\alpha_g}+\dfrac{1}{\alpha_w}+\dfrac{\delta}{\lambda}}\ \text{W/(m}^2\cdot ℃) \tag{7-9}$$

式中　α_g——气体与金属壁面间的放热系数，W/($m^2\cdot$℃)；

α_w——水与金属壁面间的放热系数，W/($m^2\cdot$℃)；

δ ——金属壁的厚度，m；

λ ——金属壁的导热系数，W/(m·℃)，其值由表(7-5)选取。

中、高压的冷却器都是管式，热交换壁面厚度较大，不仅要考虑壁面厚度，与气体及水接触的金属面积差异也较大。为了计算方便起见，换热系数 K 将不再按照单位面积而改为按照单位长度计算，并且冷却器的计算由导热面积改为求取管束的长度 L，即

$$L = \frac{Q}{K_l z \Delta t_m} \text{ m} \tag{7-10}$$

式中 L ——管束长度，m；

K_l ——换热管的线换热系数，W/(m·℃)；

z ——换热管的管个数。

管式冷却器的光圆管线换热系数为

$$K_l = \frac{\pi d_i}{\frac{1}{\alpha_i} + \Omega_i + \frac{\delta}{\lambda}\frac{d_i}{d_m} + \left(\frac{1}{\alpha_0} + \Omega_0\right)\frac{d_i}{d_0}} \text{ W/(m·℃)} \tag{7-11}$$

圆形翅片管的线换热系数为

$$K_l = \frac{\pi d_i}{\frac{1}{\alpha_i} + \Omega_i + \frac{\delta}{\lambda}\frac{d_i}{d_m} + \left(\frac{1}{\alpha_0} + \Omega_0\right)\frac{\pi d_i}{f_e}} \text{ W/(m·℃)} \tag{7-12}$$

式中 d_i、d_0 ——分别为换热管的内、外径，m；

d_m ——换热管的对数平均直径，m，其值由下式确定

$$d_m = \frac{d_0 - d_i}{\ln\left(\frac{d_0}{d_i}\right)} \tag{7-13}$$

Ω_i、Ω_0 ——分别为换热管的内、外壁面污垢热阻，W/(m·℃)，其值由表 7-6 确定；

α_i、α_0 ——分别为换热管的内、外侧的传热系数，W/(m²·℃)；

f_e ——换热管翅片侧的当量面积，m²/m。

换热管翅片侧的当量面积为

$$f_e = f + Ef_r \tag{7-14}$$

式中 f ——每米管长翅片间的管壁外表面面积，m²/m；

f_r ——每米管长翅片表面积，m²/m；

E ——翅片的有效系数。

翅片的有效系数以函数形式表示为 $E = f\left(\beta h, \frac{D}{d_0}\right)$，其中系数 β 由下式确定

$$\beta = \sqrt{\frac{2}{\left(\frac{1}{\alpha_r} + \Omega_0\right)\delta_r \lambda_r}} \tag{7-15}$$

式中 h ——翅片高度，m，对于圆形散热片 $h = (D - d_0)/2$，D 为翅片的外径；

δ_r——翅片厚度，m；

λ_r——翅片的导热系数，W/(m·℃)；

翅片的有效系数按照图 7-19 可以确定。当翅片截面为梯形时，$\lambda_r = (\delta' + \delta'')/2$，由图查出的 E 值乘以修正系数 ξ，ξ 由图 7-19 右上角按照 βh 及 $\sqrt{\frac{\delta''}{\delta'}}$ 求取。

表 7-5　材料导热系数

材料	导热系数 W/(m·℃)
碳素钢	46.4
合金钢	36～14
不锈钢	
黄 铜	93
紫 铜	392
钴	203

表 7-6　污垢热阻

污垢类型	厚度/mm	热阻 Ω/($\times10^4\ m^2\cdot℃\cdot W^{-1}$)
油	0.1	7.2
铁锈	0.5	4.3
水垢	0.5	2.8
	1.0	5.7

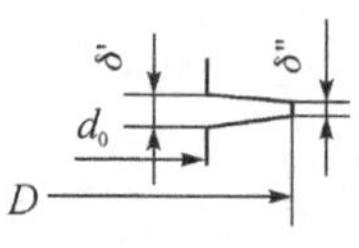

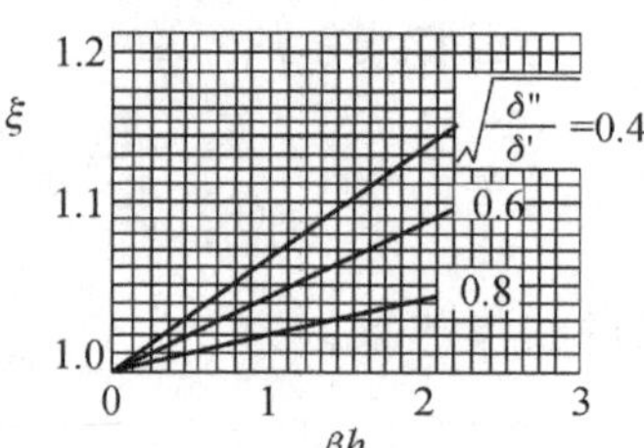

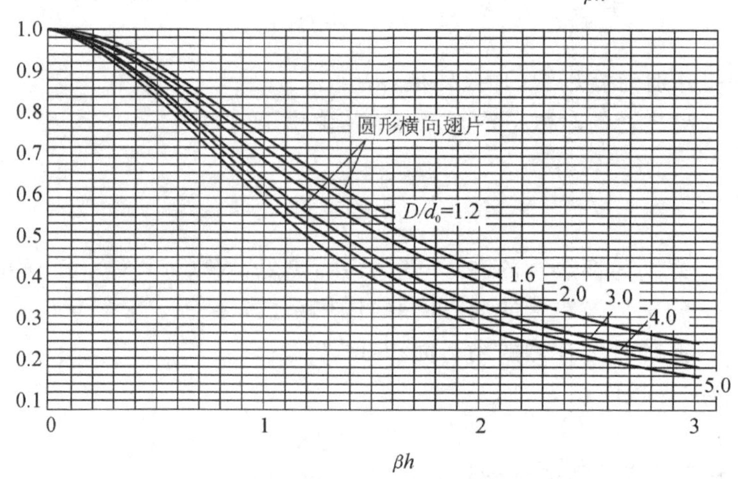

图 7-19　翅片的有效系数

2)放热系数

对于换热管内、外侧传热系数 α_i、α_0 由表示热量传递的努塞尔数 Nu 确定。

$$\alpha=\frac{\lambda}{d}Nu \tag{7-16}$$

式中　λ——流体的导热系数,W/(m·℃),其值由附录查得;

d——流体通流截面的特征长度,m,当流体在圆管流动时,一般取 $d=d_i$,当在管间流动时视具体情况而定。

努塞尔数 Nu 由一系列其他的准则数按流动状态确定:

层流时　$$Nu=f\left(Re,Pr,Gr,\frac{Pr}{Pr_w}\right) \tag{7-17}$$

湍流时　$$Nu=f\left(Re,Pr,\frac{Pr}{Pr_w}\right) \tag{7-18}$$

式中　Re ——雷诺数，$Re=vd/\upsilon$，v 为流体的特征速度，m/s，υ 为运动黏度，m^2/s，d 为流体截面的特征长度，m；

Pr ——普朗特数，$Pr=\mu c_p/\lambda$，μ 为动力黏度，Pa·s，c_p 为定压比热容，J/(kg·℃)；

Gr ——格拉晓夫数，$Gr=gd^3\gamma\Delta\theta_w/\upsilon$，$g$ 为重力加速度，m^2/s，γ 为体膨胀系数，1/℃，$\Delta\theta_w$ 壁面与流体的特征温度差，℃；

Pr_w ——按壁温计算的普朗特数。

流体的运动状态取决于 Re，当 $Re<2200$ 为层流，$2200<Re<10000$ 为过渡状态，$Re>10000$ 为湍流。压缩机冷却器中，气体流动均为湍流，冷却水的流动速度较低，一般为层流。特征长度 d 随热交换表面形式与流动方式不同而异。按照式(7-17)和式(7-18)计算出的 Re、Pr、Gr 及 Pr_w 等物理参数，除为修正壁温影响的 Pr_w 按壁温计算外，其余均按流体温度求取。

(1)水的放热系数 α_w。冷却水平均温度

$$t_{wm}=\frac{1}{2}(t_{w1}+t_{w2})=t_{w1}+\frac{1}{2}\Delta t_w\ ℃ \tag{7-19}$$

式中　Δt_w ——冷却水的温升，℃。

气体平均温度

$$t_m=t_{wm}+\Delta t_m\ ℃ \tag{7-20}$$

气体的 Pr 几乎不受壁温与气流温度差异的影响，但冷却水则不同，应予以修正。

壁面与流体的特征温度差为

$$\Delta\theta_w=(0.1\sim0.3)\Delta t_m \tag{7-21}$$

式中较小的值适用于光管低压冷却器。

计算气体流动 Re 值时，取管内气体平均流速为特征速度

$$v=\frac{q_v}{\rho A_g} \tag{7-22}$$

式中　q_v ——气体的质量流量，kg/s；

ρ ——气体密度，kg/m^3；

A_g——冷却器中气流通道截面积，m^2，其值由式(7-1)计算。

冷却水通过直管，如果为层流时

$$Nu=0.17\,Re^{0.33}\,Pr^{0.43}Gr^{0.10}\left(\frac{Pr}{Pr_w}\right)^{0.25} \tag{7-23}$$

湍流时

$$Nu=0.021\,Re^{0.80}\,Pr^{0.43}\left(\frac{Pr}{Pr_w}\right)^{0.25} \tag{7-24}$$

式(7-23)~式(7-24)中流体截面的特征长度 d 为当量直径，当水不是在管内流动，其当量直径为

$$d_e=4A/l_0 \tag{7-25}$$

式中　A ——管道截面积，m^2；

l_0 ——湿周周长，m。

在求得 Nu 后，再由式(7-16)求出水侧的放热系数。

当冷却水在管内或沿直管流动，并处于过渡状态时，水侧传热系数应予以修正，其值为

$$\alpha_w=\alpha'+a(\alpha''-\alpha') \tag{7-26}$$

式中　α'——层流状态水侧传热系数，W/(m^2·℃)；

α''——湍流状态水侧传热系数，W/(m^2·℃)；

a——与 Re 有关的系数，其值由表 7-7 给出。

在蛇管式冷却器中，水的流速很低，其放热系数主要取决于自由运动，可近似取

$$\alpha_w = \xi \left(\frac{\Delta t_w}{d_0}\right)^{0.25} \text{ W/(m}^2\cdot℃) \tag{7-27}$$

式中　ξ——按照 Δt_w 确定的系数，由表 7-8 给出

表 7-7　a 值与 Re 的关系

$10^{-3}Re$	a	$10^{-3}Re$	a
2.2	0.00	5.0	0.85
2.3	0.17	6.0	0.90
2.5	0.31	7.0	0.95
3.0	0.51	8.0	0.98
3.5	0.62	9.0	0.99
4.0	0.73	10.0	1.00

表 7-8　按照 Δt_w 确定的系数

Δt_w/℃	ξ 值
0	60
20	96
40	128
60	153
80	176

计算时先选择一个 Δt_w 值，然后根据下式校核

$$\Delta t_w = \frac{\Delta t_m}{\dfrac{\alpha_w d_0}{(\alpha_g d_i)} + 1} \tag{7-28}$$

(2)气体的放热系数 α_g。压缩机冷却器中，气体流动均为湍流，气体相对换热管的流动状态分为气体纵向、垂直、横向和成为一定角度掠过换热管。

气体沿直管纵向流动与水沿直管纵向流动时

$$Nu = 0.021\, Re^{0.80}\, Pr^{0.43} \tag{7-29}$$

对于空气($Pr = 0.69$)，上式可以进一步简化为

$$Nu = 0.018\, Re^{0.80} \tag{7-30}$$

当气体沿着间断的纵向散热片换热管流动时

$$Nu = 0.060\, Re^{0.78}\, Pr^{0.43} \left(\frac{d}{l_r}\right)^{0.164} \tag{7-31}$$

式中　l_r——每段散热片的长度，m。

当气体垂直流过光圆管列管束时，如图 7-20 所示

$$Nu = 0.334 C_z\, Re^{0.60}\, Pr^{0.33} \left(\frac{s_1 - d_0}{s_2 - d_0}\right)^{0.25} \tag{7-32}$$

式中　C_z——横列管数 Z 的修正系数，见表 7-9。

表 7-9　C_z 的修正系数

Z	C_z	Z	C_z	Z	C_z
2	0.77	3	0.83	4	0.874
5	0.90	6	0.93	7	0.94
8	0.96	9	0.98	10	1.00

式(7－32)适用于 $(s_1-d_0)/(s_2-d_0)\geqslant 0.7$ 情况，式(7－30)～式(7－32)中的特征速度为通道截面最狭窄处的流速，特征长度为管外直径 d_0。

当气流流动方向与管子成一定角度掠过列管管束，由式(7－32)求出的放热系数应乘以修正系数 ξ_φ，修正系数 ξ_φ 按照迎面角的大小由表 7－10 给出。

气流横向流过具有横向散热片的交错列管数时

$$Nu=0.215\,Re^{0.65}\,Pr^{0.33}\left(\frac{d_0}{s_r}\right)^{-0.54}\left(\frac{h}{s_r}\right)^{-0.14} \tag{7-33}$$

式中　s_r ——散热片间距，m。

式(7－33)中的特征速度为通道截面最狭窄处的流速，并考虑了翅片导致该截面积的减小。

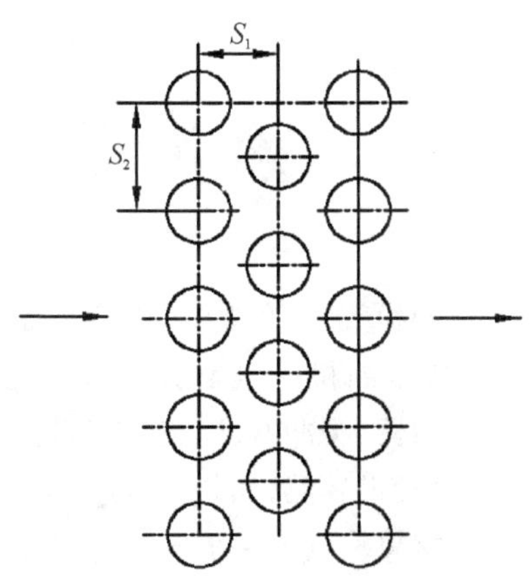

图 7－20　气流垂直掠过交错管

表 7－10　迎面角修正系数

角度	ξ_φ	角度	ξ_φ	角度	ξ_φ
90	1.00	60	0.94	30	0.67
80	1.00	50	0.88	20	0.52
70	0.98	40	0.87	10	0.42

求得努塞尔数 Nu 后便可以依据式(7－16)计算出气体的放热系数 α_g。

以上关于气侧放热系数的计算是指干燥气体，但如果为湿气体时，气侧的放热系数将有所增加，故使用修正系数 ε_φ 予以修正，即干燥气体的放热系数乘以 ε_φ。

$$\varepsilon_\varphi=1+\frac{\chi_m-\chi_{wm}}{t_m-t_{wm}}\,\frac{2.5\times10^6-4.19\times10^3 t_{wm}}{c_p} \tag{7-34}$$

式中　χ_m ——气体平均绝对湿度，kg/kg，其值为 $\chi_m=(\chi_1+\chi_2)/2$；

χ_{wm} ——温度为 t_{wm} 时最大的绝对湿度，kg/kg，其值为 $\chi_{wm}=\dfrac{R_g}{R_w}\,\dfrac{p_s}{p-p_s}$，其中 p_s 为温度在 t_w 时的饱和水蒸汽压，10^5 Pa；t_m 按照式(7－20)求取；t_{wm} 为气侧管壁平均温度，℃，其值由下式给出。

光管：

$$t_{wm}=t_{wm}+\left(1-\frac{K_l}{\pi\alpha_g d}\right)\Delta t_m \tag{7-35}$$

翅片管：

$$t_{wm}=t_{wm}+\left(1-\frac{K_l}{\alpha_g f_e}\right)\Delta t_m \tag{7-36}$$

式中　t_{wm} ——冷却水平均温度，℃；

α_g ——气侧传热系数，W/(m^2·℃)；

d ——气侧管径，m；

f_e ——翅片侧的当量面积，m^2，其值由式(7－14)给出。

当气侧管壁平均温度高至 $\chi_{wm}\geqslant\chi_m$ 时，则不应进行湿度传热的修正，而按照干燥气体计算。

第 8 章　气体管路及管系设计

气体管道系统的作用，主要是将气体引向压缩机，经压缩机各级压缩之后，再引向使用场所。

从压缩机一级前进气管的闸阀开始，到压缩机末级排气管的截止阀为止，其中的管道、阀门、滤清器、缓冲器、气液分离器、冷却器及储气罐等设备，组成压缩机的气体主管路。此外，还有一系列辅助管路，如与安全阀连接的管路、调节气量或放空用的旁通管路、排除油水用的排污管路、引接置换气或保护气的管路，工艺流程所需的抽气管路一级连接压力表的管路等。

气体管道系统的设计，必须满足以下基本要求：

(1)安全可靠。由于管路内承受压力，所以组成管路的各元件应有足够的强度和良好的密封性；为了防止高压气体倒流，压缩机末级排气管和中间抽气管上，应设置止回阀；考虑气流脉动和温度变化的不利影响，管路的支承刚度要保证，位置要合适。

(2)管路内流动阻力损失应尽量小，管路的尺寸要短小紧凑。

(3)管路的拆装要方便，避免不必要的交叉。

(4)管路元件应尽量按现行标准选择。

8.1　管路基本设计计算

8.1.1　管径和管壁厚度的设计

1.管道内径

管道内径 d_i 可以按照预先选取的气体流速由下式求得

$$d_i=\sqrt{\frac{4q_v}{\pi u}} \tag{8-1}$$

式中　q_v ——气体容积流量，m^3/s；

u ——管道内气体平均流速，m/s；常用气体的平均气体流速推荐值如表 8-1 所示。

表 8-1　常用气体的平均气体流速推荐值

气体介质	压力范围 p / MPa	平均流速 u /($m \cdot s^{-1}$)	气体介质	压力范围 p / MPa	平均流速 u /($m \cdot s^{-1}$)
空气	≤0.3	8～12	变换气	0.1～2.0	10～15
	0.3～0.6	10～20	氮氢混合气	20～30	5～10
	0.6～1.0	10～15		≤0.3	8～15
	1.0～2.0	8～12	氨气	≤0.6	10～20
	2.0～3.0	3～6		≤2.0	3～8
	3.0～30	0.5～3	乙烯	22～150	5～6

续表 8-1

气体介质	压力范围 p / MPa	平均流速 u /(m·s^{-1})	气体介质	压力范围 p / MPa	平均流速 u /(m·s^{-1})
氧气	≤0.6	7～8	氯气		10～25
	0.6～1.0	4～6	氢气		<8
	1.0～3.0	3～4	乙炔气	<0.15	4～8
氮气	5.0～10.0	2～5		<2.5	0～5
半水煤气	0.1～0.2	10～15			

2. *管壁厚度*

管壁厚度 δ 取决于管道内气体压力。在管内气体压力作用下，管壁应力应满足强度要求(包括静强度和疲劳强度)。

(1)中、低压管道。通常采用碳钢、合金钢无缝钢管和焊接钢管，其壁厚可近似按照薄壁圆筒的强度校核公式来设计

$$\delta = \frac{pd_i}{2[\sigma]\varphi - p} + c \tag{8-2}$$

式中 p——管内气体压力；

$[\sigma]$——管材的许用应力，可取为 $[\sigma] = \min(\sigma_s^t/n_s, \sigma_s/n_s, \sigma_b^t/n_b, \sigma_b/n_b)$，$n_s \geqslant 1.5$，$n_b \geqslant 2.6$；

φ——焊缝系数，无缝钢管的 φ 为 1，直缝焊接钢管的 φ 可取为 0.8，螺旋缝焊接钢管的 φ 可取为 0.6；

c——附加壁厚，包括壁厚偏差 c_1、腐蚀裕度 c_2 及管子加工减薄量 c_3，当 $\delta > 6$ mm 时，$c \approx 0.18\delta$，当 $\delta \leqslant 6$ mm 时，$c = 1$ mm。

对于弯管，管道壁厚不应低于直管壁厚，可按照下列经验公式在直管壁厚基础上修正

$$\delta' = \delta\left(1 + \frac{d_o}{2R}\right) \tag{8-3}$$

式中 d_o——管道外径；

R——管道弯曲半径。

(2)高压管道。可按照式(8-2)初步选取壁厚，然后按照下面经验公式校核管道应力

$$\sigma = \frac{1.3k^2 + 0.4}{k^2 - 1}p \leqslant [\sigma] \tag{8-4}$$

其中，系数 k 根据管道具体结构确定，对于无螺纹的光管，$k = d_o/d_i$，其中，$d_o = d_i + 2\delta_{\min}$，$\delta_{\min} = \delta - c_1 - c_2$；对于有螺纹管道，$k = d_{\min}/d_i$，其中，$d_{\min}$ 为管螺纹最小根部直径。

高压管道的应力计算也可以不用公式(8-4)，而是按照厚壁圆筒应力公式计算，并按照最大剪应力强度理论校核。

8.1.2 管内流动阻力损失计算

管道内径确定后，需要计算管内气体流动阻力导致的压力损失，包括流经直管段的沿程阻力损失和流经弯管、阀门及变截面管的局部阻力损失。

1. 沿程阻力损失 Δp_f

$$\Delta p_f = \lambda \frac{l}{d_i} \frac{\rho u^2}{2} \tag{8-5}$$

式中 l ——管道总长,mm;

d_i ——管道内径,mm;

u ——管内气体平均流速,m/s;

ρ ——气体平均密度,kg/m;

λ ——阻力系数,它与管内气体的雷诺数 $Re = ud_i/\nu$(ν 为气体的运动黏度)有关。当为 $Re < 2100$ 的层流时,$\lambda = 64/Re$;当为紊流时,λ 可近似计算为:

粗糙管:$\lambda = 0.0055 + 0.15\ (\Delta/d_i)^{1/3}$,其中,$\Delta$ 为管壁粗糙度。

光滑管:$\lambda = 0.0055 + 0.5Re^{-0.32}$

2. 局部阻力损失 Δp_k

$$\Delta p_k = \zeta \frac{\rho u^2}{2} \tag{8-6}$$

式中 ζ——局部阻力系数,常见管道元件的局部阻力系数可参见《石油化工装置工艺管道安装设计手册》[27]。

3. 总阻力损失 Δp

总的流动阻力损失包括沿程阻力损失和局部阻力损失。由于管道标准允许的管径及壁厚偏差,以及管道附件和阀门等所采用的阻力系数与实际情况有偏差等,在总的流动阻力损失计算中常常考虑15%的裕量,即

$$\Delta p = 1.15(\Delta p_f + \Delta p_k) \tag{8-7}$$

8.1.3 热膨胀计算

1. 热膨胀量的计算

在环境温度下安装的管道,运行时会出现工作温度与环境温度的差异,由此引起的热变形会导致管道长度发生变化,其变化量为 Δl 为

$$\Delta l = \alpha l \Delta t \tag{8-8}$$

式中 l ——管道在环境温度下安装时的初始长度;

α ——管材的线膨胀系数,各种常见管材的线膨胀系数列于表 8-2;

Δt——管道运行和安装时的温差。

表 8-2 常见管材的线膨胀系数

管道材料	线膨胀系数 α/[m/(m·℃)]	弹性模量 E / MPa
钢	12×10^{-6}	2.1×10^{5}
铜	16.5×10^{-6}	1.29×10^{5}
铝	24×10^{-6}	0.7×10^{5}

对于直管,其膨胀方向为管道轴线方向,膨胀量直接按照式(8-8)计算。对于处于同一

平面内具有转折的管道，其膨胀方向为管系两端点的连线方向。如图 8－1 所示，设管道的端点 B 为自由端，受热后按照虚线膨胀，其膨胀量在 x，y 方向分别为

$$\Delta l_x = \alpha l_x \Delta t \tag{8-9}$$

$$\Delta l_y = \alpha l_y \Delta t \tag{8-10}$$

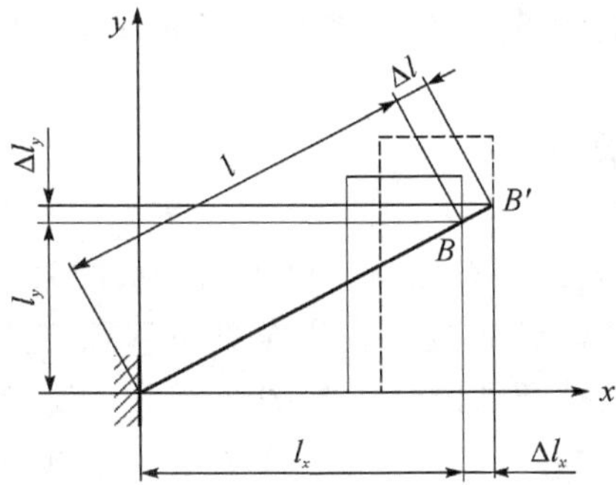

图 8－1　同一平面内管道的热膨胀

则管道总的热膨胀量为

$$\Delta l = \sqrt{\Delta l_x^2 + \Delta l_y^2} \tag{8-11}$$

类似地，对于不在一个平面内的空间管道，其热膨胀方向仍然为两个端点连线方向，其热膨胀量大小为

$$\Delta l = \sqrt{\Delta l_x^2 + \Delta l_y^2 + \Delta l_z^2} \tag{8-12}$$

2. 热膨胀应力的计算

如果允许管道自由变形，则管道中不存在热膨胀应力。但实际的管道总是使用管架固定且与设备相连，管道的变形或多或少地受到限制，因此管道中总是有热膨胀应力产生。在弹性变形范围内，管道热膨胀应力与热变形成正比，其应力值为

$$\sigma = E\varepsilon = E\frac{\Delta l}{l} = \alpha E \Delta t \tag{8-13}$$

式中　E——管材的弹性模量；

ε——相对变形量。

公式(8－13)表明，若管道两端因为固定而使得热膨胀变形受到约束，则管道内部的应力大小与管长没有关系，而只与管材的线膨胀系数、弹性模量及管道工作状态与安装状态下的温差成正比。这意味着，即使管道很短，如果温差太大，管道内部的热应力仍然会很大，需要校核管道热应力是否超过许用值。例如，常见的 20 号钢管，其许用应力约为 130 MPa，其弹性模量为 2.1×10^5 MPa，线膨胀系数为 1.2×10^{-5} m/(m·℃)，由此得到允许的最大温差为 52 ℃。如果安装时环境温度为 20 ℃，则运行时管道温度低于 72 ℃ 时不会出现因热膨胀引起的应力过大问题。

若管道的横截面积为 A，则管道受到的热膨胀力为

$$F = \sigma A = \alpha E A \Delta t \tag{8-14}$$

同样道理，垂直于管道轴线的截面上受到的热膨胀力与管长没有关系，只与管材的线膨胀系数、弹性模量、管道横截面积及管道工作状态与安装状态下的温差成正比。

8.2 管道的热补偿

为了保证管道在热状态下稳定和安全运行，应该力求减少管道热膨胀时产生的应力。凡是运行温差高于极限温差的管道，均应考虑热膨胀的补偿问题。

8.2.1 热补偿量的计算

考虑热补偿问题时，首先要确定补偿量。对于两端被约束（与设备连接或者有非滑动支撑）的管道，端点可能因为设备热膨胀或者支撑基础下移而产生位移，因此管道热补偿量应该在管道热膨胀量的基础上去掉端点位移引起的变形量。设管道在 x，y，z 三个方向上的热补偿量为 Δx，Δy，Δz，两个端点 A，B（端点 A 为坐标原点）在 x，y，z 三个方向上的位移量分别为（Δx_A，Δy_A，Δz_A），（Δx_B，Δy_B，Δz_B），则热补偿量与热膨胀量之间应有如下关系

$$\Delta x = \Delta x_A - \Delta x_B + \Delta l_x \tag{8-15}$$

$$\Delta y = \Delta y_A - \Delta y_B + \Delta l_y \tag{8-16}$$

$$\Delta z = \Delta z_A - \Delta z_B + \Delta l_z \tag{8-17}$$

8.2.2 热膨胀的补偿方法

1. 自动补偿

利用管道的自然弯曲段，如用 L 形或 Z 形管段来吸收管道热变形，从而实现热膨胀的自动补偿。该补偿方法简单、可靠，不需要另外添加补偿装置，缺点是管道变形时产生横向位移。

图 8-2 是两端固定且弯管夹角为 φ 的 L 形管段，它所能吸收的最大热变形量取决于危险截面的应力，补偿时最大弯曲应力在短臂固定端 A 截面处，其应力值为

$$\sigma_{\max} = c\,\frac{\alpha E d_o \Delta t}{l_1} \tag{8-18}$$

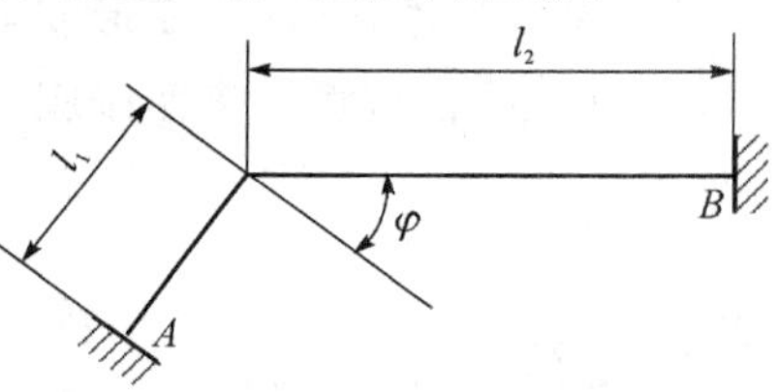

图 8-2

式中 c ——弯曲应力系数，取决于弯管长、短臂管长之比，可参见《石油化工装置工艺管道安装设计手册》[27]查得；

l_1 ——短臂管管长。

需要指出的是，L 形管道的最大变形量不能超过 400 mm，否则管道托架结构无法适应，而且弯管夹角大于 60° 时，已不能起补偿作用。

Z 形管道补偿如图 8-3 所示。Z 形管的最大弯曲应力位置与各段管长的相对比值有关，其计算公式为

$$\sigma_{\max} = c_{\max}\,\frac{\alpha E d_o \Delta t}{l_3} \tag{8-19}$$

式中 $c_{\max}$ ——最大弯曲应力系数，与相对长度 $m = (l_1 + l_2)/l_3$，$n = l_1/(l_1 + l_2)$ 有关，可参见《石油化工装置工艺管道安装设计手册》[27]查得。

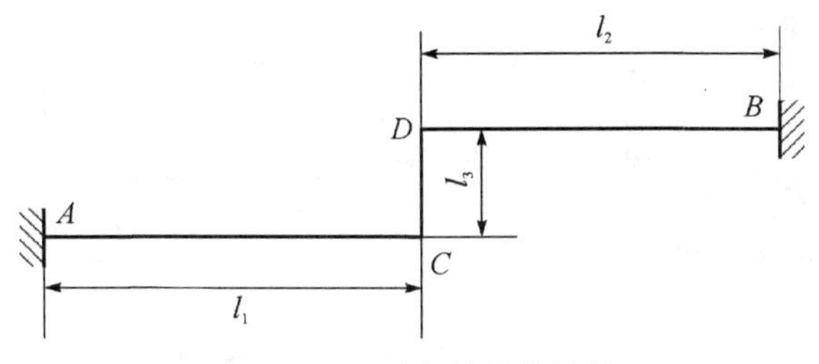

图 8-3　Z形弯管的热补偿

2.补偿器补偿

最典型的热膨胀补偿器为回形补偿器，它是将管道弯成 Π 或者 Ω 形。当管道直径和悬伸都相同时，Π 形比 Ω 形的挠性大 25%～30%，且 Π 形弯起来相对容易，也节省材料，故经常使用 Π 形补偿器。

Π 形补偿器的弹性弯曲应力取决于热变形量 Δl、管径 d_o、外伸臂长 H 及宽度 B、弯曲半径 R 及材质弹性模量 E，其计算式为

$$\sigma = \frac{Ed_oH\Delta l}{4n_c} \tag{8-20}$$

式中　n_c——结构特性参数，其经验计算公式为

对于光滑管：$n_c = 9.42R^3 + 14.94R^2B + 7.8RB^2 + 1.33B^3$。

对于非光滑管：$n_c = 25.73R^3 + 30.4R^2B + 13.44RB^2 + 1.33B^3$。

为了保证补偿器可靠，补偿器的弯曲应力应小于许用应力，而且在安装时需要预拉伸或预压缩，冷拉伸量为热变形量的 1/2。

除了回形补偿器，也有采用波形补偿器、填函式补偿器及球形补偿器的。

8.3　管道的连接

管道与管道之间、管道与阀门及各种设备之间都需要连接。管道连接普遍采用法兰、螺纹、焊接等连接方法。

1.法兰连接

法兰连接是通过管件和管件端部的法兰盘，把管道连接到一起的方式，它是一种可拆卸的连接方式，多用于管件与设备之间的连接，使用范围及数量相对较少。

法兰连接由一对法兰、一个密封垫片、若干个螺栓及螺母组成，如图 8-4 所示。法兰属标准件，有相关国家标准、行业标准。法兰连接拆装灵活、方便，便于管道和连接设备的定期清洗、维护。相比于焊接、螺纹连接方式，其主要缺点是法兰耗材多，法兰密封面因为温差、腐蚀等原因会出现泄漏，造成介质泄漏，甚至引发事故。

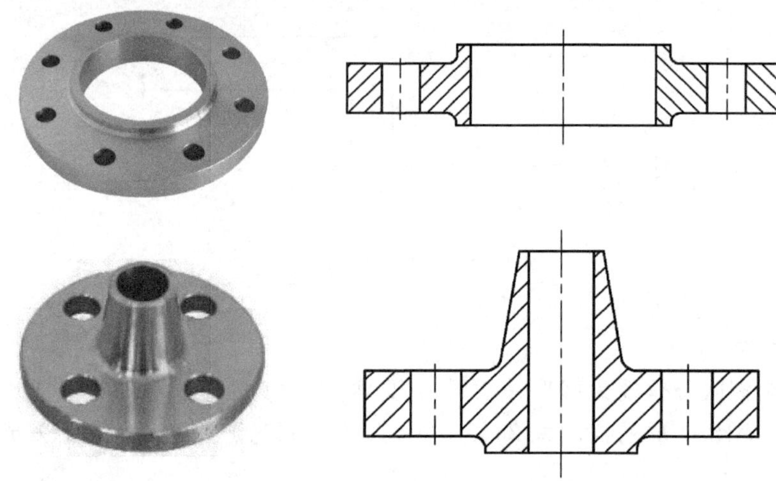

图 8-4　管道法兰

2.螺纹连接

螺纹连接常用麻丝、四氟胶带、密封胶等缠绕在螺纹表面，将螺纹拧紧即可，主要依靠锥管螺纹的咬合和密封材料实现密封。这种连接方式可以拆卸，但不如法兰连接方便，且密封可靠性差，使用压力、温度不宜过高。

螺纹连接主要用于水暖设施管道上，在气体管道的仪表和控制管线、润滑油管路也有较多应用。这种连接需要多种配件，如活接头、管箍、三通、四通、弯头、异径接头等，如图 8-5 所示。

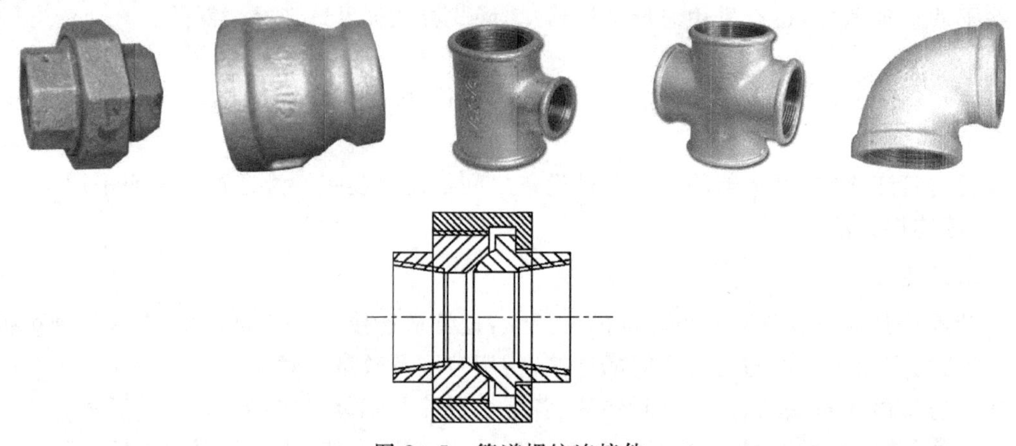

图 8-5　管道螺纹连接件

3.焊接连接

焊接连接是一种不可拆卸的管道连接方式。焊接连接的焊口连接强度高、密封性好、不需要配件、成本低、结构简单、操作方便，适用于各种介质的输送，但焊接管道不能拆卸，给维护、检修带来不便。

管路的焊接可以采用对接、搭接、带衬环的对接、加管箍焊接等多种焊接方式，焊接连接时，要求两平行焊缝之间距离不小于 200 mm，且管道对接焊缝应离开支撑。为了避免十字焊缝，若是钢板卷制焊缝，对口时应使相邻纵焊缝错开 200 mm 以上。

4. 填料函式连接

填料函式连接结构靠压紧填料来达到密封目的，其特点是管道可以自由伸缩，从而实现管道热补偿，典型结构如图 8-6 所示。该连接只适用于公称压力在 1.6 MPa 以下的管道连接。

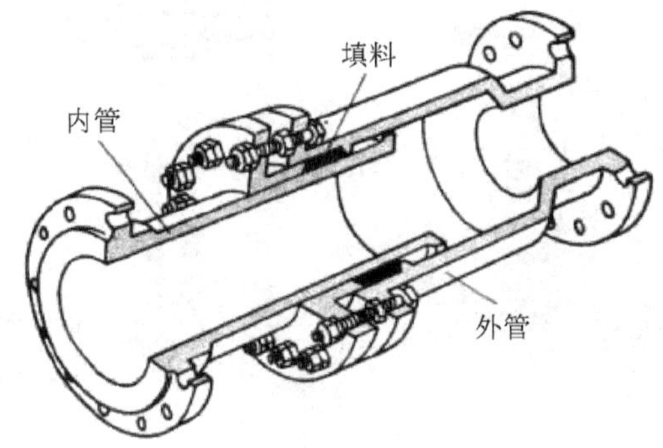

图 8-6　管道填料函式连接

8.4　管道阀门

阀门是控制介质流动的一种管路附件，是管道中不可缺少的配件之一。阀门的种类很多，常用阀门的分类和用途如下。

1. 截止阀

截止阀结构如图 8-7 所示，它在管路上主要起开启、关闭作用。截止阀是利用装在下面的阀头与阀体的凸缘部分（阀座）相配合来控制阀的启闭，达到截止流体流动的目的。通过旋转手轮改变阀头与阀座的距离，即可改变通道截面积的大小，实现流体的调节。

截止阀结构简单，制造、维护方便，工作行程小，启闭时间短，密封性好。多用于小口径管路上，主要用于管路的切断，一般不用于节流。由于阀门的截断是依靠阀头与阀座的平面接触密封，不适合于含固体颗粒的管路。截止阀只允许介质单向流动，一般由阀瓣的下方流入，上方流出。

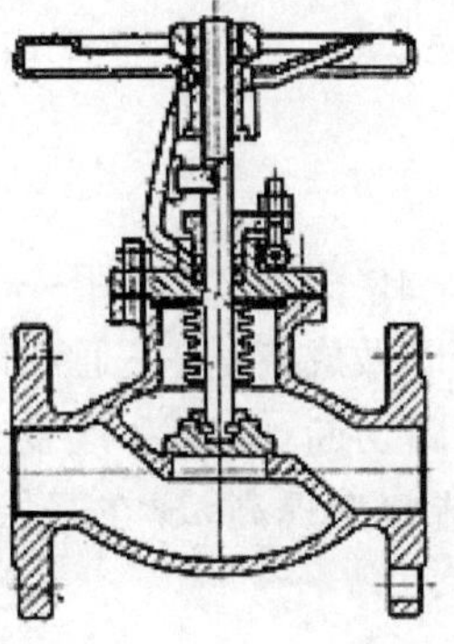

图 8-7　截止阀

2. 节流阀

节流阀结构如图 8-8 所示，它与截止阀相似，但其阀头的形状为圆锥形流线型，可以较好控制调节流体的流量或者进行节流调压。节流阀的加工精度要求高，密封性能也好，主要用于仪表控制管路中流量调节和节流用，但不宜用于黏度大的、含有固体颗粒的介质。

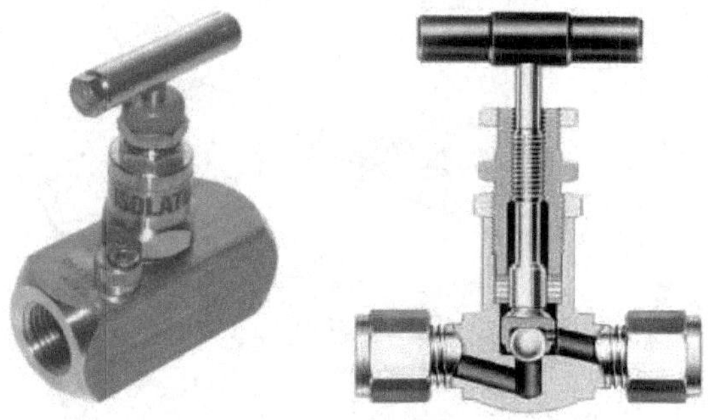

图 8-8　节流阀

3. 闸阀

闸阀也叫闸板阀，其结构如图 8-9 所示，它利用与流体流动方向垂直且可上下移动的闸板来控制阀的启闭。闸阀密封性能好，流体阻力小，启闭阻力较省力，广泛使用于各种介质管道的启闭。闸阀的主要缺点是外形尺寸大，密封面容易磨损。闸阀主要用于切断，不能用于节流。

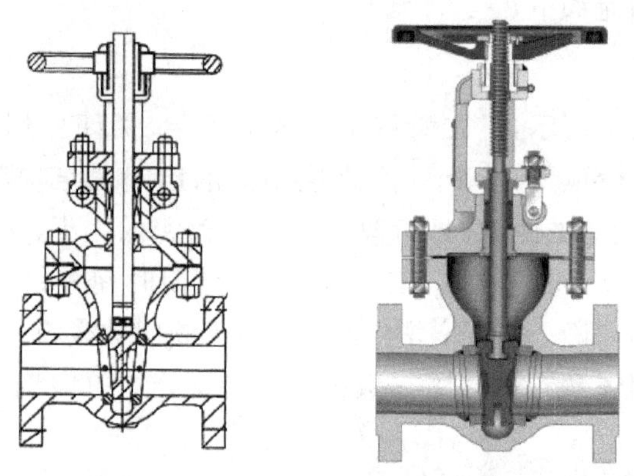

图 8-9　闸阀

4. 球阀

球阀结构如图 8-10 所示，它利用一个中间开孔的球体作阀芯，依靠球体的旋转来控制阀门的开与关。它可以做成直通、三通和四通。球阀切断迅速，流动阻力小，密封面小，结构紧凑，开关省力，在管路切断、分配和改变介质流向等场合应用非常广泛。球阀过去主要用于中低压力，随着制造精度提高，现在开始在高压上应用。

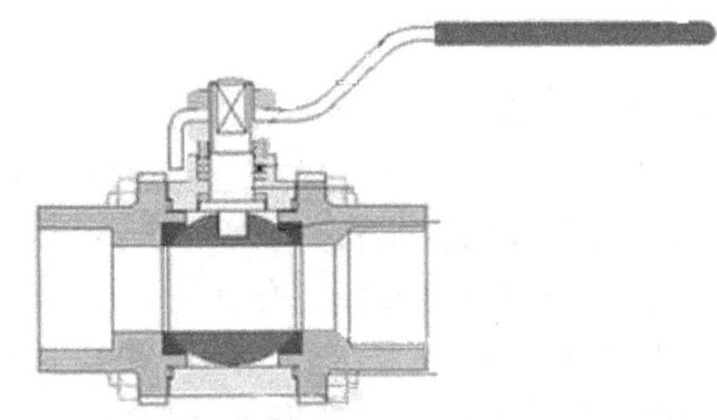

图 8－10　球阀

5.蝶阀

蝶阀结构如图 8－11 所示，是靠管内一个可以转动的圆盘来控制管内的启闭。蝶阀结构简单，外形尺寸小，质量轻，适用于大直径的管路，但其密闭性差，只适用于低压、大口径管路中。

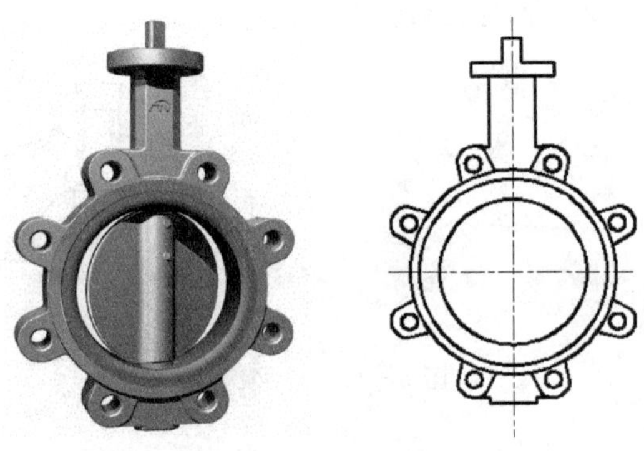

图 8－11　蝶阀

6.减压阀

减压阀能自动将设备或管道内介质压力减小到所需压力。如图 8－12 所示，减压阀依靠弹簧或者膜片等敏感元件，利用介质压差来控制阀瓣和阀座之间的空隙，来实现降低介质压力的目的，一般要求减压阀降低压力超过 50%。

减压阀只能用于清洁气体介质，不用于液体和含有固体颗粒的介质的减压。为了确保减压阀正常工作，减压阀前常常安装过滤器。

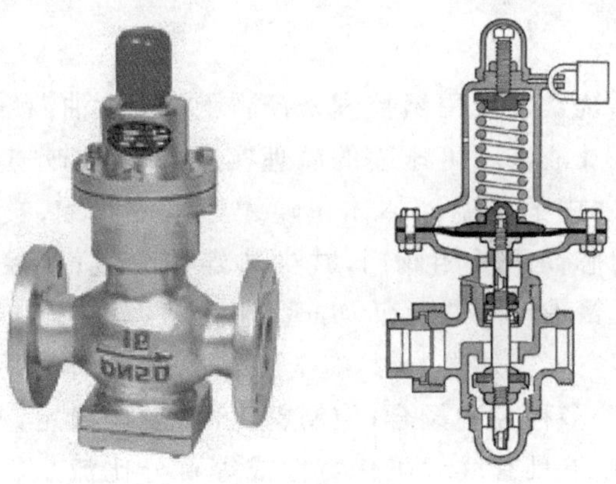

图 8－12　减压阀

7. 安全阀

为了确保气体管路系统的安全，有压气体管路需要设置安全阀，其基本结构如图 8－13 所示。当管路内压力超过安全阀的设定值时，阀门自动开启，达到泄压目的。安全阀需要根据工作压力、工作温度、介质性质等确定其公称压力、口径、结构型式。安全阀的试验、验收需要国家指定的安全部门定期校验、铅封。安全阀使用中不得任意调节，以确保安全。

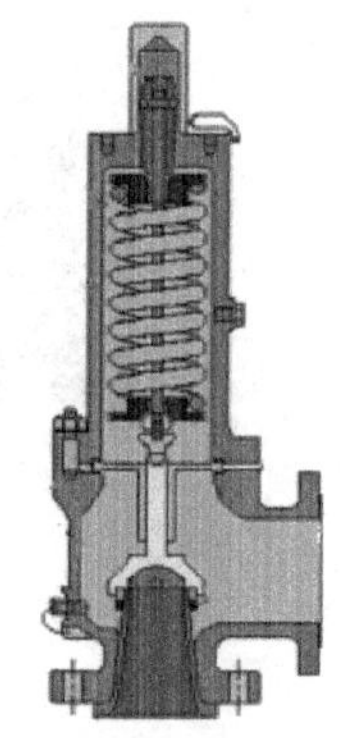

图 8－13　安全阀

8. 止回阀

止回阀结构如图 8－14 所示，它也叫单向阀或逆止阀，其作用是防止管路中的介质倒流。通常止回阀是自动工作的，在一个方向流动的流体压力作用下，阀瓣打开，流体反方向流动时，由流体压力和阀瓣的自重作用于阀座，从而切断流动。

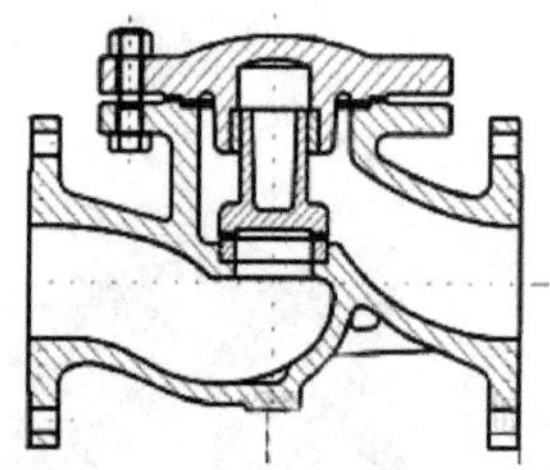

图 8－14　止回阀

止回阀典型结构型式有旋启式和升降式。旋启式止回阀有一个铰链机构，还有一个像门一样的阀瓣自由地靠在倾斜的阀座表面上。为了确保阀瓣每次都能到达阀座面的合适位置，阀瓣应设置铰链机构，以便阀瓣具有足够旋启空间，并使阀瓣真正的、全面的与阀座接触。阀瓣可以全部用金属制成，也可以在金属上镶嵌皮革、橡胶、或者采用合成覆盖面，这取决于适用性能的要求。旋启式止回阀在完全打开的状况下，流体压力几乎不受阻碍，因此通过阀门的压力降相对较小。升降式止回阀的阀瓣座落于阀体上阀座密封面上。此阀门除了阀瓣可以自由地升降之外，其余部分如同截止阀一样，流体压力使阀瓣从阀座密封面上抬起，介质回流导致阀瓣回落到阀座上，并切断流动。

9. 温控阀

喷油压缩机的冷却系统常常使用温控阀来控制压缩机喷油温度。温控阀结构如图8－15所示。利用液体受热膨胀及液体不可压缩的原理实现自动调节，控制作用为比例调节。被控介质温度变化时，传感器内的感温液体体积随之膨胀或收缩；被控介质温度高于设定值时，感温液体膨胀，推动阀芯向下关闭阀门，减少热媒的流量；被控介质的温度低于设定值时，感温液体收缩，复位弹簧推动阀芯开启，实现温度的平衡控制。

温控阀无需电或压缩空气等外界能源，安全可靠；感温液体膨胀均匀，比例式调节控制；可控介质种类多，可应用于多种控制场合；控制精度高，工作稳定，有效节约能源；平衡式阀体设计，阀门能在更大压差下具有线性工作特性或等百分比流量特性；温度设定操作简单，方便用户调节;设备体积小,重量轻,安装非常方便。

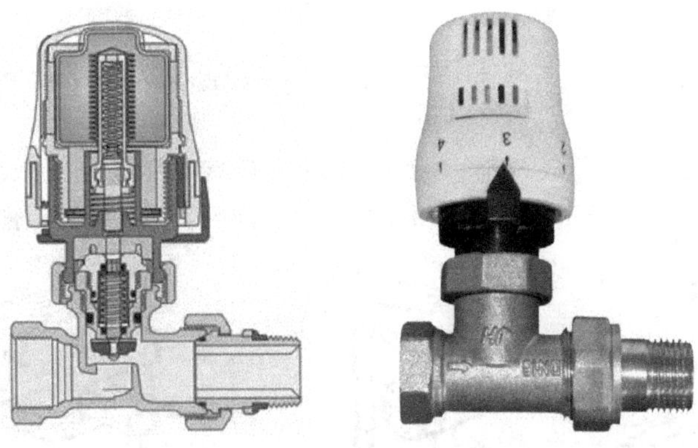

图 8-15　温控阀

8.5　管道系统中的容器设备

气体管道系统中的主要容器设备有缓冲器、气液分离器、冷却器、消声器及储气罐等。下面分别对各容器设备的作用和结构作简要介绍。冷却器在本书第 7 章有详细介绍,储气罐在《往复式压缩机原理》第 5 章有介绍,这里不再重复。

1. 缓冲器

缓冲器是消减管道系统中气流脉动最简单有效的器件。缓冲器外形多呈圆筒形,若制成球形(如图 8-16 所示)对消减脉动更为有利。球形缓冲器是由薄钢板冲压成二半圆球后焊接而成。

缓冲器主要有单容积型和滤波器型(容管容型)两种,如图 8-17 所示。其中,单容积型缓冲器应用最广。

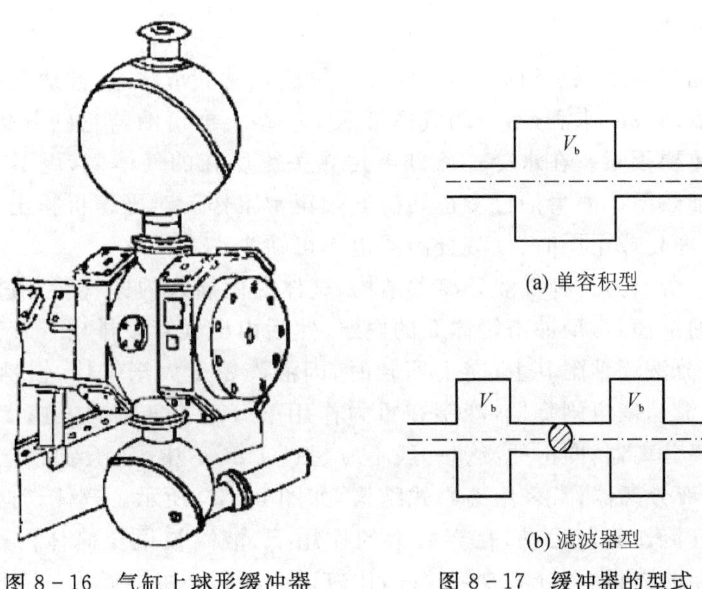

图 8-16　气缸上球形缓冲器　　图 8-17　缓冲器的型式

如果一级中具有几个气缸，则最好共用一个缓冲器，这样可保证气流更趋于均匀，缓冲器尺寸也可小一些。

图 8-18 为缓冲器在气缸上的常用配置形式。这些形式不仅较为合理，整个装置也显得紧凑和整齐。

缓冲器容积的大小应按照气流脉动控制要求来确定，目前往复压缩机一般要按照美国石油学会推荐的标准 API618 进行设计和验收，详细计算可参见该标准。

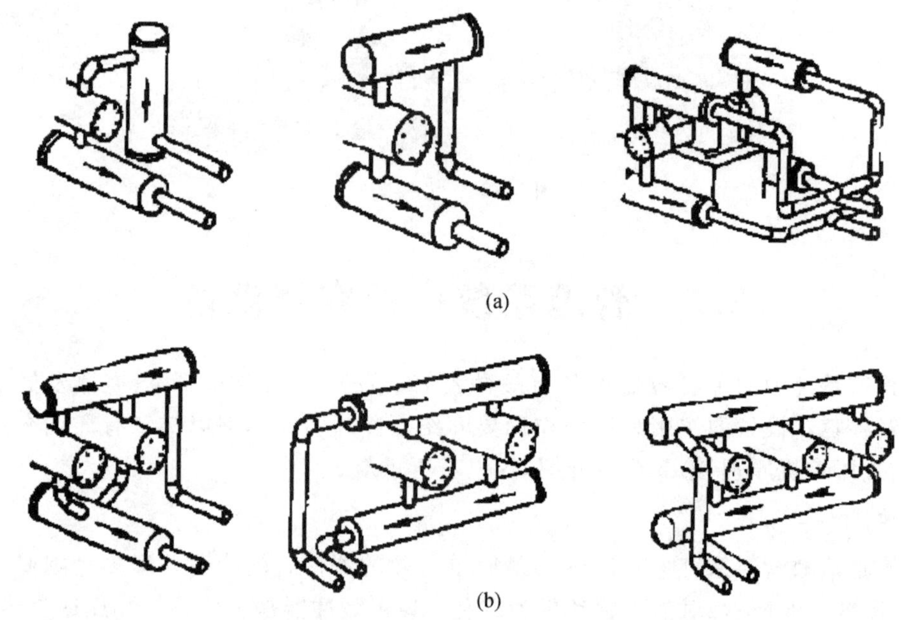

(a)单个缓冲器；(b)进气或排气或用一个缓冲器

图 8-18 缓冲器的配置形式

2. 气液分离器

大多数压缩机采用润滑油润滑，为保证气缸的正常润滑状态，前级气缸使用过的废油和排出气体冷凝后形成的水滴，不应随气体带入下一级。润滑油与它的分解物聚积在管道中，是酿成爆炸的重要因素。在水冷式冷却器传热关键所在的气体侧，更不希望因气体含油过多而进一步增加热阻。润滑油过多也妨碍气阀正常工作。对压缩机排出气体的品质有严格要求，需进一步净化或干燥时，气液分离器也不可缺少。

如图 8-19 所示为一种气液分离器结构，气体沿内插入的进气管 2 进入容器后，首先撞击排污管盖 4 的锥面，再反冲击筒体 3 的内壁，然后由出气管 1 排出。气流撞击锥面和筒体内壁时，已有部分液滴粘附其上；向上回转时，因液滴密度大于气体，惯性分离起主要作用；气流向上时，气流速度急剧降低，液滴在重力作用下分离。气流向上速度越低，分离效果越好。对于低压级分离器，向上的流速一般不应超过 1 m/s，中、高压级不应超过 0.3～0.5 m/s。高压级的气液分离器，常采用离心式结构，如图 8-20 所示。气体切向进入后，因螺旋板的导流作用使气流作旋转运动，在离心力的作用下，液滴被甩至筒体内壁，向下流到底部。这种结构分离器的体积小，分离效果较好，比较适合容积不可能做大的高压级气液分离器。

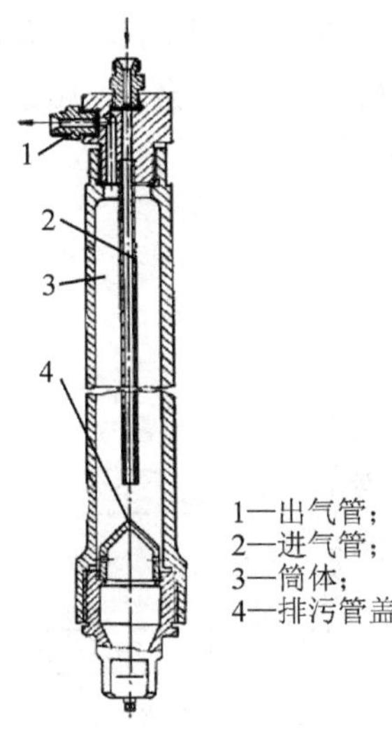

图 8－19　低压级离心式气液分离

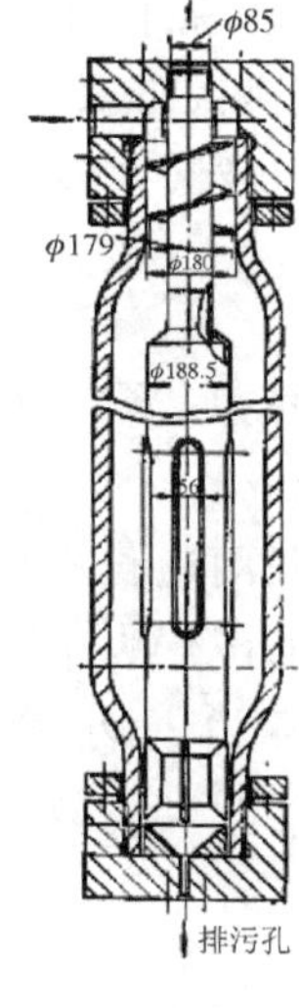

图 8－20　高压级离心式气液分离器

3.消声器

压缩机的噪声控制，首先应该在机器设计阶段加以考虑，将噪声源所发射的声能尽可能地减小。然后，根据要求采取消声措施。消声器是压缩机消声的常用措施，如果要求减噪效果更高时，则设置隔声罩并辅之以机械减振措施。

消声器主要有阻性、抗性和阻抗复合性三类。

阻性消声器的消声原理是利用声波进入消声器后，部分声能被吸声材料吸收而消声。它能在较宽广的中、高频范围内起作用，但若在高温、存在气体侵蚀与高速气流冲蚀时，使用寿命则较短。抗性消声器是用声学滤波原理制成，有扩张式、共振式及干涉式等型式。它有良好的低频消声性能，且结构简单，耐高温、耐气体侵蚀和冲蚀。缺点是消声带较窄，对于高频成分消声效果差。阻抗复合型消声器综合了上述两类消声器的特点，消声频带宽广，但使用非金属吸声材料，寿命受到限制。近年来出现的由纯金属板制成的所谓金属微穿孔板消声器克服了这一缺点，从批量生产角度看，微穿孔板的加工工艺也并不复杂。

对于消声器的性能评价要点是：消声器的消声性能（消声量和频谱特性）、阻力损失、体积、寿命和成本。

阻性消声器常用的为直管式阻性消声器，如图 8－21 所示，气流通道内敷设有消声材料，消声量 ΔL（单位 dB）可按修正后的别洛夫公式确定。

$$\Delta L=\frac{\varphi(a)l_0 l}{A}$$

式中　l_0 ——饰面部分周长，m；

l ——饰面部分轴向长度，m；

A ——饰面部分截面积，m^2；

a ——饰面吸声材料的吸声系数，$\varphi(a)$ 与 a 的关系见表 8－3。

表 8－3　$\varphi(a)$与 a 的关系

a	0.1	0.2	0.3	0.4	0.5	0.6	1.0
$\varphi(a)$	0.10	0.25	0.40	0.55	0.70	1.00	1.50

实际上函数 $\varphi(a)$ 除了与吸声系数有关外，还与通道截面积有关。当通道截面积较大时，高频声波将以窄声束形式沿通道方向传播，因此很少甚至完全不与吸声材料饰面接触，导致消声量 ΔL 急剧降低。该频率称为上界失效频率并用 f_h 表示：

$$f_h = K\frac{c}{D}\ \text{Hz}$$

式中 K ——比例系数，$K=(1\sim 2)$，一般取 1.8；

c ——声速，m/s；

D ——通道截面边长平均值，对于圆截面即为直径，m。

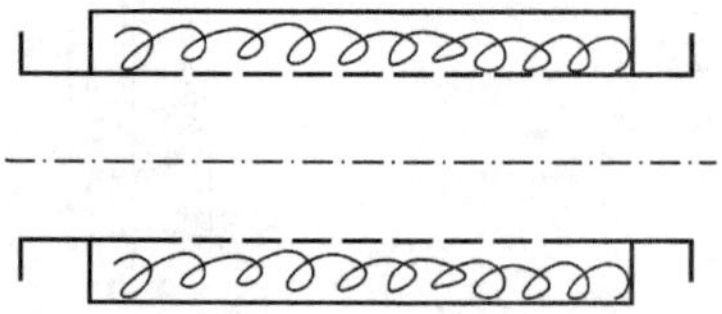

图 8-21 直管式阻性消声器

最简单的抗式消声器为单室扩张室式消声器，如图 8-22 所示。若扩张室长度为 l，小管和容器截面面积分别为 A_1、A_2，消声器的扩张比为 $m=\dfrac{A_2}{A_1}$，由平面波动理论可得消声量 ΔL_W，dB。

$$\Delta L_W = 10\lg\left[1+\frac{1}{4}\left(m-\frac{1}{m}\right)^2\sin(kl)\right]$$

ΔL_W 的最大值发生在 $\sin(kl)=1$ 时，即

$$kl=\frac{2\pi f_h}{c}l=\frac{\pi}{2},\frac{3\pi}{2},\frac{5\pi}{2},\cdots=\frac{(2n-1)\pi}{2}$$

由此得最大消声频率

$$f_h=\frac{(2n-1)c}{4l}\quad \text{Hz}$$

式中 c ——声速，m/s。

由上式可知，单室扩张室式消声器的最大消声频率随扩张室长度增加而降低。

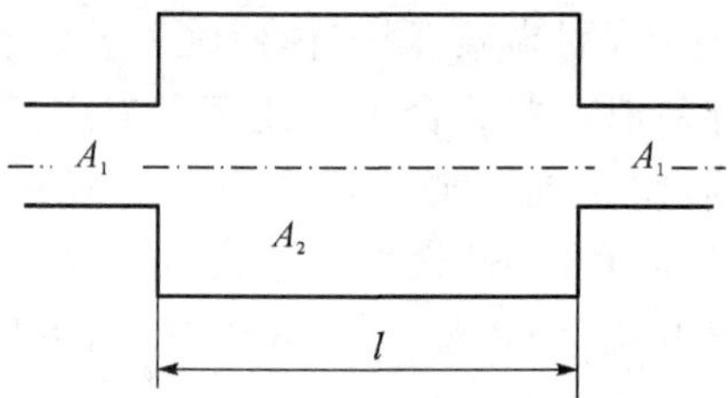

图 8-22 单室扩张室式消声器

抗式消声器结构还有双室扩张室式消声器，如图 8-23 所示，内接管式和外接管式两种型式。消声量的计算和最低消声频率的计算可参见文献《声学基础》。

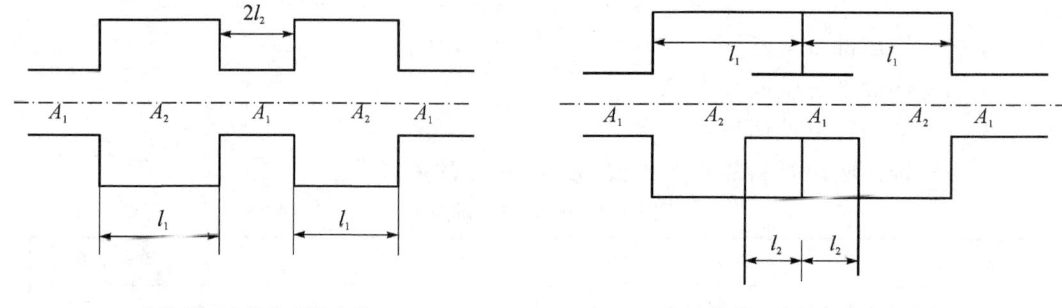

(a) 外接管双室扩张室消声器　(b) 内接管双室扩张室消声器

图 8-23 双室扩张室式消声器

为减小阻力损失，接管插入形式采用渐缩管或文丘里管，如图 8－24(a)用于小型空气压缩机，(b)多用于中型空气压缩机。应提及，它们不仅有利于减小阻力损失，而且可改善消声器的性能。

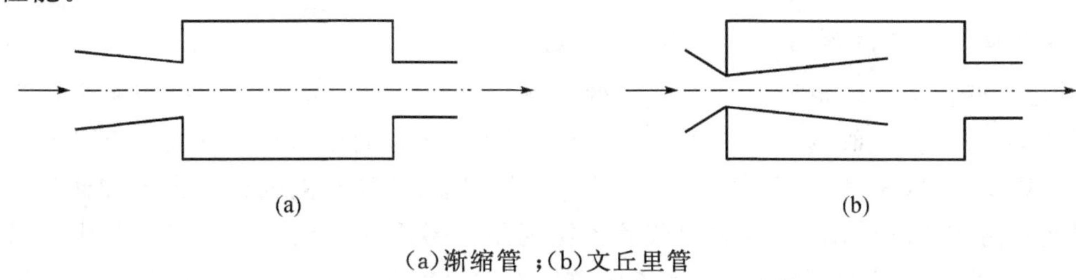

(a)渐缩管；(b)文丘里管

图 8－24　变截面插入管消声器

8.6　管道中的气流脉动

所谓气流脉动，是指压缩机管路内气体流动过程中，气体的压力和流量是周期性波动(脉动)的。无论是气体流量的波动，还是气体压力的波动，都统称气流脉动。二者是密切相关的，都反映了管内气体非稳态流动的本质。分析具体问题时，可以指明是气体压力脉动还是气体流量脉动。压缩机管路内为何会产生气流脉动呢？这是由于压缩机周期性吸、排气导致的。以活塞式压缩机为例，我们知道，活塞式压缩机的吸、排气阀是周期性打开和关闭的，这种周期性的吸、排气就会导致压缩机吸、排气管路内的流量发生周期性变化，而流量的周期性变化又会引起吸、排气管路内气体压力发生周期性波动。而且，今后会看到，管路内任何位置的流量或者压力的波动(扰动)，都会传递到与该处相连通的管路系统中，引起管路各处流量、压力发生不同程度的波动。

也可以从另外一个角度来看待管内气流脉动：管内流动的气体，就像一个气柱，这个气柱可以压缩、膨胀，是一个具有连续质量的弹性振动系统。这个振动系统受到激发后，就会发生振动。而压缩机周期性吸、排气就是对气柱的激发(或者扰动)，而气柱振动的结果就是管路系统内的压力脉动。

8.6.1　气流脉动的危害

气流脉动对压缩机及其管路系统会带来危害，主要表现在以下几个方面。

1. 降低压缩机容积效率

压缩机吸气管路系统的气流脉动常常造成压缩机吸气结束瞬时气缸内的压力比无气流脉动时的压力值低，从而导致压缩机的压力系数降低，压缩机容积效率也就相应降低。

2. 增加压缩机功率消耗

评价气流脉动对压缩机功率消耗的影响时，常常用 $p-V$ 图中的指示功率作为分析工具。总体说来，气流脉动可能会增加压缩机的指示功率，也可能减少压缩机的指示功率，但大多数情况下，气流脉动会引起压缩机功率消耗增加。

如果把气流脉动对压缩机容积效率的影响结合起来分析，我们会看到，气流脉动对压缩机的经济性(绝热效率或者比功率)的影响几乎都是负面的。在没有专门设计的情况下,我们一般都认为气流脉动会减少压缩机容积流量,增加功率消耗,最终导致绝热效率降低,比功率增加。

3. 使气阀工作条件恶化

吸、排气管路内的气流脉动会对气阀的工作带来危害。气流脉动使得阀腔内的压力出现剧烈波动,进而使气阀两侧的气体压力差发生大的波动,而压力差对气阀的运动有着决定性影响。结果,气阀全开时阀片本应该紧贴升程限制器的,波动的气体压力差却使阀片在阀座与限制器之间不断运动,即出现所谓的颤振现象。阀片的颤振导致气阀弹簧更容易发生疲劳破坏,阀片更容易冲击断裂,而且还导致气阀打开时的实际通流面积减少,气体流经气阀时的阻力损失增加。

波动的气体压力还会引起即将关闭的阀片在阀座附近反复开启,导致气阀关闭延迟,这种现象在吸气阀中更为常见,结果导致气缸内气体返流到吸气腔,容积流量减少,而且阀片在阀座上多次冲击,容易冲击疲劳破坏。

4. 激发管道振动

对压缩机管路系统气流脉动的关注,主要还是因为气流脉动会激发管道振动。后面将会看到,管道振动会引起压缩机一系列运行可靠性方面的问题,其根源是管路内的气流脉动。

5. 其他危害

脉动的流量和压力,常常无法达到工艺流程稳定供气的要求。因此,在很多压缩机管路系统都要设法降低气流脉动,使脉动幅度在用户或者工艺流程要求的范围内。

气流脉动还会引起管路系统的仪表读数不准确,甚至失灵或完全损坏。例如,当压力测点处存在压力脉动时,压力表指针会出现快速摆动,无法准确读数;压力脉动过大时,压力测点位置的瞬时压力值超出压力表或者压力传感器的测量范围,直接导致其失灵或者损坏。

8.6.2 解决气流脉动问题的思路与措施

气流脉动由压缩机周期性吸、排气引起,并在相互连通的管路系统(管网)内传播。因此,解决气流脉动问题需要从两个方面入手:减少压缩机吸、排气的流量及压力波动幅度;抑制管路系统对压缩机流量及压力波动的响应。

一般来说,要减少压缩机周期性吸、排气引起的流量和压力波动,最根本的解决办法是减少压缩机每个行程中的吸、排气量,在压缩机容积流量一定的情况下,可以通过提高转速、增加每周期工作的容积数(例如,对活塞式压缩机而言就是增加气缸数,对螺杆压缩机而言就是阳螺杆增加齿数,对于滑片压缩机而言就是增加滑片数)来实现。当然,通过将单作用结构改成双作用结构,也可以降低压缩机周期性吸、排气对管路气流脉动的激发。双作用活塞式压缩机和双作用对称滑片压缩机就是这方面的典型。同样容积流量和转速情况下,单作用气缸和双作用气缸的活塞式压缩机吸、排气流量波动情况如表 8-4 所示。

表 8-4　单、双作用气缸活塞式压缩机吸气流量波动对比

气缸作用方式	在吸气、排气管道上激发的方式	激发谐振的主要阶次
	排气 吸气	1,2,3,…
$\alpha=180°$		2,4,6,…

为了抑制管路系统对压缩机流量及压力波动的响应，首先应避免气柱共振。所谓气柱共振，就是压缩机周期性吸、排气(脉动激发)频率与气柱固有频率重合时，管内气流脉动会变得非常大的情形。压缩机对气流脉动的激发存在多个频率，一般以每个旋转周期内吸气或者排气次数作为脉动激发的基本频率(主激发频率或基频)。按照周期函数的傅里叶展开理论，基频的整数倍都是气流脉动的激发频率。对于任意一个管内气柱振动系统，其固有频率理论上有无数个。可以推测，无穷多个气柱固有频率与无穷多个脉动激发频率相等的可能性很大，完全不发生气柱共振几乎是不可能的。何况，一般激发频率在固有频率的±10%范围内都算作发生共振。但是，导致管内大幅度气流脉动的一般是低阶固有频率共振，因此，避开低阶气柱共振才是我们努力的方向，而且这也是完全可以设法做到的。

以石油化工用往复活塞式压缩机为例，来说明如何处理此问题。该领域的往复压缩机一般要按照美国石油学会推荐的标准 API618 验收。在该标准里，对气流脉动和管道振动问题的分析、解决提出了指导性意见和规范。其中，对于气流脉动，API618 最新版(第 5 版)建议在压缩机入口或出口采用容-管-容型 Helmholtz 共鸣器，该共鸣器属于低通滤波器，其幅-频特性如图 8-25 所示。API618 建议共鸣器的截止频率 f_h 一般达到主激发频率的 1.33 倍以下，500 r/min 以上转速的压缩机则达到主激发频率的 0.7 倍以下，这样做的目的就是设法避开气柱共振(严格地讲，是 Helmholtz 共鸣器之后远离压缩机的管路系统避开了气柱共振，压缩机阀腔到共鸣器之间的管段并不受影响，仍有可能共振)。

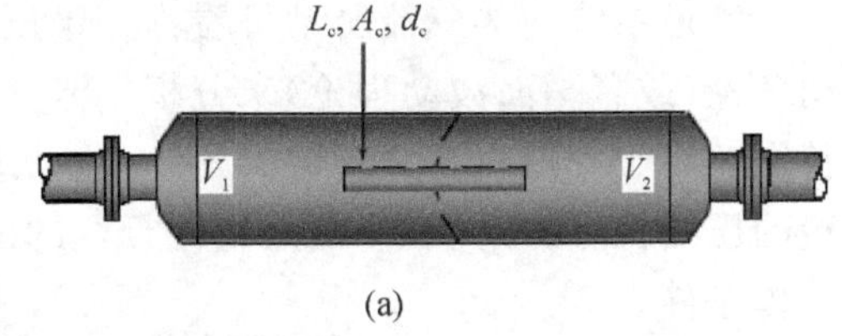

(a)

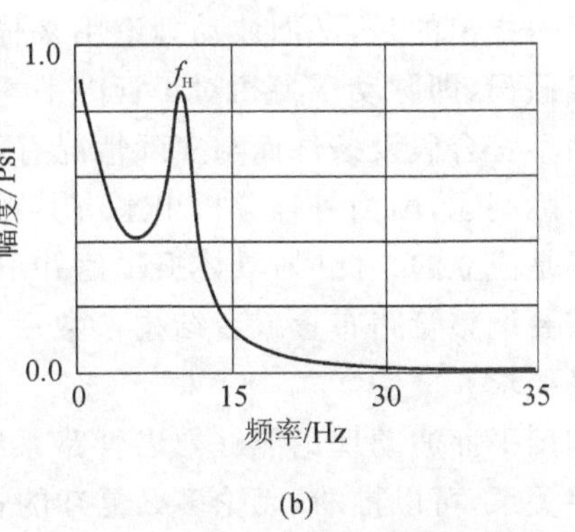

(b)

图 8-25　容-管-容型的 Helmholtz 共鸣器及其幅—频特性

在避开气柱共振，特别是避开低阶气柱共振的前提下，解决气流脉动问题最有效的办法是增加管路系统缓冲管、分离罐等各类容器的容积，而且尽量使容器靠近压缩机。当然，增加容器容积必然增加了成本，因此，容器容积增加也是有限度的。API618 针对初次设计且没有脉动分析能力的情况，对压缩机吸、排气缓冲管的容积大小做了推荐，但实际应用中很少有设计值达到 API618 推荐值，因为很多实践证明这个推荐值是偏于保守的，只要通过脉动分析证明管路脉动符合 API 的要求，这也是允许的。

在很多实际现场，很多用户或者设计单位倾向于用加孔板的办法解决气流脉动过大的问题。理论和实验都表明，在容器入口或出口设置孔板，孔板内径在管道内径的 0.4～0.6 倍范围时，通过孔板后的气流脉动会有大幅度减少。孔板附近压力脉动幅值最高可降低 50%，远离孔板的管道脉动衰减幅度略低一些。由于设置孔板的成本相对较低，所以该方法被众多设计者和用户所青睐。但孔板会增加流动阻力，而且在管路发生共振的情况下，简单用孔板来消减气流脉动是不能奏效的。

在管路设置脉动衰减器，也是解决气流脉动问题的有效措施。前述的容-管-容型 Helmholtz 共鸣器实质上就是一种脉动衰减器。如果将管子上开设若干小孔，并在容器与管子之间进行多种组合，就形成各种各样的衰减器。每个衰减器都有其幅-频特性，设计衰减器就是要根据需要衰减的气流脉动频率范围（主激发频率或低倍频）来确定衰减器结构型式和参数，使其能够将需要衰减的频率抑制。图 8－26 为压缩机气流脉动衰减器结构实例。

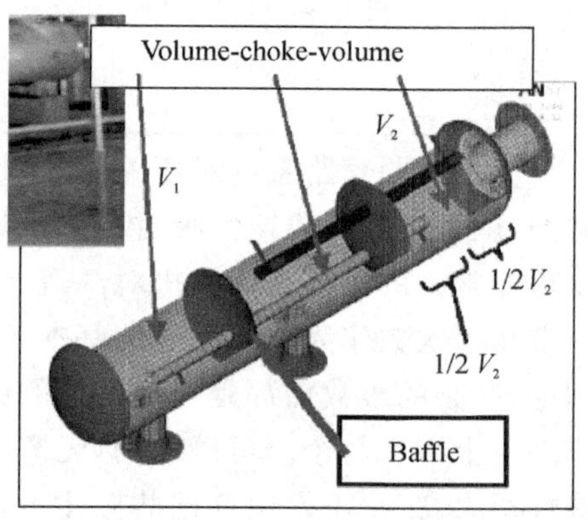

图 8－26　气流脉动衰减器结构实例

8.6.3　气流脉动分析方法简述

管道系统内的气流脉动可看作一维压力波动在流动气体中的传播，因此，可以用一维波动理论（或者平面波动理论）来分析气流脉动问题。当然，如果管路弯头和变截面太多，管道长度相对于管道直径又不够大，平面波动理论的分析结果可能与实际有较大出入，但对于一般的压缩机管道系统，特别是石化行业的压缩机管道系统，大多都符合平面波动理论计算的前提条件。

值得指出的是，平面波动理论用来描述管内气流脉动的波动方程在导出过程中做了一个重要假设，即脉动压力相对于管内平均压力很小（小于 15%），这就使得共振情况下的气流脉动因不符合假设条件而与实际情况有较大出入。但这并不妨碍我们使用平面波动理论来解决实际问题，因为一旦分析出来有共振，尽管振幅可能与实际振幅有大的差别，但定性的结论还是成立的。此时，具体振幅值并不重要，发生共振这个定性结论才是关键——分析者因此需要调整管路布置或者结构参数后再用平面波动理论进行分析，直到不发生共振且脉动满足要求。

利用平面波动理论能够导出管路系统任意两个管道截面之间脉动压力、脉动流量之间的传递关系，可以推断，无论多么复杂的管路系统，我们可以获得管道两端（分别用始端节点 1 和终端节点 2 表示）脉动压力幅值 p、脉动流量幅值（习惯用脉动速度幅值 u 表示脉动流量幅值，对于管内一维问题，脉动流量和脉动速度本质上是一致的，两者只相差管道通流面积倍数关系）之间的关系，而且这种关系可以用如下的转移矩阵表示

$$\begin{bmatrix} p_2 \\ u_2 \end{bmatrix} = \begin{bmatrix} a_{11}(\omega) & a_{12}(\omega) \\ a_{21}(\omega) & a_{22}(\omega) \end{bmatrix} \begin{bmatrix} p_1 \\ u_1 \end{bmatrix} \tag{8-21}$$

其中,矩阵的4个系数取决于管内气体物性、流动参数及管道结构参数等。之所以强调是 ω 的函数,是因为,不同频率的脉动经过同样的管路,传递特性是完全不同的。

对于式(8-21)所示的管内气流脉动转移矩阵,对于一定角频率 ω 的脉动信号(压力或流量),转移矩阵的4个系数是可事先求出来的。根据实际边界条件,边界节点1,2两点的脉动压力和脉动流量中,总有一个是已知的。这样,另外两个未知的脉动参数是可以通过矩阵变换求出来的。采用平面波动方程求解管道内气流脉动的详细的推导过程可查阅《活塞式压缩机气流脉动与管道振动》[33]书中相应部分。

特别需要说明的是,作为边界节点,总有 $p=0$(开口边界)或 $u=0$(闭口边界)的特性,在转移矩阵4个系数已知情况下,就可以据此求出管系的气柱固有频率。例如,假设边界节点1开口,边界节点2闭口,即 $p_1=0$, $u_2=0$,则可导出

$$a_{22}(\omega)=0 \tag{8-22}$$

式(8-22)计算结果就是该管路系统在始端开口、终端闭口情况下的气柱固有频率。

8.7 气体管道的机械振动

压缩机的管道振动大多数情况下与气流脉动紧密联系在一起,因为气流脉动是压缩机管道振动最重要的激发源。尽管压缩机惯性力不平衡引起的压缩机机身振动也会诱发管道振动,但一般情况下压缩机惯性力在设计阶段会得到较好平衡,不会导致大幅度的管道振动。而且,压缩机机身振动的影响一般局限于压缩机附近的管道,而气流脉动激发的管道振动会涉及到所有气体流过的管道各处。

气流脉动并非在管道各处激发管道振动,它只有在弯管、异径管、阀门、盲板等管道元件处,才会出现不平衡的、周期性变化的激振力,从而使管道作受迫振动。下面以直角弯管为例来说明气流脉动如何产生振动激发力。如图8-27所示,弯头处的脉动压力为 $p=p(t)=p(t+T)$,其周期为 T,管道通流面积为 A,则在弯头水平方向和垂直方向均存在不平衡的气体力 F_1 和 F_2,它们的大小为 $F_1=F_2=p(t)A$,沿弯管分角线方向的合力 $F=2\left(\frac{\pi}{4}d^2p(t)\right)\sin\frac{\beta}{2}$,方向如图8-27中所示。当管内压力 p 为定值时,则 F 是静载荷,对管道只引起静变形和静应力。当管内压力脉动变化时,则合力为交变载荷,即激振力。若当 β 为0时,管道为直管,$F=0$,说明直管中即使有脉动气流存在,也不会产生激振力。当 $\beta=180°$,管道为急转弯,F 最大,说明管道急转弯时产生的激振力最大,设计管道时应尽量避免急转弯弯头,力求弯角 β 尽可能小。

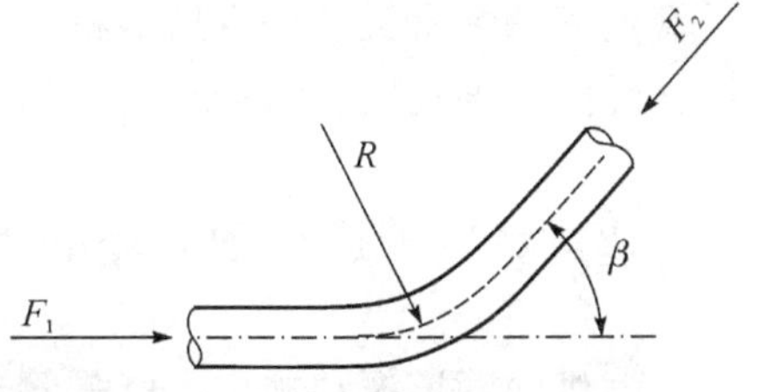

图8-27 气流脉动在弯头处产生的振动激发力

脉动气流在异径管(变截面)、阀门、盲板等处产生的激振力分析方法与弯管相同。

8.7.1 管道振动的危害

压缩机管道振动的危害主要体现在以下几个方面：

1. 振动引起的管道应力过大导致管道疲劳破坏及管道破裂

气流脉动的周期性决定了管道振动是周期性的受迫振动，管道内部会产生周期性的交变应力，这种振动引起的交变应力常常是管道疲劳破坏的重要因素(除了振动引起的交变应力外，管内流体温度的波动也会导致交变应力，二者叠加成为管道疲劳破坏的交变应力源)。当振动引起的管道内应力过大并超出管道材料的许用应力时，会直接导致管道出现裂纹而破坏，引发气体泄漏、爆炸等严重事故。在石油、化工、化肥等应用领域，曾多次出现管道破裂引发的严重事故，很多事故都是由管道振动诱发过大的内应力引起的。

强烈的管道振动也会使管路附件，特别是管道的连接部位和管道与附件的连接部位等处发生松动和破裂。

据资料显示，在工业先进的美国，因气流脉动及管道振动而造成的损失，每年就达到 100 亿美元，并且在 100 起毁损事件中，由管道振动引起的占 19%，居第二位(机械故障为第一位)。

2. 管道振动引起管路上的传感器及仪表过早损坏

管道振动常常使管路上的传感器及仪表跟着一起振动，过大的振动使得仪表读数受到影响，或者根本达不到其使用环境要求，即使能使用也会因为振动幅值或应力过大使其过早损坏。

3. 管道振动反过来引起压缩机机身振动，压缩机可靠性降低

管道振动常常又会诱发压缩机机身、分离器等部件的振动，导致应力过大。压缩机管道系统长时间的振动，会使得十字头、销、活塞杆疲劳破坏或过载。

8.7.2 解决管道振动问题的思路与措施

压缩机的管道振动本质上就是管道系统的结构振动，因此，处理一般结构振动问题的思路及措施完全可以应用到管道振动问题的解决上。解决管道振动问题，就是要尽量减少管路及其附件的振动位移、速度和加速度幅值，同时，还要确保管道及其附件内部疲劳应力在许用应力范围内。

解决管道振动问题，首先是要尽量降低管道振动的激发，即降低管路系统的压力脉动。严格地讲，并不要求管路系统各处压力脉动都要降得很低，只要将产生不平衡力位置(如弯管、变截面、盲板等处)的压力脉动控制在一定范围即可。但在实际配管设计、分析时，很难把这些特殊位置的压力脉动控制得很低而让其他位置压力脉动任其自然，因此只好将整个管路系统的压力脉动控制在一定范围内。有时候即使管路内的压力脉动(以脉动压力的相对幅值表示)较大，因为管内压力平均值不大，或者管径小，也可能导致管道脉动激发力不大。因此，API618 建议，当管内压力脉动超出范围的情况下，检查管道振动激发力是否超出推荐的范围，若激发力未超出推荐范围，则可以进入到结构振动分析；否则，需要进一步采取

措施降低压力脉动。

与气流脉动问题的解决思路类似，解决管道振动问题最重要的也是要避开共振，即防止管道系统的结构固有频率与压缩机主激发频率及低阶倍频重合或者太接近。要避开结构共振，就需要进行管道结构的模态分析，即计算管道结构固有频率和固有频率对应的振型。计算管道结构固有频率时，管路系统支撑的刚性往往与实际值有较大偏差，因此，当固有频率与激发主频相同或者在其倍频的±20%范围内时，就认为会发生该频率下的共振。同样道理，低阶频率的共振产生的影响比高阶共振的影响大的多(高阶下由于阻尼影响很大，共振状态下的振幅及应力要比低阶共振小很多)，因此，我们一般只关注是否避开了低阶共振。当然，能够避开高阶共振的话更好，但高倍频的±20%对应的频率范围越来越宽，要避开高阶共振几乎不可能了。API618 推荐压缩机管道系统的结构固有频率应该高于压缩机转速对应的主激发频率(基频)的 2.4 倍。

即使按照上述方法避开了低阶结构共振，管道系统仍有可能存在大幅度的管道振动及管道循环应力。因此，对管道进行振动激发力作用下的振动响应计算也是常常需要完成的工作。这部分内容读者可以参考振动力学及有限元方面的文献。API618 对管道振动幅值的允许范围做了推荐，如图 8-28 所示。而且，也要求振动引起的循环应力不能超出材料的疲劳极限。

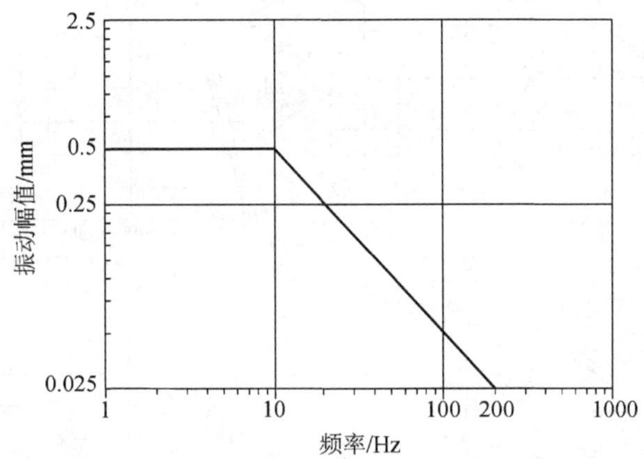

图 8-28　API618 推荐的管道振动幅值允许范围

附　录

附录一　常用气体的物理特性

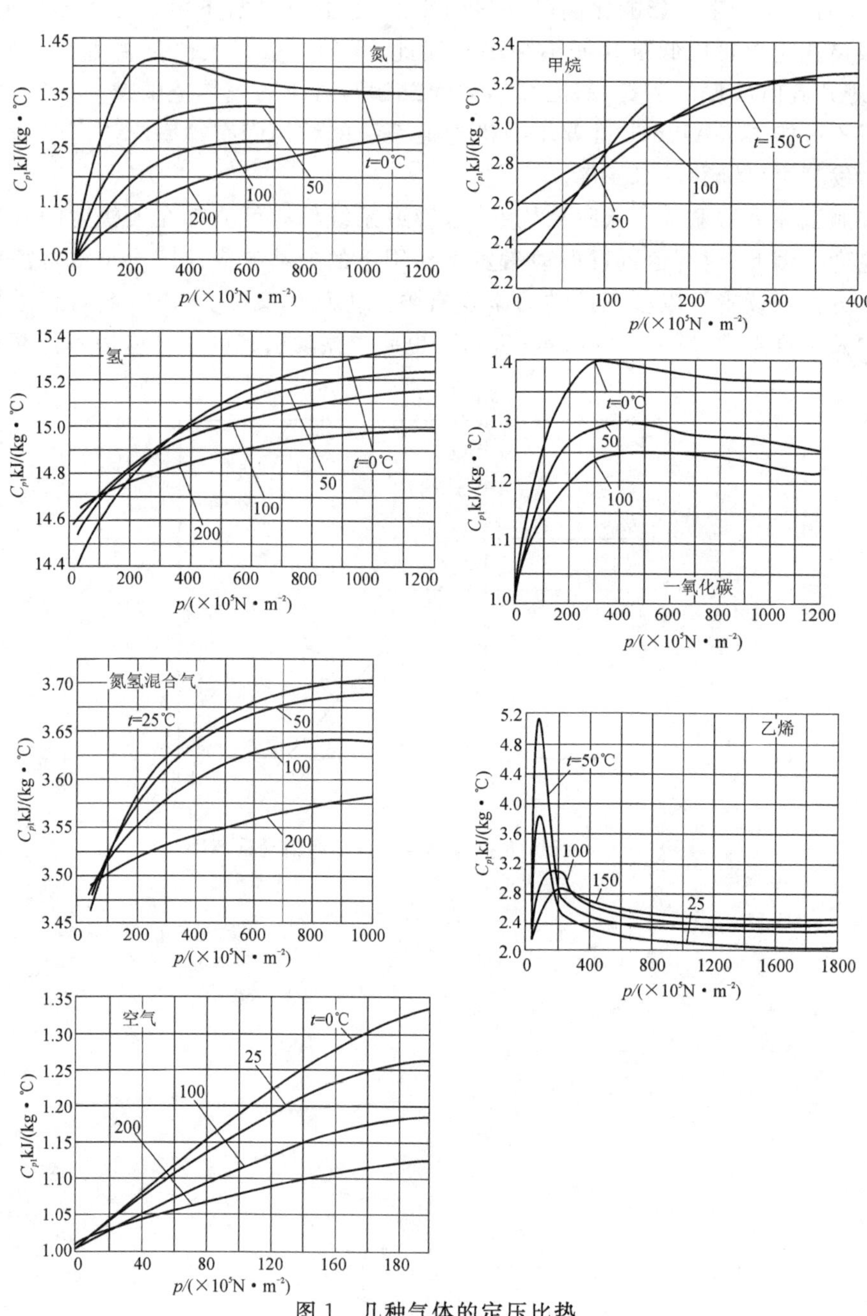

图1　几种气体的定压比热

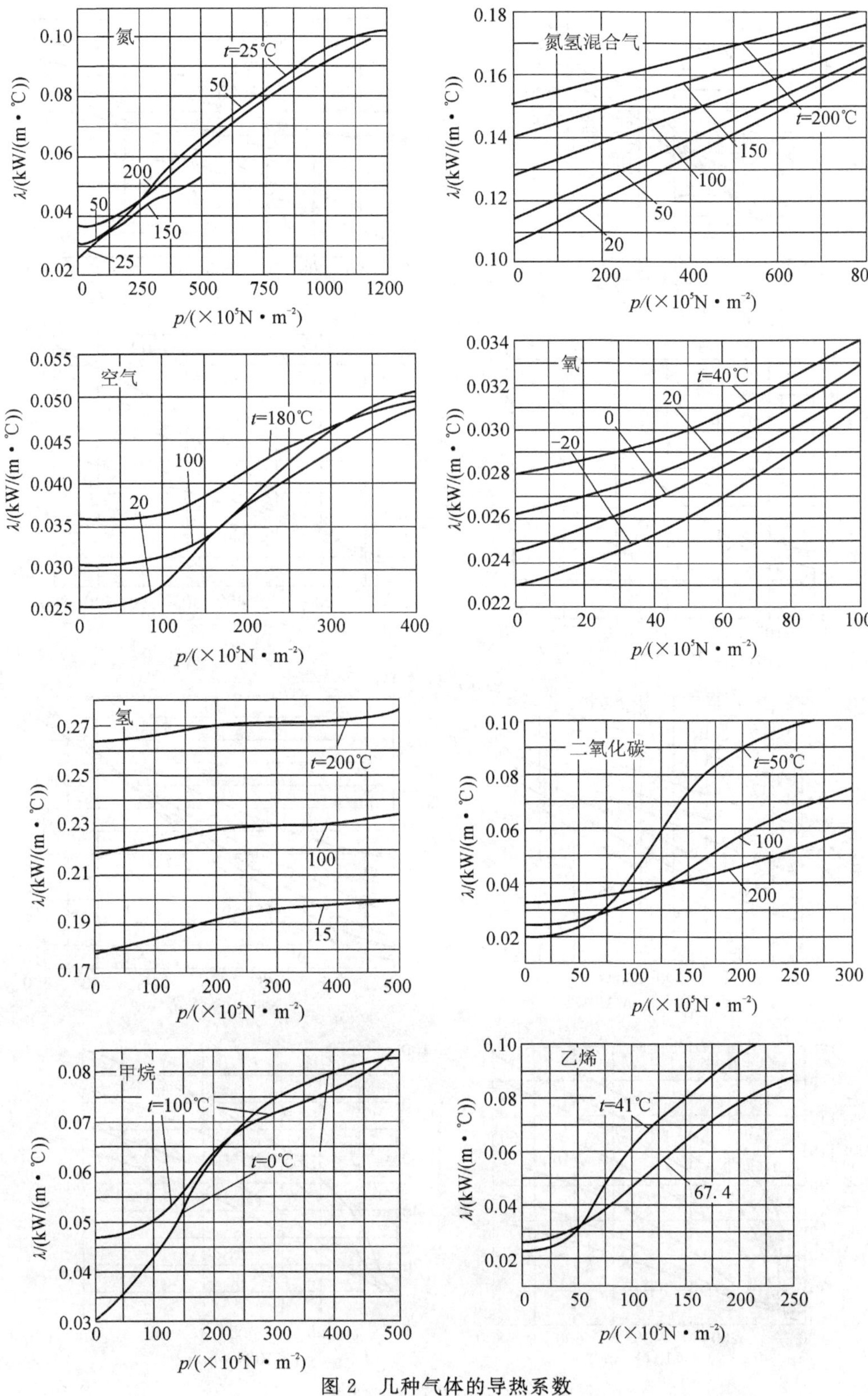

图 2　几种气体的导热系数

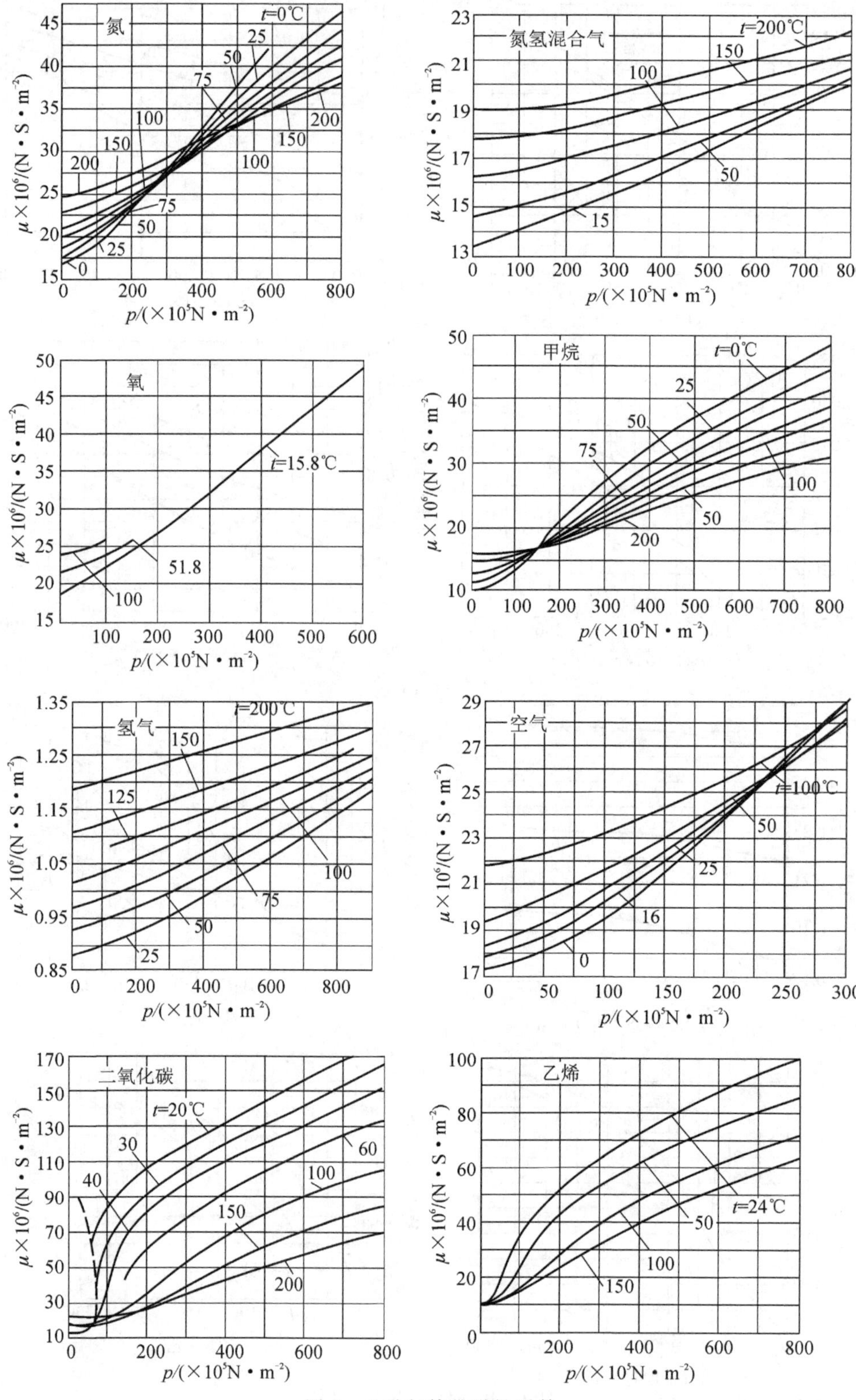

图 3　几种气体的黏性系数

附录二　常用材料的机械性能和主要规格

表 1　灰铸铁的机械性能

牌号	铸件主要壁厚/mm	抗拉强度 σ_b MPa	抗弯强度 σ_{bb} MPa	抗压强度 σ_{bc} MPa	硬度 HB	主要应用
HT150	4～8 ＞8～15 ＞16～30 ＞30～50 ＞50	275 196 147 118 98	461 382 324 245 206	637	170～241 170～241 163～229 163～229 143～229	端盖、泵体、轴承座、阀壳、管子及管路附件、手轮、一般机床底座、床身及其他复杂零件、滑座、工作台等
HT200	4～8 ＞8～15 ＞16～30 ＞30～50 ＞50	314 245 196 277 157	520 441 392 333 304	736	187～255 170～241 170～241 170～241 163～229	气缸、齿轮、机体、飞轮、齿条、衬筒、一般机床导轨的床身及中等压力(8 *MPa*)以下的液压筒、液压泵和阀的壳体等
HT250	＞8～15 ＞16～30 ＞30～50 ＞50	284 245 216 196	490 461 412 382	981	187～255 170～241 170～241 163～229	阀壳、油缸、气缸、联轴器、机体、齿轮、齿轮箱外壳、飞轮、衬筒、凸轮、轴承座等
HT300	1～30 ＞30～50 ＞50	294 265 255	530 490 471	1079	187～255 170～241 170～241	齿轮、凸轮、机床卡盘、剪床、压力机的机身、高压液压筒、液压泵和滑阀的壳体等

注:(1)铸件主要壁厚系指铸件主要受负荷之处。

(2)抗压强度在新标准中尚无规定,表中所列数字系指壁厚＞15～30 mm 时的抗压强度,根据(GB/T 9439—1988)标准确定。

表 2　球墨铸铁(摘自 GB/T 1348—2009)

牌号	抗拉强度 σ_b/MPa	倾覆强度 $\sigma_{0.2}$/MPa	伸长率 δ/%	冲击值 α_{kv}/(J·cm^{-2})(室温 23 ℃)	硬度 HBS(供参考)
	最小值				
QT400－18	400	250	18	14	130～180
QT400－15	400	250	15	—	130～180
QT450－10	450	310	10	—	160～210
QT500－7	500	320	7	—	170～230
QT600－3	600	370	3	—	190～270

续表 2

牌号	抗拉强度 σ_b/MPa	倾覆强度 $\sigma_{0.2}$/MPa	伸长率 δ/%	冲击值 α_{kv}/(J·cm^{-2})（室温 23 ℃）	硬度 HBS(供参考)
	最小值				
QT700－2	700	420	2	—	225～305
QT800－2	800	480	2	—	245～335
QT400－18	900	600	2	—	280～360

表 3　一般工程用铸造碳钢(摘自 GB/T 11352－2009)

牌号	抗拉强度 σ_b	屈服强度 $\sigma_{0.2}$	伸长率 δ	根据合同选择：收缩率 ψ	根据合同选择：冲击吸收功 A_{kv}	硬度：正火回火 HBW	硬度：表面淬火 HRC	特　　性
	/MPa		/%		/J			
	最小值							
ZG200－400	400	200	25	40	30			强度和硬度较低、韧性和塑性良好，低温时冲击韧度高，塑性转变温度低，焊接性能好，铸造性能差
ZG230－450	450	230	22	32	25	⩾131		
ZG270－500	500	270	18	25	22	⩾143	40～45	较高的强度和硬度，韧性和塑性适度，铸造性能比低碳钢好，由一定的焊接性能
ZG310－570	570	310	15	21	15	⩾153	40～45	
ZG340－640	640	340	10	18	10	169～229	40～45	塑性差，韧度低，强度和硬度高，铸造和焊接性能均差

表 4　大型铸件用低合金钢(摘自 JB/T 6402－2006)

牌　号	力学性能：抗拉强度 σ_b/MPa	屈服强度 σ_s 或 $\sigma_{0.2}$/MPa	伸长率 δ/%	收缩率 ψ/%	冲击吸收功 A_{kv}/J	布氏硬度 HBW	应用举例
	不小于						
ZG40Mn	640	295	12	30		163	用于承受摩擦和冲击的零件，如齿轮、凸轮等

续表 4

牌号	力学性能						应用举例
	抗拉强度 σ_b/MPa	屈服强度 σ_s 或 $\sigma_{0.2}$/MPa	伸长率 δ/%	收缩率 ψ/%	冲击吸收功 A_{kv}/J	布氏硬度 HBW	
	不小于						
ZG20SiMn	500～600	300	24		39	150～190	焊接机流动性良好，可制作缸体、阀、弯头、叶片等
ZG35SiMn	640	415	12	25	27		用于制作承受负荷较大的零件，如曲轴、齿轮等
ZG20MnMo	490	295	16		39	156	用于制作受压容器，如泵壳、缸体等
ZG35CrMnSi	690	345	14	30		217	用于制作承受冲击、磨损的零件，如齿轮、滚轮
ZG40Cr	630	345	18	26		212	用于制作高强度齿轮
ZG35NiCrMo	830	660	14	30			用于制作直径大于300mm的齿轮铸件

表 5　常用材料弹性模量及泊松比

名称	弹性模量 E/GPa	切变模量 G/GPa	泊松比 μ	名称	弹性模量 E/GPa	切变模量 G/GPa	泊松比 μ
灰铸铁	118～126	44.3	0.3	轧制锌	82	31.4	0.27
球墨铸铁	173		0.3	铅	16	6.8	0.42
碳钢、镍铬钢、合金钢	206	79.4	0.3	玻璃	55	1.96	0.25
铸钢	202		0.3	有机玻璃	2.35～29.42		
轧制纯铜	108	39.2	0.31～0.34	橡胶	0.0078		0.47
轧制磷锡青铜	113	41.2	0.32～0.35	电木	1.96～2.94	0.69～2.06	0.35～0.38
冷拔黄铜	89～97	34.3～36.3	0.32～0.42	尼龙 1010	1.07		
轧制锰青铜	108	39.2	0.35	硬聚氯乙烯	3.14～3.92		0.34～0.35
轧制铝	68	25.5～26.5	0.32～0.42	聚四氟乙烯	1.14～1.42		

续表 5

名称	弹性模量 E/GPa	切变模量 G/GPa	泊松比 μ	名称	弹性模量 E/GPa	切变模量 G/GPa	泊松比 μ
铸铝青铜	103	41.1	0.3	低压聚乙烯	0.54～0.75		
铸锡青铜	103		0.3	高压聚乙烯	0.147～0.245		
硬铝合金	70	26.5	0.3	混凝土	13.73～39.2	4.9～15.69	0.1～0.18

表 6　常用材料的密度

材料名称	密度/(g・cm^{-3})	材料名称	密度/(g・cm^{-3})	材料名称	密度/(g・cm^{-3})
碳钢	7.8～7.85	铅	11.37	尼龙 1010	1.04～1.06
铸钢	7.8	锡	7.29	尼龙 6	1.13～1.14
高速钢	8.3～8.7	银	10.5	尼龙 66	1.14～1.15
合金钢	7.9	汞	13.55	木材	0.4～0.75
镍铬钢	7.9	镁合金	1.74	石灰石	2.4～2.6
灰铸铁	7.0	硅钢片	7.55～7.8	花岗石	2.6～3.0
白口铸铁	7.55	锡基轴承合金	7.34～7.75	砌砖	1.9～2.3
可锻铸铁	7.3	铅基轴承合金	9.33～10.67	混凝土	1.8～2.45
紫铜	8.9	硬质合金(钨钴)	14.4～14.9	生石灰	1.1
黄铜	8.4～8.85	硬质合金(钨钴钛)	9.5～12.4	熟石灰	1.2
铸造黄铜	8.62	纯橡胶	0.93	黏土耐火砖	2.10
锡青铜	8.7～8.9	聚氯乙烯	1.35～1.40	碳化硅	3.10
工业用铝、铝镍合金	2.7	无填料的电木	1.2	媒质耐火砖	2.8
可铸铝合金	2.7	有机玻璃	1.18～1.19	硅质耐火砖	1.8～1.9
镍	8.9	皮革	0.4～1.2	高铬耐火砖	2.2～2.5
轧锌	7.1	酚醛层压板	1.3～1.5	—	—

参考文献

[1] 郁永章，姜培正，孙嗣莹．压缩机工程手册[M]．北京：中国石油出版社，2012.

[2]《活塞式压缩机设计》编写组．活塞式压缩机设计[M]．北京：机械工业出版社，1981.

[3] 郁永章．容积式压缩机技术手册[M]．北京：机械工业出版社，2000.

[4] 王迪生，杨乐之．活塞式压缩机结构[M]．北京：机械工业出版社，1990.

[5] 陈永江．容积式压缩机原理与结构设计[M]．西安：西安交通大学出版社，1985.

[6] 林梅，吴业正．压缩机自动阀[M]．西安：西安交通大学出版社，1991.

[7] 屈宗长．往复式压缩机原理[M]．西安：西安交通大学出版社，2019.

[8] 赵纯，张玉龙．聚醚醚酮[M]．北京：化学工业出版社，2008.

[9] 袁兆成．内燃机设计[M]．北京：机械工业出版社，2008.

[10] 杨黎明，杨志勤．机械设计简明手册[M]．北京：国防工业出版社，2008.

[11] 段铁群．机械系统设计[M]．北京：科学出版社，2010.

[12] 吕宏，王慧．机械设计[M]．北京：北京大学出版社，2009.

[13] 于惠力，潘承怡．机械零件设计禁忌[M]．北京：高等教育出版社，2002.

[14] 蔡叔华，林振国．压缩机润滑及其用油[M]．北京：中国石化出版社，1993.

[15] 段铁群．机械系统设计[M]．北京：科学出版社，2010.

[16] 彭文生，李志明，黄华梁．机械设计[M]．北京：高等教育出版社，2002.

[17] 于惠力，李广慧，尹凝霞．轴系零部件设计实例精解[M]．北京：机械工业出版社，2009.

[18] 王三民．机械设计计算手册[M]．北京：化学工业出版社，2009.

[19] 成大先．机械设计手册[M]．5 版．北京：化学工业出版社，2010.

[20] 中国标准出版社．全国压缩标准化技术委员会．中国机械工业标准汇编：压缩机卷（下）[M]．北京：中国标准出版社，2004.

[21] 胡大为，王燕民，潘志东．不同形貌纳米 Fe_3O_4 颗粒磁流体的传动性能[J]．功能材料，2012，43(15)：1985－1988.

[22] REZK K，FORSBERG J. Geometry development of the internal duct of a heat pump tumble dryer based on fluid mechanic parameters from a CFD software[J]. Applied Energy，2011，88(5)：1596－1605.

[23] AHMAD A S，MAHAVEER P K. Dynamic modeling of automotive engine crankshafts[J]. Mechanism & Machine Theory，1994，29(7)：295－335.

[24] MOURELATOS Z P. An efficient crankshaft dynamic analysis using substructuring with Ritz vectors[J]. Sound and Vibration，2000，238(3)：495－527.

[25] 李志港．产品造型设计中结构设计的重要性[J]．美术大观，2014(7)：119.

[26] 朱聘冠．换热器原理及计算[M]．北京：清华大学出版社，1987.

[27] 张德，王怀义，刘绍叶．石油化工装置工艺管道安装设计手册[M]．北京：中国石化出版社，2005.

[28] 王飞. 直埋供热管道工程设计[M]. 北京:中国建筑工业出版社,2007.

[29] 蔡尔辅. 石油化工管道设计[M]. 北京:化学工业出版社,2007.

[30] 宋岢岢. 压力管道设计实例[M]. 北京:化学工业出版社, 2007.

[31] 中石化洛阳工程有限公司. 石油化工管道支吊架设计规范中华人民共和国石油化工行业标准:SH/T 3073—2016[S]. 北京:中国石化出版社,2016.

[32] 化学工业部. 化工装置管道机械设计技术规定:HG/T 20645-5—1998[S]. 北京:中国标准出版社,1998.

[33] 党锡淇,陈守五. 活塞式压缩机气流脉动与管道振动[M]. 西安:西安交通大学出版社,1984.

[34] 倪振华. 振动力学[M]. 西安:西安交通大学出版社,1986.

[35] JOHAN L. White Etching Crack Failure Mode in Roller Bearings: From Observation via Analysis to Understanding and an Industrial Solution[J]. Rolling Element Bearings, Belgium. 2012,10:1 - 25.

[36] 张连洪. 现代设计方法及其应用[M]. 天津:天津大学出版社,2014.

[37] 周九. 汽车百科全书[M]. 北京:机械工业出版社,1992.

[38] 吴丹青. 气阀弹簧力的计算准则[J]. 西安交通大学学报,1978:55 - 64.

[39] 洪生伟. 标准化工程[M]. 北京:中国标准出版社,2008.